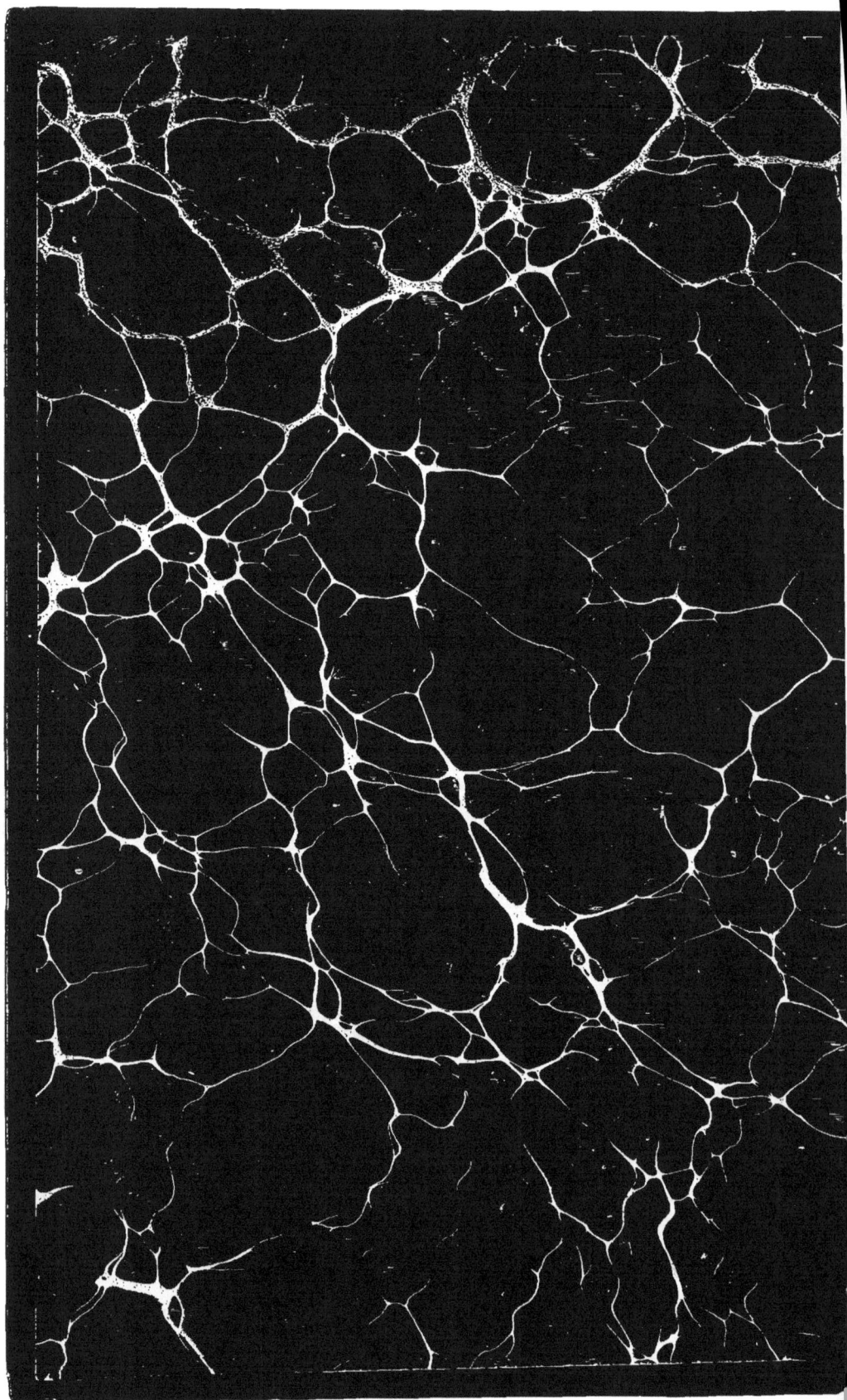

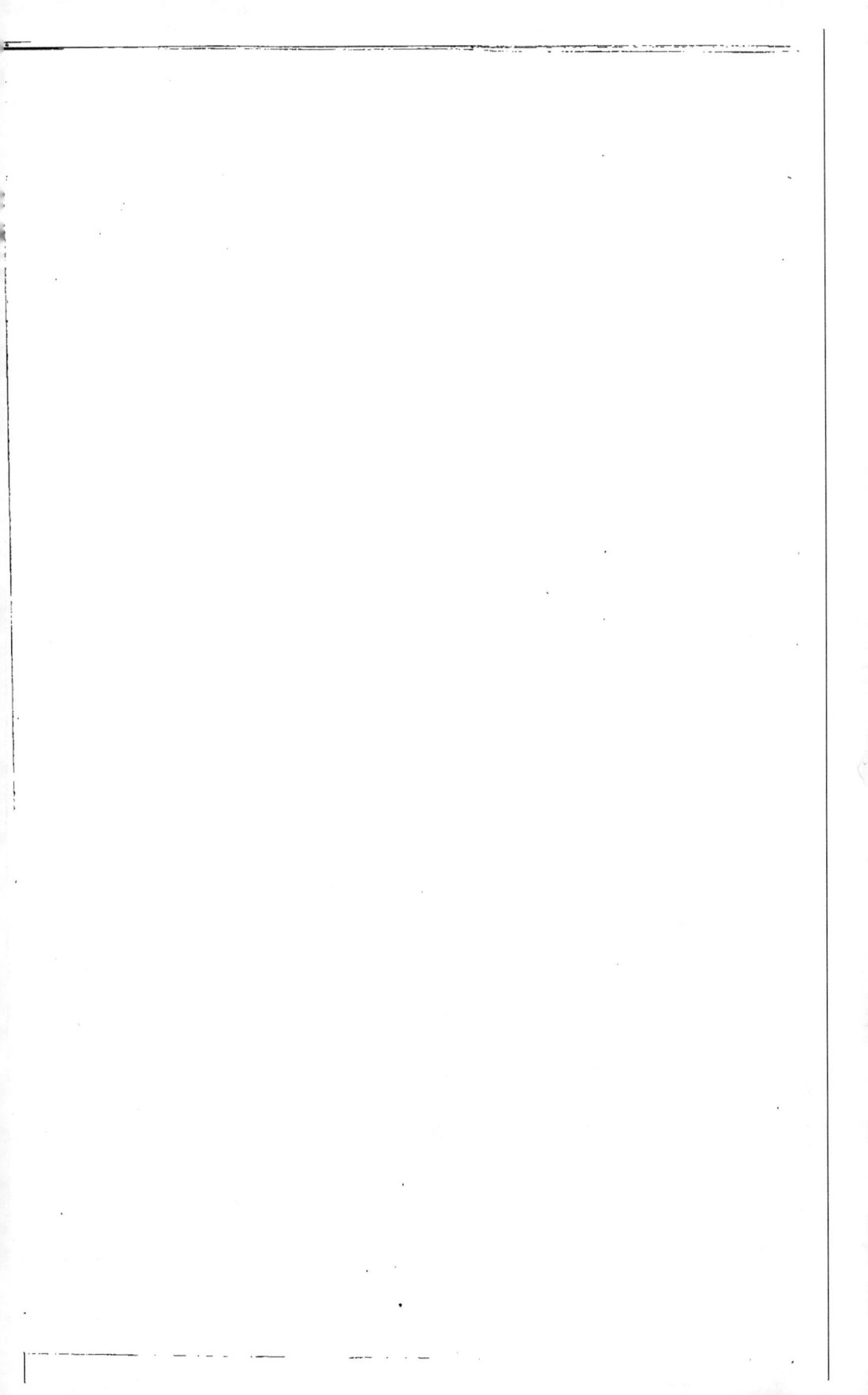

27258

DU MINEUR

SON ROLE ET SON INFLUENCE

DU MINEUR

SON ROLE ET SON INFLUENCE

SUR

LES PROGRÈS DE LA CIVILISATION

D'APRÈS LES DONNÉES ACTUELLES

DE L'ARCHÉOLOGIE ET DE LA GÉOLOGIE

PAR

J. FOURNET

Correspondant de l'Institut, Chevalier de la Légion d'honneur et de l'ordre des SS. Maurice et Lazare ;
Professeur à la Faculté des sciences de Lyon et Directeur de Mines ;
Membre de l'Académie impériale des sciences et belles-lettres de Lyon et de la Société impériale d'Agriculture ;
Président de la Commission hydrométrique ; Membre des Sociétés philomatique, géologique et météorologique
de France ; Correspondant du Comité des travaux historiques de Paris ; Agrégé et Membre honoraire
de l'Académie impériale et de la Société d'histoire naturelle de Savoie ; Correspondant de
l'Académie royale et de la Société d'agriculture de Turin, de la Société des Naturalistes
de Heidelberg, de la Société royale d'Athènes, de la Société polytechnique de
Bavière, de la Société d'histoire naturelle de Strasbourg, de l'Académie
de Clermont-Ferrand, de la Société des sciences et des arts du
Puy et de la Société jurassienne d'émulation.

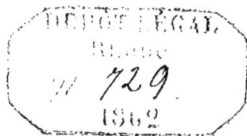

LYON

IMPRIMERIE DE REY ET SÉZANNE

Rue Saint-Côme, 2

1862

Un extrait du présent travail a fait l'objet du discours prononcé à la Séance solennelle de rentrée des Facultés et de l'Ecole préparatoire de Médecine de Lyon, le 28 novembre 1861 ; mais il a acquis son développement pendant l'impression. J'adresse de vifs remercîments à divers amis dont les bienveillantes communications ont facilité ma tâche. Suivant mon habitude, je les ai fait connaître à l'occasion des détails respectifs ; cependant, la reconnaissance m'oblige à mentionner plus particulièrement ici les noms de ceux auxquels je suis redevable de certaines données essentielles. Ce sont : MM. Lortet, D.-M., Membre de l'Académie de Lyon ; Guillebot de Nerville, Ingénieur en chef des Mines ; Martin d'Aussigny, Conservateur du Musée d'Archéologie du Palais-des-Arts ; Girardin, Doyen à Lille ; Sevez, Essayeur à Chambéry ; l'Abbé Girodon, Professeur à la Faculté de Théologie ; Lachat, Ingénieur des Mines à Chambéry ; Morlot, Professeur à Lausanne ; Viquesnel et Noguès, Membres de la Société géologique de France, et P. Saint-Olive, Membre de la Société d'Archéologie de Lyon.

DE

L'INFLUENCE DU MINEUR

SUR LES PROGRÈS DE LA CIVILISATION

D'APRÈS LES DONNÉES ACTUELLES DE L'ARCHÉOLOGIE
ET DE LA GÉOLOGIE,

Par M. J. FOURNET,

Correspondant de l'Institut,
Professeur à la Faculté des Sciences de Lyon.

MESSIEURS,

Depuis quelques années, l'étude des anciennes langues et des vieux monuments introduisait graduellement de graves modifications dans les idées admises au sujet des premières phases de l'humanité, lorsque, d'une façon pour ainsi dire brusque, des découvertes convenablement discutées, ouvrant de nouveaux horizons, vinrent donner une autre direction aux recherches ethnogéniques.

A l'étonnement que ces résultats suscitèrent, s'ajouta, comme de coutume, l'hésitation de plusieurs savants, tandis que d'autres, plus confiants, se lancèrent résolument au milieu des espaces qui se déroulaient devant eux. Mais, dira-t-on, comment se fait-il qu'un géologue ait à intervenir dans un sujet si essentiellement historique? Eh bien! rien n'est plus naturel; car certains liens rattachent ensemble diverses branches des connaissances humaines, et pour le cas actuel, la géologie, plus que toute autre science, était appelée à discuter certains détails. En effet, elle aussi s'occupe des temps passés, ayant, en particulier, la mission de fouiller le sol pour y découvrir les vestiges des révolutions, par lesquelles des générations successives d'espèces animales furent détruites afin de faire place à des créations plus conformes aux conditions qu'il plut au Créateur d'établir. Ainsi donc, à ce seul titre, l'homme fait déjà partie du domaine géologique; mais j'ajoute, en sus, que son existence, ses habitudes ne dépendent pas seulement des lois physiques ou morales qui le régissent, de l'air qu'il respire; elles se règlent aussi d'après la terre qu'il foule sous ses pieds, qu'il doit travailler, et c'est surtout à ce dernier point de vue qu'il m'est permis de prendre la parole à l'occasion de faits, dont le développement est, presque subitement, devenu très-complexe.

Cette complication m'oblige à diviser mon travail en deux parties, dont l'une servant, pour ainsi dire, d'introduction, résumera l'état actuel des découvertes archéologiques. Encore, n'entreprendrai-je pas d'entrer dans de trop minutieux détails, et d'ailleurs, malgré tout ce qui a déjà été fait, ils sont eux-mêmes trop incomplets pour se prêter à la composition d'un canevas historique parfaitement satisfaisant. Il me suffit d'avoir pu grouper un nombre d'éléments suffisants pour mon but, qui est de faire comprendre, dans ma seconde section, l'influence du mineur sur les diverses évolutions humanitaires, dont la civilisation est le résultat, influence peu appréciée au milieu des travaux de nos antiquaires, et pourtant si capitale, qu'elle domine, dans sa spécialité, toute la question.

A. *Partie archéologique.*

Trois nations ayant surtout contribué au mouvement archéologique du moment, et en cela, chacune d'elles se distinguant par des découvertes dont la nature dérive de la structure des contrées qu'elles habitent, il me faut nécessairement établir leurs parts respectives.

Nous aurons donc en premier lieu, au nord, le Danemark et la Suède, dont le littoral s'est prêté à l'existence de peuplades vivant surtout de la pêche maritime. Viendra ensuite le massif alpin, flanqué de grands lacs d'eau douce, où les primitifs habitants trouvaient pareillement une nourriture abondante. Enfin, nous arriverons à la France, dont le sol a été tourmenté par diverses oscillations. Elles occasionnèrent l'enfouissement des hommes et des animaux des anciens temps, comme à dessein de conserver leurs restes pour le moment où la science saurait en tirer parti.

———

En Danemark et en Suède, les nouvelles conquêtes sont dues surtout à l'initiative de M. Thomsen, directeur des musées ethnographique et archéologique de Copenhague, et Nillson, professeur de zoologie à la florissante Université de Lund, en Suède.

Depuis longtemps, le long de diverses parties des côtes, sur plus de quarante points différents, et généralement hors de la portée des vagues, on avait remarqué des monceaux de coquilles tellement grands que jusqu'alors ils avaient été considérés comme étant des entassements naturels, effectués par des mollusques marins. Un soulèvement, disait-on, les aura fait émerger, et, en cela, on se basait particulièrement sur le volume de ces amas. Il varie entre 1,0 à 3,5 mètres pour l'épaisseur, avec une largeur de 50 à 65 mètres, et une longueur qui atteint jusqu'à 325 mètres. Cependant, l'inspection plus attentive à laquelle se livrèrent nos observateurs leur fit découvrir des détails incompatibles avec l'idée première. D'abord, ces entassements ne se composent que d'individus adultes, appartenant à un très-petit nombre de genres, qui d'ailleurs ne vivent pas habituellement ensemble. L'arrangement de ces mêmes coquilles était aussi trop confus pour qu'il fût permis de croire que leur dépôt ait été le produit d'une stratification naturelle, et quant aux espèces, on put remarquer de singulières prédominances de quelques-unes d'entre elles. Ainsi les cardium sont amoncelés par milliers sur certains points. Ailleurs, l'huître constitue à elle seule des tas entiers. Plus loin abondent les moules, les littorines, les buccins, les vénus, et toutes étant comestibles, on put supposer que ces dépôts étaient artificiels.

Pour jeter un plus grand jour sur la question, il fallut fouiller les masses, et, dans leur intérieur, on découvrit des morceaux de charbon, sans aucune trace de céréale quelconque. Par contre, abondaient les restes de crustacés, de poissons, d'oiseaux et de quadrupèdes, le chat sauvage, le blaireau, la belette, ainsi que plusieurs grandes espèces de cerfs. D'autres débris appartiennent à des espèces perdues, témoin ceux du *bos primigenius,* dont les dimensions étaient presque colossales, tandis que, à l'exception du chien, les monceaux ne montrent pas la moindre trace d'une race domestique, telle que celles du bœuf ordinaire, du mouton, de la chèvre, du cochon et du cheval ; mais aussi manquaient les grands pachydermes, les éléphants, le rhinocéros, ainsi que les grands chats, les ours des cavernes et même les hyènes. Enfin, l'état des ossements prouva que tantôt ils furent rongés par des carnassiers, et que tantôt ils ont été raclés pour en détacher les chairs qui les recouvraient. Quelques-uns sont fendus dans le sens de leur longueur, à l'aide d'un outil tranchant, avec l'intention d'en extraire la moëlle. Il en est encore qui sont carbonisés, ou même travaillés à la main, de manière à servir eux-mêmes d'instruments, ainsi que l'indiquent les formes qui leur ont été données,

Ces circonstances devaient déjà suffire pour faire comprendre l'intervention de l'homme dans la formation de ces monceaux, quand même les autres vestiges de son industrie eussent fait défaut. Mais, avec tant de débris organiques se trouvaient aussi des foyers formés, tout simplement, d'un pavé de cailloux de la grosseur du poing, puis des fragments d'une poterie à pâte très-grossière, toujours pétrie avec du sable. Ils étaient associés à des instruments en pierre à fusil, quelquefois polis, quelquefois grossiers, informes, et sur lesquels cependant, on reconnaissait toujours le travail qui les avait amenés à l'état de coins, de haches, de scies, de pointes de lances ou de flèches et surtout de couteaux. Bien plus, à tout cet assortiment se joignaient des alènes, des ciseaux, même une sorte de peigne qui paraît avoir servi à la confection de cordelettes, et ces dernières pièces étaient plus spécialement confectionnées avec des os choisis parmi les plus durs, ou bien avec des cornes de cerf et d'élan.

En définitive, tant de découvertes amenèrent à conclure que les énormes amoncèlements de coquilles avaient été formés par des hommes, vivant tour à tour de la pêche ou de la chasse, selon les saisons, et qui jetaient les rebuts de leur nourriture à côté de leurs cabanes qu'ils déplaçaient du moment où l'entassement devenait gênant. Du reste, tout démontre que leur estomac n'épargnait rien; car les membres des chiens, des loups, des chats sauvages, gisent pêle-mêle avec ceux des aurochs et des autres espèces éliminées du pays. Enfin, quelques crânes rappelant le type du Lapon, ramification extrême de la race mongole, permirent de se faire une idée de leurs habitudes ainsi que de leurs mœurs. Il suffit, pour cela, de se reporter du côté de tribus encore existantes, mais qu'une position plus reculée abrita contre l'influence de la civilisation.

A cet égard, les Esquimaux peuvent parfaitement servir de terme de comparaison. Pour eux, la viande et le poisson sont préférables à toute autre nourriture ; l'huile de cétacé et le sang chaud du mammifère à toute autre boisson. Leur lampe toujours allumée, servant à la fois de luminaire et de foyer, est alimentée par une longue tranche de graisse de phoque, animal dont la peau est aussi employée pour l'habillement. Enfin, leur gloutonnerie, ainsi que leur insouciance du lendemain, sont poussées au point que le navigateur Edward Parry put voir une famille de 25 individus absorber au moins 1000 kilogrammes de comestibles fournis par la capture de quatre veaux marins, et cela, en si peu de temps, qu'au bout de six jours survint la nécessité de jeûner. Faute d'huile, les lampes mêmes étaient éteintes ; ensuite, la période de l'abstinence, déterminée par les accidents de la saison, fut terrible.

Evidemment, des races si peu intelligentes, livrées à toutes les aventures de la chasse et de la pêche, ne pouvaient, en aucune façon, se multiplier au point de résister à l'invasion de peuples plus avancés en civilisation. Aussi, d'autres recherches de M. Steenstrup, menées de concurrence avec celles dont je viens de faire connaître les résultats, et portées, sur certaines tourbières, firent découvrir une suite de dépôts bien autrement caractéristiques, en ce sens que dans les parties les plus profondes de ces anciens marais, gisent les instruments de pierre, tandis que plus haut se trouvent des ouvrages en bronze ; puis, aussi près que possible de la surface, viennent les pièces confectionnées avec du fer. De la combinaison de ces faits avec les précédents, naquit l'idée de l'existence d'autant de couches humaines, caractérisées par les squelettes, par les objets fabriqués, en un mot par tout ce qui peut rester de l'homme matériel après sa mort, et elle aboutit, enfin, à une classification par périodes industrielles. Celle-ci est résumée clairement par les désignations : Age de la pierre, âge du bronze et âge du fer.

Au surplus, il me faut entrer dans de plus amples détails à l'endroit de la partie des recherches qui, dans le Danemark, portèrent spécialement sur certains enfoncements du sol, fort singuliers, en ce qu'ils sont arrondis, peu étendus, à parois très-raides et d'une profondeur qui peut dépasser une dizaine de mètres. Ces trous ont reçu le nom de *skovmose*. Les fouilles démontrèrent qu'ils sont remplis d'arbres enfouis avec une extrême régularité, ayant leurs sommets tournés vers le centre ; ils sont, de plus, entassés et enchevêtrés de façon à se trouver, en aussi grand nombre que possible, dans un espace restreint. Si d'ailleurs la cavité est petite, l'arbre peut la traverser d'un bord à l'autre ; si, au contraire, elle est suffisamment large, la partie centrale est occupée par un dépôt tourbeux. Enfin, on ne tarda pas à reconnaître que les arbres en question ont dû croître sur le pourtour intérieur du cône, et s'abattre dans son marécage du moment où ils devenaient suffisamment grands pour perdre leur équilibre. Chose plus intéressante encore, c'est qu'en vertu des variations séculaires, par suite desquelles certaines espèces végétales se substituent à d'autres, plusieurs végétations forestières ont pu se succéder avant qu'un skovmose n'ait été comblé. On a trouvé le pin dans ses parties les plus profondes ; le chêne repose au-dessus, et sur celui-ci est couché le hêtre qui végète encore dans la contrée. On a donc pu établir quelques calculs d'après ces données, et l'on estime qu'il a fallu 4000 ans pour produire ces enfouissements avec leurs tourbes. Or, dans ces arrangements, les instruments de silex appartiennent à la couche pinéenne, et même quelques-uns des pins ont été coupés à l'aide du feu, probablement avant l'emploi commode de la pierre qui, du reste, se retrouve encore dans la couche à chênes ; mais alors venait l'âge naissant du bronze, métal dont l'emploi s'est prolongé jusqu'à l'époque où le hêtre s'était établi. Enfin le fer, accompagnant cet arbre, s'est conservé, avec lui, jusqu'à nos jours.

Eh bien! ces sortes d'effondrements abondent sur les plateaux du Jura, du Vercors et de diverses autres parties du bassin du Rhône, où je les ai vus à tous les états possibles de développement, depuis celui formé la veille, à côté des routes, jusqu'à celui de comblement presque parfait, avec les grands arbres végétant vigoureusement dans leur intérieur et avec leurs tourbes ou marais centraux. Mais d'ordinaire, ces creux n'ont pas été fouillés, tandis que dans la Bresse, les skovmoses ont été l'objet de quelques études. Elles ont abouti à démontrer qu'ils existent tantôt sur les fonds qui sont en plaine, tantôt sur ceux qui sont en pente; on les rencontre, non moins indifféremment, dans les bois, dans les prés, dans les champs. Ils sont fréquemment isolés ; toutefois, on en voit quelquefois deux ou trois qui sont placés l'un à côté de l'autre, de manière à n'être séparés que par d'étroites chaussées de $0^m,50$ à $1^m,00$ de largeur. Leur forme est le plus souvent circulaire, avec un diamètre qui varie depuis quelques mètres jusqu'à plusieurs dizaines de mètres. Aucune fontaine, aucune source ne sort de ces concavités ; elles ne contiennent d'autre eau que celle de la pluie qui y tombe directement ou qui afflue par les pentes voisines. Elles se remplissent, en automne et en hiver. Au printemps, il s'y développe des milliers de têtards, de grenouilles, de crapauds et d'insectes aquatiques; enfin, en été, toutes ces mares se déssèchent. On peut alors y entrer sans danger d'enfoncer, parce qu'on marche sur une tourbe recouverte de laiches, de mousses et autres végétaux marécageux. Cependant, des perches de 5 à 6 mètres de longueur peuvent y être enfoncées, sans grande résistance, dans une boue noire dont on ne peut pas atteindre le fond. Les fouilles ont démontré qu'elles sont pleines d'arbres, de toute essence, devenus très-noirs, plus ou moins détériorés par leur séjour au milieu de cette humidité et couchés absolument de la même manière que ceux du Danemark.

Au surplus, ces mares n'existent généralement plus dans leur état naturel; elles ont été converties en prés, après leur assainissement et par l'addition superficielle d'une couche de terre. Ce n'est guère qu'au milieu des bois qu'on les trouve dans toute leur intégrité, et encore, elles tendent à se combler assez visiblement par l'amoncèlement des feuillages, ou débris végétaux qui y tombent, et par celui des herbes qui croissent sur leur surface. Dans d'autres cas, des saules marécageux, de la bourdaine, de l'aulne et divers arbres ou arbrisseaux aquatiques ont pris naissance; mais à cela se sont bornées les études. On le voit donc, un vaste champ d'observations est ouvert aux alentours de Lyon, et c'est avec l'intention bien arrêtée de le livrer à la partie savante du public que je suis entré dans de si nombreux détails.

Je viens de faire connaître ce qui caractérise l'âge de la pierre en Scandinavie. Eh bien! lors du grand étiage de 1854, les eaux des lacs de la Suisse s'étant fortement abaissées, on put faire des découvertes qui, grâce à l'active impulsion de MM. Troyon et Morlot, et au patriotisme des autres savants du pays, aboutirent à faire constater une fort curieuse modification des habitudes, comparativement à celles du nord de l'Europe. En effet, les anciennes tribus s'établissaient de préférence, non pas sur les bords, mais aussi avant que possible sur les marais et les lacs de la contrée. De cette manière, elles pouvaient se livrer à la pêche, sans renoncer pour cela à la chasse, tout en trouvant des retraites aussi assurées que possible contre les attaques des ennemis et des bêtes féroces. Pour atteindre leur but, elles construisaient les villages en fixant d'abord, dans la vase, des pilotis surmontés d'une plate-forme, sur laquelle s'élevaient les maisons. Enfin, le tout était susceptible d'être raccordé avec le rivage, à l'aide d'une sorte de chaussée de facile défense, et qui peut-être avait été arrangée à la façon d'un pont-levis.

De pareils établissements exigeaient déjà une certaine intelligence; mais ce qui surprend davantage, c'est l'immense patience dont les habitants ont fait preuve à l'endroit de ces travaux. On a compté, dans l'une de leurs constructions, jusqu'à 40000 pièces de chêne et d'if, arbres dont le bois se conservant dans l'eau, formait des supports convenables. Sans doute, plusieurs générations travaillèrent successivement à l'agrandissement d'une de ces bourgades. Bien plus, ce genre d'habitation si favorable pour la pêche, si approprié à la défense, a persisté durant le temps énorme des deux premiers âges, puis, pendant le début de l'âge du fer. Et chose encore fort digne d'attention, c'est que, près d'Estavayer, sur le lac de Neufchâtel, on put distinguer deux pilotages, l'un rapproché du rivage et où l'on n'a trouvé que des instruments, soit en silex, soit en os; l'autre, avancé sur l'eau, a offert une quantité d'objets en bronze. Toutefois, il faut au moins, à l'égard des primitives populations, faire la part de l'état imparfait des instruments. Le métal leur était tout aussi inconnu qu'aux anciens Lapons, et, la pierre, les cornes, ainsi que les os les plus durs des hérons, des oies, n'étaient en définitive que de bien faibles ressources pour de si gigantesques travaux.

Parmi les vestiges d'animaux trouvés auprès de ces emplacements, il importe de mentionner ceux qui proviennent d'espèces complètement perdues, comme, par exemple, le sanglier des tourbières, tandis qu'à côté d'eux gisent des débris appartenant à des espèces simplement refoulées vers le nord. Un autre détail important consiste dans la rencontre des restes d'animaux domestiques, tels que le chien, le bœuf et la chèvre. Ces derniers exigeaient une pâture suffisante pour l'hiver, circonstance qui porte à conclure que l'aborigène de l'Helvétie avait des habitudes pastorales, auxquelles l'agriculture n'était pas étrangère. Aussi l'orge, le froment, des pommes, des poires, peut-être sauvages, en tout cas carbonisés par l'incendie qui détruisit ces demeures, et de plus, des tissus d'une sorte de chanvre ou de lin, ont été trouvés parmi les autres débris. En cela donc, le Suisse originaire, à demeure fixe, différait déjà considérablement du Lapon nomade.

Notons cependant que divers crânes humains, d'une conformation analogue à celle de l'ancien Lapon, embranchement extrême de la variété mongolique à peau jaune, amenèrent à conclure une certaine identité de race, et cette circonstance se laissant remarquer non seulement en Suisse, mais encore en France, en Irlande, en Ecosse, on dut considérer le type comme s'étant étendu sur toute l'Europe. Mais aussitôt, vint la triste remarque que les peintres représentent Adam et Ève sortant admirablement beaux de l'Eden où ils avaient péché, tandis que cette beauté primitive devient bien douteuse, lorsque du limon des lacs, on extrait des pièces que l'on serait presque tenté de ranger à côté de celles des singes. Il fallut donc se demander si le type primitif de la race humaine ne s'est perfectionné qu'autant que l'industrie rendit la vie plus facile, tout en éveillant l'intelligence. Nous allons voir comment cette idée est contredite par l'arrivée de nations plus avancées. Pour le moment, ces réflexions ne doivent point nous rendre injustes envers les êtres dont proviennent les restes en question. Tout semble établir que les mœurs des premières populations de l'Occident étaient douces ; que les sentiments religieux ne leur manquaient pas, et leur genre de sépulture indique chez elles, comme chez la plupart des autres nations primitives, la confiance dans la résurrection des corps. En effet, le cadavre, replié sur lui-même, dans une cavité cubique, formée avec des dalles, et placé de façon à imiter l'attitude du fœtus, est la représentation symbolique, quoique naïve, de l'idée que les morts doivent quitter ce monde pour entrer dans l'autre. Les nègres de la Nouvelle-Galles du Sud prétendent, encore aujourd'hui, qu'ils monteront à leur futur séjour sous la forme de petits enfants, en voltigeant d'abord sur les branches et sur les cimes des arbres, pour s'élancer de là dans la région des nuages d'où ils sont venus. Du reste, ce mode d'enterrement qui, dès l'aube naissante de la civilisation, se généralisa si largement et qui s'est conservé encore de nos jours, comme le démontrent, à la fois, les tombes avec instruments de silex des antiques substructions de Babylone, aussi bien que celles de l'Angleterre, du Danemark, de la Suède, de la Suisse occidentale, de la France, de l'île de Ténériffe, des Bassoutos, des Hottentots, des Iles Andaman, ce mode, dis-je, porte à croire qu'il fut importé en Europe par les plus anciennes migrations de l'Orient. En ce sens, il serait un héritage de la foi qu'avaient les descendants de Noé à une seconde naissance. Il faut admettre, en sus, que ceux-ci apportèrent avec eux les céréales retrouvées dans la Suisse, et l'on peut supposer, en même temps, que le climat retarda leur implantation dans le Nord, dont les parties les plus reculées restèrent sous le régime de la chasse et de la pêche.

De la Suisse à la France il n'y a qu'un pas. On devait donc imaginer que notre pays présenterait des restes analogues, et cette conjecture n'a pas tardé à se réaliser. En effet, la Savoie montra bientôt ses pilotis des lacs d'Annecy et d'Aiguebellette. En outre, un passage de Suidas ayant appris que les Allobriges avaient conservé l'usage des habitations lacustres, M. Ch. Delacroix profitant de cette donnée, reconnut des lignes de pieux enfoncés dans le lac de Saint-Point, près de Pontarlier, sur le Jura. L'endroit où elles sont établies, portant dans le pays le nom de Ville-Danvauthier, je suppose, d'après cela, que des études convenables nous mettraient bientôt en possession de restes pareils, placés à proximité de Lyon. En effet, la tradition veut que le marais des Echeyx, situé dans la Bresse, à quelques kilomètres de la Croix-Rousse, ne soit qu'un affaissement du sol qui aurait englouti l'ancienne ville de Dol. La ville de Thanus, près de l'église de Brou, se serait éclipsée de la même manière, et comme, sans doute, il sera difficile d'en découvrir les vestiges, aujourd'hui que ces pièces d'eau, desséchées par divers travaux, ont été livrées à la culture, il nous reste encore, non loin d'ici, en Dauphiné, un lac à la fois vaste et profond, celui de Paladru, dans lequel on a distingué des traces du genre des précédents. Les habitants du pays les considèrent également comme étant les ruines d'un ancien village; leur imagination les portait même, dans le siècle passé, à entrevoir son clocher au fond des eaux et à croire que ses cloches se faisaient entendre de temps à autre. Sans doute, il ne s'agit en ceci que d'un retentissement produit peut-être par le mouvement des vagues. Aussi, faisant la part de cette hallucination, il n'en reste pas moins, pour l'homme capable de rapprocher les faits, l'idée qu'une bourgade lacustre a pu exister sur ce point, et je livre, encore une fois, cet aperçu à nos zélés archéologues, avec d'autant plus de confiance que déjà la question de l'existence de ces constructions n'est plus très-problématique à l'égard du département de la Somme.

J'ai dit que la France a aussi sa part dans le grand travail archéologico-géologique dont, de leur côté, nos voisins, de

même que les Danois, ont tiré un si grand parti. Nos découvertes
en ce genre sont loin d'être neuves, car des instruments
de silex gisent dans la Marche, dans l'Auvergne, dans le
Périgord et jusque dans les sables des dunes de Gascogne.
Notre confrère, M. Dumortier, a trouvé naguère une jolie
flèche sur le Mont-d'Or lyonnais; et d'ailleurs, dès 1776,
Valmont de Bomare mentionnait les haches, les marteaux,
les couteaux, les flèches, la pierre de circoncision, espèce
de taillant dont on supposait que les anciens se servaient
pour l'opération dont elle porte le nom. Encore, tous ces
objets étaient considérés comme des armes et des ustensiles
de sauvages, avant l'invention du fer. Ils avaient déjà été
comparés à ceux des peuples de la mer du Sud et spécialement de la Nouvelle-Zélande, ainsi que des îles des Amis,
attendu qu'ils offraient des ressemblances parfaites dans la
destination, dans la manière de les emmancher et de les
employer.

Cependant, la question devait acquérir un tout autre développement, en ce sens que les recherches faites dans le
département de la Somme, par un infatigable savant,
M. Boucher de Perthes, puis vérifiées par MM. Rigollot,
Gaudry, Lartet, Collomb et autres géologues, ont abouti à
une conclusion digne d'une attention d'autant plus grande
qu'elle amène à admettre une ordonnance géologique, de
nature à détruire certaines idées relatives à l'état dans
lequel l'homme trouva la contrée au moment de sa venue.
En tout cas, les conditions de son existence devaient être
complètement différentes de celles de nos jours. Il faut se
le figurer entouré d'animaux, dont la race éteinte était
supposée propre aux périodes antédiluviennes. De son temps
vivaient encore l'*Elephas primigenius* ou le Mammouth, le
Rhinocéros à narines étroites, de grands Bœufs d'espèce particulière, et l'Ours des cavernes. Du moins, les moyens

de défense, les haches de pierre, sont confondus avec leurs ossements dans les mêmes graviers, et ceux-ci forment des couches que leur épaisseur porte à considérer comme étant diluviennes, ou tout au moins comme ayant été charriées par des torrents d'une violence extraordinaire. Notons d'ailleurs que, sur la plaine de Grenelle, existe un cailloutis renfermant des fragments granitiques, détachés du Morvan, et par conséquent admis au rang du diluvium. Eh bien! là encore, M. Gosse a récolté une hache en silex, avec beaucoup d'autres objets taillés de main d'homme, auxquels s'ajoutaient des os de mammifères éteints.

Dès ce moment donc intervint l'hypothèse d'une ou de plusieurs intenses secousses qui auraient occasionné, non seulement le déplacement subit des eaux, mais encore de graves dislocations de l'écorce terrestre. Du reste, des gisements analogues à ceux de la Picardie existant en Angleterre, on en vint à déclarer qu'alors les Iles Britanniques n'étaient point séparées du continent, et que les primitifs habitants de l'Europe pouvaient se rendre, à pied, des régions voisines de la Somme dans celles qui forment aujourd'hui les Comtés orientaux de la Grande-Bretagne. A cet égard, on ne dispute plus que sur la question de savoir si l'homme appartient de fait à la période actuelle ou quaternaire, ou bien à cette partie de la période tertiaire, dont la fin vit s'effectuer le soulèvement des Alpes.

Très-certainement, il y a exagération à l'égard de ce dernier point; mais, laissant à l'avenir la solution définitive, je n'en admets pas moins que l'homme fut le témoin de grandes catastrophes. N'ai-je pas vu, d'après les indications de M. de la Marmora, à l'extrémité méridionale de la Sardaigne, le plateau calcaire qui domine Cagliari, couvert d'une couche végétale sous laquelle git un lit graveleux, contenant des coquilles identiques à celles de la mer qui longe la côte voi-

sine; et comme, entre ces mêmes cailloux et coquilles, je
ramassai des débris d'une poterie grossière, dont la pareille
se montre dans les plus anciens monuments de l'île, il me
faut nécessairement conclure que les hommes qui fabriquèrent ces vases ont assisté à l'exhaussement de l'ensemble du plateau, avec ses dépôts, aux 60 ou 80 mètres où
ils sont établis aujourd'hui. Or, de semblables déplacements,
qu'ils soient survenus entre l'Afrique et la Sardaigne, ou bien
entre la France et l'Angleterre, devaient, très-probablement,
être accompagnés de violents mouvements des eaux ; et, par
suite, ils rendraient, au besoin, facilement raison des transports de graviers du genre de ceux de la Picardie.

Toutefois, ce n'est pas uniquement sur cette dernière
partie de la France qu'ont été découverts des vestiges de sa
primitive population. En outre, sur les nouveaux points
qui doivent être mentionnés, on a rencontré, non pas seulement des outils, mais souvent aussi des crânes ou autres
parties osseuses. A cet égard, il faut d'abord rappeler la caverne de Bise (Aude), dont le limon empâte des débris de poteries grossières avec ceux de lions, d'hyènes, de tigres et de cerfs,
d'après M. Tournal. Celle de Pondres (Hérault), qui fut entièrement comblée par un limon identique, offrit en sus, à M. de
Christol, une molaire, plusieurs phalanges de la main et un
métacarpien humain, encore avec des parties d'hyènes, d'aurochs et de cerf. De même, la caverne de Souvignargues présenta plusieurs molaires de bœuf, de cerf, d'ours, une
phalange onguéale de solipède avec deux vertèbres, une
omoplate, un humérus, un radius, un sacrum et un péroné
d'homme. Vient ensuite celle de Mialet (Gard), dont M. E.
Dumas a extrait des restes analogues. Toutefois, ces cavernes ayant pu servir de refuges pour l'homme, on conçoit que la question de la contemporanéité de ces pièces diverses
est assez complexe pour n'avoir pas pu être tranchée d'une

façon définitive. Bien plus, à l'égard de la dernière station,
M. E. Dumas a conclu que l'homme, l'ours *(ursus spelœus)* et
l'hyène (*hyœna spelœa*) n'en habitèrent certainement pas simultanément le réduit souterrain.

Il fallait donc des détails d'une nature plus démonstrative.
A ce titre, on peut mentionner la rencontre faite, en 1859,
par M. Fontan, de la caverne de Massat (Ariége) où les ossements de l'ours, du lion, de l'hyène, etc., sont associés avec
des dents humaines, des os travaillés en forme de flèches,
et des fragments de charbon. Une pareille complication est
déjà passablement satisfaisante, et pourtant, M. Lartet offre
mieux encore en annonçant ses résultats d'une visite des
grottes d'Aurignac (Haute-Garonne). Leur ouverture était
close par des dalles, et elles renfermaient des squelettes d'ado-
lescents avec des ossements du renne, de l'ours des cavernes,
de l'hyène des cavernes, du mammouth, de l'aurochs, du che-
vreuil, du cheval, toujours accompagnés d'instruments et
de flèches en silex. Là aussi, furent trouvées des lames en
bois de renne, semblables aux lissoirs qu'emploient aujour-
d'hui les Lapons, pour rabattre les coutures grossières par
lesquelles ils rejoignent les peaux de l'animal, quand ils veulent s'en couvrir. Les os des herbivores avaient été fendus
pour en extraire la moëlle, et de plus, une canine de l'ours,
percée dans toute sa longeur, était travaillée de manière
à montrer la représentation imparfaite d'une tête d'oiseau.
Enfin, je note, pour le département de l'Yonne, les grottes d'Ar-
cy, qui, fouillées par M. de Vibraye, donnèrent, sous un lehm
argileux et sous des sables et graviers calcaires provenant des
montagnes voisines, un lit de graviers en partie composé de
débris roulés des roches du Morvan. Il contenait une mâchoire humaine avec une tête d'*Ursus spelœus*.

Un tel ensemble de faits ne laisse donc plus guère de
doutes au sujet de la coexistence, dans notre pays, de l'homme

avec certains animaux dits antédiluviens, et pourtant l'intérêt que présentent de pareils éléments, ne doit pas faire perdre de vue un dernier détail caractéristique de l'âge de la pierre. Celui-ci concerne l'établissement, chez le Lapon comme chez l'Israélite, au nord comme au sud de la France, des monuments connus sous les noms de Menhir ou Peulvan, Dolmen, Cromlech, Tumulus, monuments qui constituent ce que l'on est en droit de désigner sous le nom d'*appareil druidique*. La destination de ces simulacres des pyramides et des obélisques de l'Egypte était de rendre hommage à des chefs, de servir à la sépulture ou bien à la consommation des sacrifices. A plusieurs reprises, Josué fit dresser des menhirs pour conserver le souvenir de son passage au travers de la Palestine.

Les dimensions de quelques-unes des *pierres-plantées* excitent l'étonnement, surtout quand on se reporte à l'exiguité des moyens mécaniques dont disposaient les peuples qui les dressèrent. Cependant, leur mise en place s'explique par l'emploi des rouleaux et des plans inclinés, ressources sans doute lentes, mais efficaces. Aussi ce qui surprend davantage l'homme de science, c'est que M. Boucher de Perthes croit avoir découvert le type primitif des dolmens, des pierres druidiques, au milieu de ses alluvions, et qu'il admet, en sus, que ces monuments ne sont pas les plus anciens des Gaules. Suivant lui, il y existe des poteries d'un âge encore plus reculé.

En définitive, rien ne légitime l'idée d'une première phase humanitaire dont il ne resterait aucun souvenir. Loin de là, les témoins d'une antique période, dite anté-historique, anté-traditionnelle, abondent autour de nous. Ils sont conservés dans les tombeaux, dans les tourbières, dans les effondrements du sol, dans les anciennes alluvions, dans les limons des lacs, dans les argiles des cavernes. On les y voit quelquefois entassés avec les ossements d'animaux actuelle-

ment détruits. La difficulté se réduit à effectuer leur dé-
brouillement, et en ceci sourtout, le géologue doit intervenir
avec l'archéologue. Espérons qu'en continuant à s'aider réciproquement, ils parviendront à asseoir l'histoire de l'homme
primitif sur des bases irréfragables.

Evidemment l'ancien habitant de nos contrées, aussi bien
que celui qui existe encore en Amérique et dans l'Océanie,
appartenait à une race dont le front fuyant, l'angle facial obli-
que, les incisives saillantes, indiquent un type inférieur, voisin
des gorilles. Les nègres ont la prétention de nous avoir précédés
sur la terre, et jusqu'à présent rien ne prouve la fausseté de
leur opinion. Mais d'où sont venues ces humaines engeances
qui vécurent en Europe avec le mastodonte, le rhinocéros, l'hip-
popotame, l'hyène, comme tout tend à le prouver? Eh bien!
les monuments susdits, se trouvant établis chez des peuples
très-divers, ont été combinés avec les autres vestiges du premier âge, et l'on est arrivé à supposer que les populations auxquelles il faut les attribuer se détachèrent du Caucase et de
l'Altaï. Partant d'ici, les unes suivirent les rives des mers du
nord pour aboutir par l'Elbe à la Thuringe, tandis que les
autres, parcourant successivement les côtes de la mer Noire,
de la Méditerranée, remontèrent le Rhône, s'étalèrent sur la
France et sur les parties voisines.

Or, ces migrations ont dû s'opérer successivement. Au
nord, les Lapons, entre autres, peuvent être considérés comme
étant les premiers en date, les aborigènes; car, suivant la
juste remarque de Pinkerton, ils sont si faibles et si pacifiques, leur sol est si ingrat qu'ils n'ont pu vaincre aucune
nation, et aucune nation n'a pu envier leur territoire. Leur
nom indique même une moquerie. Il signifie, chassés, repoussés aux limites du monde, et selon toute apparence
ce sont les Finnois appartenant à leur race, mais dont le
corps quoique de moyenne taille est bien développé, qui les

refoulèrent au-delà d'anciennes limites beaucoup plus méridionales.

Encore, à l'égard d'une question si grave, un excès de démonstrations n'est pas hors de saison, et, sans rien rejeter, poursuivons les études déjà en si belle voie d'avancement. Surtout ne perdons pas de vue que le sol de l'Asie doit aussi être exploré dans le sens actuellement adopté pour l'Europe; qu'il s'agit de rassembler également du côté de l'Orient les matériaux d'une histoire positive des temps anté-historiques, et ensuite seulement, il sera permis de philosopher sur la création de l'homme.

A l'âge de la pierre, succéda celui du bronze. Il paraît avoir été apporté par une nouvelle migration, celle des Celtes, qui s'implantèrent sur une grande partie de l'Europe, comme semblent le prouver divers noms plus ou moins atrophiés, Gaël, Gal, Gallus, Galicie, Galata, Gwal, Wahlen, Wallon, Valaque, Valaisan, Wælche. Leur origine asiatique est décélée par les fines attaches des pieds et des mains qui devaient être petites. On peut le reconnaître d'après les nombreux bracelets qu'ils ont laissés, aussi bien qu'à l'exiguité des poignées de leurs épées. En un mot, tout indique, en eux, une race élégante en même temps que guerrière. Les sacrifices humains, en l'honneur d'un personnage décédé, leur étaient familiers; c'est du moins ce que démontrent les squelettes jetés négligemment autour d'un point central occupé par celui du chef; et d'ailleurs, on leur doit l'usage de l'incinération des morts, usage qui permet de soupçonner le culte du feu. Dès ce moment, les tumulus devinrent moins élevés. Avec eux naquirent les temps héroïques, et l'Helvète, d'origine probablement celtique, détruisit les bourgades lacustres de la région Alpine. En tout cas, la nouvelle population introduisit, dans nos contrées, une modification si profonde, qu'il faut nécessairement admettre, à partir de son arrivée, une période bien distincte de la précédente.

Evidemment le groupe celtique s'est singulièrement altéré dans nos climats. Cependant, il n'en importe pas moins de s'occuper des nations sur lesquelles il a pu réagir directement ou indirectement.

De tout temps, on comptait, entre autres, en Europe, les Pélasges, race indo-germanique à laquelle on rattache les Arcadiens, les Cyclopes, et ayant sa langue à laquelle appartenaient, dit-on, tous les noms propres de l'ancienne Grèce, Thésée, Ulysse, Achille, etc. Son écriture pélasgique ou cadméenne fut importée par le phénicien Cadmus. On attribue à cette même race les monuments cyclopéens ou pélasgiques dont on découvre les restes sur la terre de Canaan, en Grèce, en Italie, dans l'île de Sardaigne. Ces Pélasges furent repoussés par les Hellènes 1550 ans avant J.-C. A côté d'eux se trouvaient les Etrusques, peuples de la plus haute antiquité, possédant une langue dont la famille ne peut pas être assignée d'une façon précise; ces Etrusques ayant été soumis par les Romains, leur idiome s'est confondu dans le latin, en se mélangeant avec celui des Arcado-Pélasgiens et peut-être des Troyens. En Espagne, dominaient les Ibères, autres asiatiques, dont l'union avec les Celtes constitua la fraction celtibérienne. Jadis, ils occupaient une partie de la Gaule, car les traits de leur figure se montrent encore vers le sud-ouest de la France, dans diverses localités du bassin de la Garonne. Au nord-ouest s'étendait la grande confédération indo-germanique des Teutscher ou Teutons. Sur le nord et le nord-est, on comptait les Finnois ou Tchudes, ou Scythes d'origine mongole incontestable, c'est-à-dire également venus de l'Asie, et dont dérivent les noms de Schwèdes, Schottes, Scandinaves. Ils étaient en relation avec les anciens peuples historiques, et toutes ces circonstances sont à noter à cause de leur rôle industriel. Là aussi, entre la Baltique, les Carpathes et Moscou, régnaient les Slaves, habitants antiques de l'Europe, contemporains des Celtes; les Bulgares du Volga avec d'autres peuples qui étant compris entre les Slaves, les Finnois et l'Oural, ont été comme eux l'objet des savantes recherches de MM. Eichoff et Viquesnel. Ainsi se complète une des séries les plus essentielles au point de vue métallurgique, et qui, par la suite, sera l'objet de quelques autres détails.

Quant au fer qui fut connu déjà très-anciennement en Asie, je me borne à rappeler qu'à l'époque de son importation en Europe, les espèces animales, dites antédiluviennes, étaient parfaitement détruites. Tout au plus pouvait-il encore exister une lutte acharnée entre l'homme et d'autres animaux féroces, dont il était entouré. Les combats d'Hercule, représentés par Alcamène sur le fronton du temple de Jupiter à Olympie, donnent de quelques-uns de ces êtres, une idée suffisamment nette pour que M. Geoffroy Saint-Hilaire ait pu en faire l'objet d'intéressantes comparaisons. Le sanglier d'Erymanthe, à deux défenses d'égale hauteur, juxtaposées de chaque côté de la tête, devint une espèce voisine du féroce phacochère, qui n'existe qu'en Afrique. Le taureau de Crête fut réuni au massif aurochs, dont il ne reste qu'un petit nombre d'individus dans la Pologne et la Lithuanie. Enfin, le lion de la forêt de Némée se trouva appartenir à une race entièrement reléguée du côté de Bagdad. Ainsi donc, les combats du demi-dieu, personnification héroïque des Pélasges, avaient pour but de débarrasser le pays d'hôtes incommodes, assujettissement dans lequel se trouvaient également les anciens peuples de la Gaule et du nord de l'Europe, tout comme l'est encore le colon actuel des pays nouvellement conquis sur la barbarie; mais en cela, comme en d'autres choses, rien ne venant indiquer de nouvelles révolutions du globe, depuis l'âge de la pierre, la question géologico-archéologique se trouve, par le fait, entièrement annulée.

Cependant, pour laisser le moins possible à désirer, je vais encore détailler les conclusions d'un calcul des géologues suisses.

Partant des objets trouvés dans les attérissements du torrent de la Tinière près de Villeneuve, sur le lac de Genève, ils se croient en droit d'attribuer à l'introduction du fer dans leur contrée, au moins un millier d'années. La couche de l'âge de bronze, remonterait à 3 ou 4 mille ans. Enfin, celle de l'âge de la pierre aurait une antiquité de 5 à 7 mille ans, le tout étant évalué à partir de notre ère. Et au-delà, vient l'état d'enfance de l'espèce humaine.

Sans doute, ces résultats méritent confirmation. Je crois donc bien faire en recommandant l'étude des hautes-berges de la Saône, dans les parties supérieures de son cours. On y connaît d'étranges amoncèlements d'ossements dont l'ensemble n'a pas encore été étudié avec tout le soin convenable. Et qui sait, si dans les couches les plus basses de ces dépôts effectués par les débordements de notre rivière, on ne trouvera pas des instruments ou autres objets de nature à compléter ou à rectifier les données précédentes.

B. *Partie industrielle.*

Jusqu'à présent, les relations d'âge et de gisement ont absorbé notre attention plus que les causes du progrès dont elles ont fait découvrir la marche ascensionnelle. Il nous faut donc aborder cette seconde partie, et pour procéder suivant un ordre rationnel, il convient, entre autres, de chercher, chez les peuplades actuellement dispersées sur la surface du globe, les habitudes qui peuvent offrir certaines conformités avec celles des anciennes populations dont les restes ont été suc-

cessivement mis en évidence. En cela, nous ne nous écar-
terons pas de la méthode adoptée dans la géologie, lorsque
d'un simple os trouvé dans un terrain ancien, on déduit les
mœurs de l'animal dont il provient, en le mettant en parallèle
avec la pièce correspondante d'un carnassier ou d'un herbi-
vore de notre époque. Au surplus, cette marche a été également suivie par les archéologues; car du moment, par
exemple, où il fallut décidément savoir ce que pouvaient être
les vieux instruments de silex découverts dans les entassements
séculaires de l'Europe, quand on dut renoncer à l'idée populaire
qu'ils sont tombés avec la foudre, il a suffi de les comparer à
ceux des habitants de l'Océanie, chez lesquels leur usage s'est
conservé en même temps que l'identité parfaite des formes. La
sépulture dans les tombes cubiques existe encore en Afrique,
comme aussi l'habitation aquatique est maintenue sur le
Bosphore, sur divers lacs de l'Asie, autour de quelques
îles de l'Océanie et spécialement le long des bords du Tsadda,
dont le débordement submergeait les demeures à l'époque
du passage d'un célèbre voyageur, le docteur Baikie.

Malgré les idées que l'on peut se faire en partant de quelques points brillants de l'Europe civilisée, il n'en est pas moins
évident que les grandes migrations et l'absorption des tribus, les unes par les autres, n'ont pas confondu l'espèce humaine en un magma tel que les anciennes pratiques aient
été complètement effacées. Loin de là, le partage actuel
des races humaines permet encore de découvrir les types
primordiaux avec leurs habitudes. Si, par exemple, le Lapon
lui-même s'est perfectionné au contact des Suédois, ses analogues, l'Esquimau et le Samoyède, nous le montrent comme
il était à l'âge de la pierre, et déjà précédemment ce rapprochement a été effectué.

Quant à la haine mutuelle et égale qui séparait, il y a
environ 2000 ans, les pêcheurs finnois de la Baltique, et

les chasseurs des antiques forêts de la Germanie, elle existe également entre les Indiens du Nord-Amérique et les Esquimaux. Des massacres en sont la conséquence, et ils sont provoqués par d'excessifs besoins. D'après les calculs de Volney, 200 daims par an sont nécessaires à l'entretien d'une famille d'Indiens chasseurs; mais à certaines époques de l'année tout le gibier disparaît. Alors, il faut recourir à d'étranges aliments, détacher des pans verticaux du terrain, la *tripe de rocher*, sorte de lichen que la faim impérieuse peut seule porter à considérer comme une nourriture. Et lorsque cette ressource vient à manquer, naissent les scènes de cannibalisme. De là des légendes sanglantes. Des mères mangent leurs enfants, le père dévore la femme ou bien la femme se rassasie de la chair de l'homme, selon l'état d'hallucination dans lequel ils se trouvent. A plus forte raison une tribu étrangère doit être ennemie.

La vie nomade et pastorale des anciens patriarches existe tout entière, même à côté de nous, dans l'Algérie. Virgile l'a dit :

> ....*Omnia secum*
> *Armentarius Afer agit, tectumque, laremque*
> *Armaque, Amyclœumque canem, cressamque pharetram.*

En place du fusil actuel, remettez sur l'épaule de l'Arabe l'ancien carquois de Crête et vous pourrez voir en lui une image de Jacob, d'Abraham, d'Abel, ou des autres personnages bibliques dont il vous plaira d'évoquer les ombres. Du reste, serrez la main d'un cheik et vous sentirez les doigts aristocratiques et effilés de l'Asiatique, contrairement aux idées que vous auriez pu vous faire des résultats de la dure existence du désert.

Quiconque, en France, connaît son pays, sait qu'entre Marseille et Arles, la vaste plaine de la Crau contient encore le Bayle nomade, possesseur de troupeaux avec lesquels il émigre chaque année. A l'approche de l'été, il se rend dans les montagnes sub-alpines et dans les Alpes jusqu'au Valais, conduisant, par détachements, ses innombrables moutons, pour les faire bivaquer au milieu de hauts pâturages. Au retour de l'hiver, il les ramène sur les tièdes plages méditerranéennes. Républicain d'un genre particulier, homme robuste et exempt de diverses maladies, il appartient évidemment à une race spéciale, et je ne serais guère surpris si l'on venait me démontrer qu'il dérive d'une tribu Kabyle (Q'bàïl) transplantée en Europe. En tout cas, on voit qu'une promenade en Algérie n'est pas absolument indispensable pour nous montrer un peuple migrateur. Maintes fois, rencontrant le Bayle sur les routes alpines, j'ai partagé, avec lui, le repas champêtre.

Ainsi donc, chaque voyage nous fait retourner une page de la Bible, d'Hérodote, d'Homère, de Virgile, de Tacite, nous remet sous les yeux la réalité de leurs récits, et par suite, il nous est possible, pour une foule de cas, de nous figurer exactement l'ancien état moral et matériel des populations. Si les unes s'établissaient à la surface des eaux, les Troglodytes habitaient des cavernes, se creusaient des terriers; d'autres divaguaient sur des charriots, se fabriquaient des cabanes avec des branchages, et toutes devaient lutter entre elles, lutter contre les animaux féroces, lutter avec les éléments. Mais comme, en définitive, le chasseur, le pêcheur, le pasteur, absorbés par les nécessités de leur existence, étaient dans l'impossibilité de s'occuper par eux-mêmes d'un travail en dehors de leurs habitudes, une industrie quelconque devenait un accessoire indispensable.

Alors, dans des climats convenables, se forma le cultivateur, auquel des produits assurés permettaient une existence moins dangereuse ou plus lucrative que celle du nomade, sans qu'il fut pour cela obligé de renoncer aux troupeaux. En ce sens, sa supériorité est parfaitement constatée par la

Bible, lorsqu'elle nous montre le patriarche Jacob, à la fois pasteur et laboureur, achetant le droit d'aînesse d'Esaü, le chasseur affamé.

Cependant, cette première amélioration ne put pas s'effectuer spontanément, car même le laboureur avait besoin d'armes et d'instruments. Il faut donc forcément admettre que, dès le principe, les individus les plus intelligents et les plus laborieux des anciennes peuplades, furent amenés à se consacrer, à peu près exclusivement, à la fabrication des objets nécessaires à leurs voisins. La mâle industrie des fils de Triptolème exigeait une industrie plus mâle encore ; le métier de pionnier ne se borne pas simplement à incendier les forêts, il faut aussi remuer, retourner la surface du sol, et en cela les simples bras et ongles sont des ressources très-insuffisantes. L'observation confirme d'ailleurs cette nécessité que fait comprendre le raisonnement le plus simple ; en effet, soit que l'on remonte aux époques les plus reculées, soit que l'on examine encore aujourd'hui certaines affinités des peuples, on ne tarde pas à voir à côté du nomade, l'homme voué au travail de la pierre ou des métaux, et nous en citerons bientôt des exemples.

Sans doute, son savoir ne s'est pas créé instantanément au grand complet, à l'instar de Minerve sortant armée de pied en cap du crâne de Jupiter. Il n'y a que les dieux de la fable pour produire de ces merveilles. Le nôtre veut du travail, et par suite, bien des préambules, de nombreux tâtonnements, des raisonnements variés, amenèrent insensiblement l'artisan à perfectionner ses procédés. Aujourd'hui même, il se perfectionne encore, et en ceci surtout, un grand intérêt s'attache à l'étude de débuts dont dérivèrent successivement les théories les plus ardues de la chimie, de la physique, de la géologie et même des mathématiques.

Ceci posé, remontons au point de départ.

DU FEU.

Dans les conjonctures où nous nous trouvons, il est, entre autres, permis de supposer que l'âge de la pierre a commencé par une époque, peut-être assez longue, pendant laquelle l'espèce humaine ne savait pas se procurer du feu, élément essentiel de toute industrie, et cette circonstance, selon M. Flourens, désignerait pour sa patrie un pays chaud. On admet, en outre, qu'en se répandant en Europe, l'homme apportait avec lui l'art d'obtenir cet agent. Mais encore, ces suppositions ne font que reculer la difficulté sans la résoudre, et le premier problème dont eut à s'occuper l'homme naissant n'était rien moins qu'élémentaire. Le poète qui exhala ces magnifiques vers :

> *Ignis ubique latet, naturam amplectitur omnem*
> *Cuncta parit, renovat, dividit, urit, alit.*

n'a pas pour cela simplifié la question, et d'abord comment l'idée de recourir à cet agent est-elle venue ? Il fallut pour cela avoir été le témoin de ses effets. Heureusement les occasions ne manquèrent pas. La foudre peut incendier des forêts, des tourbières, de grandes prairies desséchées. Dans certaines contrées de l'Asie, ou même de l'Europe, des gaz inflammables surgissent du sol. Ces émanations sont connues en Orient sous le nom de *Feux perpétuels*, objets de la vénération des Guèbres ou plutôt des Parsis, leurs descendants, et, sans aller si loin d'ici, le Dauphinois possède ses *Fontaines ardentes* qu'il place au rang des *Sept merveilles* de son pays. Les fermentations peuvent faire naître le feu, témoin les flammèches vacillantes des feux-follets, les tas de foin mal séchés qui s'allument spontanément. Certaines argiles carburées et pyriteuses, convenablement amoncelées, brûlent avec non moins de facilité. Enfin, au milieu de formidables convulsions, les volcans rejettent des masses incandescentes et torréfiées.

D'un autre côté, la lumière accompagne ordinairement le feu, et je dis ordinairement, car nous avons aussi des corps phosphorescents, c'est-à-dire simplement éclairants. Les aigrettes électriques du feu Saint-Elme, l'*ignis lambens* que la main du peigneur dégage des cheveux des enfants, de la crinière des chevaux, des poils du chat, rentrent dans cette catégorie. Tels sont encore divers minéraux soumis à l'insolation, des infusoires, des insectes, une multitude d'animaux marins, certains bois pourris et convenablement humides, enfin plusieurs cryptogames et, entre autres, quelques-uns de ceux qui végètent dans les mines. Or, quoique ces mêmes corps soient incapables de brûler, ils tendent du moins à ramener à l'idée du soleil vivifiant qui échauffe, qui illumine l'espace, aux combustions déjà mentionnées, aux explosions volcaniques dont la chaleur rayonne au loin, de façon que la question d'obtenir du feu se trouvait circonscrite. L'homme n'avait qu'à observer ces enchaînements, assez frappants par eux-mêmes, pour arriver à réfléchir, à étudier, à en comprendre la valeur. L'élément s'offrait de lui-même sur la terre; il n'était nullement nécessaire que Prométhée, l'inventeur de tous les arts, montât au ciel pour le dérober.

D'ailleurs, il est des pierres qu'il suffit de frotter légèrement pour les faire briller. D'autres, heureusement plus communes, deviennent lumineuses par des mouvements plus vifs ou par le choc, si bien qu'il n'est guère d'enfants dont la curiosité ne se divertisse des effets que produit, entre autres, le quartz heurté contre le quartz; mais alors, si ces cailloux heurtés produisent déjà de la chaleur, le résultat demeure toutefois incomplet; car, quoique le poète ait dit:

> *Cum saxis pastores saxa feribant,*
> *Scintillam subito prosiluisse ferunt.*

il est de fait que la clarté qui se produit dans ces conditions n'est pas incendiaire.

Cependant, il existe une autre espèce minérale, presque aussi vulgaire que le quartz, éclatante comme le métal, et qui se rencontrant à la superficie comme dans les profondeurs souterraines, au milieu des dépôts aqueux comme au sein des gîtes métallifères, fit dire à Henckel qu'il ne lui manque que de tomber du ciel pour permettre d'affirmer qu'elle se trouve partout. C'est la pyrite aux mille noms, pyrimachus, phlogonia, pyripoligonia, lapis luminis, lapis ignifer, pierre de santé, pierre de Portugal, pierre de Genève, pierre des Incas, pierre carrée, marcassite, kies, pierre de Vulcain, pierre à feu métallique. Eh bien ! cette pyrite si commune a bien pu servir d'amusement du genre des précédents, et si le hasard des jeux a porté à la frapper avec le quartz, l'étincelle, simultanément lumineuse et chaude, dut jaillir. En effet, étant composée de fer et de soufre, corps combustibles, et se trouvant échauffée par le frottement, ses parcelles se sont enflammées, fondues, puis tombant sur la main, elles produisirent une piqûre brûlante qui rappelait trop bien les effets du feu pour échapper à l'attention. Aussi, je regrette de ne pouvoir plus croire que la scène de Virgile :

Et primum silicis scintillam excudit Achates

est basée sur ce moyen si élémentaire. L'acier était connu à l'époque du siége de Troie, et sa substitution à la pyrite avait l'avantage d'être d'une application plus commode.

D'un autre côté, le bois étant combustible et susceptible de s'échauffer par un mécanisme analogue, quoique plus soutenu, il n'y a rien qui doive surprendre dans son emploi pour le même but. Mieux encore, étant plus universellement répandu que les pyrites et le quartz, on conçoit pourquoi la production du feu, à l'aide de la friction d'un bois dur contre

un bois tendre, est si général chez certains sauvages. Il en
est même dont l'esprit inventif imagina quelques mécanismes
pour accélérer le travail, en donnant une grande vivacité au
mouvement. L'un des plus simples se réduit à faire pivoter,
à l'aide d'un archet, une petite tige cylindrique, terminée en
pointe, et qui se place perpendiculairement dans une légère
cavité pratiquée à la surface d'une planchette.

Au surplus, le ligneux a l'avantage de développer une véritable flamme, tandis qu'à cause de son exiguité, l'étincelle
exige un intermède. Il faut que celle-ci tombe sur des corps
très-combustibles, tels que le bois pourri et sec, l'amadou, la
braise légère provenant des copeaux de sapin, d'étoupes de
chanvre à demi-brûlées, et de là, nécessairement, une série
d'autres inventions trop raffinées pour avoir pu être faites
autrement qu'à la suite d'une assez longue série de tâtonnements, ou même trop au-dessus de l'intelligence de certaines
tribus pour qu'elles aient eu l'idée de les entreprendre. Après
tout, la production du feu par le bois n'en étant pas moins
une opération assez pénible, l'on dut songer à son entretien.
Ce soin, d'abord confié à des femmes, fit naître, selon toute
apparence, l'institution des vestales ; mais encore, vestales
ou non, la tâche est fastidieuse et surtout embarrassante pendant les migrations. Aussi, arrive-t-il que même, nos Arabes
des parties reculées de l'Algérie, vont quelquefois, à plusieurs
lieues de distance, chercher des brandons pour raviver leurs
foyers éteints, et ce n'est pas sans surprise que, dans de
premières excursions, l'européen les voit suivre d'un regard
avide ses mouvements, lorsqu'il met tranquillement le feu à son
cigare avec l'allumette phosphorique. Celle-ci donc, étant pour
eux d'un grand prix, je prends plaisir à donner aux enfants
quelques-uns de ces petits morceaux de bois ignifères, tant
pour leur être agréable que pour observer les précautions
qu'ils prennent en les portant à leurs mères. Ces soins prou-

vent suffisamment combien des objets, devenus si insignifiants pour nous, ont de valeur chez eux.

Au surplus, le premier rudiment de la combustion étant obtenu, d'une façon ou de l'autre, par les hommes demeurés plus ou moins primitifs, il est encore intéressant d'examiner la diversité de leurs moyens de chauffage et d'éclairage. Le bois des arbres du pays, celui qu'amènent les grands courants des mers, les huiles minérales, naphtes ou pétroles, les gaz hydrocarburés qui les accompagnent, les huiles végétales, les résines, les graisses animales, le lard des cétacés sont employés tant pour les foyers que pour les lampes qui, elles-mêmes, fonctionnent, çà et là, dans le double but d'éclairer et de chauffer la case. Quelquefois, on arrose une pelletée de terre avec du bitume dont on rend ainsi la masse moins fluide et la combustion moins active. J'ai encore vu, dans la Forêt-Noire, remplacer les chandelles par de longs copeaux de hêtre convenablement épais et séchés, que l'on fixe horizontalement par un bout entre les branches d'une petite fourche pour les allumer à l'autre extrémité, et vraiment cet usage n'est pas trop à dédaigner. Ailleurs, c'est une branche de pin très-résineux qui remplit le même office. Mais de tous ces moyens, le plus original, sans doute, est celui des habitants des îles Feroë. Il consiste à profiter de l'état graisseux d'un pingouin pour le convertir directement en lampe. Il suffit pour cela de le vider, d'introduire dans la cavité une mèche que l'on allume et la bougie fonctionne. Du reste, ces mêmes oiseaux ayant souvent servi de bûches pour en cuire d'autres, et étant incapables de voler, ont été décimés au point d'être devenus fort rares. D'énormes différences existent également entre l'âtre pavé ou non, dont la fumée ne s'échappe que par les trous du toit des cabanes et le vaste manteau de cheminée, sous lequel une famille auvergnate se laisse geler d'un côté par le courant d'air affluent, tandis qu'elle se rôtit de l'autre devant le feu;

entre la simple grille et le grand poêle qui, selon les étages, sert à la fois de foyer, de cuisine et de lit à l'Allemand montagnard ; entre le *brasero* de l'Italien dont le charbon produit l'acide carbonique asphyxiant avec l'oxyde de carbone empoisonnant et les calorifères si perfectionnés du nord; entre les moyens du Sarde, pour lequel les parties hautes, naturellement froides, de son île sont inhabitables, malgré leur salubrité, parce qu'il ne sait pas se chauffer, et les étouffantes étuves du Russe qui se chauffe trop ; entre la lampe lardée, fumeuse de l'Esquimau et la lampe d'Argand, la bougie stéarique de M. Chevreul ou le bec à gaz si brillant de nos rues. Mais aussi huit mille ans s'étant écoulés entre les ressources de l'âge de la pierre et les inventions du jour, on voit, dans cet immense laps de temps, un sujet de considérations philosophiques bien certainement de nature à ne pas laisser notre orgueil s'élancer trop haut vers les nues. N'oublions pas que, depuis sa création, l'homme a vu les éclairs illuminer les espaces les plus sombres, et que pourtant l'éclairage électrique n'est encore qu'une affaire d'expérimentations. Décidément, la physique est en retard.

En définitive, parfait ou imparfait, le procédé à l'aide duquel le feu s'obtient artificiellement, doit être rangé parmi les plus belles découvertes de l'homme. Avec lui disparaissait l'ennui des longues nuits; on pouvait se sécher, les climats les plus rigoureux devenaient habitables, et aussi le danger des bêtes féroces diminuait; car, un instinct général les porte à redouter cet agent. En même temps naissait l'industrie. Dès l'origine, le feu servit au sauvage pour abattre les arbres, pour se procurer le charbon, et très-probablement pour endurcir le bois, de façon à fabriquer des instruments rudimentaires et surtout des armes plus avantageuses que la massue brute, que les pièces trop courtes provenant de la corne ou des os fendus. Nous expliquerons successivement de quelle manière le champ de son emploi s'élargit.

DE L'ARGILE.

Au nombre des applications primitives du feu, il faut placer spécialement celles qui concernent l'usage de l'eau, agent sans doute très-facile à trouver, mais dont la fluidité rend le transport difficile, autrement qu'en l'enfermant dans des vessies, des outres, des bois creusés, des jattes nattées, moyens souvent dégoûtants, et en tout cas, incapables de résister au feu. D'un autre côté, il n'est pas toujours facile de rendre les pierres concaves, et puis, celles qui sont à la fois tendres et tenaces, ne se trouvent pas partout. Enfin, les coquillages, pouvant servir de vases, sont assez rares. Il s'agissait donc de résoudre un nouveau problème, de procéder à de nouvelles observations.

Eh bien! l'argile existe à peu près partout. Elle se détrempe à volonté; elle est facile à pétrir, et l'idée de l'endurcir, par la calcination, dut naître du moment où le hasard la mit en contact avec un brasier. L'expérience apprit ensuite et bientôt à la mélanger soit avec du sable, avec de la brique pilée, pour la rendre moins sujette à éclater au début du chauffage, soit avec de l'asbeste ou de la paille hachée pour lui donner de la cohérence. De là, ces vases grossiers, faits à la main, portant l'empreinte des doigts de l'ouvrier, à demi-cuits, et qui, se montrant parmi les plus anciens vestiges du travail de l'homme, font avec raison admettre que l'art du potier est une de ses plus primitives inventions. Il est d'ailleurs facile de voir que certains peuples, et notamment l'Arabe actuel, ont si peu perfectionné l'idée première, que quelques-unes des vaisselles de ces nomades devraient être placées dans nos musées, comme contrastes, avec les belles faïences de Bernard de Palissy ou les porcelaines de Sèvres. Cependant, j'observe, en passant, qu'ici le progrès est bien autrement saillant qu'à l'égard de nos chauffoirs et luminaires domestiques ; car les vieux Chinois, de même que les anciens Etrusques, auraient à.nous montrer leurs vases non moins irréprochables que ceux dont s'ornent nos tables ou bien nos salons. Et pourtant, l'exploitation, de même que la manipulation du kaolin ou terre à porcelaine, exigent des connaissances très-variées.

Avant de clore ces détails sur l'emploi de l'argile, pour la conservation de l'eau et des autres liquides, il me faut encore rappeler quelques autres objets confectionnés avec cette terre et découverts sous les habitations lacustres. Ce sont, entre autres, des disques ou des grains percés d'un trou; ils ont pu servir d'ornements, de poids de filets et de pesons de fuseau. A côté d'eux, on doit ranger des croissants plus ou moins ornementés. M. Keller leur attribua une destination religieuse, en ce sens qu'ils représentaient la lune du sixième jour, laquelle, d'après Pline, était appelée par les Gaulois, *celle qui guérit tout*. Mais un autre produit, plus curieux, se compose de fragments d'argile, légèrement concaves et unis d'un côté, tandis que l'autre face porte l'empreinte, en creux, de petits branchages entrelacés et de montants en bois. Tout examen fait, on conclut que ces plaques proviennent d'un revêtement argileux, appliqué sur la paroi intérieure des cabanes qui étaient construites en clayonnage, et qu'ensuite, l'incendie par lequel ces demeures furent dévorées, effectua la cuisson de ce crépi au point que ses débris résistèrent à l'action délayante de l'eau où ils tombaient. D'ailleurs, la courbure de ces pièces montrant que les baraques étaient circulaires, il fut facile de procéder au calcul de leurs dimensions, et il en résulta que le diamètre des habitations variait entre 5^m,15 et 7^m,70. Le reste devait être à l'avenant. Une couche de paille formait le lit commun de la famille, des bottes de foin servaient de sophas, des trous laissaient échapper la fumée avec les arômes de l'intérieur et, réciproquement, permettaient à la lumière ex-

térieure d'éclairer ces réduits. Outre cela, et malgré les vers
du poëte :

> Os homini sublime dedit, cœlumque tueri
> Jussit, et erectos ad sidera tollere vultus.

la porte était assez basse pour qu'il fallut entrer en marchant
à quatre pattes.

Je connais, sur la puissante et scabreuse coulée du volcan
de Côme, près de Pont-Gibaud, en Auvergne, une bourgade
qui, pour n'être pas lacustre, n'en offre pas moins des caractères analogues. Un mur de blocs de lave, grossièrement
superposés, lui fait un rempart. Les loges appliquées contre
la partie intérieure de cette enceinte sont construites avec les
mêmes matériaux, et leurs dimensions sont pareilles à celles
de la Suisse. Sans doute les joints étaient tamponnés avec de
la mousse, car on n'y trouve aucun vestige de ciment argileux. Une niche centrale constituait la demeure du chef. Enfin,
composée de trois pierres, dont deux placées debout, suppor-
tant la traversine, la porte de la cité n'a rien moins qu'un
galbe monumental; il faut également se courber vers la terre
pour la traverser. Les habitants du pays désignent cet emplacement sous le nom de *Camp des chazaloux* (petites cases),
et ils supposent que ce devait être un retranchement gaulois.
Je crois qu'un jour ils reconnaîtront là une ville antérieure
aux constructions cyclopéennes, car l'architecture de celles-
ci est infiniment plus parfaite. Elle serait également antérieure aux tours que les Anglais vitrifiaient pour en lier les
pierres. Mais, pour le moment, il suffit de savoir qu'une position écartée, qu'un abord assez difficile ont préservé de
la destruction complète cet antique séjour des Arvernes,
qui maintenant n'est plus guère fréquenté que par les loups.

DE LA PIERRE.

La pierre est une arme toute trouvée; le simple instinct
porte à la ramasser pour la jeter à la tête de son ennemi.
C'est ce que font les singes à l'occasion. Il est vrai que, selon

les principes de ses classifications admirées par certains amateurs, M. Michelet, pour qui son chien est un aspirant à
l'humanité, serait autorisé à prétendre qu'en raison de son
caractère malicieux, le quadrumane est un aspirant d'un
ordre déjà plus avancé que le quadrupède dont il exalte les
mérites. Mais, de son coté, l'homme n'a pas tardé à perfectionner l'élément brut de la nature, en imaginant de faire
d'un caillou autre chose qu'une simple masse contondante.
Il conçut l'idée de le briser, de façon que le tranchant,
provenant de la cassure, le convertit en une arme incisive,
amélioration dont le singe ne s'est nullement avisé. Aussi, lui
reste-il un rude progrès à faire avant d'oser se mettre au rang
des candidats pour le futur grade qu'il doit ambitionner.

Quoi qu'il en soit, les antiquaires suisses ont constaté l'existence de grands tas de ces blocailles, ainsi préparées et empilées
sur les esplanades aquatiques, pour repousser les attaques.
C'étaient les boulets, la mitraille du temps, et ces projectiles,
maniés par des mains non moins vigoureuses qu'exercées, ne
devaient être nullement méprisables. Au surplus, la fronde
est un moyen de lancer trop rudimentaire pour n'avoir pas
été employé fort anciennement, et nos voisins supposent que
les pelotes sphériques, pétries d'argile et de charbon, trouvées
dans les mêmes lieux, servaient en guise de masses incen-
diaires. On ne pouvait évidemment pas les employer autrement
qu'avec la ficelle en question; cependant, nos savants voisins
ont encore à trouver des approvisionnements de pierres choisies à dessein de remplir les fonctions des balles proprement
dites. A cet égard, la précision de l'Ecriture sainte leur viendra en aide par le détail des préparatifs de David choisissant
des cailloux très-lisses, afin d'attaquer Goliath: *Et tulit bacu-
lum suum, quem semper habebat in manibus et elegit sibi quin-
que limpidissimos lapides de torrente, et misit eos in peram
pastoralem quam habebat secum et fundum manu tulit et pro-
cessit adversùm Philistæum.......... et misit manum suam in*

peram, tulitque unum lapidem et fundâ jecit, et circumducens percussit Philistæum in fronte: et infixus est lapis in fronte ejus, et cecidit in faciem suam super terram. Evidemment, ces pierres, triées avec tant de soin et dont la première devait aller exactement s'implanter dans le crâne du géant, étaient les équivalents d'autant de balles cylindro-coniques, et le petit David jouait le rôle d'un de nos prestes tirailleurs, dont les armes et les mouvements sont si correctement calculés; mais comme ses projectiles n'avaient reçu aucune façon artificielle, comme la nature peut faire tous les frais de la préparation, je conclus que divers objets travaillés, auxquels on donne le nom de *pierres de fronde*, avaient des destinations totalement différentes.

Toutefois, les antiques arsenaux contenaient encore d'autres armes, et dès à présent, il nous faut faire la part des instruments en silex qui indiquent déjà de grands progrès industriels. En effet, bien que ces objets aient encore dû être au moins ébauchés par la cassure, l'opération se trouvait rendue très-complexe à cause des propriétés et du gisement de l'espèce minérale.

Dans son état naturel, celle-ci se présente sous la forme de masses à peu près rondes, fort dures quoique cassantes et, de plus, comme le verre, elle est susceptible d'être cassée indifféremment dans tous les sens, de manière à fournir des écailles à bords tranchants. Cette circonstance était capitale, car elle permettait d'obtenir, à l'aide de chocs convenablement dirigés, des pièces aiguës, de formes passablement variées, et ces chocs pouvaient se donner avec d'autres pierres de dureté à peu près égale. Cependant, pour se laisser ainsi rompre suivant des directions déterminées, le silex doit posséder l'humidité particulière dont il s'est imprégné dans le sein de la terre et qu'il ne conserve qu'autant qu'il demeure confiné dans son séjour primitif. Après quelques jours d'exposition à l'air, il est devenu incapable de produire autre chose que des morceaux informes, irréguliers, entièrement indépendants du but que l'on se propose d'atteindre en le façonnant. Cette humidité, bien connue de nos ouvriers, s'appelle *eau de carrière*, et voyons maintenant les complications occasionnées par le caractère fugace de cet élément.

Il fallut d'abord n'exploiter le silex qu'à mesure du besoin ; de plus, les points d'extraction ne devaient pas être trop superficiels, sinon la pierre se trouvait en quelque sorte desséchée, aérée, et, par suite, impropre à subir les manipulations requises pour la taille. De pareilles conditions obligeaient à établir des excavations suffisamment profondes ; mais comme il s'agissait de ne pas opérer au hasard, comme la continuité du creusement occasionnait des vides, la nécessité d'éviter les faux frais, les éboulements ne tarda pas à se faire sentir. Le préservatif fut un certain ordre dans le système des excavations. De là l'invention des travaux de recherche, des puits, des fendues, des galeries, des ouvrages en travers, des gradins, des chambres, des boisages, des muraillements, détails basés sur un ensemble de plans, de raisonnements, d'observations pour les établir d'abord convenablement, ensuite pour l'extraction des déblais stériles, des produits, des eaux, et enfin, pour faciliter l'aérage de tout ce cheminement souterrain. Ainsi donc, par le simple besoin de la pierre à fusil furent amenés l'*appareil minier*, les connaissances minéralogiques et géologiques que suivirent leur cortége des théories. De cette façon, sans jeu de mots, sans crainte d'être taxé d'exagération, il est permis d'affirmer que le mineur remonte aux premiers rudiments de la civilisation, que sa noblesse d'*extraction* ou d'*ancienne roche* se perd dans la nuit des temps, et l'on sait assez qu'étant toujours resté le principal soutien de l'industrie, il n'a nullement encouru la dérogeance.

Les premiers objets façonnés avec le silex consistent en

onglets à bords demi-circulaires, pouvant servir en guise de tranchets pour couper les peaux ; d'autres sont cunéiformes, plus ou moins aigus, et aboutissent ainsi à des pointes de javelot, de flèches et même à des alènes convenablement arquées pour leur emploi, tel qu'il est encore aujourd'hui. A côté de ceux-ci viennent des pièces plates, longues et larges, comparables à des lames de couteau ; cependant, de fréquentes dentelures, obtenues directement, ou après coup, ont fait comprendre qu'elles ont dû servir aussi en guise de scies. En effet, quelques-unes furent trouvées munies d'un manche disposé de manière à confirmer la supposition. Je dois également ranger ici des éclats ayant la forme plus ou moins exacte d'un 9 : ce sont des ébauches d'hameçon, et bien certainement, il a fallu une extrême dextérité pour déterminer ces façons curvilignes. Certaines pierres discoïdes, percées d'un ou deux trous, passent pour avoir servi, selon leurs dimensions, comme poids de filets, comme pesons de fuseaux, comme casse-têtes. D'autres disques, garnis d'une gorge latérale, ont pu recevoir une corde enroulée, de façon à être employés soit à des jeux, soit à faciliter le jet des lacets destinés à saisir une proie. Viennent ensuite les marteaux, les enclumes plates, les hachettes, les haches-marteaux, les ciseaux, les pierres à aiguiser, les râcloirs. Quelques silex passablement gros, d'au moins $0^m,07$ de longueur, sur $0^m,05$ de largeur et $0^m,03$ d'épaisseur maximum, arrondis, obtus à un bout, effilés en pointe à l'extrémité opposée, n'ont aucune destination immédiatement compréhensible. Je suppose qu'ils étaient fabriqués en vue de remplir les fonctions de la pointe-rolle du mineur.

Enfin, je place ici les broyons, les mortiers et les *pierres à écuelles*. Ces dernières ont été ainsi nommées parce que leur face supérieure est garnie de cavités arrondies. D'un autre côté, les grandes dimensions de ces monolithes les ayant fait prendre pour des autels, il en est résulté qu'ils sont devenus l'objet de superstitions populaires. On dépose des offrandes dans leurs enfonçures; on y verse de l'huile; on y couche des poupées, représentations d'enfants malades, avec l'espoir d'obtenir leur guérison. Or, ces blocs qui se retrouvent en Suisse, en Savoie, en Allemagne, en Angleterre, étaient tout simplement utilisés comme moyens de trituration. Les Souarakhs et Lakhdars, nos voisins des mines d'Oum-Theboul en Algérie, écrasent, encore actuellement, dans les creux d'un gros quartier de grès éboulé des montagnes, les olives qu'ils cueillent dans leurs champs et le long des rives de l'Oued Zitoun, affluent du grand lac de Thonga. Quant à ce qui concerne le nombre des *écuelles* d'un de ces autels, il suffit d'y voir la preuve d'une propriété commune à plusieurs individus ou tribus, qui s'en servent simultanément, de même que cela arrive pour nos lavoirs publics, pour un four banal.

On a retrouvé récemment à Mosséedorff, à Concise en Suisse et plus anciennement en France, les traces, les débris de quelques ateliers où l'on façonnait ces divers instruments. Notamment aux environs de Périgueux, dans l'antique *Vesunna*, M. Jouannet s'est assuré, dès 1819, que pour arriver aux formes convenables, on choisissait un éclat offrant déjà une ébauche de l'instrument projeté; on le débitait ensuite à grands traits, puis à très-petits coups, et la pièce n'étant plus que finement raboteuse, on procédait au poli. Du reste, aucun de ces détails n'est conjectural, car les pièces de conviction sont là, pour montrer ces différents degrés du travail, depuis la première façon jusqu'au fini parfait, et il faut y ajouter celles qu'un coup donné à faux, lorsque l'œuvre était déjà avancée, fit jeter au rebut. *(Annuaire de la Dordogne)*. Concluons que l'indifférence des savants de la capitale, à l'endroit des travaux de la province, est bien l'unique cause du vide que laisse, dans nos musées nationaux, une collection des ustensiles primitifs sur lesquels les étrangers viennent de jeter tout l'intérêt que font naître les encouragements accordés à propos.

Quelquefois, ces ateliers étaient établis dans des cavernes. Depuis longtemps, celles de Menton étaient connues des habitants du pays, à cause de leurs amoncellements de débris dont, déjà, avant 1848, le Prince de Monaco avait fait expédier à Paris une caisse pleine. Son contenu ne fut l'objet d'aucune explication. Depuis cette époque, M. Grand, de Lyon, auquel je suis redevable d'un ensemble de pièces qui en proviennent, effectua, avec soin, diverses fouilles, par lesquelles il fut mis à même de constater que les objets les plus remarquables ne se rencontrent qu'à une certaine profondeur, dans le dépôt argileux dont le sol de ces cavités est couvert. Tous les instruments sont rudimentaires, grossiers et remontent, par conséquent, au début de l'art. Cependant, parmi les silex se trouvaient quelques agates, qui, à mon avis, proviennent très-certainement des environs de Fréjus, et avec elles se montrent des quartz hyalins, en prismes terminés par leurs deux pyramides ordinaires. Il est permis d'imaginer que ces cristaux du genre des *diamants de Meylan*, près de Grenoble, n'étaient pas là au hasard, et que leurs pointes dures devaient servir à effectuer des perforations en les employant emmanchés en guise de pointes de forets. Enfin, j'observe que les découvertes de M. Grand sont surtout intéressantes parce qu'on refusait au midi l'âge de la pierre, attendu que les Grecs et les Romains n'en parlent pas.

Certains verres volcaniques, ou obsidiennes, satisfaisant pareillement à la condition d'indifférente cassure des silex, ont été employés par les Indiens de l'Amérique, pour la confection des instruments tranchants. L'on connaît même au Mexique, leurs anciennes carrières qui se trouvent au Serro de las Nabayas, c'est-à-dire à la *Montagne des couteaux*, et là,

M. de Saussure, le descendant du grand géologue, fut assez heureux pour retrouver naguère, des pièces ébauchées de manière à se prêter à l'ablation subséquente d'une série de lames à deux tranchants, et qui s'obtenaient toujours à l'aide d'un simple choc adroitement appliqué. La façon première se réduit à produire, en gros, un prisme hexagonal, dont les arêtes verticales, successivement et régulièrement abattues, laissaient encore un prisme à six pans que l'on débitait de la même manière, jusqu'à ce que le noyau primitif fut trop aminci pour que l'opération pût être continuée. Hernandez dit y avoir vu fabriquer cent lames par heure. Du reste, les naturels du Pérou, les Guanches de Ténériffe, tiraient également de l'obsidienne des dards, des poignards, même des miroirs, et je note en passant, que sur l'emplacement de Ninive, M. Place trouva des pierres de circoncision, formées de la même substance.

Nos tailleurs de pierres à briquet ou à fusil, autrement dit, nos *caillouteurs* des départements de l'Indre et de Loire-et-Cher, étant les descendants de ces anciens industriels, il ne sera pas sans intérêt de connaître, d'après Dolomieu, la masse de produits qu'ils pouvaient verser dans la circulation, à l'aide des moyens les plus simples. Ce savant, considérant que leur savoir restait dans la classe des problèmes pour la plupart des naturalistes, voulut l'étudier et constata que la forme première, donnée au silex, est à peu près la même que celle qui était communiquée à l'obsidienne. Elle est toujours un prisme multiface. Ensuite, cinq ou six coups de marteau et une minute de temps suffisent pour obtenir, par la simple cassure, des formes aussi exactes, des faces aussi lisses, des lignes aussi droites et des angles aussi vifs que si la pierre eût été taillée par la roue du lapidaire qui aurait exigé plus d'une heure de main-d'œuvre. Pour la réussite, il suffit que les pierres soient franches, c'est-à-dire privées de ces défauts ou grains hétérogènes qui font désigner les

autres sous les noms de *cailloux grainchus ou couenneux.*
Moyennant ce triage, un artiste en ce genre peut préparer
1000 bonnes écailles dans un jour, et faire également par
jour, 500 pierres à fusil, de façon qu'en trois journées, il
achève complètement les 1000 pièces en question. Du temps
de Dolomieu, ou plutôt de Hacquet, c'est-à-dire en 1789,
l'armée russe s'approvisionnait en pierres à fusil de l'ancienne
Pologne, et dont le magasin était à Nisniow. On en avait
obtenu 90000 en deux mois. D'après Héron de Villefosse,
les armées autrichiennes recevaient celles de la fameuse
fabrique de Breczan, en Galicie, dont les exploitations
étaient établies à Podgozze. Enfin, d'autres ateliers existaient en Angleterre, en Portugal, en Tyrol et ailleurs.

Or, les fabrications en question, n'ayant été réduites que
par l'invention toute récente des capsules et des fusils à
percussion, on voit aussitôt combien de milliers de siècles,
quelle masse de progrès scientifiques ont été nécessaires
pour arriver au point actuel. Aussi, nous sera-t-il permis de
nous flatter, devant la postérité la plus reculée, d'avoir été
les témoins de cette immense modification, sinon de l'art de
tuer les hommes, du moins de les mettre à bas d'une façon
toute scientifique. Au surplus, j'admets qu'il ne s'agit, en
ceci, que d'une simple mutation industrielle. Le silex, après
avoir servi à faire des flèches et des lances, a été remplacé
par la pyrite dans les arquebuses. Le fusil a fait déprécier ce
sulfure. La pierre à feu est dédaignée à son tour ; mais de même
que la pyrite qui, aujourd'hui, s'est placée au rang des matières
de première nécessité, le silex reprendra un jour sa valeur primitive. Il suffit pour cela d'une transformation de son emploi. En tout cas, il me paraîtrait fort étrange que de deux
minéraux qui apparurent simultanément sur la scène industrielle, et dont l'emploi dura tant de siècles, l'un doive s'é-
clipser à tout jamais.

Cependant, le silex et l'obsidienne ne se présentant que dans certains pays, il est arrivé que, partout ailleurs, il fallut se contenter de matières minérales différentes. En Suisse, les instruments furent faits, généralement, avec des cailloux roulés ou charriés par les eaux; on les façonnait, en les cassant avec d'autres pierres, en les usant sur des grès, en les sciant avec des lames dentelées de silex, selon leur dureté et leur genre de cohésion. Il est encore des localités où de gros objets étaient confectionnés avec des serpentines, des pierres ollaires, des basaltes, des laves, des jades et autres roches choisies à cause de leur extrême ténacité. Je possède une jolie hachette en fibrolite, trouvée près de Pont-Gibaud en Auvergne, localité où existe précisément un filon de cette substance d'ailleurs assez rare. Au surplus, l'adresse manuelle devint telle, que la texture de la pierre était en quelque sorte une chose indifférente, et l'aptitude acquise se conserva longtemps. On peut s'en convaincre en examinant la maçonnerie réticulaire de nos anciens aqueducs de Chaponost, où les matériaux les plus disparates sont juxta-posés, avec des dimensions et des formes exactement pareilles, obtenues, non pas à la lime ou à la meule, mais uniquement au marteau.

Indépendamment de ces détails, les magnifiques musées des temps anté-historiques, créés depuis quelques années en Danemark et en Suisse, ont permis de distinguer, dans la foule des objets, deux séries dont l'une comprend les pièces les plus informes, celles qu'il était permis de prendre pour de simples éclats de pierre, et l'autre se composant d'articles façonnés avec un certain art. Et par là, on est arrivé à concevoir l'idée de perfectionnements successifs. En d'autres termes, il fallut admettre une ère primitive durant laquelle on se contentait de rudiments bruts, puis une ère postérieure où l'on introduisait déjà un certain raffinement dans la fabrication. Ainsi, les instruments de M. Boucher de Perthes, ceux qui ont été trouvés avec les ossements des grands animaux dits antédiluviens, décèlent, par leur forme plus obtuse que ceux de la Suisse, une époque évidemment plus barbare et plus reculée, détail d'accord avec leur gisement dans d'anciennes alluvions. Plus tard, les flèches perdirent leur forme de simples coins à tête lancéolée; elles ont été munies d'ailerons latéraux. Les haches furent non seulement aiguisées sur des grès, mais souvent les pièces portent des perforations, des dessins avec d'autres indices de nature à montrer l'état naissant, et pourtant indubitable, de la sculpture. Leur exécution vraiment remarquable et leur fini surprennent quand on songe aux difficultés inhérentes à ces fabrications. On suppose d'ailleurs que les magnifiques haches de pierre du Danemark doivent avoir été confectionnées durant l'âge du bronze; mais encore ne faut-il pas perdre de vue que, dans ce pays, la beauté du silex contribue à la perfection des instruments.

On s'est d'ailleurs demandé comment des peuples à demi-sauvages de l'Ancien comme du Nouveau-Monde s'y prenaient pour percer, sans aucun outil de fer, des trous de $0^m,16$ à $0^m,20$ de profondeur, dans des substances minérales que nos lapidaires ne peuvent travailler qu'avec l'égrisée, c'est-à-dire, la poussière du diamant. Mais, à l'époque de la seconde phase de la pierre, bien des siècles s'étaient écoulés; les connaissances minéralogiques avaient progressé chez des hommes dont l'attention tout entière se concentrait sur le même objet, et d'ailleurs tout s'enchaîne ici-bas. Il est donc arrivé, d'abord, que le même archet dont on se servait pour produire du feu, en faisant frotter le bois contre le bois, put également servir à faire tourner le foret qui devait trouer les pierres. Il restait à lui donner le mordant convenable. Pour cela, on ne manque pas de certains sables

composés, indépendamment du quartz, de gemmes microscopiques, telles que les corindons, zircons et cymophanes. On
les découvre facilement, car leur présence, sur le bord des
rivières, est indiquée par l'abondance des particules noires du
fer titané, et de plus, ils sont signalés par la présence de
pépites ou paillettes d'or. Dès lors, procédant comme l'on fait
encore de nos jours, par voie de tâtonnement, quelques essais permirent d'apprécier, sinon la nature, du moins la qualité extra-dure de ces granules, chose suffisante pour le moment. Au surplus, quand on a vu les petits ouvriers de la
Forêt-Noire percer, d'outre en outre, par un mécanisme tout
aussi simple et, en moins d'une minute, un grenat de Bohême,
on n'hésite plus à croire qu'ils n'ont fait que modifier légèrement l'appareil des primitifs graveurs sur pierres.

Les antiques usages ne s'effaçant pas subitement, on
retrouve divers vestiges de l'âge de la pierre dans certains
actes religieux d'une époque relativement très-moderne.
Une vieille coutume romaine faisait prêter serment par Ju-
piter-pierre, *per Jovem lapideum*, et celui qui jurait tenait
un caillou en prononçant la formule : *Si je ne suis pas résolu de tenir le serment, que celui qui me regarde conserve
toujours la ville et le capitole, et me jette hors de mes biens,
comme je jette ce caillou.* Le fécial, espèce de prêtre qui avait
conservé l'usage d'immoler les victimes avec un instrument
siliceux, engageait aussi sa parole, en prenant une pierre à
la main et en disant : *Si je fais ce serment, sans y entendre
tromperie, que les dieux me donnent toutes sortes de prospé-
rités. Si je pense autrement, que je périsse moi seul, de la
même manière que je jette cette pierre.*

Mais, dans nulle autre occasion, le respect des Romains pour
le minéral ne se montra avec plus d'éclat que dans le fameux
miracle opéré par l'augure Accius Navius, lorsqu'il vint couper
une pierre avec un rasoir dans un moment où, craignant la

tyrannie, le peuple voulait empêcher Tarquin l'Ancien d'augmenter le nombre des escadrons de la cavalerie étrusque qui composaient sa garde. Ce prince dut s'arrêter devant l'enthousiasme qui éclata chez les Romains à la vue du prodige. Toutefois, non moins habile que les individus du vieux parti, et connaissant probablement, à fond, les fourberies des prêtres du paganisme, il éluda la difficulté en doublant les hommes de chaque escadron, sans changer le nombre de ceux-ci. Aujourd'hui, le miracle d'Accius Navius se reproduit chaque année, dans les cours de minéralogie, à titre de simple démonstration des arrangements cristallographiques, en vertu desquels certaines espèces minérales, telles que le gypse, le mica, présentent ce que l'on appelle un clivage facile. Il suffit donc d'introduire une lame de couteau, dans un sens déterminé, pour effectuer aussitôt, et sans grand effort, la division voulue.

Dans le nord, les Finnois n'ont eu que des tables pour autels, des souches contournées pour divinités. C'est là qu'ils faisaient leurs sacrifices à Baive, la douce chaleur qui entretient la vie ; à Storjurekare, représentant de l'humidité, qui produit les végétaux, et à Thor ou Tiermes, le dieu de la vie et de la mort. Sa figure était décorée d'un morceau de silex et d'un bout d'acier comme source de l'éclair.

La pierre noire, placée sur l'un des angles du Kéabé, sanctuaire du temple de la Mecque, doit aussi être mentionnée ici. Elle est regardée, par les musulmans, comme le gage de l'alliance que Dieu fit avec les hommes en la personne d'Adam. Suivant quelques antiquaires, les autels qu'Abraham bâtit à Jéhovah, près de Sikem, puis près de Lonza, se lient à la pierre Beth-el qui recevait les onctions de Jacob et aux pierres cabires, près desquelles Samuel affectait de rendre la justice au peuple. On peut y rattacher les pierres que Deucalion et Pyrrha jetaient derrière leur dos pour régénérer l'espèce humaine détruite par le déluge, Battus changé en *pierre de touche*, l'aérolithe de Pessinunte, la pierre Cybèle, la pierre Elagabale et tant d'autres qui étaient des objets de culte.

Sur une moindre échelle viennent, dans un sens encore plus superstitieux, les sceptres de jade des empereurs de la Chine, ou plutôt les amulettes de cette matière auxquelles ses vertus admirables ont fait jouer un certain rôle. Elle fut nommée Pierre divine ou Pierre néphrétique, parce qu'elle avait la propriété de guérir tous les maux des reins, par une simple application sur la peau ; il suffisait de la dégraisser tous les trois mois avec de la poudre d'os de mouton calcinés ; aussi, l'empereur Rodolphe II n'hésita pas à en payer un échantillon au prix de 1600 écus. De même, il fut admis que le rubis résiste au venin, qu'il garantit contre la peste, bannit la tristesse et détourne les mauvaises pensées. S'il change de couleur, il annonce, disait-on, des malheurs, et dès qu'ils sont passés, sa teinte primitive se rétablit. Dans un semblable ordre d'idées, l'héliotrope détourne les rayons du soleil, préserve de l'épilepsie et des hémorrhagies. L'améthyste soustrait à l'influence de l'ivresse. La pierre d'aigle facilite les accouchements. L'émeraude arrête les symptômes du mal caduc, de la dyssenterie, et guérit la morsure des animaux venimeux. L'opale empêche les syncopes, les maux de cœur, les affections malignes. Le diamant est merveilleux contre les terreurs paniques, les insomnies, les prestiges et les enchantements ; par lui s'entretient l'union entre les mariés.

Certes, il n'est pas difficile de comprendre comment une parure de diamants, gracieusement donnée, peut maintenir la paix dans un ménage, en écartant, du front d'une épouse, le voile terne du déplaisir, de même que la brise dissipe les nuées dont le ciel se parsème à dessein de rompre la fastidieuse monotonie de sa sérénité. Mais les autres propriétés sont liées, d'une façon trop évidente, aux fluides intangibles, à l'esprit universel, aux vertus occultes, à la panacée des adeptes issus de Cham fils de Noé, ou d'Hermès Trismégiste qui vivait 2000 ans avant J.-C., pour devoir nous arrêter plus longtemps. Il suffit d'avoir rappelé ces antiques imaginations pour démontrer combien l'âge de la pierre est bien nommé. Alors, plus que jamais, le culte, l'industrie, la défense, l'alimentation et, en un mot, tout ce qui est essentiel dans la vie des peuples, était subordonné à cette matière minérale.

D'ailleurs, le commerce s'établissait sous son influence, et en dispersait les bienfaits. Les outils de pierre se transportaient déjà au loin, car on les trouve en divers pays, dans lesquels le minéral essentiel est complètement étranger, témoin la Suisse, où les granits, les serpentines, les diorites, les calcaires abondent, tandis que le silex n'y existe pas autrement qu'à l'état façonné. Chose encore plus remarquable, l'ambre de la Baltique était répandu jusqu'en Italie où il fut trouvé avec les antiques urnes d'Albano. Il pénétra même en Grèce, d'après Homère, tandis que la néphrite verdâtre, translucide et si dure de l'Orient était connue sur les bords du lac de Zurich. Si donc les régions boréales expédiaient déjà vers le Sud ou vers l'Est, réciproquement ces autres parties du monde mettaient dans la balance leurs produits qui se dirigeaient vers l'Occident ou vers le Nord. Sans doute, les premiers échanges s'effectuaient pour ainsi dire de la main à la main ; mais ces origines du commerce ont dû se développer rapidement et, selon toute apparence, les Phéniciens placés à l'extrémité de la Méditerranée, au contact de l'Europe et de l'Asie, furent les premiers entremetteurs qui opérèrent sur une grande échelle. Grâce à leur activité commerciale, l'industrie bientôt délivrée des limites étroites entre lesquelles ses efforts étaient contenus par la pierre, prit le rapide élan qui ressortira si vivement au milieu des divers caractères de l'âge du bronze.

DES SELS, FLUX OU FONDANTS.

Les nombreux détails que j'ai donnés sur l'invention du feu et des fabrications de l'âge de la pierre ont dû démontrer qu'en plaçant l'homme sur le globe, le souffle du Créateur a répandu sur lui le germe de la vie intelligente. A son tour, la loi du progrès devait faire de celle-ci la vie civilisée avec ses jouissances, avec ses vertus, avec ses peines et, par-dessus tout, avec ses causes incessantes d'animation. Elles en compensent les défauts, à tel point qu'elle me paraît réunir la part la plus large possible du bien-être mis à notre portée en attendant le bonheur absolu.

Sans doute, mon assertion trouvera des contradicteurs dans certains esprits auxquels la mélancolie ne laisse voir la perfection que dans l'apparente quiétude des humains écartés du monde. Mais aussi, combien de fois sorti des villes, entraîné par mes pérégrinations dans les retraites des montagnes, dans la vacuité des steppes, ne m'est-il pas arrivé de rencontrer un cultivateur solitaire, ou, mieux encore, un pâtre debout sur un rocher, accroupi près d'un foyer, et ne sortant de sa rêveuse hébétation que pour rétablir, de loin en loin, par un cri rauque, l'ordre dans son troupeau. Alors, inévitablement, son aspect me rappelait la réponse de Jacob au Pharaon qui l'interrogeait sur son existence : J'ai passé cent trente ans sur la terre, et courts et mauvais ont été les jours des années de ma vie.

Oui ! elles doivent être forcément tristes, à divers degrés, ces heures qui s'écoulent en dehors des vives agitations produites par les froissements continuels de la société. Elle doit être mauvaise cette existence monotone, cette apathie qui naît de l'endurcissement du corps contre les intempéries. Aussi ne suis-je plus étonné de l'espèce de fureur avec laquelle ceux dont l'âme a conservé quelque activité dans son délétère milieu, se livrent aux chasses les plus scabreuses, se mettent en quête des mines d'or que l'ignorance leur indique partout, qui partout leur échappent, et se précipitent au milieu des procès, des querelles de tous genres. Dans toutes les régions du monde, les fractions errantes de l'espèce humaine ont montré, pour le pillage, un penchant qu'elles n'assouvissent que par de sanglantes irruptions sur leurs voisins.

Ces hommes séquestrés ont donc aussi leurs vices et même, chez eux, ils sont surexcités par un besoin d'émotions d'autant plus impérieux, qu'il peut plus rarement se satisfaire. A défaut de celles que donne la civilisation, ils s'en créent de sauvages, comme l'est la nature qui les environne ; ensuite, faute de causes d'entretien, leur énergie s'efface bientôt dans l'immobilité première. Et certes, en cela, ils sont loin de celui dont l'Eternel parlant à Moïse a dit : « Regarde, j'ai appelé par son nom Beshal-Ben Aouri-Ben Hour, de la tribu de Juda. Je l'ai rempli de l'esprit de Dieu, en industrie, en intelligence, en science pour travailler en or, en argent et en airain. Dans la sculpture des pierres, pour les monter, et dans la menuiserie pour faire toutes sortes d'ouvrages. Mais, je lui ai adjoint Ahaliab-Ben Akhisamek, de la tribu de Dan, et j'ai mis l'industrie dans le cœur de tout homme intelligent, afin qu'ils fassent ce que je t'ai commandé.»

Revenons donc à ceux au sujet desquels le Tout-Puissant a fait entendre sa retentissante parole, à ceux qui étant pleins de son esprit, qui fonctionnant pour établir la concorde, amenèrent une nouvelle période industrielle sur la terre, et, dans ce but, reportons-nous aux pays où j'ai expliqué comment l'art des mines naquit dans l'âge de la pierre, comment à côté de l'*homme superficiel* se plaça aussitôt l'*homme souterrain*, pour faciliter le travail de l'autre. Eh bien ! en nul autre endroit la supériorité intellectuelle ne perce avec plus d'évidence que dans les progrès respectifs. Tandis que le laboureur est encore à peu près ce qu'il était du temps de la blonde Cérès, les enfants de Vulcain subissaient rapidement la loi du progrès. En fouillant le sein de la terre, ces ouvriers rencontrèrent nécessairement des matières qui, distinctes des silex par leur éclat, par leur couleur, par leur pesanteur et, en un mot, par l'ensemble de leurs propriétés, ne pouvaient pas indéfiniment être jetées parmi les déblais. Les plus intelligents durent s'aviser de les soumettre à l'action du feu, agent dont la puissance était parfaitement connue, puisque l'on s'en servait déjà pour abattre les arbres, pour préparer les aliments, pour fondre la graisse, pour endurcir les argiles.

Cependant, si peu que l'on soit initié à l'art du fondeur, on sait qu'un alliage du genre du bronze ne se laisse pas produire sans certains préparatifs à défaut desquels le succès n'est pas assuré. En effet, même en faisant abstraction de la part du mineur, il faut d'abord avoir obtenu le cuivre et l'étain, dont l'union constitue le composé binaire en question. Mais ceux-ci différant l'un de l'autre par diverses propriétés physiques, par leur fusibilité, il s'ensuit que le traitement de leurs minerais n'est pas absolument identique. Enfin, étant inégalement oxydables, ils exigent quelques précautions spéciales pour leur conservation en présence du feu. A cet égard, sourtout, interviennent ce que l'on appelle les *fondants* ou *flux*, lesquels sont des corps suffisamment fusibles pour qu'en s'étalant sur la surface d'un métal, en forme de couche liquide, ils la couvrent de manière à l'abriter contre l'influence comburante de l'air chaud, en même temps qu'ils la débarrassent, au besoin, de certaines impuretés soit originelles, soit adventices. Sans doute, ces flux ne sont pas absolument nécessaires. En subissant d'excessives déperditions, on put se passer de leur intermédiaire, dans la pratique naissante; mais comme il est de l'essence de l'industrie de perdre le moins possible, il fallut bientôt songer à leur emploi et par suite, la fabrication de quelques-uns d'entre eux ne tarda pas à constituer une branche spéciale, si bien que pour ne pas nous trouver embarrassés, à l'avenir, je ferai immédiatement la part des plus essentiels: le salpêtre, le carbonate de potasse, le borax, le sel ammoniac et le sel de cuisine. D'ailleurs, on va voir que la découverte des plus communs a dû devancer celle des métaux, car étant de nature saline, les manipulations nécessaires pour les obtenir n'exigèrent pas un énorme effort de génie. Aussi, tout primitifs qu'ils soient, leur facile production, ainsi que leurs qualités, en ont fait conserver l'usage dans une foule d'ateliers.

Dès que l'argile eut permis de façonner des vases capables d'aller au feu, ceux-ci servirent à cuire les aliments, à chauffer l'eau et, par suite, à l'évaporer. Mais dans ce cas, les eaux de la mer, celles de certaines sources, de divers lacs laissent un résidu, qui ordinairement est le sel de cuisine, corps que ses propriétés digestives rendent indispensable à l'homme, comme il l'est à divers animaux, dont le simple instinct suffit pour les amener à le trouver. Il existe également dans la nature, à l'état de roches massives et solides. D'une façon ou de l'autre, étant rendu maniable, il fut employé, en sa qualité d'antiseptique, pour saler les viandes, que probablement l'on boucanait déjà, puisque cette préparation se réduit à savoir enfumer. Les Hurons de l'Amérique, quelques peuplades plus boréales, pratiquent encore ces opérations, et, dans nos pays, les jambons de Mayence, le lard de l'Alsace ne sont pas trop dédaignés. Enfin, ce même sel si commun, si fusible, étant doué de quelques qualités spéciales que l'usage mit en évidence, son emploi dans les fonderies naissantes dut s'effectuer tout naturellement.

A côté du sel ordinaire je place le nitre, autrement dit le salpêtre, sel de pierre *(salpetræ)*, parce qu'il se développe partout où existent des pierres convenablement poreuses et humides. Souvent, il est vrai, la substance n'est pas très-apparente, mais les chèvres savent fort bien la distinguer et c'est un plaisir de voir ces animaux se grouper pour lécher les surfaces qui en sont imprégnées, avec toute l'ardeur que peut donner la plus grande des jouissances gastronomiques. Le nitre s'attache aussi aux murailles des caves, ou voisines des étables et autres lieux exposés aux émanations des animaux. Là, il s'élabore constamment pour se dégager sous la forme de filaments serrés entre eux, et qu'un simple époussetage peut détacher. Rien n'est donc plus simple que sa récolte à l'état de *salpêtre de houssage*. Ce salpêtre se reproduit également dans les plâtras provenant des démolitions, si bien qu'en se laissant guider par l'observation, on est parvenu à utiliser ces matériaux et à apprendre l'art de le *planter et faire végéter* avec de minimes dépenses. Dans certaines régions chaudes, l'Inde, l'Égypte, l'Espagne, la nature fait tous les frais de l'opération. Ici, les effets combinés de la capillarité terrestre et de la sécheresse atmosphérique, l'amènent de l'intérieur du sous-sol à la superficie des plaines. Ils le font croître à la manière d'abondantes efflorescences semblables au givre, qui, au milieu des ardeurs caniculaires, donnent à ces espaces l'aspect d'un pays froid dont un brouillard congelé a mis le tapis végétal sous l'abri de son duvet blanc et scintillant. Et pourtant, le balai ramassant le sel avec la poussière, il faut procéder à une purification qui, du reste, se réduit, comme de coutume, à une dissolution suivie d'une concentration par évaporation. Celle-ci suffit pour déterminer la cristallisation et pour constituer ce que l'on désigne sous le nom de *salpêtre du commerce*.

Au surplus, non moins original dans ses propriétés que dans sa production, il possède à froid une saveur fraîche ; il est rafraîchissant, adoucissant, diurétique, anodin, sédatif ; il calme l'effervescence du sang, modère ses agitations, si bien que ses qualités l'ont fait introduire dans la *poudre antispasmodique* ou *tempérante de Stahl.* Dans les salaisons, il conserve la couleur rouge des viandes, et dans l'agriculture son rôle se borne à celui de simple stimulant. Par contre, au feu, c'est un être tout différent. Jeté sur un charbon ardent, il s'exaspère, fuse avec bruit, produit même des déflagrations assez énergiques, de sorte qu'avec l'addition d'une quantité convenable de soufre, il arrive à occuper instantanément dix mille fois plus de place, en développant la force qui caractérise la poudre à canon. Ce n'est donc pas à tort que sa vivacité a fait dire d'un homme sujet à des mouvements de colère: « Il est pétri de salpêtre. » D'ailleurs, la chimie démontre que ses effets sont dus à l'oxigène, corps comburant par excellence, qu'il contient en excès, qu'il renferme à l'état solide, facile à manier, et dont il est un véritable magasin, où l'industrie peut largement et commodément puiser pour ses besoins. De cette façon, il a été employé non seulement pour la poudre, mais encore pour les feux d'artifice et la fabrication de l'acide nitrique; on l'a introduit dans l'amadou et dans les allumettes chimiques. Cependant, à notre point de vue, son principal mérite réside, d'une part, dans sa tendance à brûler les parties impures de certains minerais, et, d'un autre côté, dans la qualité fondante qu'il doit à sa base alcaline. On peut donc, avec son seul secours, obtenir facilement un assez grand nombre de métaux, et comme il s'offre de lui-même tout formé, il a pu être mis en usage, très-anciennement, de concurrence avec le sel de cuisine, pour le traitement des substances métallifères.

Les cendres des végétaux jouissent d'une certaine saveur, et la lixiviation en extrait un sel dont la base est ordinairement l'alcali végétal combiné avec l'acide carbonique. Il était facile de concentrer ensuite la liqueur, comme le font encore, en Amérique et en Russie, les destructeurs qui incendient des forêts pour obtenir le produit en question. Mais, si tel est le procédé usité quand le travail s'effectue sur de larges bases, on a certainement opéré, dans le début, à la façon plus restreinte, de nos fabricants ou, pour mieux dire, de nos fabricantes des Vosges, c'est-à-dire sans autre appareil qu'une marmite, sans autre atelier que leur cuisine, et, de plus, la dévastation des bois étant sagement interdite, il leur suffit de recueillir les cendres provenant des résidus d'un abattis. Souvent même, elles se contentent de brûler des fougères avec d'autres menus végétaux, et le sel du bois qui a servi à l'évaporation du liquide ne tarde pas à passer du foyer dans le vase pour accroître la somme du produit.

Les ménagères font jouer au sel des cendres le principal rôle dans les lessivages du linge, à cause de sa propriété de rendre solubles les matières grasses. Par les mêmes raisons il entre dans la composition du savon. Etant, de plus, un excellent flux, il sert avantageusement à fabriquer les verres, et aussi à fondre les métaux. Enfin, comme, d'après ce qu'on vient d'expliquer, il se produit d'une façon à peu près aussi simple que le sel ordinaire et le salpêtre, rien n'empêche d'imaginer qu'il a été employé de concurrence avec eux, du moment où il fut question d'opérer des liquéfactions.

Son analogue est le natron ou carbonate de soude, dont la découverte exige encore moins de frais d'invention, puisqu'il se développe spontanément, à l'instar du nitre, sur diverses roches, sur le sol de quelques parties de l'Indoustan, des environs de Tripoli et dans plusieurs lacs de l'Inde, de la Hongrie, de la Tartarie, de la Turquie et de l'Egypte. Outre cela, il se laisse séparer de certains végétaux marins, absolument comme le carbonate de potasse. Les Juifs le connaissaient sous le nom de *Nether*. Déjà auparavant il était employé par les Egyptiens, non seulement pour le blanchissage, mais encore pour attendrir les viandes en les faisant tremper quelque temps dans sa dissolution. Quoiqu'il soit sensiblement moins fusible que le précédent, il n'en jouit pas moins d'une

puissance identique, et, par suite, il a servi de temps immémorial aux mêmes usages. Il est d'ailleurs peu sujet à tomber
en déliquescence, c'est-à-dire à se résoudre spontanément
en un liquide, et cette résistance contre l'influence de l'air
humide, en fait un agent plus commode que le carbonate de
potasse.

Le borax n'est pas aussi abondant que les sels dont il a
été question jusqu'à présent, et de plus, sa dissémination est
moins universelle. Cependant on le trouve en Saxe, en Transylvanie, au Pérou, dans l'île de Ceylan, dans la Tartarie méridionale et dans la Chine. Il cristallise en gros blocs au fond
de certains lacs salés de l'Inde, et nous arrivait jadis des pays
orientaux sous le nom de Tinkal. Jouissant surtout de la propriété de dissoudre, à chaud, la plupart des oxydes métalliques,
et sa viscosité lui permettant de couvrir, mieux que tout autre,
les surfaces des métaux que l'on veut souder ensemble, il est
constamment employé dans certaines fonderies. Dès qu'il fut
découvert aux environs d'Escapa, par le médecin Carrère du
Potosi, les mineurs du pays, profitèrent de son abondance et
s'en servirent pour la fusion de leurs minerais de cuivre.
Au surplus, on ne peut guère mettre en doute son antique utilisation dans les régions où il naît sans effort, et en quantité
suffisante. D'autres sels plus essentiels étant déjà connus, il
put bientôt être distingué; ensuite le commerce le fit généralement apprécier en le distribuant dans les pays qui en étaient
dépourvus, et son débit fut d'autant plus facile qu'étant un
fondant universel, il avait un grand avantage sur tous les
autres. Enfin. on remarquera que de l'acide borique à l'acide
silicique il n'y a qu'un pas, si bien que celui-ci ne dut pas tarder à intervenir dans le travail des métaux, circonstance qui
sera largement démontrée.

Le sel ammoniac ou salmiac est venu après les autres. C'est
un corps excentrique dont la découverte et la préparation

exigaient un ensemble d'appareils et d'observations qui ne peuvent être que la conséquence d'une chimie passablement avancée, quoiqu'il se montre çà et là dans la nature. Le Vésuve, l'Etna, la bouche ignivome de Lipari, ainsi qu'un volcan, encore en activité, à proximité de Ho-Tcheou en Tartarie, en dégagent de temps à autre des parties assez volumineuses. Il se manifeste, en outre, pendant les incendies des houillères, comme, par exemple, à St-Etienne, à Duttweiler, à Glan et à New-Castle. Mais ces émanations sont trop accidentelles pour avoir pu immédiatement fixer l'attention. Il faut donc chercher son premier mode de préparation dans l'antique Egypte dont sortirent tant d'enseignements divers, sur la Terre de Misraïm, petit-fils de Noé, divinisé sous les noms d'Osiris, d'Apis, de Sérapis et d'Adonis. Là, dans les environs de Mansourah où la fiente des chameaux et autres animaux nourris de plantes salées sert de combustible, les suies des cheminées se trouvent contenir la matière saline en quantité suffisante pour que son extraction puisse s'effectuer avec avantage, en profitant de sa volatilité. A cet effet, on introduit la suie en question dans des vases de forme telle qu'une distillation menée graduellement, pendant trois jours, ait le loisir d'opérer la séparation du sel, qui se sublimant, va se condenser à leur partie supérieure que l'on maintient froide. Il suffit ensuite de casser le récipient pour en retirer le produit. Sa vertu essentielle réside dans une grande fusibilité, réunie à une forte tendance à dissoudre certains oxydes, qu'il entraîne avec lui, sous forme de vapeur, même à d'assez basses températures. Et par suite, son action consiste à effectuer le décapage de la surface des métaux, qui, du moment où ils sont rendus parfaitement nets, se laissent souder entre eux. A ce titre, il est le principal agent des étameurs.

Avant d'aller plus loin, je juge à propos de classer dans le tableau suivant les divers réactifs, que les anciens fondeurs ont pu trouver plus ou moins facilement à leur portée.

Flux.

RÉDUCTIFS.	FONDANTS.	OXYDANTS.	CHLORURANTS.	DÉSULFURANTS.
Bois.	Borax.	Carb. de soude.	Sel de cuisine,	Carb. de soude.
Charbon.	Carb. de soude	Carb. de potasse	Sel ammoniac.	Carb. de potasse
Résines.	Carb. de potasse	Salpêtre.		
Huiles.	Sel de cuisine.	Air atmosphéri-		
Graisses.	Salpêtre.	que.		
Savon	Savon.			
	Silice et bases terreuses ou métalliques.			

Dans notre siècle de progrès, un pareil assortiment est encore très-suffisant, pour un essayeur qui opère par la *voie sèche*. A plus forte raison devait-il satisfaire à tous les besoins d'un débutant qui, de prime-abord, n'avait pas à s'inquiéter des pertes plus ou moins considérables que pouvaient lui faire éprouver des corps employés inconsidérément. Après tout, il lui restait la ressource d'effectuer des mélanges, d'arriver ainsi à exalter la fusibilité de certains sels, à tempérer les qualités trop énergiques des uns par la puissance plus modérée des autres, et de faire d'un simple fondant un réductif convenable. En n'oubliant pas la loi de facile fusion des composés multiples, les vertus réductives du carbone et de l'hydrogène mêlés aux sels alcalins, nous aurons le secret du rôle des matières connues sous les noms de savon, flux noir, flux de Schlutter, de Cramer, de Snack, de Pelair, de Kirwan, de Guyton, de Chaptal, de Borrichius, de Hellot, et d'Amand.

Telles sont les données essentielles de l'histoire des fondants. Mais, dira-t-on, mes détails au sujet de leurs applications culinaires constituent une véritable superfétation, puisqu'il s'agit d'arriver aux fonderies et non pas d'étudier les procédés en usage dans les cuisines. Eh bien ! j'observe à mon tour que l'homme dut assurer sa subsistance avant de songer aux opérations métallurgiques, et qu'ensuite, toute paradoxale que puisse paraître ma thèse, une expansion toute naturelle de l'art de préparer les aliments, a conduit aux principes du traitement des métaux.

En effet, le feu étant un agent commun aux cuisiniers et aux fondeurs, ils se servent des mêmes instruments, pelles, pincettes, soufflets pour le manier et le diriger, pour donner chaud au début ou à la fin des opérations, et pour arriver, selon les besoins, au feu d'enfer. Entre le foyer de la cuisine et celui qui est en usage pour diverses opérations métallurgiques, il n'existe souvent que de minimes différences. Le fourneau à réverbère ressemble essentiellement au four à cuire le pain. Le creuset n'est qu'une légère modification du pot à faire la soupe. La cuillère à ragoût peut servir à puiser dans un bain métallique. D'ailleurs, l'identité des opérations ressort de celle des vocabulaires respectifs. L'un des opérateurs grille des côtelettes, l'autre grille des minerais. Tous deux se servent du mot rotissage. Le beurre, les graisses, l'étain, le plomb, se fondent facilement, et de ceux-ci au cuivre, à l'argent et au fer la transition est graduelle. Si d'un côté, on cuit la viande pour l'attendrir, d'autre part certains métallurgistes disent qu'ils font mûrir la matière minérale par une cuisson préalable ; d'ailleurs, ceux-ci cuisent leurs briques et recuisent leurs métaux. Le marmiton qui brûle un gigot est aussi maladroit que le forgeron qui brûle son fer. A côté des sauces trop salées d'une servante on est en droit de placer les sauces entièrement salines des orfèvres. Celle-ci doit éviter de noyer son ragoût, elle fait revenir un poulet et l'essayeur fait revenir son essai noyé. On sublime l'antimoine, on vaporise le plomb, on évapore l'eau. D'ailleurs, j'ai expliqué que la plupart des sels qui servent à assaisonner les aliments, sont en même temps des fondants, et j'imagine que plus d'une fois les sels, le savon de la ménagère ont du sauter dans le creuset. Ce savon, entre autres, est un excellent flux, et

que ne doit-on pas attendre d'un artiste exalté par l'espoir
du succès, quand on a vu Bernard de Palissy construisant et
reconstruisant ses fourneaux, desséché par le travail, par la
misère, devenu la risée publique, l'objet de la colère de sa
femme, ne pas hésiter à sacrifier les tables, les planches de
sa maison, pour alimenter ses fourneaux. A force de travail,
de constance, de génie, il parvint au degré de perfection qu'il
ambitionnait. Il réussit comme réussissent tous ceux qui, à
un jugement droit, joignent la persistance par laquelle est
amené le résultat désiré.

En résumé, j'ai insisté sur la production et l'emploi de
certains sels par la raison que ces corps devaient devenir,
tout naturellement, d'un usage commun à l'art culinaire et
à la métallurgie. D'ailleurs, n'est-il pas sans intérêt de voir
éclore, l'une à côté de l'autre, sur le même foyer domestique,
la halurgie, noble section de la chimie générale, et la minéralurgie dont le mineur devait faire sa part distincte? Encore,
quel esprit un tant soit peu philosophique ne prend pas
plaisir à observer la séparation profonde qui, dès l'origine,
s'établit entre le lot de la femme sur lequel les Berchoux,
les Brillat-Savarin répandirent les fleurs de leur esprit, et le
rude lot de l'homme que successivement Agricola, Henckel,
Pott, Medina, Cramer, Barba, Schlutter, Swedenborg, Cort,
Parnell, Karsten, Wallerius, Jars, Hellot et par-dessus tous
l'immortel Berthier, enrichirent des fruits de leur génie. Après
cela, la cuisine s'est plutôt dégradée qu'élevée, en passant du
domaine de l'épouse à l'établissement d'un Chevet, tandis
que d'immenses ateliers font l'orgueil, la richesse et la puissance de la France, de l'Angleterre, de l'Allemagne, de la
Suède, de la Russie, de l'Espagne, en un mot de tous les
pays miniers dont ils sont les annexes inévitables, orgueil
du reste bien légitime, puisqu'il a pour base le travail fécondé
par le génie de la paix, puissance grande, car elle met, ins-

tantanément, entre les mains des défenseurs de la patrie, ce qu'il faut pour la faire respecter, richesse immense, vu que les torrents métalliques qui en jaillissent, subdivisés en mille et mille branches, vont continuellement accroître de leurs forces celles des organes des travailleurs de tous les rangs et dont les produits composent la fortune publique.

DU CUIVRE.

Le bronze et l'airain, habituellement confondus l'un avec l'autre, ne sont pas des métaux simples. Ils résultent de la combinaison du cuivre avec l'étain, auxquels on ajoute plus ou moins de zinc pour en modifier les qualités. Il n'existe d'ailleurs aucun minerai de bronze. L'étain pyriteux, seule espèce capable de produire directement un alliage du genre des précédents, abonde très-peu, et n'a été rencontré qu'en Cornouailles et au Mexique. Quelquefois, il est vrai, les minerais de cuivre et d'étain sont enchaînés ensemble dans un même filon ; mais encore, ces mélanges inégaux, dont les éléments sont si disparates, seraient d'un traitement fort difficile, de façon qu'en tenant compte de cette réunion de circonstances, on est amené à conclure qu'il fallut, avant tout, opérer sur des matières à la fois simples et communes, afin d'obtenir chacun des deux métaux séparément pour effectuer ensuite leur alliage. Ainsi donc, en établissant un âge du bronze, les savants archéologues du Danemark ont agi dans un sens collectif ; mais cette liberté n'étant pas accordée au métallurgiste intéressé à suivre les progrès d'une question, il doit, de toute nécessité, fractionner cet ensemble. Dans, ce but, je procède par l'étude du cuivre dont l'emploi, probablement très-prolongé, peut, à lui seul, motiver l'admission d'un âge spécial.

Pour entamer la question, je rappelle que certaines espèces minérales jouissent naturellement des qualités qui caractéri-

sent les métaux proprement dits, c'est-à-dire qu'ils en possèdent l'éclat, la malléabilité, la ténacité et la pesanteur. Tels
sont en particulier l'or, avec certains minerais d'argent et de
cuivre. Ils sont dits *natifs* à cause de cette pureté originelle.
Le dernier est spécialement abondant aux alentours du lac
Supérieur, dans l'Amérique Septentrionale. Là, ses masses
d'un volume parfois considérable, furent exploitées par les
Indiens, qui en détachaient péniblement, à coup de haches
de pierre, les angles les plus saillants. Les morceaux se façonnaient, à froid ou à chaud, avec le marteau et ensuite les
objets obtenus étaient transportés au loin dans le Mexique
et jusque dans le Pérou. Toutefois, les gîtes de ce cuivre
métallique ou natif ne se montrant en Europe qu'exception-
nellement, leurs produits ne doivent pas nous arrèter plus
longtemps.

Des minerais du même métal, mais d'une autre classe, jouissent d'une aptitude toute spéciale pour se modifier d'une façon
qui nous paraîtrait vraiment merveilleuse si l'habitude ne
nous avait pas endurci l'imagination à l'égard de ces transformations. Parmi ceux-ci, il faut spécialement distinguer des
pierres douées de belles couleurs rouges, bleues ou vertes,
le Cuivre oxydulé, la Malachite et l'Azurite, qui se présentant fréquemment aux affleurements des filons, n'étaient
certes pas fort difficiles à trouver. Une seconde particularité,
plus importante, à notre point de vue, consiste dans la complète interversion qu'éprouvent leurs propriétés premières,
du moment où étant placés au milieu de charbons ardents,
ils en subissent l'influence réductive, sans cependant arriver
au point de la fusion. De tendres et fragiles qu'ils étaient, ils
se changent, à peu de frais, en masses rouges, ternes, très-
tenaces, très-poreuses, véritables *éponges* que la rayure rend
de suite éclatantes. J'ai démontré, dans une autre occasion,
comment à l'aide de simples martelages effectués pendant que

ces éponges sont encore chaudes, leur tissu lâche peut être facilement condensé au point que la masse se convertit en une pièce à la fois dure et ductile. En un mot, par des moyens très-élémentaires, la pierre devient métal, et j'ajoute que la substance n'étant pas très-réfractaire, un coup de feu plus intense suffit pour liquéfier le tout, de manière à produire directement des culots ou des barres dont le forgeage tire, à volonté, des formes très-variées. Je laisse à juger de la surprise et de la joie que dut éprouver le premier métallurgiste. Son nom ne nous est point parfaitement connu. Nous savons seulement qu'il fut en quelque sorte divinisé sous le titre de Vulcain. Ce n'était pas trop pour le paganisme, car, désormais, l'homme affranchi des entraves que lui occasionnait la fragilité de la pierre, allait progresser à pas de géant.

Cependant, les gîtes des espèces susdites étant assez rares et surtout trop faciles à épuiser, le mineur dut s'attacher à découvrir des masses plus soutenues. D'essais en essais, sur les minerais de la classe des pyrites, il arriva à reconnaître, d'après leurs belles couleurs jaunes, celles qui sont cuprifères, étant sans doute, guidé en cela par leur association avec les oxydules, les malachites et les azurites. Mais, parvenu à ce point, une difficulté plus grande fut celle de trouver le moyen d'en tirer parti, car une composition complexe rend le traitement difficile. Des caléfactions répétées débarrassèrent ces sulfures de leur soufre. C'était un premier pas qu'il s'agissait pourtant de compléter à cause de la présence du fer, métal dont la chaleur seule n'effectue point le départ. Eh bien! l'arsenal de la cuisine était là. Tour à tour, ses sels divers furent mis en usage, si bien que le cuivre put se montrer de nouveau avec toutes ses propriétés caractéristiques. En effet, les expériences de M. Berthier suffisent pour établir que la fusion de ces pyrites, avec un flux désulfurant tel qu'un carbonate alcalin et le nitre permet d'arriver au résultat désiré,

5

sáuf une déperdition variable dont, sans doute, les primitifs opérateurs ne s'inquiétaient en aucune façon.

La silice intervient ensuite, et grâce aux échantillons rapportés par M. Gaudry, il a été possible d'apprécier la façon toute heureuse avec laquelle les anciens fondeurs ont fait fonctionner chimiquement un corps dont, jusqu'à présent, la valeur n'est ressortie que de ses usages purement mécaniques à l'état de silex. Devenue un fondant énergique, malgré ses qualités réfractaires quand elle est isolée, cette silice servit à débarrasser le métal de ses parties hétérogènes qui passèrent avec elle, à l'état de silicates, dans la scorie dont se recouvre le bain métallique pendant la fusion et la réduction des minerais.

Il s'agit de Chypre située à proximité de Tyr, île aujourd'hui presque déserte, infestée par les fièvres, mais qui ayant été un des pays les plus beaux, les plus riches de l'antiquité, fut dédiée à la déesse des voluptés. Hésiode, Hérodote, Homère, Strabon, Virgile, Ovide s'accordent à considérer Vénus comme étant sa divinité tutélaire. Ce n'est pas ici le cas d'errer à sa recherche dans les doux bosquets d'Idalie, de visiter les remises de son char et de ses colombes à Paphos, et encore moins de remonter aux *orgies* de son culte à Amathonte. Il nous faut aborder l'étude de l'une des plus importantes de toutes les inventions de la métallurgie, et, dans ce but, il importe peu de remonter à la naissance de la déesse, d'établir le nombre et les noms de ses maris, Adonis, Mars, Vulcain, Anchise, Mercure, etc. Un seul suffira. Adoptant les idées de Newton, nous admettrons qu'elle eut pour époux Thoas surnommé Cyniras, roi du pays, et qui, au dire de Pline, y inventa, quelque temps avant le siège de Troie, l'art d'exploiter les mines, aussi bien que les tenailles, le marteau de forge, l'enclume et le levier.

Évidemment l'historien exagère à l'égard de ces divers points; mais la gloire du bienfaisant monarque ne souffrira

nullement si l'on réduit ses prétentions à celle d'avoir imaginé l'emploi de la silice qui, jusqu'à présent du moins, ne
peut être attribué à nul autre qu'à lui. D'ailleurs, des scories
rassemblées à Lithrodonta, Corno, Lisso, Lefcara, Poli-tou-
Chrysocou et sur le sommet des M^{ts} Olympes, ayant été soumi-
ses aux analyses de M. Terreil indiquèrent, par leur composition
aussi bien que par leurs facies, deux périodes métallurgiques
parfaitement distinctes, celles des parties hautes de l'île étant
rougeâtres, tandis que les autres, beaucoup plus abondantes,
offrent un aspect velouté noir, quelquefois cristallin, avec
de petites portions de mattes. En outre, leurs éléments
constituants sont loin d'être les mêmes, comme on peut le voir
par les détails suivants :

	Scories des sommités des Monts Olympes.	Moyenne des scories des autres localités.
Silice	5,00	28,85
Alumine.	10,84	1,16
Protoxyde de fer	»	28,75
Peroxyde de fer.	80,18	traces
Sesquioxyde de manganèse. . .	traces	55,72
Chlorures alcalins.	traces	traces
Oxyde de cuivre.	traces	0,56
Corps divers.	4,63	6,96
Totaux.	100,65	100,00

Dans l'état actuel du traitement des métaux, il serait, je
crois, fort difficile de tirer parti du premier composé. En fait
de scories rouges, provenant de la fusion des matières cuprifères, je ne connais que celles qui sont teintées par le protoxyde de cuivre, principe colorant très-énergique, en même
temps qu'il est fort enclin à jouer le rôle de fondant.
Pourtant, ici, je n'en vois que des traces, contrairement aux
idées qu'il faut se faire des résultats d'opérations extrêmement anciennes et, d'autre part, l'état rubigineux des masses
peut s'expliquer par la surabondance du peroxyde de fer.
Toutefois, dans l'impossibilité de constater plus amplement

les faits, je dois relater ce qui m'est donné pour en conclure que, du temps de leur production, la silice n'était pas
mise en usage. Sa quantité indiquée par l'analyse, et surtout
l'alumine, pouvant tout simplement provenir des gangues
du minerai, il devient assez probable que, de leur temps,
la fonte ne s'effectuait encore qu'avec le secours de sels
solubles, circonstance qui expliquerait la présence des traces
de chlorures décélées par M. Terreil.

Il n'en est plus de même des scories de la seconde classe.
Elles trahissent une révolution complète dans l'art de la fonderie du cuivre, révolution effectuée par Cyniras et qui, en
tout cas, aurait suffi à elle seule pour provoquer la reconnaissance des métallurgistes, de manière à immortaliser
son nom. En effet, ce dissolvant de l'oxyde de fer, à la fois si
énergique aux hautes températures et sans valeur à cause
de son abondance, faisait immédiatement sortir les opérations du cadre des petits ateliers où les fondants salins étaient
en vigueur. Aussi, d'énormes monceaux de scories demeurés
sur les autres points, établissent largement la grandeur des
exploitations.

Ce n'est pas tout. A côté de l'oxyde de fer vient celui de manganèse dont l'analyse fait ressortir la proportion à peu près égale
dans les scories. Eh bien, sans doute, le fer de celles-ci provient tout simplement de la quantité contenue naturellement,
à l'état de sulfure, dans le cuivre pyriteux d'où elle a été séparée par la silice; mais le manganèse, autre puissante base
pour cette même silice, n'a pu se trouver lié au minerai qu'à
l'état de carbonate rose ou bien à celui de peroxyde, résultat
de la décomposition de ce même carbonate. Dans l'un comme
dans l'autre cas, il paraîtrait que les ouvriers de Cyniras se gar-
daient bien de l'éliminer dans leurs triages, et quand même
il n'eût pas été associé au minerai, à titre de gangue ordinaire, l'île ne s'en trouvait pas pour cela dépourvue, car

M. Gaudry annonce en avoir reconnu de nombreux gisements. On pouvait donc, de côté et d'autre, ramasser les
quantités nécessaires pour faire l'office de fondant.

Par cette addition, les anciens fondeurs obtenaient deux
avantages essentiels. D'abord, ils sursaturaient leur scorie
de bases fortes, par conséquent très capables au déplacement de l'oxyde de cuivre, et, de cette façon, le traitement cypriote se trouvait déjà tout aussi rationnelle-
ment combiné que le fut celui auquel j'ai eu recours à Pont-
Gibaud, vers 1829, pour le minerai de plomb, conformément
aux vérifications de M. Berthier. Ensuite, par la réunion des
oxydes de fer et de manganèse, ces habiles mineurs se con-
formaient à la loi de facile fusibilité des composés multiples,
pour activer d'autant leurs opérations. Il me souvient d'avoir
maintes fois regretté l'absence du manganèse de mon ancien
district minier de l'Auvergne; car, il m'eut dispensé de recourir au sulfate de baryte qui, au milieu de certains avantages, est affecté d'inconvénients trop connus pour devoir
être mentionnés ici. Enfin, l'on remarquera encore une fois
la présence des chlorures, corps qui n'appartiennent plus
à nos scories actuelles, mais dont M. Terreil a signalé
les traces dans chacune de ses analyses dont j'ai vérifié
l'exactitude à cet égard. Faut-il supposer que les oxy-chlo-
rures cupriques abondaient dans les mines de Chypre. Je
préfère admettre que conservant, au moins en partie, leurs
anciennes habitudes, les fondeurs continuaient à ajouter le
sel de cuisine aux autres fondants nouvellement adoptés, et
qu'il a laissé les vestiges de son emploi dans le produit
complexe qui constitue la scorie.

En résumé, grâce aux modifications que je me plais à attribuer à Cyniras, la métallurgie d'avant le siége de Troie
était, dans ce qu'elle a d'essentiel, parfaitement d'accord
avec les principes actuels, et je me trouve en cela devancé

d'environ 3000 ans. Ce serait profondément humiliant pour un élève de M. Berthier, s'il n'avait pas la ressource de se rejeter sur la théorie que certainement Cyniras ne possédait point, tandis qu'elle me servit de guide pour retomber sur ses procédés. Du reste, on remarquera que, dès lors, la production de l'île de Chypre s'éleva au point de faire dériver le nom latin *cuprum* de celui du pays *Cyprus*, et il devient impossible de douter que la richesse enfantée par les mines ait contribué puissamment à l'antique opulence de la contrée. Elle fut si grande que dans un moment de pénurie du trésor, le Sénat romain ordonna, sans scrupule, la confiscation de ses valeurs. L'exécution du décret fut confiée au vertueux Caton qui, revenant avec toute la fortune des Cypriotes, fait assez l'effet d'un lieutenant que Mandrin ou Cartouche auraient chargé du pillage d'une diligence. Et notons que le choix de l'exécuteur était logique, car malgré son austérité, il trouvait dans le *delenda Carthago* un moyen plus rationnel, selon sa morale, qu'une lutte industrielle et commerciale, par laquelle les deux reines de la Méditerranée eussent travaillé au profit de l'humanité. Avec son système, Rome faillit périr; mais, de leur côté, les Carthaginois immolaient des enfants en les jetant tout vivants entre les bras d'une statue d'airain rougie au feu. Les cris de ces innocents furent entendus de l'Eternel, et Carthage n'est plus. Elle disparut comme doivent disparaître toutes les sauvageries. Rome accapareuse et centralisatrice fut effacée à son tour, comme s'anéantirent une à une toutes les capitales où les choses s'arrangèrent au profit du petit nombre qui, d'habitude, traite les provinces en pays conquis.

A Chypre, les masses métalliques, disposées en filons, accompagnèrent l'épanchement de roches serpentineuses. Elles firent naître l'île avec ses Monts Olympes, pendant une époque très-récente géologiquement parlant, puisque la violence des injections venant des profondeurs souterraines s'exerça sur les dépôts tertiaires moyens, en les bouleversant en divers sens. Enfin, qu'on le remarque bien, ici le cuivre est rapproché du manganèse comme dans le Lyonnais, comme autour du Rio-Tinto en Espagne, comme à St-Marcel en Piémont, et comme dans les environs de la Lahn, près de Coblentz. Cet aperçu donne une plus grande importance à la loi d'association des deux métaux dont j'ai tenté l'établissement dans une précédente occasion.

J'ai dit que le cuivre fut employé en Amérique où il servait, entre autres, même en guise de fer, pour l'exploitation des filons. Les Indiens n'en abandonnèrent l'emploi qu'avec une certaine difficulté, et cet amour pour leur ancien métal se conçoit facilement, quand on se rappelle que les gîtes argentifères qu'ils exploitaient avec son secours se composent, en partie, de matières oxydées, pourries, désignées sous les noms de *Pacos* et *Colorados*. Chose surtout digne d'attention, c'est que ces Indiens avaient aussi des outils du même métal, assez durs pour permettre de sculpter et de graver les amphibolites, les porphyres et autres roches de cette catégorie. Etaient-ils réellement en cuivre pur, et dans le cas où il s'agirait d'un alliage, ne serait-il pas de quelqu'importance d'en connaître la composition? Les couteaux des Bulgares, ainsi que diverses armes de l'Indoustan, étaient de cuivre rouge. En Suisse, on ne l'a rencontré qu'à l'état de rares culots, près d'une antique fonderie, située à Echallens, circonstances desquelles on a conclu que ces masses furent importées pour servir à la fabrication du bronze; mais rien n'empêche d'admettre qu'on les obtenait par le traitement des minerais des Alpes.

Abordant d'ailleurs la question d'une façon générale, je me déclare disposé à croire que la rareté des pièces de ce genre, en Europe, provient tout simplement de leur refonte dont on dut s'occuper à l'époque où le bronze, plus traitable, devient d'un usage vulgaire. Dans cette hypothèse, disparaîtrait l'idée d'après laquelle l'industrie du cuivre a été inventée ailleurs. Il ne serait plus nécessaire de supposer que l'Orient nous a fourni, à la fois, le cuivre avec l'étain. Les mines des deux métaux sont plus ou moins juxtaposées en Angleterre comme en Saxe et, tant que les faits ne seront pas clairement établis, je pense qu'il ne faut pas pousser le système de l'orientalisme jusqu'au point de refuser à nos mineurs la dose d'intelligence nécessaire pour arriver à obtenir chacun de ces métaux. Plus d'une fois des découvertes semblables ont été faites dans des pays différents, et d'ailleurs, les détails concernant l'étain vont donner plus de valeur à ce premier aperçu.

DE L'ÉTAIN.

Le brillant métallique, les couleurs vives attirent les regards de l'enfant, et quoiqu'il devienne homme, ses yeux restent toujours enfants. On conçoit donc que les pyrites éclatantes, les minerais de cuivre aux belles nuances ont dû, de bonne heure, fixer l'attention du mineur. Le feu jaillit bientôt de la pyrite sulfureuse, et d'une main active il fit ensuite sortir le cuivre de ses réceptacles souterrains. Chemin faisant, il rencontra l'oxyde d'étain dont les minerais d'aspect pierreux, quelquefois vitreux, bruns ou noirs, étaient loin de posséder les attraits des précédents. Toutefois, en raison de leur grande pesanteur, ils ne devaient évidemment pas se soustraire à ses expérimentations, puisque déjà, par le cuivre, il avait appris à apprécier l'intérêt que peut offrir une matière plus dense ou plus lourde qu'une autre. J'ai d'ailleurs expliqué que les deux espèces sont souvent associées dans le même filon, et si elles ne se montrent pas toujours tricotées ensemble, on peut du moins les voir distribuées dans un district métallifère très-restreint. Enfin, si les masses stannifères sont parfois isolées, les connaissances du mineur, déjà développées, lui ont suffi pour reconnaître la nature de la substance qui s'offrait à sa vue. C'est ainsi qu'en procédant de pas en pas, il est arrivé à rencontrer l'étain oxydé à l'état de sables et de cailloux provenant de la destruction superficielle de ses gîtes primitifs, destruction qui fut occasionnée par l'arrivée de courants impétueux. De là ses dépôts dits d'alluvion et dont l'exploitation se fait, dans divers pays, de concurrence avec celle des amas maintenus dans leur place originaire.

A l'égard du travail métallurgique, la constitution simplement oxydée du minéral compensa la difficulté qu'avait pu présenter son aspect peu attrayant. J'ai constaté qu'une facile cémentation dans le charbon, à la chaleur rouge sombre, réduit parfaitement l'oxyde pur, préparé chimiquement, et, comme le métal qui en fait la base, se fond aussitôt, un traitement analogue à celui dont le succès avait été constaté à l'égard des premiers minerais de cuivre, suffisait largement pour procurer d'emblée un corps blanc, éclatant, mou, malléable, peu altérable à l'air, qualités déjà fort précieuses par elles-mêmes. Toutefois, avant d'aller plus loin, il me faut faire ressortir deux détails essentiels. D'abord ma première expérience avait porté sur une substance pure; le minerai, au contraire, est habituellement souillé par une certaine quantité d'oxyde de fer que décèlent des colorations plus ou moins sombres, et dont la dose peut s'élever à 14 ou 15 centièmes de la masse totale. En sus, l'oxyde naturel, par les effets de cristallisation, a acquis une extrême compacité. Tout s'accordait donc de manière à faire supposer qu'en vertu de la réunion de ces deux circonstances, la réduction du composé minéral ne s'effectuerait pas avec une facilité aussi grande que celle du produit chimique.

Pour jeter tout le jour désirable sur la question, j'ai traité de la même manière que l'oxyde artificiel, au creuset brasqué, un galet stannique provenant des environs de Piriac. Sa teinte presque noire indiquait une forte surcharge en oxyde de fer. Cependant, au bout de quatre heures, il s'était déjà couvert d'une croûte d'étain métallique, passablement épaisse, et hérissée de petits globules du même corps, tout en conservant ses caractères primitifs dans sa partie intérieure. L'opération fut donc continuée sur le morceau et la liquation devint de plus en plus prononcée ; de grosses gouttes suèrent de la surface, se réunirent en un culot qui, finalement, se montra recouvert de menues parties poreuses dans lesquelles de fines gouttelettes d'étain avec de menues parcelles du minéral se trouvaient disséminées.

Ainsi tombent les préjugés qui auraient pu naître de la qualité réfractaire de l'oxyde stannique et de sa difficile réductibilité au chalumeau. En même temps, se trouve mise hors de doute et plus clairement que par les oxydes de cuivre, la puissante influence des cémentations réductives. Leur action lente et soutenue n'est pas inférieure à celle du violent jet de la flamme du pyrognoste. Tout se résume en une question de temps, et l'on accordera, sans grande peine, que celui-ci n'entrait pas encore dans les calculs des opérateurs. Au surplus, un fondant eût bien autrement accéléré le travail ; mais on ne perdra pas de vue mon but du moment, qui est précisément d'établir combien peu leur intervention fut nécessaire pour produire l'effet voulu, c'est-à-dire pour laisser faire la connaissance de l'étain métallique. Qu'après cela, le besoin d'activer la besogne et de produire des masses ait porté à compliquer l'opération, rien de plus naturel ; mais alors, il ne s'agissait plus de découvrir le métal, il fallait l'utiliser.

La connaissance de l'étain remonte à une haute antiquité. Les anciennes traditions de l'Europe le font venir des îles Cassitérides ou Britanniques. Là, les Phéniciens allaient le chercher pour le transporter dans les autres contrées, de sorte que ce n'est pas sans raison qu'on a soulevé la question de savoir si ce métal, mentionné par Homère, arrivait en

Grèce, venant de l'Orient ou bien de l'Angleterre. En tout cas, son exploitation dans ce dernier pays remonte, au moins, à la période dite de l'Age du bronze. Cependant, d'autres contrées sont pareillement stannifères. L'Asie possède de riches gisements dans la presqu'île de Malacca, dans l'île de Banca, dans le royaume de Siam, ainsi qu'en Chine. Avant la conquête espagnole, le métal servait aux Mexicains. Non seulement ils l'exploitaient à l'aide de puits et de galeries, mais encore ils savaient le trouver aussi bien que l'or dans les formations alluviales. La Saxe et la Bohême ont également pu s'enorgueillir de leurs amas comme de leurs alluvions. Le minerai n'est pas étranger à l'Espagne où l'on tente, en ce moment, son exploitation près des sources du Douro; mais malheureusement on a trop perdu le souvenir de nos mines de la France occidentale. Déjà entrevues dès 1809 et successivement sur divers points, un jour très-inattendu vient d'être jeté sur leur existence, dans la Creuse, par M. Mallard qui, après avoir étudié certains déblais et excavations jusqu'alors pris pour des retranchements romains ou du moyen-âge, fait remonter ces travaux miniers à l'époque gallo-romaine ou même à l'époque gauloise. D'ailleurs, M. Poyet me fait part des idées qui commencent à se développer au sujet des anciennes alluvions d'or et d'étain du Limousin. A voir ses *aurières*, on se croirait reporté en Californie ou dans l'Oural. Des traces de laveries étendues sur plusieurs kilomètres, se développent notamment le long de l'*Aurence*, au nord de Limoges, et les gîtes d'étain, jadis exploités, fourmillent dans la Creuse et la Haute-Vienne.

Je complète actuellement ces premières indications en rappelant que les emplois de l'étain devaient être nombreux; car, à l'état de pureté, sa couleur est aussi éclatante que celle de l'argent; en même temps il est très-fusible, ductile, beaucoup plus léger et plus dur que le plomb. Parmi ses applications, on peut mentionner les suivantes. Les Mexicains en fabriquaient une espèce de monnaie. D'après une fort intéressante note qui m'a été communiquée, avec plusieurs autres, par mon très-savant ami, M. Lortet, la cuirasse d'Agamemnon, décrite par Homère, était ornée de dix rayons d'acier bleuâtre, entre lesquels s'intercalaient douze rayons d'or et vingt d'étain. Outre cela, sur son bouclier d'acier rembruni, on voyait dix cercles d'airain rehaussés par vingt bossettes d'étain. Concluons que si le Roi des Rois ne dédaignait pas une pareille ornementation, le métal devait avoir une certaine valeur à l'époque du siége de Troie. D'un autre côté, Pline rappelle que les Gaulois avaient trouvé l'art d'étamer les vases de cuivre, d'une façon si propre qu'il était difficile de les discerner de la vaisselle d'argent. Enfin, en Suisse, on a rencontré, indépendamment des culots de cuivre, un petit lingot d'étain, et de plus, ce pays a montré, à Estavayer, des vases d'argile garnis de cercles et de lames de ce métal. C'étaient non seulement de premiers pas vers la damasquinure du fer, de l'acier, mais encore vers l'application de l'or sur la porcelaine, et la fabrication des jolis vases français de *grès de Tours* dits argentés.

En définitive, après ces détails, tant sur la distribution des filons stannifères dans les Gaules, dans la Bretagne, dans l'Ibérie que sur la production et l'emploi du métal, on me permettra de demander si l'arrivée des Celtes, ainsi que leur intervention métallurgique, admise par la plupart des archéologues, est rigoureusement nécessaire. Il est spécialement reconnu que tout n'est pas celtique dans notre patrie. Il faut faire la part des éléments latin et germanique. Pourquoi donc, en se reportant plus haut, n'accepterait-on pas un élément druidique aborigène, une civilisation européenne, contemporaine de la civilisation de l'Orient? Qu'elle ait gagné au contact des nouveaux venus, je l'accorde d'autant plus volontiers que les mélanges de ce genre ont habituellement cet avantage d'établir l'antagonisme des idées, puis leur combinaison, de manière à tendre vers le progrès dont, à son tour, le commerce améliore la situation. Mais on me persuadera difficilement que nos ancêtres aient été incapables d'effectuer, à eux seuls, quelques-unes des opérations sur lesquelles j'ai insisté. Evidemment, la simplicité de celles-ci les place au rang des choses trop exécutables de prime-abord, pour qu'elles n'aient pas été imaginées par tout être intelligent, et en particulier par les actifs industriels de la partie de notre pays qui se confondait, pour ainsi dire, avec la Celtibérie.

DU BRONZE.

En fait de qualités essentielles pour le fondeur, la physique assigne à l'étain et au cuivre les propriétés suivantes que, pour plus de clarté, je mets en parallèle avec celles de la cire et du suif, corps connus dans tous les ménages.

	POINT DE FUSION.	CONDUCTIBILITÉ DU CALORIQUE
Cuivre	1091°	77,6
Etain	230	14,5
Cire	68	faible.
Suif	33	faible.

C'est assez dire que l'étain est liquéfiable au-dessous de la chaleur rouge, à un degré qui ne dépasse pas très-fort celui de la cire, et qu'ensuite, il se laisse verser dans les moules, pour y prendre, d'une façon économique, toutes sortes de formes, par la raison qu'il ne perd pas instantanément sa chaleur au contact d'un corps plus froid. En cela, il diffère considérablement du cuivre. Non seulement, pour arriver à l'état de fusion, celui-ci exige la température élevée du rouge presque blanc; mais encore, il se fige aussitôt qu'il touche le corps relativement froid qui doit lui donner des configurations convenables. Eh bien, sans nul doute, les anciens n'avaient pas exprimé numériquement ces différences, comme je viens de le faire d'après les données de la physique moderne; mais elles ressortent si clairement de la pratique, que l'idée de mélanger les deux métaux par la fonte, pour en faire un produit intermédiaire et participant aux propriétés communes, devait nécessairement éclore.

La réussite fut un nouveau progrès, car la connaissance des alliages était acquise et, en sus, ce progrès fut immense, car le bronze, corps doué de qualités transcendantes, était obtenu. Celui-ci se prête beaucoup plus facilement au moulage que le cuivre pur. Il est beaucoup plus dur, rivalisant en cela avec le fer doux. Enfin, chose surtout curieuse et capitale, il jouit de la singulière faculté de s'endurcir par un refroidissement lent, contrairement à ce que nous savons au sujet de plusieurs autres composés métalliques qui perdent leur mollesse, du moment où, pour les refroidir, on les immerge subitement dans l'eau froide, témoin l'acier que l'on soumet à la *trempe*. Il arrive donc que le bronze rougi au feu, puis trempé, se laisse marteler facilement et reprend sa dureté première quand, étant chauffé de nouveau, on le laisse refroidir lentement. La fabrication des cymbales et des tam-tams est basée sur ces principes.

Dès que ces différences, provenant du mode de refroidissement, furent définitivement appréciées, l'invention du bronze occasionna une rapide et profonde modification dans le travail de l'homme, si bien que son emploi, bientôt généralisé, la variété infinie des objets dont il constitue la base, et dont les restes se retrouvent de tous côtés, dut faire admettre, par nos antiquaires, l'existence de la grande phase humanitaire qu'ils caractérisèrent par le nom d'Age du bronze. Alors la sculpture, qui n'était que naissante dans la période précédente, se perfectionna, en ce sens que les

ornements furent prodigués à la poterie comme aux pièces
façonnées avec l'alliage. Il y a plus, les progrès de l'art, indiqués par les formes des objets, devinrent un motif de
diviser la durée de la nouvelle époque, comme cela était arrivé pour celle de la pierre, en deux temps qui se résument
dans le *premier* et dans le *second âge du bronze*.

Ceci posé, nous pouvons citer, comme pièces particulièrement remarquables, la *Mer d'airain* des Hébreux qui contenait cent corbeilles d'aliments. Hérodote (IV, 81) mentionne
un autre bassin colossal, un cratère consacré, soixante fois plus
grand que celui dont Pausanias, fils de Kléobrontus, fit hommage au temple de Jupiter Orios, bâti sur le Pont-Euxin. Il se
trouvait aux frontières de la Scythie entre le Tyres (Dniester),
et l'Hypanis (Bug). Sa capacité était de 600 amphores et son
épaisseur égalait celle de six doigts. Les Grecs consacraient
habituellement ces sortes de bassins, et l'on peut, à cette occasion, rappeler ceux qui, dans la forêt de Dodone, servaient aux
oracles. C'étaient des espèces de cloches. Les Cimbres
avaient, dans leurs armées, des prophétesses à cheveux gris.
Armées d'un glaive, elles s'emparaient des prisonniers, les
couronnaient, les conduisaient auprès d'un grand bassin de
cuivre, qui pouvait contenir 20 amphores, et là, ces sorcières
leur coupaient la gorge pour prophétiser d'après le sang qui
coulait dans le vase. D'après Strabon, ils envoyèrent cette
capsule sacrée à Auguste comme gage de la paix. Enfin,
en Suède et en Norwège, avant le christianisme, des récipients pareils étaient également employés dans les sacrifices
des chevaux et autres animaux.

Evidemment, il fallait de grandes fonderies pour produire
des pièces d'un pareil calibre. Quelques vestiges de ces établissements ont été reconnus en Suisse, à Dovaine près de
Thonon, à Wulflingen près de Wintherthour et, entre autres, à
Echallens, où l'on a découvert des pièces de nature à indi

quer que l'alliage du cuivre et de l'étain s'effectuait sur place. D'autres ateliers du même genre existaient en France, en Allemagne, en Danemark et en Suède. Cependant, les fouilles introduisirent aussi, dans les collections, des crochets, des tranchets, des hameçons, des boutons, des anneaux, des poinçons, des épingles, des fibules, des viroles, des poignards, des pointes de lance, des épées à tranchants ondulés, des faucilles très-courbées, des couteaux élégamment arqués, des *celts* ou hachettes dites *haches gauloises*, pouvant faire l'office de ciseaux, et dont on retrouve les formes en Amérique, en Mongolie, comme en Chine. Dans l'Iliade, il est fait mention de massues garnies d'airain pour les batailles navales. Le casque, la cuirasse, et des jambières de bronze se trouvent dans les sépultures des Hellènes, des Etrusques. Homère en parle suffisamment. Par contre, on dit qu'il n'existait alors, en Europe, aucune représentation d'objets vivants, ni aucune idole; mais j'avoue que cette assertion me paraît exorbitante depuis que, dans le curieux musée de Cagliari, j'ai vu une quantité de grossières figurines qu'il m'est impossible de comparer à autre chose qu'à des diablotins. Ils sont individuellement entourés d'un cercle de 1 à 2 décimètres de diamètres, auquel ils adhèrent par les extrémités de leurs quatre membres, de leurs cornes ou oreilles, et de telle façon que l'ensemble a dû être coulé d'un seul jet. Ces objets qui se rattachent probablement au culte carthaginois, se trouvent, entre autres, dans les *Nouraghes*, espèces de pyramides à peu près coniques, tronquées au sommet, à base quelquefois cyclopéenne et que, jusqu'à présent, je n'ai rencontrés nulle autre part. Vainement, j'ai tenté d'en obtenir pour le musée de Lyon; les savants antiquaires du pays en connaissent la valeur et ils ne s'en débarrassent qu'avec la plus grande difficulté.

Tout bien considéré, il dut résulter de la liquidité du

bronze fondu que l'art du mouleur joua le rôle principal dans les manipulations dont il est l'objet. Elle abrégeait le temps nécessaire pour la confection des instruments. Même les lames d'épées ont été coulées, et le marteau de pierre ne fut employé que pour endurcir encore le tranchant de l'arme. ✕

Cependant, l'alliage restait toujours assez cher, pour qu'on dut chercher à l'économiser. D'après les justes remarques de notre confrère M. Desjardins, le musée de Copenhague présente, à l'égard de cette pénurie, des preuves irrécusables. En effet, parmi les haches, par exemple, il en est qui, évidemment, n'ont pu servir qu'à la parade, attendu qu'elles contiennent un noyau d'argile et que les parties métalliques dont elles sont composées ont une épaisseur moindre que ne l'est celle d'une feuille de carton ordinaire. Du reste, cette nécessité de produire beaucoup d'effet avec peu de matière fut heureuse en ce sens qu'elle détermina divers perfectionnements. Elle stimulait l'industriel. Il devient même artiste; si bien que les épées, les bijoux, les trompes de chasse de plus deux mètres de longueur et mille autres objets ne tardèrent pas à présenter un caractère d'élégance vraiment remarquable, et offrant plus d'un point de ressemblance avec le genre d'ornementation adopté par les Pélasges transportés dans l'Étrurie. On conjecture donc, que les populations qui apportèrent leur industrie dans la Scandinavie, arrivèrent de l'Asie méridionale, avec une civilisation déjà très-avancée. A cet égard, la part des Celtes a déjà été faite. Ils passent pour avoir exploité des mines en Occident. On suppose, en outre, que les Phéniciens furent leurs maîtres; mais pourquoi n'auraient-ils pas apporté avec eux, l'art de fabriquer le bronze, ou plutôt, pourquoi refuser d'une façon absolue quelques connaissances métallurgiques aux peuplades qui les avaient devancées?

L'assortiment des objets conduit à d'autres conclusions intéressantes. En effet, le bronze se trouve déjà en Suisse avec la pierre, à Concise et à Meilen. M. Devals a découvert, dans les *tombeaux des géants*, aux environs de Montauban, des squelettes avec des débris de poterie grise. A Waldhausen, près de Lubeck, un tumulus de 4ᵐ,20 de hauteur pour une base dont la circonférence était de 52ᵐ,0, fut rasé par couches horizontales. Sous le sommet, on rencontra une sépulture de l'âge du fer, mais fort ancienne et probablement de l'époque anté-historique. Le squelette y était enfoui en terre libre, avec des fragments de poterie et un morceau de fer rongé par la rouille. Plus bas, à mi-hauteur, se présentèrent de petits encaissements, en murs secs, contenant chacun une urne cinéraire remplie d'ossements calcinés auxquels étaient associés des colliers, des épingles à cheveux et un couteau en bronze. Enfin, à la base du monticule, vint une tombe de l'âge de la pierre, formée de gros blocs bruts et renfermant, entre autres, de la poterie grossière avec des haches en silex. Evidemment, les premiers habitants du pays avaient d'abord construit, sur le sol naturel, un tombeau conforme aux usages du temps et l'avaient recouvert de terre. Sur cette base, on pratiqua, pendant l'Age du bronze, les cérémonies de l'Europe et un nouvel amoncèlement de terre doubla la hauteur du monceau. Enfin, dans l'Age du fer, on avait enseveli un mort en creusant sa fosse au sommet du tumulus. Ici donc se dessinent nettement les trois périodes admises ; mais les rencontres de Montauban et de la Suisse n'en sont pas moins importantes, parce qu'elles établissent que le passage de la pierre au bronze ne s'est pas effectué partout d'une manière subite.

Un dernier détail curieux résulte d'une découverte faite à Morges, par M. Forel. L'objet consiste en un moule destiné à produire des haches à ailerons et non pas à douille. A son occasion, le savant archéologue se demande s'il existait dans la localité, une fonderie permanente, ou bien si ce moule appartenait à quelque ouvrier ambulant qui voyageait de bourgade en bourgade, comme le font actuellement nos fondeurs d'étain.

Il faut croire que ces sortes d'artisans ont dû exister de tout temps, car, dès l'origine, les instruments devaient se détériorer. Pour les rétablir, il fallut, tout au moins dans l'Age de la pierre, avoir des remouleurs, des raccommodeurs de poteries, des *rafistoleurs* quelconques qui, ensuite, se complétèrent en raison du progrès dont ils suivirent les évolutions. Il en résulta, par exemple, qu'en plein désert, Moïse put faire dresser un serpent d'airain, dont la vue guérissait les Israélites mordus par des reptiles, et que pendant la retraite du prophète sur le Mont-Sinaï, Aaron ne fut pas embarrassé lorsqu'il dut satisfaire le peuple murmurateur, qui, à l'instar de tant d'autres, voulut adorer le Veau d'or. Des fondeurs accompagnaient donc l'armée juive et fonctionnaient, au besoin, aux dépens des bijoux, comme il arriva dans cette circonstance.

De nos jours, chacun connaît ces ouvriers nomades qui, descendant des montagnes de l'Auvergne, de la Forêt-Noire, des Alpes et de la Hardt, sont désignés sous le nom d'*épingliers* dans quelques-unes de nos provinces, et sous celui de *magniens* ou de *peireroux* dans d'autres. Mais on ne s'arrête guère devant leurs ateliers improvisés dans les villages, dans les carrefours, et jusque sur les places publiques des villes. Encore moins cherche-t-on à se rendre compte de leurs procédés, et pourtant combien sont variés les enseignements que l'on peut puiser dans l'étude de leurs pratiques!

En s'affranchissant des frais de location, ils bravent toutes concurrences et prouvent clairement qu'il n'est point de si petit métier qui ne nourrisse son maître. Obligés à voyager avec un attirail forcément réduit au strict nécessaire, ces artisans cumulards n'en suffisent pas moins à tout. Tantôt forgeurs, un creux pratiqué dans le sol devient le foyer vers lequel ils dirigent la buse de leur soufflet portatif, et ils battent le fer sur une petite enclume fichée en terre. Avec ces moyens rudimentaires, ils parviennent toutefois à confectionner des pièces d'une dimension vraiment stupéfiante. A titre d'exemple, je citerai, pour avoir été fabriqué en ma présence, un cercle destiné à contenir la voûte mobile d'un fourneau à coupelle. Son diamètre atteignait 2^m, et cet anneau était assez fort pour relier et pour soutenir en l'air une coupole en briques réfractaires de dimensions ordinaires. Sa solidité lui permit de résister pendant plusieurs années.

Veut-on des clous, ils sont cloutiers. Ils fabriquent au besoin des pointes. Ils taraudent des vis, raccommodent les serrures, nettoient les horloges, font des couteaux, restaurent les écumoires, rhabillent les parapluies, et les mystérieux ingrédients de la *trempe au paquet* leur sont connus. Les mieux outillés sont munis d'une filière à l'aide de laquelle ils étirent des fils métalliques nécessaires pour leurs diverses opérations. Naguère, plus d'une beauté villageoise portait fièrement au doigt la bague qu'ils avaient découpée hors d'un décime républicain, choisi parmi ceux dont la couleur se rapproche le plus de celle de l'or. Encore ce bijou ne lui était pas donné pour être fait avec de *l'airain de Corinthe*. Elle n'y eut rien compris, tandis que l'objet acquérait pour elle du prix, étant présenté comme soustrait aux *droits de la garantie*, tant il est vrai que le Français naît tout rempli d'esprit? Nos ouvriers manient aussi les soudures diverses, et je n'ose pas affirmer que certaines monnaies de bas aloi, avec lesquelles on règle une partie des comptes du géologue voyageant dans les montagnes, ne proviennent pas du savoir-faire de quelques-uns d'entre eux.

Chaudronniers au sifflet, on les voit rapiécer, étamer des

vases de fer-blanc, de fer battu, de cuivre, et au besoin substituer, au cuivre manquant, une plaque de tôle qu'ils savent
cuivrer avec du vitriol bleu. Passant à l'état de raccommodeurs
de faïence, le rajustement des fragments d'un plat brisé n'est
pour eux qu'une chose éminemment facile.

A titre de fondeurs et de mouleurs, le borax et le sel
ammoniac sont leurs agents chimiques favoris. Cependant,
l'un d'eux réclama, un jour, un morceau de savon pour exécuter l'opération que je lui commandais. La théorie me
fit comprendre la justesse de sa demande. D'habitude, la co-
lophane, ou bien un chiffon imbibé d'huile, leur servent à
empêcher l'oxydation ; indépendamment de ce service, ce
dernier étant carbonisé ou même réduit, dans le creuset, à
l'état d'une sorte de coke, peut encore arrêter l'écoulement
des scories, de façon que le jet métallique s'épanche brillant
et pur. Ils coulent ainsi divers ustensiles creux ou pleins,
des crochets, des chandeliers, des clochettes de laiton, de
bronze ou de tout autre alliage, et je n'hésite pas à le dire,
la belle exécution de certains objets, que l'on peut considérer
comme autant de difficultés du métier, fut pour moi un sujet
de surprise. J'ai présenté à un grand fondeur une lampe de
mineur, en cuivre rouge, montée d'une pièce par un peireroux ; il n'osa pas se charger d'en exécuter une pareille. Après
ceci, la confection des assiettes, des cuillères d'étain, n'est
qu'un jeu. D'ailleurs, ils ont soin de décrasser incessamment
la surface du bain, en présence des pratiques ébahies d'avoir
hérité d'un si impur métal ; mais bientôt, cette prétendue et
abondante mauvaise crasse, recueillie avec soin, revivifiée
avec du charbon, redevient de l'étain qui, allié à du plomb,
sert, plus loin, pour de nouvelles fabrications.

La fonte n'est pas plus intraitable pour eux que ne l'est
l'airain, et ici surtout il m'a fallu admirer l'ingénieuse simplicité de leur appareil. Un *pochon* en fer, muni d'un long

manche, luté avec de l'argile mêlée de crottin de cheval, devient leur creuset, qui d'ailleurs est enterré jusqu'à son bord, de manière à être fortement calé. Ils le remplissent de charbon dont la combustion est activée par un soufflet à tuyère légèrement plongeante. Sur ce brasier, ils jettent des morceaux de marmite, avec de nouvelles charges de charbon, au fur et à mesure du besoin. Les débris entrent en fusion et le produit liquéfié se rassemble dans la cuillère.

Leur moulerie est tout aussi élémentaire. Le sable se trouve dans le fossé de la route, et presque toujours sa consistance est suffisante, parce qu'aux sablons produits par la trituration des graviers, s'est ajoutée une certaine quantité de terre grasse. Enfin, tout étant prêt, le pochon, manœuvré à l'aide de son manche, sert à couler après avoir servi à fondre. C'est même, sans doute, de cet instrument rudimentaire et pourtant susceptible de se prêter à d'autres traitements métallurgiques, c'est sans doute, dis-je, de cet appareil naïf, inventé peut-être par Thoubal-Caïn, et dont ces artisans ont conservé le type dans son état primitif, qu'est dérivé le *fourneau à manche*, par suite des diverses modifications qu'il dut subir pour se prêter aux industries plus raffinées des usines. En tout cas, je regarde mon interprétation du mot, comme étant au moins aussi rationnelle que l'étymologie proposée par de savants métallurgistes, qui s'en vont imaginant que le couloir coudé, par lequel le *bassin de réception* est mis en communication avec le *bassin de percée* du fourneau en question, fit naître l'idée d'une manche d'habit de laquelle l'appareil aurait reçu son nom.

Quoi qu'il en soit de ces hypothèses, on comprendra que j'ai dû prendre quelques leçons de métallurgie chez ces ouvriers, en payant mon apprentissage, et tout d'abord j'acquis d'eux l'art de fabriquer les pilons de fonte des flèches de mes bocards, en même temps que diverses autres pièces de même calibre. Elles étaient pour moi la cause de soucis continuels, par suite des retards que me faisaient éprouver MM. les Omnipotents directeurs des grandes fonderies, et encore les voituriers.

A l'époque déjà éloignée où j'étais confiné dans la solitude du Katzenthal, maison forestière des Basses-Vosges, située sur l'extrême limite entre la France et la Bavière, j'eus besoin de diverses toiles métalliques pour les cribles à secousse, les tamis et les claies de mes ateliers de lavage du minerai.

A peine les problèmes à résoudre étaient-ils posés à un épinglier ambulant, que déjà ce forgeur, étameur, cloutier, fondeur, lampiste, transformé en grillageur, me proposait plusieurs sortes de tissus. Entre les mailles carrées, rectangulaires, losangées, larges, étroites, à fils enroulés, cousus, entrecroisés, tortillés, il ne me laissait que l'embarras du choix, et je pus voir une fois de plus comment les attirails les plus minimes suffisent à l'homme intelligent.

Tantôt un châssis est la base du réseau. Tantôt une banquette, une pincette, un marteau avec un petit poinçon évidé, permettent de serrer les rangs de la trame et de la chaîne d'un tissu de fer ou de cuivre. Encore ne faut-il pas s'imaginer que le résultat sera une œuvre informe. Par leur force, comme par leur régularité, les étoffes ainsi produites sont infiniment supérieures à celles que l'on obtient avec des machines, toutes les fois qu'il s'agit d'orifices dépassant 1 millimètre et compris entre des fils d'un calibre correspondant. De plus, l'opération manuelle est plus économique dans certains cas. Ce n'est qu'autant qu'il s'agit de ces fines toiles employées soit dans les papeteries, soit pour le tamisage des poussières déliées, que l'on voit les organes mécaniques l'emporter sur l'œuvre en fer ou cuivre du tisserand servi par d'habiles mains.

Remarquons maintenant que l'égalité des forces n'existe

pas plus chez ces artisans que chez les autres. Quelques-uns
passés maîtres ne sont embarassés de rien. On en rencontre
auxquels suffit une spécialité. Pendant nos révolutions, on
a vu, dans nos villes, un noble ruiné, gagnant honorablement
sa vie en se bornant au simple raccommodage des faïences ;
mais dans nos campagnes il fau davantage, et c'est surtout
au milieu de la population raréfiée des montagnes que l'on
rencontrera les types les plus voisins de l'universalité industrielle.

Au surplus, un sentiment de reconnaissance m'oblige à
revenir sur les méfaits blâmables dont j'ai pu parler précédemment. Je le déclare donc, ces résultats des tendances particulières de quelques-uns de ces ouvriers am-
bidextres, ne me portent pas plus à jeter le mépris sur leur
ensemble, que les fraudes de certains droguistes ne peuvent
me déterminer à entacher de suspicion cette autre utile corporation. Des connaissances bien vulgaires, une légère attention suffisent pour prévenir les tromperies. Encore sont-
elles, trop souvent, les déplorables conséquences des avides
prétentions qu'élèvent les paysans, malgré l'économie qu'ils
trouvent dans un travail qui s'opère devant leurs habitations.

DU FER ET DE L'ACIER.

Nos détails sur le cuivre, l'étain, et sur leur alliage, ont
fait ressortir les grands progrès qu'avait faits la métallurgie
durant la période de l'Age du bronze. Non seulement existaient alors de petits ateliers et de grandes usines, mais encore
ces métaux, simples ou combinés, furent travaillés par des
artisans de diverses catégories. Les différences dans le degré
de fusibilité étaient appréciées. L'art du mouleur s'élevait à
un haut degré de perfection, et la preuve du fait a été donnée tant par les pièces colossales que par les objets creux

qu'il nous a été permis de citer. De premières notions se trouvaient acquises au sujet de modifications que la dureté et la ténacité des métaux éprouvent, par suite de la *trempe*, c'est-à-dire des refroidissements lents ou subits auxquels ils sont exposés. Les alliages, la soudure, la damasquinerie intervenaient pour diversifier leurs emplois et le travail antérieur de la pierre avait appris la manière de les ciseler et de les perforer. On savait les forger, les condenser par le martelage de façon à augmenter les qualités tranchantes des outils. Les moyens de les obtenir ont été variés, puisque de l'état spongique on était passé à leur état fondu. Des sels de plusieurs genres ont pu servir pour en faciliter la fusion, et mieux encore pour obtenir leur purification, chose capitale, car la nature ne fournit que rarement des minerais débarrassés d'accessoires oxydés, sulfurés, métalliques ou pierreux. Enfin, la difficile transition des fondants salins aux fondants siliceux était effectuée, et par-dessus tout, la somme des connaissances minéralogiques et métallurgiques avait nécessairement acquis un très-grand développement. On en concluera que la substitution du fer au cuivre dut survenir sans grande difficulté, et s'il faut s'étonner d'une chose, c'est, non pas des obstacles qu'ont pu rencontrer les premiers forgerons, mais bien du temps qu'il leur fallut pour apparaître sur la scène. Quelque surprenant que puisse paraître le fait, on doit l'accepter ; et ceci posé, suivons encore une fois les progrès successifs du traitement du nouveau métal.

De même que le cuivre, le fer existe à l'état natif, mais d'une façon plus accidentelle. A part les lamelles intercalées dans l'oligiste du Brésil et les ramules que l'on dit avoir été trouvées à Allemont, il ne s'est présenté que dans les aérolithes. Selon Pallas, quelques tribus de la Sibérie en détachaient, à grand'peine, des parcelles de métal pour en faire des couteaux. Cette pratique fut également rencontrée en Laponie.

Enfin, Améric Vespuce raconte que les Indiens de l'embouchure de la Plata fabriquaient des flèches ou autres instruments avec des morceaux provenant de masses probablement tombées du ciel.

Evidemment, ces blocs sont trop accidentels, ils se sont trouvés trop écartés des centres de civilisation pour avoir pu mettre sur la voie de l'extraction du métal. Je préfère donc croire que sa découverte fut analogue à celle du cuivre et de l'étain. Vainement voudrait-on objecter la difficile réduction de ses minerais ordinaires. Il a suffi de soumettre à la cémentation réductive des parties de leur masse d'une pureté facile à reconnaître, pour les amener bientôt à cet état spongique sur lequel j'ai déjà insisté à l'occasion de certains minerais de cuivre. Les expériences de M. Berthier, qui remontent à l'année 1824, ne laissent aucun doute à cet égard; car il obtient, sans fusion aucune, un fer d'un gris olivâtre très-clair, mat et grenu dans la cassure, capable de se laisser couper au couteau, de prendre un éclat métallique très-vif, offrant la mollesse du plomb, analogue à l'éponge de platine, et qu'un martelage eut infailliblement converti en barres.

On a retrouvé divers vestiges de ce traitement rudimentaire du fer. Parmi ceux-ci, il en est un dont je fais mention avant les autres, parce qu'en vertu de son caractère enfantin et de son installation, il vient parfaitement à l'appui des idées que j'ai développées au sujet des origines de la métallurgie. Gmelin put l'étudier pendant son voyage en Tartarie. Le fourneau est placé dans la cuisine. Il consiste en un creux d'environ deux décimètres cubes, surmonté d'une cheminée conique en terre glaise, et dont la partie antérieure est percée d'une portière que l'on ferme avec une brique pendant l'opération; un autre orifice latéral sert à l'introduction du vent fourni par deux soufflets mis en mouvement par un homme pendant que son aide verse, alternativement, le minerai et le charbon dans le foyer. Ce minerai est pulvérisé, et l'on n'en charge à la fois que la quantité qui peut tenir sur la pointe d'un couteau. Le travail continue de cette manière jusqu'au moment où le fourneau ait reçu 1^k,50 de matière minérale, et dès lors, on ne fait plus que soutenir l'action des soufflets pendant quelques instants. Après cet intervalle, on enlève la brique pour chercher, entre les débris de la combustion, le lopin métallique que l'on nettoie avec un morceau de bois. Ce procédé ressemble à celui des nègres du Fouta-Diallon, dans le Sénégal; il paraît avoir été aussi en usage, et même d'une façon plus simple, dans la Carinthie. Du moins, M. Morlot rapporte que l'on se contentait de pratiquer, sur un terrain déclive, une petite cavité dans laquelle on allumait du bois. Aussitôt qu'il s'était formé une quantité suffisante de braise, on répandait dessus des portions de minerai très-pur, tour à tour recouvertes de nouvelles charges de combustible, et quand on jugeait la réduction terminée, on éteignait le feu pour trouver dans les cendres quelques morceaux de fer. Tout cela, il est facile de le comprendre, ressemble fort aux procédés de la cuillère à manche des peireroux.

Peu à peu, il fallut s'efforcer d'obtenir des produits plus considérables, résultat qui ne pouvait être atteint qu'en augmentant la capacité de l'appareil. Ainsi, en Dalécarlie, la fossette, ou le creuset précédent, fut entouré de pierres, de manière à constituer une sorte de cuve circulaire dont on remplissait la capacité de couches successives de bois ou de charbon et de minerai. Enfin, au bout de quelques heures, et comme précédemment, on cherchait le métal au fond du creux.

Cependant, ce moyen étant encore très-imparfait à cause de la lenteur de l'opération et de l'exiguïté du rendement, on agrandit davantage la cuve de façon à la porter à la hauteur de 2^m,0, puis de 4^m,0. En même temps, elle reçut des formes intérieures cylindriques ou coniques vers le bas, avec des parois garnies d'argile ou de brasque charbonneuse. Un peu au-dessus du sol, leur circonférence fut munie de 6 ou 7 petites ouvertures dans lesquelles on plaçait des tuyaux d'argile, espèces de pavillons faciles à ouvrir ou à fermer, à volonté, pour laisser entrer l'air par suite d'un effet naturel du tirage. Le soufflet à buse plus ou moins plongeante vint, à son tour, donner au feu une direction plus convenable en même temps qu'une activité plus grande, et, au besoin, on en modérait, on en régularisait l'ardeur par des projections d'eau. Mais le minerai, aussi bien que le charbon, n'étant pas toujours d'une extrême pureté, il se produisait une scorie au milieu de laquelle se trouvaient empâtés des fragments de minerai imparfaitement réduits ainsi que des morceaux de métal dont des brassages convenables agglomérèrent, tant bien que mal, les parties.

Toutefois, une difficulté d'un autre ordre provint de la difficulté d'extraire les lopins hors de fourneaux dont l'orifice supérieur se trouvait trop élevé. Même des crampons, dont les chaînes s'enroulaient autour de treuils, devenaient insuffisants. L'inconvénient fut écarté en pratiquant vers la base de la cuve un orifice fermé avec quelques briques susceptibles d'être enlevées à la fin de chaque opération. Par cette portière, on sortait le gâteau qu'un martelage, aidé de nouvelles chaudes, débarrassait de ses parties hétérogènes en condensant le fer.

Ces appareils qui constituent les *bas* et *moyens* fourneaux, qu'il convient de réunir sous la rubrique commune de *fourneaux à lopins, à loupes* ou *morceaux,* en allemand *stuckofen,* furent naturellement modifiés de diverses manières, suivant les pays. De là, autant de manipulations différentes, connues sous les noms de méthodes suédoise, allemande, styrienne, carinthienne, corse, catalane, navarraise, biscayenne, etc., et, quoique la métallurgie en ait conservé ou même perfectionné quelques-unes, on ne peut pourtant pas les considérer autrement que comme de vrais vestiges de la primitive fabrication du fer, qui n'avait d'autre but que celui de l'obtenir en parties réunies et immédiatement malléables.

Sans contredit, le plus avantageux de tous ces foyers est le *fourneau catalan* qui existe encore aujourd'hui, quoiqu'on le fasse remonter à l'époque la plus brillante de Rome. Il permit d'augmenter la production du fer sans nuire à ses qualités, et de l'appliquer, mieux qu'auparavant, aux travaux d'utilité publique. En acceptant ces données, on comprend comment les voies romaines s'étendirent bientôt sur la surface de l'empire. Et, d'ailleurs, Auguste s'efforçait de répandre de tous côtés les bienfaits de la paix qu'il donnait au monde. Il excita surtout l'agriculture que Virgile exalta dans ses immortelles Géorgiques, dans ses Eglogues, sans oublier le prince qui fut son bienfaiteur.

O Meliboee, Deus nobis hæc otia fecit :
Namque erit ille mihi semper Deus ; illius aram
Sæpè tener nostris ab ovilibus imbuet agnus.

Quelques discussions eurent pour objet de savoir si le fer se trouve fondu ou non dans le fourneau en question. On peut croire qu'il est d'abord simplement à l'état spongique, et que se ramollissant sous l'influence de la chaleur, il se laisse de plus en plus agglomérer tant par le brassage effectué par les forgerons, que par l'expression des scories qui est la conséquence du travail. Ensuite, le martelage parachève, comme de coutume, la purification avec la condensation moléculaire qui constitue l'état métallique parfait.

Cependant diverses circonstances obligèrent à introduire de graves modifications dans ces procédés.

D'abord, on remarqua qu'une fraction notable du minerai servait de fondant à son autre partie, en ce sens qu'une certaine quantité de l'oxyde de fer, au lieu de se laisser amener à l'état de métal, entrait directement en combinaison avec les gangues pierreuses pour constituer avec elles un silicate de protoxyde irréductible, et pourtant fusible au point de couvrir et, par suite, de protéger, contre l'action oxygénante des soufflets, les portions du métal déjà réduites. En d'autres termes, les fourneaux à lopins laissaient se former une scorie noire dont la quantité, proportionnée à celle de la substance siliceuse étrangère au minerai proprement dit, pouvait devenir telle que l'on n'obtenait pour ainsi dire pas de fer métallique. Et, par conséquent, le rôle décapant de la silice, si judicieusement employé à l'égard des pyrites de cuivre, se reproduisait, à cette différence près qu'ici il était nuisible, puisqu'il s'exerçait sur un fer que l'on voulait obtenir, tandis qu'auparavant il agissait simplement sur un fer dont il fallait se débarrasser.

D'un autre côté, certains minerais très-riches restaient intraitables par ces mêmes bas-fourneaux dont la température ne s'élevait pas au point d'en effectuer la réduction, car pour se laisser facilement désoxygéner par la cémentation, il faut que les matières soient susceptibles d'acquérir une certaine porosité. Tels sont les fers spathiques, les hématites hydratées, les oligistes qui perdent sans trop de difficulté leur acide carbonique, leur eau, leur excès d'oxygène. Mais il n'en est déjà plus de même à l'égard de l'espèce désignée sous le nom de *fer oxydulé.* Elle n'a presque rien à céder au carbone. Son tissu, excessivement compact, offrant, par rapport aux minéraux précédents, une différence analogue à celle qui existe entre les oxydes d'étain naturels et artificiels, en fait une matière difficilement pénétrable par les agents réductifs, bien qu'elle donne prise à la silice. Il fallait donc l'abandonner comme substance rebelle. Du moins, je ne puis m'expliquer d'une autre manière pourquoi il est arrivé que, dans la plupart des pays où abonde cet oxydule, il n'a été l'objet d'aucune exploitation sérieuse, même à côté de l'oligiste. Aux abords de l'île d'Elbe, ce dernier a été vigoureusement attaqué, sept siècles avant notre ère, à côté de Rio la Marina, tandis que l'autre, dont se compose presque intégralement le puissant cap Calamita, ne paraît pas avoir été touché. Pareillement, en Algérie, les filons ou amas des environs de Jemmapes, de Bône, d'Aïn-Mokrah étaient demeurés à peu près intacts, et pourtant ils sont en parfaite évidence.

D'ailleurs, que l'on ne dise pas que la composition de leurs minerais resta inconnue. Ces masses dures, noires, métalloïdes, pesantes, ont dû exciter aux recherches au moins autant que les autres, et, de plus, une propriété très-étrange en faisait un objet spécial d'études. Je veux parler de cette puissance magnétique qui, leur permettant d'attirer le fer, les fit désigner sous le nom d'*aimants naturels*. Elle en répandit la connaissance de temps immémorial, comme le prouvent les narrations grecques relatives au berger Magnès. Sans doute, il ne s'agit ici que de fables mythologiques; mais étant bien vieilles, il s'y rattache un certain mérite. En effet, démontrant l'antique célébrité de la substance magnétique, elles rendraient incompréhensible son délaissement par des hommes, déjà foncièrement essayeurs et fondeurs, si l'on ne tenait pas compte des obstacles que d'imparfaits appareils devaient mettre à son traitement métallurgique. Et plutôt que d'admettre une complète ignorance au sujet de leur valeur, je préfère supposer qu'en la créant, la nature constituait une réserve pour l'époque où nos artifices seraient améliorés.

Des raisonnements analogues pourraient s'appliquer à d'autres variétés minérales du métal en litige; mais pour abréger, je rappelle que la nécessité de refroidir les fourneaux à chaque extraction des lopins, et de les rallumer ensuite, occasionnait une grande consommation de combustible, sans compter les embarras de la manœuvre. A ces inconvénients se joignaient ceux de l'exiguité et de l'inconstance des produits, si bien que nos laborieux métallurgistes ont dû chercher à résoudre

la question complexe de l'économie du temps, du charbon,
de la matière métallique et du traitement des minerais qui,
jusqu'alors, s'étaient soustraits à leurs opérations.

En cela ils se laissèrent, comme d'habitude, guider par
l'observation des résultats de leurs pratiques. Déjà les stuckofen les plus élevés fournissaient, indépendamment des parties
malléables, une certaine quantité de fer liquide, ou plutôt de la
véritable *fonte*, qui les embarrassa peut-être dans le principe,
mais dont les qualités, sinon la composition, ne devaient pas
tarder à être appréciées. Un affinage du genre de celui qu'ils
faisaient subir aux lopins pour les purger de leurs impuretés
démontra, en outre, que cette fonte était conversible en fer
non moins ductile que le produit habituel des anciennes
opérations.

Dès lors, l'idée d'activer le feu à l'aide de soufflets plus
puissants et de donner une plus grande hauteur aux anciens fourneaux, pour n'avoir plus que des corps liquéfia-
bles, dut nécessairement germer dans leur imagination. Par
cette modification, ils se débarrassaient de la nécessité de
suspendre la marche de leur appareil, puisqu'une simple percée, établie au niveau du fond du creuset, suffisait pour faire
écouler, à des intervalles convenables, les masses fluides qui
s'accumulaient successivement dans sa cavité. D'intermittente
qu'elle avait été jusqu'alors, l'opération devint continue. En
sus, pour augmenter, par l'intervention d'une plus forte chaleur,
la liquidité des produits, tout en soustrayant, autant que possible, la fonte à l'action du jet d'air de la soufflerie, on eut
soin de rétrécir notablement la partie inférieure de la cuve.

Ces changements convertirent le *stuckofen* en *flussofen*,
soit, en français, le *fourneau à lopins* en *fourneau de fusion*.
Toutefois, il n'en restait pas moins à vaincre une autre
grande difficulté, savoir celle de l'amoindrissement des
déchets occasionnés par l'action dissolvante de la silice. De
nos jours, cette seconde partie du problème parait fort simple,

puisque les nombreuses expériences des chimistes, nos devanciers, ont démontré que pour rendre le nouveau silicate plus fusible, il suffit de déplacer l'oxyde de fer par une base plus énergique qui, métallurgiquement et économiquement parlant, n'est autre chose que la chaux aidée d'un peu d'alumine ou d'argile. Mais en se reportant à l'époque où ces propriétés des corps étaient encore inconnues, on comprend que, par le fait, il y avait à franchir un immense saut, et je ne puis mieux faire ressortir son amplitude qu'en mettant le progrès en ligne avec les autres difficultés déjà vaincues.

Ainsi, selon moi et dans un sens général, une première ère fut celle de la cémentation de minerais très-riches dont on obtenait, selon leur nature, un produit tantôt spongique, tantôt fondu, et que les fondants salins débarrassaient de quelques impuretés. A ces sels succéda la silice, qui laissait obtenir une partie métallique en déterminant la scorification d'une autre portion à laquelle s'ajoutaient les corps étrangers. Enfin, vint la période de l'addition du calcaire pur ou argileux, ou autrement dit de la *castine* ou *herbue*, dont l'effet permit d'extraire à peu près toute la substance utile contenue dans le minerai. C'est dans cette phase que nous nous trouvons actuellement à l'égard du fer, et pour y arriver, l'œil perspicace du fondeur suppléa encore une fois à l'absence des connaissances théoriques. D'heureux mélanges de minerais, les uns à gangue siliceuse, les autres à gangue calcaire, lui permirent d'apprécier l'influence des uns sur les autres, et le raisonnement fit le reste.

Usus et impigræ simul experientia mentis
Paulatim docuit pededentim progredientes.

Le nouveau résidu scoriforme différa complètement de l'ancien. Celui-ci consiste en masses noires, opaques, lourdes, très-ferrugineuses, très-fluides et généralement susceptibles de cristalliser instantanément. Nous lui conservons le nom

7

de *scorie*. Le second possède, au contraire, une fluidité vis-
queuse ; sa pesanteur spécifique est moindre ; il cristallise
plus lentement. Outre cela, d'après mes expériences, sa translucidité s'amoindrit assez facilement, de manière qu'il prend
d'habitude une couleur bleu-clair par réflexion, tandis qu'il est
orangé par transparence. En un mot, cette tendance au di-
chroïsme lui donne les qualités du verre à bouteille, et, de
plus, l'aspect laiteux que lui communique son opacification
plus ou moins complète lui a valu le nom de *laitier*.

Au point de vue chimique, les différences sont indiquées en
gros par les résultats des analyses suivantes de M. Berthier :

	SCORIES.			LAITIERS.	
Silice.........	19,2	49,6	.....	33,5	63,8
Protox. de fer..	74,4	43,0	.....	0,1	6,2
Chaux........	0,6	1,8	.....	43,0	19,4
Corps divers...	5,8	5,6	.....	23,4	10,6
	100,0	100,0		100,0	100,0

Rien n'est plus démonstratif que ces nombres, car, d'un côté,
ils font voir le protoxyde de fer en abondance quand la chaux
manque, tout comme l'inverse survient lorsqu'elle domine.
D'ailleurs, il ne faut pas croire que la hauteur de l'appareil
intervienne notablement dans ces compositions. En effet, un
seul et même fourneau à manche de 1m,50 seulement de
hauteur peut, à volonté, produire ces différences, témoin celui
de Chessy qui, avec la chaux, donnait de jolis laitiers bleus
et, sans la chaux, des scories non moins parfaites, suivant qu'il
me convenait de varier le traitement.

Je ne me dissimule pas qu'en expliquant si minutieuse-
ment les différences qui existent entre la scorie et le laitier,
je m'expose aux critiques de certains Aristarques. Ils doivent nécessairement regarder comme superflus tant de détails
accordés à des résidus qui, à peine obtenus, s'en vont à la
rivière pour être balayés par les crues, et tout au plus sur les

routes afin d'être employés en guise de macadamisage. Le métallurgiste voit les choses d'une autre manière. A son sens, ils sont plus que les compagnons inséparables du métal. De leur bonne ou mauvaise constitution dépend le succès du travail, et selon son abrupt langage, « un imbécile ne voit que le plomb, le cuivre ou le fer; ça brille. Le fondeur, au contraire, sait ce que valent des choses plus obscures. »

Ainsi donc, fort de son opinion, je poursuis en faisant remarquer que le perfectionnement si capital de la conversion de la scorie en laitier ne survint que très-tardivement, et le fait s'explique par la triste déchéance dans laquelle tomba l'esprit humain à la suite des excès de l'empire romain, suivis des invasions barbares. D'un autre côté, aucun savant ne s'occupait du fer. Le célèbre Agricola en fait à peine mention dans son grand ouvrage où, cependant, il décrit avec tant d'exactitude le traitement d'une foule d'autres métaux. Bien plus, le nom du praticien auquel on est redevable du progrès est tout aussi inconnu que le sont ceux des hommes qui avaient déjà introduit les autres améliorations. Evidemment, la pauvre Clio se laisse trop souvent éblouir par les faits et gestes d'une foule de charlatans, pour qu'elle doive conserver la haute position de *Muse de l'histoire* dont on a jugé à propos de l'honorer. N'a-t-elle pas, en particulier, soigneusement enregistré les noms des alchimistes dont la classe, à part quelques illuminés, comprend une multitude d'hommes munis du seul talent d'avoir su se placer à côté des vrais et laborieux chimistes, afin de faire leur profit de services auxquels ils étaient parfaitement étrangers. Pour cela, il leur a suffi de se livrer aux plus absurdes exagérations, en s'attachant à certains filons d'ignare crédulité, inclus dans les cerveaux de la multitude et dont le mineur philosophe se plaît à étudier l'exploitation telle qu'elle est activement effectuée suivant les méthodes propres au génie spécial des divers genres de *souffleurs*

qui se sont réservé le monopole de ce genre de travail.
Du reste, laissant aux savantes et consciencieuses recherches de M. Chevreul le soin de mettre en évidence les
vérités qui concernent plus spécialement les anciens adeptes,
je vais résumer quelques autres détails sur les progrès du
traitement du fer par les fourneaux aptes à produire la fonte.

Celle-ci fut d'abord obtenue sur les bords du Rhin. On ne peut
mettre en doute la fabrication des poêles dans l'année 1490,
en Alsace d'où les appareils passèrent en Angleterre, puis
dans la Saxe qui ne les connut qu'en 1550. D'ailleurs, divers
perfectionnements de leurs formes intérieures, trop simples jusqu'alors, ne tardèrent pas à être adoptés. Ils eurent pour but
de retarder momentanément la descente des charges du minerai et du charbon, puis d'augmenter, plus bas, l'intensité
du coup de feu qui doit liquéfier le tout, et, par suite, le
haut-fourneau se trouva créé. Grâce à ces changements, l'opération fut continue; le métal uni au carbone devint un
composé liquide qui, suivant la manière dont ce corps y est
enchevêtré, prit les noms de *fonte blanche*, de *fonte truitée*,
de *fonte grise* et de *fonte noire*, dont l'affinage subséquent,
c'est-à-dire la conversion en fer ductile, ne souffrait pas de
grandes difficultés. D'ailleurs, on put traiter des minerais
beaucoup plus pauvres qu'auparavant, et les laitiers ne conservèrent plus que la moindre proportion possible de fer. Les
fourneaux à lopins ne donnaient que 22 % de métal d'un
minerai qui, au haut-fourneau, en produit 50%; de façon que
ces modifications introduisirent des améliorations capitales
dans le travail.

En Angleterre, ces hauts-fourneaux permirent de couler
déjà beaucoup de bouches à feu en fonte de fer, dès l'année
1547; mais d'après ce qui vient d'être dit au sujet des productions de l'Alsace, c'est spécialement aux régions rhénanes
qu'est due leur invention. En tout cas, le fer devint bientôt

commun en Europe. Henri IV l'utilisa. Aux anciens chemins dévastés par quarante ans de guerres civiles, il substitua les chaussées actuelles. Par lui fut exécutée la magnifique entreprise du canal de Briare. L'agriculture française profita de ces travaux; elle exporta ses blés, commerce qui lui permit de prélever, entre autres sur l'Espagne, d'énormes tributs. Les sages leçons d'Olivier de Serres secondèrent l'impulsion donnée par le monarque, et celui-ci, à la vue des merveilles de son règne, put dire sans forfanterie : « Je veux que tous les paysans de » France et de Navarre puissent mettre la poule au pot le » dimanche. »

Cependant le haut-fourneau, invention typéale de la seconde ère du fer, devait se perfectionner comme ses devanciers. La substitution du coke au charbon de bois, effectuée dès 1720 par les Anglais, adoptée par les Prussiens en 1795, sous le comte de Réden, pénétra dans la France quelque temps après la fin des guerres de l'Empire. Elle fut suivie de l'affinage de la fonte au fourneau à réverbère, chauffé avec la houille, qu'imaginèrent les métallurgistes Cort et Parnell pendant les années 1785-87, et que je vis introduire à Charenton sous mon professeur, M. Hassenfratz, en 1822. Avec cette méthode arrivèrent les soufflets à piston et surtout les laminoirs qui abrégèrent l'ancien travail du martinet. A l'emploi subséquent de l'air chaud, M. Victor Robin ajouta l'invention toute française de l'utilisation des gaz produits dans les hauts-fourneaux. Jusqu'alors, on laissait leur combustion s'effectuer à peu près en pure perte et même d'une façon incommode. Aujourd'hui, en les captant, dès leur sortie du gueulard, pour les conduire à distance, sous les chaudières des machines à vapeur, on économise une grande partie de la houille nécessaire pour mettre ces engins à même de développer cette force prodigieuse par laquelle s'anime tout l'organisme des fonderies. Les premières expériences à ce sujet ayant été faites dans les forges de Niederbronn (Bas-Rhin), appartenant à MM. de Diétrich, descendants d'un de nos plus célèbres métallurgistes, complétèrent, en 1838, la part des progrès déjà dus à nos provinces rhénanes. Enfin, les hauts-fournaux, successivement rehaussés, comme le permettait la résistance du coke, bien plus grande que celle du charbon de bois, et modifiés dans quelques détails, atteignirent des dimensions colossales. En Amérique, on en cite maintenant dont la hauteur atteint $18^m,5$ à 19^m, et dont les tuyères, au nombre de 12 ou 15, sont distribuées sur la même circonférence. Alimentés avec de l'anthracite, ils versent annuellement 10,160,000 kil. de fonte après avoir reçu, de machines à vapeur de la force de 40 chevaux, 284 mètres cubes d'air par minute, sous la pression de 1 et 2/3 atmosphères.

De pareils produits permettent de disséminer le métal au plus bas prix. La machine à vapeur se transforme en coursier. D'immenses réseaux de voies ferrées sillonnent l'Europe entière, traversent les fleuves et les montagnes, aplanissent les obstacles, envahissent les autres continents, et l'Algérie, en particulier, est redevable d'une première installation à MM. les exploitants des mines d'Oum-Theboul. Le moment est donc venu où l'agriculture se trouve appelée à de nouveaux avantages. Les progrès qu'elle a subis sous l'empire romain, sous le règne de Henri IV, elle doit les subir encore de nos jours. Sa tendance à l'immobilité est graduellement vaincue par l'impulsion générale. Les encouragements, les récompenses lui sont donnés, dans tous les pays, par les gouvernements. De bienfaisantes sociétés répandent sur elle l'instruction. On généralise l'art de dessécher les terres humides par nos anciennes *revourses* et *rases sourdes*, habillées à l'anglaise sous le nom de *drainage*. On enseigne la manière de se débarrasser des animaux nuisibles et de tirer un meilleur parti des autres. De nouvelles espèces ou variétés végétales se propagent. Un choix judicieux des sels tend à activer la végétation. Une bonne partie de la France ne sait pas encore composer les engrais avec ses résidus; pourtant le guano arrive et M. Boussigault démontre qu'il est presque entièrement composé de poissons. Bien plus, M. Duméril ayant expliqué comment le poisson lui-même sert de fumier chez divers peuples, il faut croire que la pisciculture deviendra une chose pratique. D'ailleurs, les qualités précieuses des coprolites ou excréments fossiles pour l'amélioration du sol, sont mises en évidence par MM. P. Thénard, Dehérain et Bobierre. Enfin, M. Elié de Béaumont fait ressortir l'abondante dissémination des phosphates dans la nature. Espérons donc que les cultivateurs sauront bientôt tourner l'activité du mineur vers ces exploitations d'un nouveau genre, et qu'un jour, à côté des mines de métaux et de combustibles, nous verrons s'établir celles des autres substances utiles qui gisent encore à peu près ignorées dans le sein de la terre.

D'ailleurs, dans un sens plus général, le fer imprima un essor prodigieux à la marche progressive de l'humanité. Avec lui les beaux-arts se perfectionnèrent; surgirent le verre, la monnaie, l'alphabet; naquirent la poésie, l'histoire écrite, les sciences et, en particulier, l'astronomie. Encore avec tous les sentiments du beau se développa celui du bien. Voilà donc ce qu'a produit l'ère du fer qui, selon d'anciens poëtes, a vu les hommes devenus tout à fait méchants, rendus tout à fait malheureux; âge dans lequel Hésiode, le chantre sacré des *Travaux et des Jours,* contemporain de son début, se lamentait d'être né en s'écriant : « Hélas! pourquoi ai-je reçu la vie » dans la cinquième race des hommes? Que n'ai-je pu mou- » rir plus tôt ou naître plus tard! » Mais écoutons aussi la voix de Boileau qui, mieux endoctriné par l'expérience, lui répondit, au travers des siècles :

> . . . . , . . . Le travail, aux hommes nécessaire,
> Fait leur félicité plutôt que leur misère.

Evidemment, avec ses qualités vulgaires, le fer eût été incapable de produire les merveilles qui viennent de lui être attribuées. Il est trop peu dur pour se prêter à certains besoins, et trop infusible pour se laisser facilement façonner.

Eh bien! pendant que le travail s'opérait et s'améliorait avec tant de persévérance, les forgerons eurent l'occasion d'étudier non seulement les propriétés du métal, mais encore d'observer de singulières modifications qui lui sont familières. De l'état de *fer doux*, il peut passer à celui de *fer aciéreux*, d'*acier* et de *fonte*. En sus, il est susceptible d'être soudé à lui-même. Quelques mots au sujet de ces circonstances ne seront pas superflus.

Etant excessivement difficile à liquéfier, il ne se laisse pas réagglomérer par la fusion comme le bronze, et, par suite, il fallait se borner à utiliser directement ses recoupes ou autres menus morceaux pour en faire des objets de plus en plus exigus, assujettissement qui devait être passablement onéreux. Heureuse fut donc l'invention par suite de laquelle la réunion de ces parties en une seule masse, sans recourir à une nouvelle fonte, devient une opération facile. En cela, il aurait suffi à un théoricien, muni de notions générales, de partir de la propriété commune que possèdent tous les corps mous de se laisser incorporer ensemble, et de devenir ainsi parfaitement inséparables. De cette façon, la cire s'unit à la cire, l'argile à l'argile, le plomb au plomb; mais, d'une part, la théorie n'est qu'une conséquence de la pratique, et de plus le fer, à l'état ordinaire, est loin de pouvoir être classé dans la catégorie de ces corps plastiques. Il fallut donc en venir non seulement à le chauffer pour le ramollir, mais encore à le porter à une température telle qu'il fût amené au degré de mollesse convenable. Or, cette température ne se trouve qu'au point excessif, désigné sous le nom de *blanc soudant*. Et ce n'est pas tout, car sous l'influence de cette *chaude suante*, le fer brûle avec une merveilleuse facilité, se couvre de crasses qui s'interposant entre les parties demeurées inoxydées, s'opposent à leur union, malgré les coups redoublés du marteau. De là, un nouvel embarras qui ne put être écarté qu'en produisant la liquéfaction de cette croûte d'oxyde. En cela, le borax, le sable siliceux ont été appliqués d'une manière fort heureuse, car la silice, en particulier, constituant immédiatement avec l'oxyde une de ces scories fusibles dont il a déjà été amplement question, met cette combinaison à même de s'écouler ou de jaillir sous les chocs, de façon que le contact intime et exigé s'effectue librement.

En définitive, ce n'était pas un très-insignifiant problème qu'avait à résoudre le métallurgiste, qui s'était proposé de réagglutiner les bribes provenant de son travail. Hérodote nous a transmis le souvenir de ce progrès qui remonte à 430 ans avant J.-C. Il fut opéré, à Chio, par Glaucus. Depuis lors, Wollaston constata la soudabilité du platine, et pendant assez longtemps, les chimistes s'imaginèrent qu'il partage seul cette propriété avec le fer. Cependant, j'arrivai à démontrer sa généralité en faisant voir qu'elle est commune à tous les métaux qui ne sont pas aigres, et, de plus, j'expliquai que l'on peut ainsi souder et damasser entre eux, sans fusion, des métaux différents, tels que l'or et l'argent, par exemple. En cela donc, j'ai pu proposer quelques nouvelles applications du principe. Au surplus, comme l'on a déjà eu l'occasion d'en saisir l'intervention dès l'instant où il a été question du cuivre et du fer spongiques, je passe aux aperçus concernant l'acier.

Le fer pur et ductile ne montrant pas une supériorité marquée sur le bronze quand il s'agit d'instruments tranchants, on croit trouver dans cette circonstance une des causes de son tardif emploi. Les conditions changèrent du moment où l'on découvrit son passage à l'état d'acier, corps sujet à s'endurcir dès qu'on le soumet au refroidissement brusque de la trempe. Cet endurcissement que n'éprouve pas le fer doux et inverse de la modification que subit le bronze lorsqu'il est traité de la même manière, est susceptible d'être poussé à des degrés extrêmes. On conçoit donc facilement combien un pareil surcroît de force, ajouté à une ténacité considérable, dut augmenter l'importance de la matière.

Toutefois, ce que la pratique mettait en évidence par la production des propriétés de l'acier, la théorie ne l'expliquait nullement. On fit intervenir la nature des minerais, celle de l'eau, la purification de la matière par des refontes multipliées, la combinaison avec le carbone, et ce n'est que tout récemment qu'il a été question du rôle de l'azote. Il en résulta que la fabrication du nouveau corps se trouva d'abord livrée au hasard. Toutefois, 1600 ans avant J.-C., les Egyptiens constataient le fait de l'aciération. M. Victor Place a trouvé qu'à Khorsabad, non seulement le fer, mais encore l'acier de la meilleure qualité, étaient employés pour la confection d'outils analogues à ceux dont il est question dans le livre de Samuel. Au siége de Troie, quand les Grecs vont couper le bois pour le bûcher de Patrocle, c'est avec des haches d'acier. Celui de la Norique, aussi bien que de la Celtibérie, étaient en grande estime chez les Romains pour les épées, et tous ces produits provenaient de bas-fourneaux ou de foyers catalans dont les lopins étirés fournissent à la fois du fer doux, du fer aciéreux et de l'acier, que l'on sépare en coupant la barre en morceaux de longueur convenable pour effectuer le triage. Du reste, l'introduction du flussöfen permit d'obtenir des aciers plus purs que ne le sont ceux qui proviennent du traitement direct des minerais.

Obligé de me restreindre aux points fondamentaux, je laisse de côté les *aciers naturels*, de *cémentation*, *fondus* et *damas-*

sés, pour dire brièvement qu'actuellement les efforts des métallurgistes tendent à accroître leur dureté et à en modifier les qualités. Selon les besoins, on les trempe au suif, au mercure comme à l'eau. Les alliages avec divers métaux en font des corps tout particuliers, capables de couper le fer à peu près aussi aisément que les anciennes lames entaillaient le bois, et l'on arrive à en obtenir dont la dureté est telle que les outils qui en sont armés perforent même l'acier trempé. Qui donc, après cela, oserait taxer d'immobilité les enfants de la Sainte-Barbe?

DE L'OR.

Jusqu'à présent, j'ai traité de l'extraction des métaux dans le sens des archéologues qui, pour l'établissement de leurs périodes, n'ont tenu compte que des produits communs et par conséquent très-usuels. Néanmoins, à côté de ces derniers, on en découvre d'autres qui, pour être plus rares, n'en sont pas moins dignes d'attention, du moment surtout qu'il s'agit de rendre compte de la marche progressive des procédés industriels. D'ailleurs, l'influence qu'exercèrent sur le mouvement intellectuel les corps dont il me reste à parler, ne peut pas plus être méconnue que celle des précédents. Ils exigèrent leurs inventions spéciales et par suite ils contribuèrent, pour leur part, au développement des facultés humaines. L'or, l'argent et le plomb étant spécialement dans ce cas, je mettrai en relief les détails essentiels de leur histoire.

Quelques anciens linguistes ont fait remarquer que l'or porte en français le même nom qu'en hébreu, et qu'en outre les traditions disent qu'il a reçu le nom de son inventeur. En cela, cette histoire se rapproche de celle du berger Magnès; mais, laissant à d'autres le soin de vérifier le fait, je rappelle que, de tout temps, l'or, réputé pour être le métal parfait par excellence, fut aussi considéré comme étant l'emblème des temps heureux où l'innocence et la vertu régnaient encore sur la terre. L'archéologie nous a désillusionnés à l'égard de ce dernier point, sans, pour cela, enlever au métal la valeur qu'il doit à ses éminentes qualités. Sa riche couleur, son éclat, son excessive ductilité, sa fixité à de très-hautes températures, sa fusibilité plus grande que celle du cuivre, son inaltérabilité à l'air et au feu, même en présence d'une foule d'agents modificateurs, l'ont toujours maintenu au premier rang.

Considéré minéralogiquement, l'or se distingue des pyrites cuivreuses qui possèdent une couleur et un éclat pareils, en ce que celles-ci sont fragiles et se laissent gratter au couteau, tandis que le premier en reçoit la coupure ou la gravure. Cependant, on le découvre, assez souvent, à l'état d'intime dissémination dans les précédentes pyrites, comme dans celles de fer et autres minerais du même genre ; mais, certes, ce n'est pas là qu'on est allé le chercher tout d'abord. Il se montre aussi enchevêtré dans quelques gangues pierreuses ou terreuses des filons ; et encore une fois, je ne suppose pas que ses premiers échantillons aient été entrevus au sein de ces substances. Sa manière d'être vraiment apparente est celle où, jouissant d'une parfaite indépendance, il se présente à la surface du sol comme un vulgaire caillou dont il affecte la forme. Dans ce cas, il n'était certes pas difficile à trouver, puisqu'il n'est jamais terni par une rouille, par un vert-de-gris quelconques.

Ces cailloux d'or ont reçu le nom de *pépites*. On en a trouvé du poids de plusieurs kilogrammes, rencontres d'ailleurs fort rares ; les grains de la grosseur d'une noisette, d'un pois, sont moins exceptionnels, et ils sont encore assez gros pour servir d'ornement, destination à laquelle l'intensité de leur teinte se prêtait d'une façon beaucoup plus avantageuse que les pyrites de fer qui, de toute antiquité, servirent certainement

au même usage, et que j'ai encore retrouvées dans quelques
parures campagnardes. Elles doivent plaire tant par leur éclat
que par leurs facettes naturelles; cependant le goût exquis de
la femme sut parfaitement établir la différence qui existe entre
leur jaune trop pâle et la belle nuance de l'or. Par contre,
celui-ci n'avait que des formes peu gracieuses. Or, si d'un côté
Dieu a placé en nous un grain d'émulation qui fait que le fort
veut être encore plus fort, et la beauté paraître encore plus
belle, même chez le cœur le plus innocent, on sait également
qu'il a mis dans l'âme de tout homme intelligent une industrie
qui ne demandait qu'à être stimulée. Obéissant donc au désir inné de sa douce moitié, il dut trouver le moyen de donner aux pépites l'élégance qui leur manquait.

La malléabilité de l'or se prêta parfaitement aux volontés fé-
minines, et le marteau, tout au plus aidé de quelques recuits,
suffit pour atteindre le but qui dut être simple d'abord. Quand
on a vu, même aux portes de la civilisation, la femme arabe se
contenter d'un simple fil de laiton pour en faire son bracelet,
on est parfaitement en droit de supposer que les premières
parures n'étaient guère plus soignées. Toutefois, ces mêmes
arabesses sachant fort bien expliquer, en langue franque, que
leur ornement est *mesquino*, il faut croire qu'en des pays plus
favorisés, le côté mesquin fut bientôt éliminé. Sous la pression du plus puissant des leviers, d'une volonté proverbiale-
ment comparée à celle de Dieu, l'homme dut perfectionner.
Les choses marchèrent si bien, que dans la Suisse, on a trouvé
comme appartenant à l'Age du bronze, de petites tiges enrou-
lées en tire-bouchons et, de plus, une fine lamelle canne-
lée qui indique l'emploi du laminoir, instrument vraiment
remarquable pour une si haute antiquité, mais qui se conci-
lie fort bien avec les damasquinures d'étain déjà mentionnées
pour les poteries.

Tout homme intelligent est certainement apte à com-

prendre l'énorme différence qui existe entre le *mouvement in-
termittent* du marteau et le *mouvement continu* du nouvel en-
gin. Il saisira également les avantages que l'uniforme et continue compression de celui-ci doit exercer sur un métal,
comparativement aux inégalités, résultats inévitables des chocs
dont l'effet est toujours circonscrit. Cependant, il comprendra
aussi qu'entre ses réflexions au sujet d'une chose faite et
l'invention, il y a toute la distance qui sépare le bon sens du
génie, et son admiration s'exaltera encore quand il aura cherché, dans la nature, ce qui a pu mettre l'inventeur sur la voie.
En fait de mouvements du genre des précédents, elle montre,
il est vrai, des coups redoublés, d'incessantes oscillations, des
piétinements, en opposition avec des allures continues ; mais
celles-ci étant habituellement *rectilignes*, exigent l'espace pour
s'exercer, tandis que le local de l'industriel est borné.

Il devint donc nécessaire de créer le *mouvement rotatoire*
pour développer les actions mécaniques, d'une façon soutenue, tout en circonscrivant leurs effets dans l'enceinte d'un
atelier. Le premier effort dans ce sens fit naitre l'archet à
l'aide duquel on obtint le feu d'abord, et ensuite le forage de
la pierre. Cependant, cet outil ne produisant encore qu'un
mouvement rotatoire alternatif, il fallut se creuser davantage
la cervelle. Le laminoir cylindrique, tournant indéfiniment
autour de son axe en exerçant, sans cesse, son énergique
pression, fut le résultat définitif des méditations de l'homme
poussé par la femme. Quel est maintenant le mécanicien qui
imagina cette substitution que les chercheurs du *mouvement*
perpétuel s'efforcent vainement de dépasser? Est-ce Vulcain,
Prométhée ou Dédale ? C'est ce que nous ignorerons probablement toujours. Peut-être fut-il devancé par l'inventeur de la roue d'une brouette, par celui de la meule à
broyer le grain, par la fileuse armée de son fuseau, autres
ustensiles des primitifs ménages. Mais, quand on songe

que la roue hydraulique qui convertit la force rectiligne et continue d'un ruisseau en une force rotatoire non moins continue, pour moudre du blé, ne fut imaginée que du temps d'Auguste, que le moulin à scier le marbre ne remonte qu'au IV⁰ siècle, et que le moulin à vent n'a été importé qu'à la suite des croisades, on n'en demeure pas moins sous le coup du profond étonnement que font naître les intervalles de temps qui s'écoulent d'un progrès à l'autre, et, par suite, on admire davantage l'antique création de l'instrument qui nous occupe.

La filière par laquelle ont été obtenus les tire-bouchons de la Suisse dut suivre de près la découverte du laminoir, si même elle ne l'a pas précédée. C'est encore un instrument simple, et pourtant, si je me transporte dans notre argue, ainsi nommée par corruption d'un mot grec qui signifie *opus*, ouvrage, et qui joue un si grand rôle dans la soierie lyonnaise, que d'artifices simples et pourtant ingénieux n'y vois-je pas accumulés ou groupés autour d'elle! A ses filières d'acier dont les plus anciennes confectionnées par Tripier, qui datent du XV⁰ siècle, soit du règne de Henri III, n'ont pas été égalées depuis, succèdent celles de saphir, pour amener le *trait* au plus minime degré d'épaisseur. Le laminoir aplatit ensuite le tout pour augmenter les surfaces réfléchissantes qui impriment aux tissus le miroitement de leur éclat. Mais ce fil, qu'il soit d'argent ou de cuivre, a été doré au préalable, c'est-à-dire revêtu d'une pellicule dont la ténuité se comprendra quand j'aurai expliqué que 15 gramm. d'or suffisent pour que 5 kilog. d'argent étendus sur une longueur de 156 lieues ne présentent, dans leur couverture, aucune solution de continuité sous le microscope. Outre cela, cet or a été appliqué à l'aide d'un brunissoir dont le jade nous reporte à l'Age de la pierre. Enfin, si l'on tient compte des circonstances de gisement et des industries du temps, on est inévitablement amené à penser que l'orfévrerie naissante, que le premier Age de l'or sont contemporains de celui de la pierre, fait à l'appui duquel arriveront successivement d'autres preuves.

Je viens d'expliquer comment le métal précieux se rencontre quelquefois en masses passablement volumineuses, dans des positions tout à fait superficielles. Toutefois, il se trouve aussi au milieu d'anciennes alluvions, composées de sables et de graviers dont l'exploitation fut amenée par la simple raison que les pluies, les ravines, les torrents et les rivières mettent continuellement en évidence ces *grains*, ces *pailletes*, ces *pallioles*, ces *poudres d'or* de plus en plus atténuées. Il ne s'agissait donc pas ici de travaux miniers comme pour obtenir le silex. Le métier d'*orpailleur*, de *cueilleur de pallioles d'or*, d'*aurier* se borna d'abord à imiter la nature qui, avec ses eaux, emporte au loin les parties terreuses ou sableuses des dépôts en ne laissant sur place que les matières lourdes au milieu desquelles le métal précieux s'arrête naturellement à cause de sa grande pesanteur. Ensuite, il suffisait d'en trier les particules les plus saisissables à la main.

Cependant les pertes devenant assez fortes, la nécessité de les amoindrir ne tarda pas à se faire sentir, et en même temps, vint celle d'accélérer la besogne. Il fallut aussi procéder à des essais préalables. Eh bien! à cet égard, les peuples les plus sauvages, comme les nations civilisées, imaginèrent des moyens d'une extrême simplicité. Quelquefois on se contenta d'une écuelle hémisphérique, d'une augette ou sébile oblongue, manœuvrée artistement, sous un filet d'eau, de façon à faire écouler les matières inutiles. On eut encore soin d'en sillonner l'intérieur de rainures, pour que les paillettes pussent se nicher dans ces dépressions. M. Simonin fait, en outre, mention de la *poruna*, instrument d'invention probablement indienne, car d'abord le nom n'est pas d'origine castillane et d'un autre côté les anciens peuples de l'Amérique exploitaient leurs sables bien avant l'arrivée des Espagnols. Elle est de forme ovoïde, à section elliptique. Taillée sur une corne d'animal qu'il a fallu ramollir dans l'eau bouillante pour la façonner à la main, cette petite machine porte aussi le nom de *corne.* Un grand perfectionnement fut amené par l'emploi de la *batea,* espèce de plat en bois, quelquefois en tôle, décrit par M. Boussingault. Il constitue un cône creux de $0^m,08$ à $0^m,10$ de profondeur, sur $0^m,60$ à $0^m,66$ de diamètre à l'orifice, et dans la pointe duquel l'or se rassemble après quelques mouvements oscillatoires, aidés de demi-rotations alternatives. Cette batéa est très-employée par les Brésiliens, qui vont à leur ouvrage après l'avoir assujettie sur leur dos, avec une courroie, à la manière d'un bouclier. M. Graff 's'en est avantageusement servi pour les recherches qu'il fit en Allemagne, par ordre du gouvernement prussien et ensuite pour celles qu'il effectua sur le Rhône, circonstances qui nous valurent de sa part une fort intéressante notice. D'ailleurs, les rivières lavant d'elles-mêmes leur or, l'opération fut également imitée par l'emploi de simples tables ou plans diversement inclinés, sur lesquels on tendit des draps de laine à longs poils, pour mieux retenir les paillettes, et comme les plus ténues d'entre elles traversent cette étoffe, il a suffi de fixer au-dessous une toile de fil dont les mailles sont plus serrées. C'est ce que font les orpailleurs des bords du Rhin, dont M. Daubrée a décrit les procédés.

En Californie, où presque simultanément le laborieux et sobre Chinois, l'énergique Yankée, Anglo-Saxon du Nord-Amérique et l'Espagnol Sud-Américain se réunirent, apportant chacun son revolver, ses passions que régularisèrent bientôt l'expéditive loi de Lynch, et son contingent d'inventions, on vit fonctionner, les uns à côté des autres, des engins dont quelques-uns rappellent l'état naissant de la préparation mécanique. Il est facile de se convaincre du fait par la lecture d'une relation pleine d'animation d'un voyage de M. Simonin, et d'un rapport de M. Laur, inséré dans le *Moniteur*. De leurs détails intéressants, il résulte que, dans le cas où la division des masses devient nécessaire, on a recours à l'arastra ou bien au moulin chilien, à meules tantôt verticales, tantôt horizontales, et mues par des manéges attelés d'ânes ou de mules. Leur simplicité n'a d'équivalent, en Europe, que les moulins des vallées piémontaises du pourtour du Mont-Rose. Le concassage préliminaire s'effectue, suivant la vieille méthode mexicaine, avec une sorte de martinet battant comme celui d'une forge et établi entre les branches d'un arbre fourchu, planté debout dans le sol. La tête de ce marteau est, tout simplement, une lourde pierre attachée par des cordes à l'extrémité antérieure d'un manche qu'un ouvrier fait jouer par la queue, et le minerai qui en reçoit les chocs a pour enclume un gros bloc qu'il creuse bientôt. Cet ancien mécanisme a été remplacé par des pilons de fonte.

L'augette a fait place au *Cradle* ou *Rocker*, ingénieuse combinaison du crible et de la table à secousse en usage dans la préparation mécanique des minerais de l'Europe. Il fut importé par les Chinois, à la patience et à l'industrie desquels M. Simonin rend pleine justice. Ils installèrent presque tous les travaux des rivières, et quant à leur cradle, c'est une sorte de berceau balancé d'une main et muni d'un tamis supérieur où le gravier reçoit l'eau que l'autre main lui verse avec un pochon ou vase à manche nommé *dipper*. Les sables fins qui traversent la grille, tombent dans l'auge, proprement dite, dont le fond est un tablier de toile grossière sur laquelle l'or s'arrête, le reste étant emporté.

Le *long-tom* n'est que le berceau agrandi et rendu immobile, car il se compose de la même claie supérieure sur laquelle arrive un courant d'eau. Les parties trop volumineuses pour

traverser les mailles sont rejetées, et l'or, ainsi que les matières divisées, se rendent dans le compartiment sous-jacent,
où s'effectue une première épuration, avant d'en venir à la
purification définitive.

Enfin les lavages au *sluice* et au *flume,* perfectionnements
du système chilien, imitent davantage la nature : ce sont de
vrais lits de ruisseaux, figurés par de simples canaux inclinés,
composés de trois planches, larges de 0^m,35 à 0^m,60, et ayant
soit une longueur de 3^m,60, soit au moins 300 mètres. Un
fort courant parcourt leur étendue et habituellement il est
fourni par une pompe à chapelet que met en mouvement une
roue pendante sur la rivière voisine. D'ailleurs, le fond du canal est garni d'un pavé de bois entre les joints duquel l'or se
rassemble, s'il n'est pas muni de mercure que retiennent des
godets ou bien un treillis. L'amalgame qui tend à se former,
dans ce dernier cas, fait justice de l'or que les mécanismes
les plus compliqués n'avaient pu retenir tout entier, tant il
est vrai que les appareils les plus simples sont souvent les
plus convenables. Le principal inconvénient de ce sluice est
d'exiger beaucoup d'eau.

Je rappelle actuellement que l'or est fréquemment niché
dans des filons d'un quartz dont les caractères quelquefois
particuliers n'échappèrent point à l'attention de Cronstedt.
Son injection à l'état fondu a été admise, pour la Californie,
par M. Simonin, et je dois me ranger de son avis, en partant
de données plus générales. En effet, les amicales indications
de M. Muller, Inspecteur-général des mines de la Saxe, m'ont
appris que l'or est souvent associé à l'étain, dans les mêmes
gîtes, et comme il est admis que les minerais de ce dernier
métal sont des produits de fusion, on doit nécessairement appliquer à l'or la même théorie. D'ailleurs, ces gîtes ont été
formés en même temps qu'une roche à laquelle j'ai donné le
nom de *granit ilvaïque.* On trouve encore l'or avec les tra-

chytes, et, quelquefois, il est disséminé dans les serpentines, masses dont les éruptions sont toutes relativement récentes. Outre cela, dans la Sierra Névada, l'or est associé à des sulfures d'argent ainsi qu'à l'argent natif, comme à Kongsberg en Norwège, relations que l'on retrouve également dans la Saxe, où les minerais d'étain sont habituellement voisins des gîtes argentifères. Enfin, l'on sait que la plupart des ors sont argentifères, si bien que tout s'accorde pour faire rattacher ces métaux les uns aux autres. On pourra d'ailleurs consulter à ce sujet les détails consignés dans ma Géologie lyonnaise.

Les gîtes en question furent démolis par des débâcles diluviennes, qui produisirent les alluvions aurifères au sujet desquelles M. Laur a donné un important renseignement. Il distingue, en effet, des alluvions antérieures aux épanchements basaltiques dont les nappes se sont étendues sur leur surface. Viennent ensuite d'autres alluvions de l'époque post-basaltique, et enfin des alluvions de la période actuelle; si bien que, partant de ces indications, j'imagine qu'il conviendrait d'examiner, plus attentivement, les dépôts graveleux dans lesquels M. Boucher de Perthes trouva ses instruments de silex. En effet, leur composition aurifère, stannifère ou basaltique pourrait jeter quelque jour sur l'antiquité de l'espèce humaine, de façon qu'en cela la géologie rendrait à l'archéologie un service de nature à compenser ceux qu'elle a reçus des antiquaires.

En tout cas, les dépôts étant très-universellement répandus, on ne connaît guère de pays qui n'ait quelque fleuve aurifère. Il s'ensuit que, si l'or n'est pas un des métaux les plus abondants, il doit du moins être un des plus communs, et l'on comprendra qu'il me faut renoncer à donner la liste générale des localités où il a été découvert, pour me borner à rappeler que la France en a produit autrefois de grandes quantités. De là, le beau nom de *Gallia aurifera* qui lui fut donné par les Romains. Polybe, Strabon, Pline citent souvent ses exploitations, et n'oublions pas que Diodore de Sicile s'exprime ainsi à leur sujet : « *Galliam omnem sine argento, sed aurum ei a naturâ datum sine arte et sine labore, propter arenas mixtas auro, quas flumina extra ripas diffluentia longo circuitu per montes ejiciunt in finitimos agros, quas sciunt lavare et fundere, unde homines et feminæ solent sibi annulos, zonas et armillas conficere.*

Si donc, l'or est devenu si rare dans notre patrie, c'est uniquement parce qu'il a été exploité par nos ancêtres. Dans un sens général, il est permis d'affirmer qu'il ne se montre plus à la surface que dans les contrées désertes comme le fut la Californie, comme l'est encore une partie de la Sibérie; et d'ailleurs, les découvertes, pour ainsi dire quotidiennes, qui se font à Cayenne, à Kéniéba sur le Sénégal, dans la Tasmanie, la Nouvelle-Zélande, la Nouvelle-Galles du nord, la Nouvelle-Hollande, justifient mon énoncé. Partout où les populations s'agglomèrent, le métal est ramassé et l'œuvre de sa collecte se soutient jusqu'à ce que le prix de la main-d'œuvre, ainsi que la difficulté du travail, mettent fin aux opérations, sans avoir pour cela épuisé la totalité des masses.

Il y aura donc toujours de l'or pour nos arrière-neveux ; mais ils devront renchérir sur des perfectionnements dont il est facile de résumer l'ensemble. Mungo-Park nous dépeint les négresses mandingues, à la frontière occidentale de l'Afrique, allant chercher le métal en plongeant dans les rivières jusqu'à 4 mètres sous leur surface. En Californie, on a trouvé plus commode de détourner le cours d'eau pour en travailler le fond. D'ailleurs, dans cette même contrée, où l'exploitation des alluvions s'effectuait d'abord suivant un système d'érosion torrentielle, dont la vive peinture est conservée dans la Métallurgie du vieil Agricola, on en est venu à démolir les berges aurifères, à l'aide de la nouvelle invention dite la *méthode hydraulique*. Elle consiste à projeter contre elles un violent jet d'eau, obtenu par une pression de 45ᵐ du liquide. Il désagrège les masses graveleuses et les fait ébouler; mais son organisation exige de grands travaux, tant pour l'établissement de nombreux réservoirs que pour les interminables canaux qni amènent les chutes convenables. Les dépenses sont donc encore trop fortes, et si l'on ajoute à cela toutes celles qu'exigent les lavages, on comprend qu'une bonne marge est laissée à nos héritiers. Leurs efforts devront spécialement porter sur les moyens de se débarrasser de l'emploi du mercure qui est exigé pour l'obtention définitive de l'or. Déjà, les Russes ont ouvert la voie en tentant de recourir à la fusion des sables aurifères et ferrifères dans des hauts-fournaux, puis aux acides, pour terminer l'opération par la dissolution de la fonte obtenue.

Au surplus, l'existence de l'or dans les sables du fond des rivières avait porté quelques anciens à croire qu'il était le simple produit de l'eau. Ils imaginaient même que l'aspect doré de certains coquillages fluviatiles provenait réellement de ce que leurs mollusques engendraient le métal en question dans leurs enveloppes. Becher dut combattre cette opinion, et il le fit avec les données que l'on possédait de son temps. Actuellement, il ressort d'un important travail de M. Damour, sur les sables du Brésil, qu'indépendamment du métal fin, de l'étain, du zircon, ils contiennent une foule d'autres espèces parmi lesquelles ressortent les rutiles, anatases, brookites, oligistes, oxydules magnétiques, tourmalines, grenats, feldspaths, disthènes, et le tout se complique de la présence du diamant. Fort de la réunion de ces substances, notre chimiste rappelle d'abord qu'elles se développèrent primitivement dans certaines roches cristallines qui enchâssaient également la pierre précieuse. Tournant ensuite ses vues sur certains aperçus de M. Favre, au sujet de l'importance des caractères d'association que j'avais déjà fait ressortir, il cherche à modérer la

tendance de ce géologue à adopter les résultats des expériences de laboratoire par lesquelles ont été reproduites quelques
espèces, pour en déduire la formation de la gemme sous l'influence d'un chlorure de carbone volatil qui, émanant de la
profondeur, aurait traversé la croûte terrestre. « On obtien-
drait, dit-il, des données plus certaines en recueillant les
échantillons qui nous la montreraient engagée dans les roches
ou dans les matières cristallines qui doivent avoir constitué
sa gangue. » Certes, rien n'est plus profondément senti que
cette observation, et allant plus loin, j'imagine que l'on n'hé-
sitera pas à ranger l'intervention des vapeurs de M. Favre, à
la suite de celles de l'eau et des mollusques de nos aïeux. En
effet, le diamant étant mêlé à l'or, dans les alluvions de l'Oural,
de l'Hindoustan, de Bornéo, du Brésil, il en résulte une relation de rencontre qui fait que la théorie de l'un se rattache à
celle de l'autre.

Je clos cette revue en rappelant qu'il m'a fallu expliquer
comment les sables aurifères ont pu servir à perforer les silex et autres pierres dures, parce qu'ils sont en même temps
gemmifères. Les alluvions en question peuvent aussi être
stannifères, et l'or étant même quelquefois demeuré soudé aux
cailloux d'oxyde d'étain, on conçoit comment ces enchaînements facilitèrent les découvertes respectives. Enfin j'admets
que si l'or a été connu dès l'âge de la pierre, l'étain a dû être
obtenu, sinon au même moment, du moins peu de temps
après. Le retard relatif ne provient que de la difficulté qu'il y
eut d'inventer les procédés pour réduire son minerai à l'état
métallique.

DE L'ARGENT ET DU PLOMB.

Les qualités de l'argent se rapprochent suffisamment de
celles de l'or pour qu'il ait pu être rangé avec lui parmi les

métaux nobles ou parfaits, *Metalla nobiliora Auctorum*. Ses propriétés physiques, du reste bien familières, et par conséquent incapables de nous arrêter, me laissent de la latitude pour insister sur quelques actions chimiques. Elles établissent des différences tranchées entre l'or et l'argent, car celui-ci étant attaquable par divers corps à l'influence desquels l'autre résiste parfaitement, il en résulte une infériorité relative qui permet d'expliquer, sans peine, la formation d'une foule de composés naturels, tant anciens que récents, dont il constitue la base, et de concevoir, en sus, sa disparition complète dans une circonstance dont les géologues ne se sont pas suffisamment préoccupés. Sa portée sera comprise dès que j'aurai rappelé une précédente indication au sujet de certains gisements du métal.

Je dis donc que l'argent fut primitivement fixé dans des filons vulgairement regardés comme spéciaux parce qu'il en fait la richesse. Dans ce cas, il se présente d'abord à l'état natif ou vierge tout comme l'or dans ses propres gîtes. Ses masses pures sont parfois volumineuses. Du temps d'Olaüs Wormius, une mine de la Norwège en fournit un morceau du poids de 31,8 kilog. On cite encore celle de Schnéeberg, près de Zwickau sur la Mulde, qui, en 1477, sous l'Empereur Frédéric III, donna une masse de grosseur si extraordinaire, que le duc Albert voulut la voir et descendit dans la mine. Il fit mettre le couvert sur ce bloc précieux, et dit à ceux qu'il fit déjeuner avec lui : « L'Empereur Frédéric est un puissant seigneur ; mais vous conviendrez que ma table vaut mieux que la sienne. » On fit ensuite, de cette table, 200 q. mét. de monnaie. Enfin, en 1748, le Hartz laissa extraire un autre échantillon de dimension telle qu'étant battu, on en obtint une couverture de table autour de laquelle purent s'asseoir vingt-quatre personnes. Il pesait aussi environ 200 quint. mét., de façon que cette identité du poids et de l'emploi autorise à

croire qu'il ne s'agit que d'une seule et même pièce; mais, au
fond, la difficulté étant trop peu importante pour qu'il soit
nécessaire d'en faire l'objet de plus amples commentaires, je
préfère passer à un autre aperçu.

On a quelquefois supposé que ces richesses ne se trouvent que dans les parties supérieures des filons. Cependant
la Saxe, sous l'habile impulsion de **M.** de Beust, fit justice de
ces hypothèses, car, en 1847, celui de Neuhoffnung-Flachen,
à l'endroit de son entrecroisement avec le Christian-Stehen-
den, dans le champ de Himmefarth-Saint-Abraham, et au-
dessous de la galerie d'écoulement, livra, pour une simple
surface de $7^{m.c.},95$, une plaque du poids de 650 kilog., ce qui
porte son épaisseur moyenne à $0^m,75$. Et encore, la suite
de l'exploitation en fournit une quantité plus considérable. Le
souvenir de cette découverte rassurante pour l'avenir des
mines, dans le sens de profondeur, fut conservé par une belle
médaille faite avec le métal du bloc. Elle représente un vieux
mineur montrant à son jeune compagnon étonné la perspective patente des richesses qu'il devait rencontrer dans de nouveaux espaces souterrains. M. de Beust, Directeur-général des
mines de la Saxe, daigna récompenser mes travaux métallurgiques et miniers en m'honorant du don d'une de ces pièces
si importantes au point de vue de la théorie des gîtes métallifères.

L'argent existe encore, dans ses positions originaires, à l'é-
tat de sulfures, de sulfo-arséniures ou de sulfo-antimoniures.
Enfin, il peut être disséminé en parties invisibles dans les
pyrites, les blendes et les galènes que l'on est en droit de considérer comme étant pour lui autant d'excipients ou de gangues. Eh bien! ces minerais sulfurés, ou même l'argent pur,
étant plus ou moins susceptibles d'être oxydés ou chlorurés,
par suite des influences atmosphériques, il arrive que les
crêtes des filons, jusqu'à des profondeurs variables, selon la

compacité des roches encaissantes, se montrent habituellement altérées et converties en sulfates, carbonates, hydrates, chlorures et phosphates, résultats des mêmes décompositions. De là, des masses superficielles, très-complexes, ordinairement tendres, pourries, presque toujours fortement colorées par les oxydes de fer ou autres produits, et qui ont reçu des mineurs une foule de noms, suivant les pays, suivant leur nature, suivant leur couleur, *mulm*, *brandt*, *oxydes*, *terres rouges*, *pacos*, *colorados*. Elles constituent ce que l'on désigne habituellement sous le nom de *chapeau de fer* des filons, parce que, généralement, l'hydrate ferrique y domine. Enfin, leur richesse étant très-grande à cause du départ d'une grande quantité de corps étrangers, et, par suite de ces réactions, l'argent s'y trouvant assez souvent mis en liberté sous la forme de petites follioles métalliques bien différentes des ramules, filaments ou autres parties formées directement dans le sein du filon intact, on conçoit que ces sortes de matières doivent être l'objet d'exploitations très-lucratives. Alors, au point de vue de la valeur vénale, leur ensemble peut être considéré comme constituant un *chapeau d'argent*.

Ceci posé, reportons-nous aux filons aurifères pour rappeler que les torrents diluviens qui les ont écrêtés formèrent, à leurs dépens, les dépôts alluviaires dont la constitution a fait l'objet de nos précédents détails. Or, les relations de rencontre ayant parfois placé les mines d'étain et d'argent à côté de l'or, les mêmes eaux durent agir d'une égale façon sur les deux genres de gisements, et pourtant, jusqu'à ce jour, les observations des géologues, tout comme les analyses des chimistes, s'accordent pour établir l'absence de l'argent dans ces convois aurifères et stannifères. Une cause quelconque a donc déterminé son départ, et il me semble rationnel de la chercher dans les mêmes actions atmosphériques qui modifièrent si énergiquement les parties supérieures des filons. L'or leur opposa la passivité inhérente à sa nature, l'étain celle qui résulte de son genre d'agrégation moléculaire, et les gemmes ou autres masses pierreuses, celle qui peut provenir des deux causes réunies. Toutefois, n'oublions pas que M. Damour a encore rencontré avec eux des hydrophosphates d'alumine, des hydroxydes de fer, des acides titaniques hydratés, et, très-probablement, un examen sur place l'eût amené à trouver, en sus, une foule de matières kaoliniques ou autres, dont on fait habituellement abstraction. En effet, de son côté, M. de Humboldt signala l'existence de la malachite, dans les alluvions aurifères et diamantifères de l'Oural, si bien que les combinaisons aqueuses qui viennent d'être énumérées suffisent pour mettre hors de doute le fait d'un remaniement postérieur à l'établissement des dépôts. Et d'ailleurs, comment leur ensemble incohérent aurait-il pu se soustraire aux influences par lesquelles furent altérées les crètes filoniennes, d'habitude beaucoup plus imperméables?

Partant de l'ensemble de ces données, je dis que les minerais d'argent sulfo-arséniés ou antimoniés, fragiles et excessivement tendres, réduits en poudre impalpable pendant le charriage, ont été attaqués en premier lieu. L'argent sulfuré, de même que l'argent natif, furent atteints à leur tour. La grande affinité du métal pour le chlore des chlorures, si abondamment répandus dans la nature, a fait qu'il s'est surtout chloruré. Cependant, son oxydation peut aussi s'effectuer, non pas tant par le simple oxygène ordinaire, que par l'influence des eaux oxygénées ou de l'ozone qu'elles contiennent en dissolution, conformément à une idée que j'hésitais à faire connaître, mais qu'il me faut hardiment énoncer actuellement qu'elle vient d'être mise en avant par M. Dumas. Fort de l'autorité de cet éminent chimiste, j'ajoute que le soufre, converti en acide sulfurique, par l'agent susdit, a pu produire des sulfates aux dépens des sulfures argentiques, qui devinrent ainsi solubles. Et si le chlore amené par les mêmes infiltrations aqueuses a, de son côté, formé des chlorures, j'observe que ceux-ci étant pareillement aptes à se laisser dissoudre, durent suivre la voie des sulfates, c'est-à-dire s'écouler au travers des interstices multipliés, que présentent les entassements caillouteux et sableux.

En ne perdant pas de vue que ces dépôts sont de grands filtres naturels, contrairement aux filons, il sera facile de comprendre pourquoi ces derniers conservèrent leur métal précieux, malgré ses modifications, tandis que libre de s'échapper hors de sa prison vacuolaire, il est allé se réunir dans l'Océan avec les parties provenant d'autres opérations chimiques tant naturelles qu'artificielles. Du reste, quelques calculs de M. Malaguti, portant la quantité d'argent, dissoute dans la mer, au total de deux millions de tonnes, c'est-à-dire plus de deux mille fois celle qui, maintenant, est fabriquée, chaque année, à la surface du globe, fait, par cela même, connaître un nombre de nature à laisser aux géologues la parfaite liberté de soutenir hautement le fait de la dissolution du métal toutes les fois qu'ils ne le trouveront pas à la place qui lui a été assignée par un ensemble d'observations convenablement dirigées. Au surplus, je résume celles-ci brièvement en disant : Il doit exister des filons aurifères à *chapeau d'or*, selon l'expression de M. Elie de Beaumont, aussi bien que des alluvions aurifères, et qu'en outre, on a des filons argentifères à *chapeau d'argent*, comme je l'ai dit, tandis qu'il n'existe pas d'alluvions argentifères, remarque déjà faite par Buffon.

Les explications précédentes n'ont pas été amenées par le simple but de compléter la géogénie des filons. Elles devaient spécialement faire comprendre que l'argent n'a dû être connu qu'après l'or dont la découverte remonte à l'Age de la pierre, et pourtant, on n'entrevoit aucune raison géologique ou métallurgique de nature à faire croire que son emploi n'est venu qu'après celui du cuivre. Il se montre plus fréquemment que lui à l'état natif. La ductilité prononcée dont jouit son sulfure noir rend ce minéral vraiment remarquable. Outre cela, ses *rosiclères*, minerais sulfo-arséniés ou sulfo-antimoniés, possèdent une couleur rouge en même temps qu'un éclat bien fait pour attirer les regards. On serait donc autorisé à admettre que la rareté des filons d'argent est l'unique raison de la valeur du métal, si, d'autre part, ses qualités intrinsèques ne venaient la rehausser en faisant de lui un objet de grande consommation, c'est-à-dire de déperdition continuelle. Et, de plus, si les antiques bijoux dont il faisait la base sont peu nombreux, c'est encore une fois parce qu'ils ont été refondus, selon les modes, et non pas précisément à cause de la rareté de la matière.

Allant plus loin, et faisant abstraction des chlorures, bromures ou iodures, minerais, pour ainsi dire, inconnus des anciens, j'observe, dès à présent, que, dans la nature, l'argent n'existe guère à l'état oxydé, par la raison que, selon la loi Thénard, il se range à côté de l'or, en vertu de son oxydabilité, tandis que la loi Fournet, comme l'a désignée M. Schéerer, le place avant l'antimoine, dans l'ordre de sulfurabilité. Etant donc tantôt natif, tantôt sulfuré, son traitement devient fort simple. S'il est vierge, il est plus fusible que l'or et le cuivre. D'un autre côté, les sulfures se laissent facilement désulfurer sous la seule influence de l'oxygène atmosphérique qui brûle le soufre en laissant le métal intact. On pourrait ainsi amener facilement l'argent à l'état spongique, en évitant de le fondre au contact du charbon; mais encore, depuis longtemps, Henckel a fait voir comment, sous l'influence d'une faible chaleur, il se sépare des rosiclères, sous la forme de jolies ramules. Enfin, dans tous les cas, les sels oxydants et désulfurants l'auraient promptement mis en liberté.

Cependant, il faut aussi ajouter que les minerais n'offrent

pas toujours la constitution simple de ceux dont je viens de désigner les principaux genres. Le plus souvent, l'argent est intimement dissous, en notable quoique faible proportion, dans le sulfure de plomb, c'est-à-dire dans la galène, espèce pesante et douée d'un reflet métallique tellement vif, qu'elle a été prise par un excellent minéralogiste allemand, M. Mohs, pour type de la famille des *éclatants*, où elle figure sous le nom d'ailleurs bien connu de *bleiglanz* (plomb-éclat). La substance saute donc aux yeux, et son abondance étant très-grande, elle a tendu à amoindrir le prix auquel l'argent eût été livré par le mineur, s'il n'avait eu qu'à exploiter ses minerais proprement dits, tels quils furent recherchés en premier lieu. Mais ici, intervinrent certaines difficultés d'invention qui retardèrent l'établissement de la seconde phase de l'argent. En effet, sa séparation d'avec son lourd associé ne peut être effectuée que par une opération assez complexe pour n'avoir pas été imaginée du premier jet. D'ailleurs, rien ne décélant la présence du métal fin dans le plomb, rien aussi n'excitait à en faire la recherche.

Heureusement qu'au rebours de l'argent, le plomb et son sulfure sont très-fusibles, très-oxydables, et l'oxyde engendré sous l'influence de la chaleur est à peu près tout aussi facile à liquéfier que le métal qui en fait la base. D'un autre côté, celui-ci possède une précieuse puissance dissolvante à l'égard d'une foule d'autres corps. Il est un fondant par excellence, si bien que les alchimistes s'avisèrent de comparer le plomb au vieux et froid Saturne qui dévore ses propres enfants, prétendant d'ailleurs qu'il reçoit les influences de la planète de ce nom. En outre, ce même oxyde, vulgairement connu sous le nom de *litharge*, étant amené à l'état de fusion, jouit de la faculté mouillante de l'eau et de certains liquides. Eh bien! en vertu de cette cause, il pénètre avec la plus grande facilité dans la plupart des corps poreux, et notamment dans les cendres que leur état pulvisculaire doit faire classer parmi les substances absorbantes les plus énergiques. Au contraire, par suite des étranges prédilections des effets capillaires, l'argent se refuse à cette intime dissémination, quel que soit le degré de fluidité auquel il est amené. De même que le mercure qui est dans l'impossibilité de mouiller un papier brouillard qu'imbibe l'huile, il demeure en parties suffisamment cohérentes entre elles pour constituer au moins des globules. Concluons donc que l'oxyde de plomb et l'argent métallique, corps tous deux si faciles à produire et pourtant si disparates dans les mêmes conditions, devaient tendre à se séparer du moment où un hasard quelconque amènerait un fondeur à chauffer suffisamment un minéral plombo-argentifère, et qu'enfin il trouva les grenailles du métal fin dans le magma cendreux et plombeux, résidu de son opération. Elles devaient nécessairement l'avertir, et puis, un petit effort de son aptitude industrielle intervint pour amener le perfectionnement de cette ébauche de traitement.

Le *fourneau à réverbère* dut faciliter singulièrement ses tentatives; mais, entendons-nous bien, car je n'admets pas qu'il fut de prime-abord question d'un appareil grandiose, comme en présentent habituellement nos belles fonderies. Le four à cuire le pain du ménage était bien convenable, et d'ailleurs rien n'obligeait à opérer continuellement dans la cuisine. Ceux des ménages campagnards sont souvent établis au dehors de la maison, et il faut même admettre que nos ancêtres se contentaient parfois de les façonner en découpant le sol argileux voisin de leurs demeures, car j'en ai vu plusieurs, rapprochés les uns des autres, à Genay, dans une partie escarpée des balmes riveraines de la Saône, où ils ont été mis en évidence par suite d'un déblai effectué pour l'établissement d'une grange. Le même genre de confection fut adopté, d'après M. Billiet, au bas d'une montée qui conduit à Sathonay, et l'on ne saurait contester le but de ces excavations, attendu que la terre est parfaitement calcinée tout à l'entour. D'ailleurs, leur antiquité est très-grande, car, dans la première de ces localités, une couche de lehm très-épaisse les avait complètement masquées, et avant d'y arriver, on rencontra de grosses défenses de sanglier et une médaille de Nerva. Notons encore qu'avec l'argile la plus commune, les fondeurs espagnols des environs de Grenade en construisent de tout aussi primitifs pour traiter leurs galènes. Ces fourneaux se soutiennent tant que l'on n'éteint pas le feu. Après cela, l'éboulement survient à cause de la contraction ou de la gerçure des parois ; mais peu importe, ils ne coûtent pas cher et d'autres les remplacent bientôt.

Au surplus, entre le four élémentaire et le réverbère complet, on ne peut remarquer qu'une différence fort simple. Elle tient à ce que, pour opérer plus proprement, on imagina de placer le combustible dans un compartiment distinct, désigné sous le nom de *chauffe*, d'où la flamme, contenue par la voûte étendue sur l'ensemble, se rend dans la partie adjointe qui renferme la matière à traiter. C'était facile à inventer. Néanmoins, dans notre France qui possède tant d'écoles de toutes espèces, j'ai vu naguère, au milieu d'un canton dont la vaisselle est estimée, un potier embarrassé parce que les fours en usage gâtaient une partie de la fabrication. Il me confia ses peines. Tout examen fait, je reconnus la cause du mal ; elle provenait de ce que les appareils construits selon les règles de celui du père Adam, n'étaient point munis de la subdivision en question. Quelques explications mirent mon artiste sur la voie, et bientôt il obtint, à l'exposition, une médaille de perfectionnement. Ses produits s'exportèrent beaucoup au-delà des anciennes limites, et ses confrères vinrent d'aussi loin que possible admirer la merveilleuse transformation en question. Cela peut être humiliant pour notre orgueil national, mais il faut le dire, il nous reste encore à déblayer beaucoup d'autres vieilleries du même genre.

En définitive, l'invention de l'appareil n'ayant présenté aucune difficulté sérieuse, il suffit d'ajouter qu'en vertu des réactions plus ou moins complexes qui se produisent entre les sulfures, oxydes, oxysulfures et le charbon, conformément à une théorie dont je posai les bases en 1832 (*Ann. des Mines*), un fondeur, quelque peu exercé, arrivera toujours à obtenir un alliage plombo-argentifère avec le fourneau à réverbère. Celui-ci étant d'ailleurs apte à se prêter à l'oxydation complète du plomb, à sa conversion, soit en une crasse aisée à extraire, soit en une litharge surnageante et très-fluide, tout se réduit à la faire transsuder ou écouler; ensuite, on trouve un gâteau d'argent, pour résidu final de l'opération. Normalement, ce travail s'effectue dans un fourneau, légère modification du réverbère proprement dit, et auquel on a donné le nom de *fourneau à coupelle*, dérivé de *coupellation*, parce que la séparation des deux métaux a lieu ordinairement dans de petites coupes médiocrement creuses et confectionnées avec des cendres de bois et d'os; mais, en ceci, il ne faut voir qu'un simple progrès, chose distincte de l'invention dont les allures sont essentiellement cavalières.

Les anciens métallurgistes ne se sont pas toujours embarrassés des litharges. De leur temps, elles avaient si peu de prix qu'elles étaient abandonnées sur place. On en découvre encore, çà et là, des monceaux qu'exploitent quelquefois les habitants du voisinage. C'est ce qu'ont fait, pendant quelque temps, les Arabes de la province d'Oran, qui savaient en extraire du plomb pour faire leurs balles de fusil, et je suis porté à attribuer la même origine au plomb natif, mêlé de plomb terreux, de céruse native que les pluies, les vents font ressortir du sein de certaines buttes sablonneuses dont Wallérius indique la position près de Massel en Silésie. Il en

9

existe également sur plusieurs points du Vivarais, où Gen-
sanne avait cru voir des minerais de plomb altérés, contenant
des globules métalliques qui varient de la grosseur d'un
pois à celle d'une bille et au-delà. Cependant, le fils du célèbre
minéralogiste, Directeur des mines de Villefort, revit les lieux,
et un examen attentif le mit en mesure de constater que ces
matières, accompagnées de divers indices du travail de l'art,
sont des restes de la fusion du plomb. Il s'empressa donc,
avec une générosité vraiment louable, de faire connaître ces
détails, afin de ne pas laisser se propager, sous l'autorité du
nom de son père, une erreur scientifique.

En effet, ces *litharges fossiles* avaient donné lieu à beaucoup de commentaires, et même d'anciens minéralogistes
supposaient qu'elles devaient leur origine à des moufettes
enflammées, genre d'explication fort à la mode de leur temps.
Ainsi, pour eux, les montagnes de craie étaient une décomposition de la pierre à fusil, réduite en substance sablon-
neuse et ensuite en matière friable par les vapeurs souterraines. Des émanations bitumineuses, accompagnées de sels,
en pénétrant certains minéraux, les transforment en *cobalts*
et en *arsenics*. Elles changent aussi les bois enfouis et les limons en houilles. Les géodes des filons sont produites par
des exhalaisons qui, volatilisant les métaux, laissent la gangue
avec ses trous, ses creux, ses vides, etc., etc. En se reportant
à la formation du diamant, selon M. Favre, on verra qu'il n'a
fait que donner un vernis plus scientifique à ces antiques
idées.

De nos jours, le progrès des arts chimiques permit de tirer un
si grand parti de cet oxyde, qu'il acquit une valeur plus grande
que le plomb dont il provient. On en fait usage pour vernis-
ser superficiellement les poteries par une action notablement
différente de la demi-vitrification que subissent quelquefois,
sous l'influence du sel ordinaire, les terres qu'il s'agit de cuire

en grès et de rendre assez dures pour donner des étincelles
au briquet. Il sert également pour la fabrication du cristal artificiel, pour obtenir divers composés salins, notamment la céruse, pour la confection des onguents. Par cela même, les litharges doivent être très-pures et convenablement divisées. L'expérience fit accorder la préférence à celles qui sont dans l'état
isomérique de *litharge rouge*, improprement nommée *litharge
d'or*. Conduit d'ailleurs, par l'observation, à remarquer qu'elle
se développe par suite d'un refroidissement lent, au milieu
des masses dont la *litharge jaune*, prétendue *litharge d'argent*,
constitue la croûte formée sous l'influence d'une réfrigération
accélérée, j'imaginai de substituer, à cette écorce, des vases
de fonte suffisamment épais pour ralentir autant que possible
la solidification de l'ensemble. Quelques autres précautions,
et surtout un tamisage convenable, basé sur la forme écail-
leuse des cristaux de la litharge rouge, me fit ensuite obtenir,
à Pont-Gibaud, cette marchandise, en quantité assez grande,
en lamelles nacrées, larges, et de qualité suffisamment parfaite, pour me permettre de déplacer, du marché de Lyon, la
fabrication anglaise qui, jusqu'alors, écrasait les produits des
usines françaises.

Quand je cessai de m'occuper spécialement de métallurgie, on faisait, dans les usines de M. Beaumont, à Allenheads
en Angleterre, l'application d'une méthode d'enrichissement
du plomb dite *patinsonnage*, du nom de son inventeur, et par
laquelle le traitement de l'argent se trouvait porté à son plus
grand degré de perfection. Elle consiste à introduire l'alliage
dans des chaudières où, après l'avoir fondu, on le maintient
à une température assez basse pour permettre au mélange de se
séparer en deux parties, dont l'une consiste en petites cristallisations de plomb appauvri que l'on extrait du bain avec
une écumoire. L'autre portion, dans laquelle l'argent reste en
dissolution, se trouvant ainsi enrichie, on arrive à n'avoir plus

à coupeller qu'un plomb très-argentifère, et, par suite, l'opération devient beaucoup moins dispendieuse.

Cependant, tous les plombs ne me paraissent pas être indifféremment aptes à subir ce traitement. En effet, ignorant les essais qui se faisaient de l'autre côté de la Manche, je tentais, de mon côté, d'arriver à un résultat analogue avec mes plombs très-impurs de l'Auvergne, et je fus guidé en cela par une pratique mentionnée dans l'ouvrage de l'ancien métallurgiste Schlutter. Elle se réduit à effectuer la purification d'un alliage plombo-cuprifère, en le laissant d'abord refroidir dans un vase de dimension convenable. Un composé cuivreux tend alors à cristalliser en se fixant contre ses parois qu'il suffit de râcler, avec une spatule, pour le faire surnager en forme de minces pellicules que l'on a soin d'écrémer à mesure de leur apparition.

Du cuivre à l'argent, la différence n'étant pas exorbitante, je supposai qu'en permettant la simple formation d'une croûte de 2 à 3 centimètres d'épaisseur, avant de décanter la masse encore fluide de la partie centrale, j'arriverais au but plus facilement qu'en travaillant avec la râclette. Eh bien! à l'inverse de ce qui s'opère dans le plomb passablement pur que l'on soumet au patinsonnage, j'obtins un très-notable enrichissement pour la partie solidifiée, tandis que la portion décantée était appauvrie d'autant. Les circonstances du moment ne me permirent pas de persister dans cette voie; mais le procédé pouvant être utile à d'autres, j'ai jugé à propos de saisir l'occasion de le faire connaître.

De mes indications, au sujet du réverbère, il résulte que ce fourneau peut être employé, abstraction faite de l'argent. Une grande partie des galènes actuellement exploitées ne se traite pas différemment, soit que l'on ait recours à l'oxygène de l'air à titre d'agent désulfurant, soit qu'on le remplace par de la ferraille. Cependant, le fourneau à manche travaille

de concurrence avec lui, après un grillage préliminaire ;
mais comme les principes de l'opération deviennent alors les
mêmes que pour le cuivre et l'étain, je m'abstiens de plus
amples détails à ce sujet, et ne mentionne que l'état extrême
d'exiguité du foyer. Il est représenté par le *fourneau écossais*
qui certainement est un des appareils les plus rudimentaires
de la métallurgie. Quatre plaques de terre cuite ou de fonte,
d'environ 0^m,55 à 0^m,60 de hauteur, en forment les parois
verticales. Elles sont mises de champ, sur une plaque couchée et légèrement inclinée, de manière à permettre au plomb
de s'écouler par la bouche antérieure, qui résulte naturellement de la disposition des autres pièces. Rien n'est plus
simple que cette construction, dont l'invention ne peut être
que très-ancienne, et pourtant, elle est encore très-avantageu-
sement employée quand il s'agit d'opérer sur des litharges ou
bien sur des galènes très-pures. On doit donc savoir quelque
gré aux Ecossais de nous avoir conservé, au travers des siècles, ce vieux reste des anciennes fonderies.

Que dire actuellement au sujet du temps où l'argent prit
son rang parmi les métaux usuels. A en croire les Suisses, il
était encore très-rare à l'Age du bronze ; mais j'ai expliqué
que la rareté des bijoux n'est pas un indice certain de celle
du métal. Au dire des poëtes, il en serait tout autrement.
Non seulement ils ont fait un Age d'or, mais encore un Age
d'argent ; ils donnent au blond Phœbus un char d'or pour voi-
turer le soleil, en même temps qu'ils accordent à Phébé un
véhicule d'argent, avec lequel elle mène, à la promenade, le
disque ou le croissant lunaire. Pour eux encore, l'argent est
la reine des métaux dont l'or est le roi. Cependant, ces riantes
imaginations n'indiquant rien de positif, je passe à Homère
et je vois que, dans l'époque de transition du bronze au fer, il
dépeint Achille suspendant à ses épaules un glaive d'airain
enrichi d'argent. Ici, il s'agirait de 1180 ans avant J.-C. Ce

nombre n'étant pas satisfaisant, il faut ouvrir la Bible, et là, il est dit qu'Abraham, qui vivait environ 2000 ans avant J.-C., après avoir quitté son pays natal, Ur en Chaldée, pour gagner Hébron, ville chananénne où il mourut, acheta, au prix de 400 sicles d'argent, la caverne où il enterra son épouse Sara. En outre, Rebecca reçut, en Mésopotamie, de son intendant Eliézer, un ornement de nez en or, pesant 12 sicles, deux bracelets également en or, pesant 10 sicles, plus d'autres pièces d'argent bien travaillées. Le bijou pour le nez ne peut être que l'analogue de ces chevilles dont les sauvages de la Nouvelle-Hollande et d'une foule d'autres contrées, à peu près aussi barbares, s'embellissent, encore actuellement, en les implantant au travers du cartilage nasal. Il n'est donc pas hors de propos de faire remarquer en passant que cet usage bizarre, mais très-répandu, vient à l'appui de ma thèse au sujet de la conservation des anciennes habitudes et, par suite, de celle des vieux procédés industriels chez diverses peuplades où il suffirait de les étudier pour savoir ce qui se pratiquait jadis. Quant aux pièces d'argent, on voit qu'elles étaient déjà historiées, et que, de plus, le métal effectuait couramment sa circulation en qualité de monnaie. Il devait donc avoir une valeur bien arrêtée, et, par suite, sa connaissance était déjà ancienne à l'époque où vivait le patriarche. En effet, si, dès avant le déluge, Toubal-Kaïn fabriquait déjà tout instrument de fer et de cuivre, il faut admettre que l'argent, dont la production est plus facile, se trouve implicitement contenu dans le groupe dont ils sont les principaux représentants.

Revue rétrospective et aperçus pour l'avenir.

Un coup d'œil rétrospectif, jeté sur notre histoire de la métallurgie, fait ressortir plusieurs phases brillantes au milieu

d'une lente progression. En cela, comme pour d'autres branches industrielles ou scientifiques, elle contribue à démontrer
qu'après une sorte de pénible effort, l'esprit humain se repose
en ne s'occupant que de menus perfectionnements au bout
desquels de nouvelles nécessités amènent un nouveau travail
d'enfantement. Ainsi se succédèrent, selon toute apparence,
d'intervalles en intervalles et parfois empiétant les uns sur les
autres, l'argile, les sels, la pierre, l'or, l'étain, le cuivre,
l'argent, le plomb et le fer.

Considérée individuellement, l'obtention de quelques métaux fut facile, soit qu'ils se montrent vierges comme l'or,
soit qu'ils se dégagent aisément de leurs combinaisons comme
l'argent. Pour d'autres, il fallut de plus grands frais d'invention, et, dans cette catégorie, je range les métaux capables de
passer à l'état spongique. Le cuivre, et plus spécialement le
fer composent cette classe, et l'on a vu que, de nos jours,
ce dernier est encore traité en passant par cette manière d'être.
Il m'est donc impossible de comprendre comment on a pu
entrevoir le crépuscule d'une nouvelle ère métallurgique dans
le système, récemment préconisé, de le réduire en éponge
avant de le marteler ou laminer; tout au plus, peut-il être
question de perfectionner désormais une méthode excessivement ancienne.

Très-probablement, la fusion des matières impures ou complexes fut d'abord effectuée avec le concours des sels, et, dans
le moment présent, leur usage n'est pas encore abandonné pour
la confection de certaines poteries et des verres, pour l'étamage,
la soudure, les essais métallurgiques et le moulage d'une foule
de menus objets. Pendant le cours de ces traitements, l'influence de la silice ne dut pas tarder à se mettre en évidence,
par le motif qu'on la trouve presque partout, et qu'on
rencontre aussi, de tous côtés, l'oxyde de fer avec lequel elle
s'unit facilement, de manière à former une combinaison

très-fusible ou bien une scorie. J'ai expliqué que la production de celle-ci a pour effet de délivrer plusieurs métaux moins oxydables, de certains embarrassants compagnons.

Toutefois, les scories de l'île de Chypre tendent à démontrer que l'emploi des sels ne fut pas pour cela immédiatement abandonné, même dans les opérations qui s'exécutaient en grand. Elles ont fait voir, en sus, comment l'oxyde de manganèse peut intervenir d'une façon très-heureuse dans la composition d'une scorie.

La silice étant un fondant énergique, non seulement pour les oxydes de fer et de manganèse, mais aussi pour ceux d'étain, de cuivre, de plomb, etc., devenait, par cela même, dangereuse dans quelques cas. L'expérience enseigna la manière de s'y prendre pour en neutraliser économiquement les effets. La chaux, substance non moins commune que l'oxyde de fer et la silice, fut l'intermède auquel les fondeurs durent accorder la préférence, et, de son emploi, résulta le laitier, modification capitale de la scorie en ce qu'il ne contient plus que de minimes quantités de métal.

Les indications précédentes portent à conclure que la chimie métallurgique passa par trois phases, savoir : celles de l'emploi des sels, de la production d'une scorie et enfin d'un laitier. A mon avis, les autres opérations, telles que l'affinage, la conversion en litharges, l'alliage, l'aciération, la liquation, le patinsonnage, ne constituent que des détails accessoires. Sans doute, elles peuvent avoir des buts importants, par exemple, ceux de la formation du bronze, de l'alliage monétaire, de l'acier ; mais, au fond, elles demeurent toujours subordonnées au travail principal qui consiste dans la mise en liberté d'un métal pur ou impur. Partant donc de cette manière d'envisager les faits, il me faut établir, à l'égard de la métallurgie seule, trois périodes qu'il m'est permis de désigner sous les noms d'*Age des fondants salins*, d'*Age de la scorie* et d'*Age du laitier*. Certes, je ne me dissimule pas que mes expressions sont comme d'imperceptibles échos à côté des termes sonores de la poésie archéologique, et pourtant, j'espère qu'elles ne seront pas entièrement inentendues des métallurgistes.

Allant plus loin, je partage, d'après elles, en trois parties égales le temps écoulé depuis nos jours jusqu'à l'Age du bronze, évalué par les savants de la Suisse à 4000 ans avant J.-C., soit 6000 ans avant notre époque et j'arrive à un laps de temps de 2000 ans en moyenne pour que l'un des agents du fondeur ait pu se substituer à l'autre. Il est vrai que les progrès ne se sont pas établis par intervalles réguliers comme je l'ai admis pour ce calcul. Le règne exclusif de la scorie s'est soutenu fort longtemps, et le laitier est pour ainsi dire tout moderne. Mais il n'en reste pas moins évident que nos plaisanteries au sujet de la lenteur d'une tortue n'ont aucune portée à côté des millénaires précédents, et par suite, le génie humain se montre tout aussi tardigrade que le reptile, malgré les gigantesques enjambées imaginées par notre fatuité. Que faut-il donc penser, après cela, de l'enthousiasme des novateurs qui font briller le mirage d'une rénovation complète de la science et de l'industrie à l'occasion de chaque minime invention?

Indépendamment des rebuts, crasses, scories ou laitiers, il faut tenir compte des appareils de fusion qui se divisent en deux classes: les fourneaux à cuve et les fourneaux à réverbère. Les premiers sont les plus anciens en date, puisqu'ils prirent naissance sur le foyer domestique, réduit à sa plus simple structure. Le four à cuire le pain lui est certainement postérieur, à cause de sa voûte, dont l'établissement exigea un certain effort d'intelligence. Cependant, leur origine se perd dans la nuit des temps et leur amélioration fut non moins lente que celle de la partie chimique, assertion qu'il me serait facile d'appuyer de preuves bien autrement explicites que mon anecdote du potier ; mais il suffira de faire ressortir une certaine distinction dans leur emploi. L'Anglais, chez lequel abonde la houille, affectionne le réverbère. La plupart des autres peuples ont dû conserver les fourneaux à cuve, parce qu'ils s'accommodent mieux avec l'usage du charbon de bois, et même avec le coke, charbon obtenu de la houille qui tend à remplacer son devancier. Du reste, les deux genres d'appareils étant de nature à s'aider réciproquement, on les rencontre dans les mêmes usines, l'un prédominant sur l'autre, suivant la nature des combustibles qu'elles ont à leur proximité.

En partant des données précédentes pour tourner ses vues vers l'avenir, on se trouve bientôt autorisé à entrevoir l'établissement d'une nouvelle ère métallurgique. Ses premiers essais se manifestent dans la fameuse histoire d'Archimède, qui dit-on, mit le feu à la flotte romaine, dans le port de Syracuse, par le moyen d'un miroir ardent à très-long foyer, 212 ans avant J.-C. Eh bien ! ici encore, il faut franchir un laps de temps immense pour découvrir de nouvelles traces. En effet, en 1685 seulement, soit encore 2000 ans après la première application en grand, M. de la Garouste revint sur l'emploi du réflecteur et fit quelques expériences par ordre de Louvois. Cosme III, grand duc de Toscane, s'en servit, en 1694, pour effectuer la combustion du diamant ; puis les tentatives furent reprises par Buffon qui démontra spécialement la possibilité du procédé incendiaire d'Archimède, en ayant toutefois recours à plusieurs miroirs plans dont il fit converger les rayons sur un bûcher. En 1699, le verre ardent de Tschirnhaus importé en France par le duc d'Orléans, ainsi que d'autres verres de MM. Trudaine et de la Tour d'Auvergne, fournirent à Homberg, Geoffroy, Cadet, Brisson, Lavoisier, Macquer le moyen de multiplier les recherches. L'année 1772 vit donc s'effectuer, entre autres, le ramollissement du platine, la vaporisation de l'or, métal considéré jusqu'alors comme fixe. Cependant le cristal de roche avait résisté au traitement.

L'oxygène découvert en 1774 par Schéele et Priestley, puis employé par Lavoisier, vint à son tour montrer comment le fer peut être brûlé avec une rapidité égale à celle d'un morceau d'amadou. Une sorte de chalumeau à oxygène permit à Achard de liquéfier le platine, de souder ensemble les saphirs et rubis et de vitrifier les émeraudes. Outre cela, la fusibilité du cristal de roche ou silice devient un fait acquis à la science. Dès lors, Hermann de Strasbourg, réunissant les travaux de Lavoisier, d'Achard et de Geijer, publia un *Essai de l'art de la fusion à l'aide de l'air vital, 1787*. Il constatait ainsi l'existence du crépuscule d'une nouvelle ère dont les progrès ne sont pas moins intéressants à observer que ceux de l'ancienne métallurgie. Et tout d'abord, il faut mentionner ici la forge, savamment raisonnée, de M. H. Ste Claire Deville qui, à l'aide de la combustion du charbon par l'oxygène pur, parvient à fondre des quantités considérables de platine, à le volatiliser et à liquéfier jusqu'à 30 gr. de silice.

Hare, de Philadelphie, construisit, en 1802, une sorte de chalumeau à oxygène dont Silliman fit usage par la suite. Il vaporisa l'argent, l'or, le platine, fondit la silice et le corindon (alumine), convertit en émaux blancs la chaux, la magnésie, la glucine, et naturellement le péridot, l'amphigène, le disthène, le zircon entrèrent facilement en fusion. Mais ensuite, un Allemand demeuré inconnu, puis Brook, eurent l'idée de recourir à l'hydrogène et à l'oxygène. Alors aussi le docteur Clarke, étant au Vésuve, concluait de ses observations que les cratères, lorsqu'ils vomissent des torrents de lave liquide sont autant de chalumeaux de dimensions colossales dont s'échappent, à l'état d'ignition, les gaz mélangés et condensés qui proviennent de la décomposition de l'eau de la mer. Voulant soumettre son idée au contrôle de l'expérience, il se servit d'un bec fournissant de l'oxygène qu'il dirigea sur la flamme hydrogénée d'uue lampe à alcool. Cependant, l'insuccès le porta à s'adresser à Newmann, qui lui fabriqua un appareil dans lequel les deux gaz étaient condensés, et comme le mélange était détonnant, il eut soin de le munir de toiles métalliques, conformément aux principes de la lampe de Davy.

Aucun minéral ne put résister à l'influence de ce torrent igné. Le palladium fondit comme du plomb ; l'iridium s'agglutina, se liquéfia, entra en ébullition et brûla en scintillant ; l'or fut vaporisé ; en outre, la chaux pure, la magnésie, le baryte et diverses substances pierreuses furent amenées à l'état de verres transparents ou d'émaux. L'expérimentateur dit même avoir obtenu des laitiers contenant le barium et le strontium à l'état métallique. A son tour, M. Gaudin obtint le rubis et constata la remarquable viscosité dont jouit la silice, à partir d'une température de 2500° à 3100° jusqu'au rouge sombre. Enfin, MM. H. Ste-Claire Deville et Debray construisirent un fourneau qu'alimente un jet composé de gaz d'éclairage et d'oxygène, mais combiné d'une façon si ingénieuse, qu'en 42 minutes, ils peuvent liquéfier 11 kilog. de platine et les couler dans une lingotière.

En définitive, les moyens de fusion se trouvent suffisamment perfectionnés pour autoriser à conclure que tous les corps se montreront, tôt ou tard, fusibles. Mais, dans la métallurgie, il ne s'agit pas simplement de fondre ; il fallait aussi réduire à l'état métallique parfait, c'est-à-dire, sans le mélange des scories qui souillaient quelques-uns des produits précédents. En ceci, intervint l'électricité qui, par la décharge de fortes batteries, permit à M. Children de produire de remarquables phénomènes d'ignition, en même temps que la

fusion du platine, de l'iridium ainsi que l'alliage d'iridium et
d'osmium ; mais, ces effets n'étaient qu'une modification des
précédents, tandis que la pile galvanique avait fourni, en
1800, à Carlisle et Nicholson le moyen de décomposer l'eau.
Ce nouveau résultat amena H. Davy à employer des instruments plus énergiques avec lesquels il obtint, en 1807,
les radicaux de la soude et de la potasse, sous la forme de
globules brillants, semblables à ceux du mercure et qui parfois
s'enflammaient aussitôt.

La découverte était capitale. Elle eut un immense retentissement et Napoléon fit répéter les expériences par Gay-
Lussac et Thénard. Du reste, l'impulsion étant donnée, les
appareils furent successivement modifiés de la manière la
plus ingénieuse, mais aussi d'une façon tellement variée,
qu'il faut renoncer à entrer ici dans une énumération qui,
d'ailleurs, n'aurait pas une portée suffisante.

J'explique donc brièvement que, de tant d'expérimentations, ressortent spécialement les acquisitions suivantes:
Classification des métaux et des métalloïdes en éléments
électro-positifs et électro-négatifs, imaginée par Berzélius
et Hisinger, en 1803. Amélioration de la fonte de fer liquide
par l'intervention des courants électriques, d'après les essais
faits en Angleterre. Production de mélanges d'éponges et
d'alliages de deux ou plusieurs métaux en faisant agir les courants électro-chimiques, à une température élevée, sur les
oxydes des métaux ordinaires, d'après les expériences de
M. Chenot. Galvanoplastie dont les bases furent posées en
1857 et 1838, par MM. Spencer en Angleterre, et Jacobi en
Russie. Dorure et argenture galvaniques inventées par
M. de La Rive, et dont la pratique a été complétée par
MM. Eklington et de Ruolz. On sait d'ailleurs qu'en partant
du même principe, les métaux ont été recouverts de platine,
de cobalt, de nickel, de palladium et d'iridium, par M. Becquerel,

auquel la minéralogie est encore plus spécialement redevable
de la connaissance des procédés à l'aide desquels se forment
diverses espèces pierreuses, sulfureuses, salines, etc., sous
l'influence des actions lentes que développent les piles les
plus rudimentaires.

La découverte du potassium et de ses annexes confirmait
les présomptions des chimistes au sujet de la nature métallique des radicaux alcalins, présomptions basées sur leur tendance à constituer des sels, aussi bien que les métaux.
Cependant, les savants eux-mêmes sont loin d'accepter les vérités nouvelles avec un égal empressement. Aussi, me souvient-il
d'avoir entendu, encore à l'époque de mon apprentissage à
l'Ecole des Mines vers 1822, les plaisanteries émises par
des hommes d'ailleurs distingués, au sujet du classement de
la substance au rang des métaux. Dans leur opinion, l'éclat
métallique est loin d'être un caractère suffisant pour permettre
de caser, dans cette catégorie, un corps léger au point de flotter
sur l'eau, pâteux à la température ordinaire, volatil à la chaleur rouge, et surtout plus prompt à s'enflammer au contact
de l'eau que de l'air. Par ses propriétés, une pareille substance était même fort au-dessous de celles que les anciens ran-
geaient parmi les *demi-métaux*; tout au plus aurait-on dû
faire d'elle un *quart-métal*, etc., etc.

Après cela, il est inutile de dire que l'ensemble du vulgaire
ne se doutait nullement de l'importance de la solution du problème. Les plus doctes de cette masse ne soupçonnaient
l'existence d'un métal qu'autant qu'ils voyaient des matières douées d'un éclat prononcé, telles que les pyrites et
les galènes. Le fer carbonaté lithoïde, la calamine zincifère
n'étaient pour eux que de simples pierres tout au plus bonnes
à faire des moëllons et, à plus forte raison, les terres glaises
ne pouvaient servir qu'à fabriquer des briques et de la poterie. Cependant, une certaine somme de connaissances chimi-

ques s'étant graduellement popularisée, il arriva que l'aluminium, base des argiles, eut un sort plus heureux que son devancier. Conforme aux idées reçues au sujet des propriétés inhérentes aux métaux, sa découverte fut accueillie favorablement par le public, et il attend simplement qu'il soit mis à sa portée pour les usages ordinaires.

On suppose que Davy mit ce corps en évidence lorsqu'il fit agir la pile sur un mélange fusible d'alumine et de potasse, et aussi quand il soumit l'alumine, chauffée au rouge blanc, à l'influence de la vapeur du potassium ; mais il ne réussit pas à séparer ce métal d'avec le reste de la masse. Œrstedt ne fut pas plus heureux ; mais une voie détournée permit d'atteindre le but. En effet, Gay-Lussac et Thénard avaient détaillé un procédé passablement commode pour obtenir le potassium sans avoir recours à l'électricité et en traitant l'hydrate potassique avec du fer. Brunner perfectionna cette méthode à l'aide du tartre charbonné, et ce premier agent étant rendu abordable, il restait à rendre l'alumine apte à se prêter à son action réductive. C'est ce que fit, en 1828, Wœhler qui, partant d'un moyen de chlorurer l'alumine, indiqué par Œrstedt, imagina de traiter ce chlorure par le potassium.

Le résultat de l'expérience fut une poussière grise au milieu de laquelle la clarté du soleil faisait ressortir de petites paillettes métalliques. Bien plus, la poussière elle-même prenant l'éclat du métal, sous le brunissoir, l'habile chimiste était, par le fait, arrivé à reproduire cet état spongique dont j'ai déjà maintes fois fait ressortir le rôle dans les traitements naissants de la métallurgie. La même voie lui permit de réduire pareillement le glucinium ainsi que l'yttrium ; et, pour le zirconium, il eut recours au chlorure zirconico-potassique. Du reste, donnant suite à ses expériences, il obtenait déjà, en 1845, des globules d'aluminium de la grosseur d'une tête d'épingle, mais au hasard. Enfin, M. H. Ste-Claire Deville, opérant avec la sagacité qu'on lui connaît, arriva d'abord, en 1854, à l'aide d'une température suffisante, à obtenir également des globules, et bientôt après, il parvint à couler le métal en lingots, de façon à mettre ses qualités en parfaite évidence. Les encouragements de S. M. l'Empereur ne lui ayant pas été épargnés, il perfectionna successivement ses premiers procédés. Le fluorure double d'aluminium et sodium arriva du Groënland ; le prix du sodium fut réduit, et finalement, le métal a pris dans l'industrie, auprès du zinc, de l'étain et de l'argent, le rang qui lui est assigné par son extrême légèreté, par sa couleur, par sa ductilité, comme par sa résistance contre certains agents. Du reste, je complète cette partie de ma revue en ajoutant que, dès 1847, M. Chenot a produit des alliages de métaux terreux, tels que des bariures, des siliciures, des aluminiures, des carbures très-durs, les uns ductiles, les autres cassants, et généralement d'un blanc d'argent.

A la suite du calorique et de l'électricité arrive naturellement la lumière qui actuellement, entre les mains de MM. Bunsen et Kirchhoff, devient un moyen d'analyse d'une délicatesse infinie. Comme de coutume, leur découverte fut préparée longtemps d'avance. De temps immémorial, les pyrotechniciens ont varié leurs feux d'artifice, de manière à produire des effets magiques par l'intervention des métaux et des sels dont l'usage leur fut suggéré par les fondeurs, déjà familiarisés avec les flammes multicolores des fourneaux. Tantôt de légers feux follets purpurins, verts, bleus, jaunes, blancs, vacillent au-dessus de leurs gueulards ; dans d'autres moments, des torrents de flammes livides, mais diaprées de diverses couleurs, émanent de ces orifices, et comme ces jets variables selon les minerais, sont, en outre, accompagnés de fumées et de dépôts métalliques, la cause de leur production se laissa facilement découvrir. Enfin, les pyrognostes tirèrent également un heureux parti de ces gaz colorés, pour simplifier les essais au chalumeau. Les physiciens ne pouvaient pas demeurer impassibles en présence de ces beaux phénomènes. Armés de fortes batteries, ils firent brûler divers métaux. On vit alors le fer dégager une lumière blanche très-vive, et le zinc, une flamme mêlée de bleu et de rouge. Celle de l'étain apparut avec une teinte blanc-bleuâtre, de même que pour l'or et le cuivre ; celle du plomb se montra plus décidément bleue ; enfin l'argent émit un trait vert.

Des recherches furent naturellement dirigées sur les autres propriétés optiques des flammes et des lumières en général. Un rayon de lumière blanche du soleil, décomposé à l'aide d'un prisme, par Newton, lui avait donné les sept couleurs de ce que l'on appelle le spectre ; mais l'examen plus attentif de Wollaston fit reconnaître qu'il est divisé en plusieurs petites bandes séparées les unes des autres par des lignes noires auxquelles on donna le nom de *raies du spectre*. Celles-ci furent étudiées par Frauenhofer. Il en découvrit une multitude et de plus, leur position lui offrit de véritables repères de nature à permettre de désigner les groupes de lignes les plus saillants qui se trouvent distribués dans les sept couleurs principales. Dès lors, ces raies obscures fournirent quelque chose d'analogue aux degrés du thermomètre. Le célèbre physicien constata, en sus, que l'existence de telle ou telle raie est liée intimement avec la nature de la source dont émanent les rayons lumineux. Ainsi, chaque étoile lui donna un nombre et un groupement de raies noires spécial, tandis que la lune et les planètes reproduisaient, dans cette analyse, les particularités propres au spectre solaire. En outre, la flamme d'une lampe, parfaitement dépourvue de toute trace de vapeur métallique, ne montrait aucun indice de ces raies noires. Finalement, ces expériences, tour à tour variées par

10

MM. Brewster, Wheatstone, Masson, Bunsen et Kirchhoff, en faisant intervenir des gaz ou des vapeurs métalliques, élargirent le cadre de leurs propriétés.

Les deux derniers physiciens, cherchant surtout à apprécier le degré d'exactitude avec lequel l'analyse spectrale pouvait accuser la présence de divers métaux, arrivèrent à constater qu'aucune des réactions chimiques connues ne manifeste une pareille sensibilité. Amenés, en outre, à distinguer deux raies inconnues, ils conclurent qu'elles provenaient de métaux nouveaux. L'analyse ordinaire mit bientôt en évidence le *rubidium*, ainsi nommé à cause de la belle raie rouge qui l'avait annoncé; l'autre qui fournit une belle raie bleue fut nommée *cœsium*. Revenant alors à l'atmosphère solaire, ils y découvrirent, en sus du sodium et du potassium, le fer, le chrôme, le nickel, tandis que l'argent, le plomb, le zinc et le cuivre, substances dont les spectres présentent des raies excessivement brillantes, ne font pas partie de sa constitution.

En définitive, les métaux se multiplient. Il ne s'agit plus des sept corps reconnus par les anciens qui les mettaient en parallèle avec les sept planètes, les sept jours de la semaine, les sept grands dieux, les sept notes de la musique, les sept emblèmes des émaux du blason, de façon à constituer une gamme planétaire, civile, mythologique, harmonique, héraldique et métallique. Chaque année, pour ainsi dire, en amène de nouveaux. Il est constaté que plusieurs gazolites passent à l'état métallique. Les belles vapeurs violettes de l'iode cristallisent en écailles éclatantes; le diamant transparent se convertit en lames de graphite, aussi réfléchissantes que l'acier. Le bore se montre à peu près de même. L'azote s'unit au titanium en lui donnant l'apparence du cuivre rouge, et tout autorise à croire qu'un jour l'on obtiendra l'hydrogène à la fois solide et métallisé. En cela, tout paraissant dépendre d'une de ces transformations isomériques avec lesquelles les

chimistes se familiarisent de plus en plus, la mise au rebut
de l'un des métaux actuels serait compensée par la substitution d'un autre, de sorte que rien ne permet d'entrevoir la
suspension du progrès humanitaire, si intimement lié à leur
production. En tout cas, il est non moins évident que nous
sommes actuellement placés au milieu des évolutions pré-
ambulaires d'un nouvel âge dont le nom est tout entier
caché dans le sein de l'Eternel. Sans doute, il nous faudra
encore immensément travailler pour découvrir le corps qui
sera son attribut désignatif. Mais parfois, je me prends à rê-
ver que ce sera le silicium dont l'oxyde, à l'état de silex, a
fait nos premiers instruments, ou bien, un siliciure d'aluminium, base de la terre glaise, avec laquelle nos mères, dès le début, façonnèrent des vases culinaires. Cette substance abonde.

Quant aux procédés métallurgiques, mon résumé démontre largement le fait d'une grande somme de divagations et de
tâtonnements. Malgré son énergie, l'emploi de l'électricité est
loin d'être assuré, et la lumière n'est, pour le moment, qu'une
ressource investigatoire, qu'un moyen d'analyse qualitative
très-délicat, sans doute, mais moins complet que le chalumeau ordinaire qui permet certains dosages; les appareils à
oxygène, à oxy-hydrogène sont encore trop dispendieux, et
pourquoi ne reviendrait-on pas au soleil, immense réservoir
de chaleur sur lequel nos devanciers dirigèrent, tout d'abord,
leurs expérimentations. J'ai expliqué que les intermittences
occasionnées par les vapeurs atmosphériques sont à peu près
complètement annulées sous le ciel limpide d'une partie de
l'Afrique, ou plutôt de certaines zones subtropicales dont depuis assez longtemps j'ai précisé, mieux qu'on ne l'avait fait
auparavant, le régime de sécheresses pour ainsi dire permanentes. Dans ce sens, la météorologie viendrait en aide à la
métallurgie que menace la privation de la houille. Et du moment où l'Empereur Alexandre II facilite si libéralement, les

observations astronomiques, en faisant construire, au sommet de l'Ararat, si célèbre par la tradition biblique de l'arche de Noé, un observatoire du haut duquel les savants planeront au-dessus de la région des nuages, on n'imagine pas pourquoi l'inaltérable sérénité du ciel de notre oasis de Laghouat ne serait pas un jour utilisée dans une usine expérimentale, munie d'appareils réflecteurs et concentrateurs des rayons de l'astre du jour. Au surplus, quand je vois, d'un côté, une moyenne de 2000 ans absorbée par la phase d'un métal quelconque, et, d'autre part, nos essais actuels ne remonter qu'à un ou deux siècles, je conçois que, malgré notre science et nos savants, il ne faut pas se montrer trop exigeant, dès notre début, et savoir laisser arriver le moment propice pour donner une certaine portée aux tentatives d'application industrielle.

C. *Partie minière.*

—

CONSIDÉRATIONS PRÉLIMINAIRES.

En faisant ressortir l'influence des métaux sur la marche de la civilisation, j'ai, jusqu'à présent, insisté spécialement sur le rôle du métallurgiste. Cependant, le travail de celui-ci ne constitue qu'une fraction secondaire de l'art des mines. Il faut qu'un artisan d'un autre ordre, passant une partie de sa vie dans le sein de la terre, lui mette en main le combustible minéral et plus spécialement encore le minerai dont il s'agit d'extraire le fer, le cuivre, l'étain, l'or ou les autres corps métalliques. Celui-ci est le mineur proprement dit; mais, sans doute, l'on aura compris que, depuis l'Age du bronze, le mineur et le fondeur sont devenus d'inséparables compagnons, l'un achevant ce que l'autre a commencé.

Toutefois, pour faire des mineurs, le sol doit satisfaire à certaines conditions; il faut qu'il renferme des gîtes métallifères, quelle que soit d'ailleurs leur structure et leur disposition en forme de couches, d'amas ou de filons. Il importe encore que ces masses apparaissent quelque part à la surface, sinon leur découverte serait à peu près impossible. En cela, comme en tant d'autres choses, la Providence a réglé les choses pour le mieux en faisant intervenir les causes de dislocation de l'écorce terrestre. Par leurs convulsions et déplacements, elle mit en évidence les trésors qui eussent été perpétuellement cachés dans les profondeurs souterraines, de façon qu'en définitive, des effets fantasques aux yeux du vulgaire sont réellement devenus des sources de bienfaits.

Les montagnes étant le produit de tant d'intenses secousses, c'est au milieu de ces aspérités du globe que le mineur a trouvé le moyen d'exercer son industrie et d'intervenir si puissamment dans les diverses phases du progrès humanitaire. Les Allemands ne se sont pas trompés à cet égard. Pour eux, le mineur est le *bergmann*, c'est-à-dire l'*homme de la montagne*, le *monticola* en opposition avec le pasteur et le laboureur que leur genre d'occupations porte à préférer les régions plates où ils peuvent promener la charrue, faire errer les troupeaux avec la moindre somme possible de peines et de fatigues.

En vertu de ces différences, à côté des hordes nomades des vastes steppes de la Scythie, *errantes Scythiœ populi*, s'est placé, entre autres, le Scythe montagnard ou le Tschude de l'Oural et de l'Altaï, dont les galeries servent encore aujourd'hui de guides aux mineurs de la Russie. De même, près de l'Arabe des régions basses, se sont établis les Kabyles industriels des hauteurs. En Algérie, ceux qui composent la confédération des Zouaoua fabriquent des fers à cheval, des socs de charrues, des ferrements de portes et fournissent les armes ou autres instruments nécessaires à leurs voisins. Dans tout leur pays il y a des métiers à tisser. Les Beni-Atteli produisent du savon; les Aguacha confectionnent des ustensiles de bois ; les Beni-Frah façonnent des ouvrages d'argent à Agemoum-Izen. Un atelier du même genre existe à Taddert-ou-Fellah, dont les habitants fabriquent aussi de la chandelle. A Taguemount-Gouadafel, ils confectionnent des semelles de peau de bœuf. Enfin, ils sont parfois faux monnayeurs, puisqu'un des derniers actes de notre conquête eut pour but de détruire des ateliers perchés sur les parties les plus scabreuses de la contrée. Véritables Auvergnats de l'Algérie, les Kabyles s'expatrient en jouant de la flûte pour gagner un petit pécune. Ils colportent, dans le Djurdjura, les merceries, drogueries et tissus fournis par l'entrepôt d'Ait-Ali-ou-Harzou. Dans l'Atlas, ils se nomment *Amazirgh* ou *Schillukh*, et sont habiles ouvriers en fer qu'ils tirent, aussi bien que le plomb, des mines de leurs montagnes. Ces hommes fabriquent également des armes, travaillent le bois, la poterie, le salpêtre, la poudre et possèdent des moulins à eau. On les retrouve jusqu'aux Cataractes du Nil et sur la mer Rouge. Dans les montagnes de l'Yémen, ils sont également supérieurs aux Arabes de la plaine et, presque partout, leurs demeures sont fixes. Ils savent surtout assurer leur indépendance.

C'est d'ailleurs une chose connue que cette même forme du sol influe puissamment sur le génie des populations respectives. Mais peut-être verra-t-on, avec un certain intérêt, cette vérité ressortir d'une façon fort inattendue dans l'histoire même du peuple juif. Son pays, généralement montueux, présente pourtant, vers celle des sources du Jourdain qui sort de la caverne de Panion, une région plus accidentée que le reste, parce qu'elle est sur le point d'entrecroisement des chaînes de l'Anti-Liban et des Monts-Hermon. Là, était établie la tribu de Dan. Eh bien ! déjà nous avons vu Moïse recevant du Seigneur l'ordre d'adjoindre Ahaliab-Ben-Akhi-samek de cette tribu à la direction des travaux qui devaient s'effectuer sous Beshal Ben-Aouri Ben-Hour. A son tour, Sa-

lomon ayant à construire le temple de Jérusalem, demanda
au roi de Tyr, son voisin, quelqu'un auquel il pût confier
l'exécution de cette immense tâche. Houram lui répondit :
» Et maintenant, je t'envoie un homme sage, intelligent,
» qui a appartenu à Houram, mon père. Il est fils d'une des
» filles de Dan, et son père était Tyrien; il est expert à tra-
» vailler l'or, l'argent, l'airain, le fer, les pierres, le bois,
» la teinture pourpre et bleue, le fil de lin et le cramoisi,
» à inventer toute espèce d'invention qui lui sera donnée
» (à faire). » Je le demande maintenant, ne ressort-il pas
clairement de ces détails que cette tribu montagnarde, conforme à tant d'autres, avait le privilége naturel de fournir,
aux régions adjacentes, des ingénieurs civils capables de se
prêter aux travaux les plus variés ?

Au surplus, l'ensemble des faits qu'il s'agit encore d'examiner devant continuellement confirmer les aperçus précédents, leur simple exposé aura suffi pour me permettre d'entrer plus avant dans mon sujet. Partant donc des principes
énoncés, je tourne d'abord mon attention sur la structure
générale de l'ancien monde, et je vois que, sauf quelques
exceptions, un large bourrelet montagneux s'étend de l'extrémité orientale de l'Asie jusqu'au bout occidental de l'Europe,
en prenant divers noms, selon les pays. Dans l'Asie, ce seront l'Himalaya, le Caucase, le Liban, le Taurus avec leurs
annexes dont les détails arriveront par la suite. En Europe
viennent successivement les Balkans, les Carpathes, les
Alpes et les Pyrénées. En Afrique, une bifurcation parallèle
mène depuis les chaînes arabiques de la mer Rouge au plateau Lybien et de là finalement au Grand-Atlas, sur la limite
du Maroc. Au nord de cette zone, s'étalent les vastes plaines de
la Sibérie et de la Russie, tandis qu'au sud, la même bosse-
lure est bordée par la mer des Indes et par l'immense
Sahara, autre dépression dont certains points, placés au-

dessous du niveau des océans, indiquent, comme eux, un grand affaissement, correspondant aux exhaussements précédents. Dès lors, tout naturellement, notre marche investigatoire est tracée par cette orographie, puisque le domaine du mineur est subordonné aux montagnes.

Toutefois, avant d'entrer en matière, j'observe qu'en général, dans les sciences, chaque progrès amène un regret, c'est celui de laisser indécises une foule de questions. L'archéologie n'est pas plus exempte que les autres branches de ces lacunes qui, dans l'Histoire Naturelle, sont habituellement désignées sous le nom de *desiderata*, d'après Bacon. Certes, il en a surgi un grand nombre derrière nous, et soit pour en amoindrir autant que possible la portée, soit pour en faire surgir de nouveaux, rien de plus simple que de passer en revue les pays miniers les plus connus de cet ancien monde où, pour le moment, tout semble se perdre dans la nuit des temps. En précisant plus nettement les points, mes recherches auront du moins l'avantage de mettre en relief les *desiderata*, de façon que les antiquaires qui explorent avec tant d'assiduité les ruines de la Grèce, de la Judée, de l'Egypte, de la Mésopotamie, de l'Inde, de la Chine, etc., puissent soigner davantage certains détails qu'ils ont négligés, en s'attachant trop exclusivement aux vertigineux monuments dont la rencontre devait les frapper plus immédiatement. Grâce à leur activité, les simples souhaits du moment seront successivement comblés, car les mines serviront, au moins autant que les ruines, à retracer la marche de l'esprit humain.

La revue à laquelle il s'agit de procéder, n'exigeant pas un point de départ rigoureusement déterminé, j'étais libre d'accorder la préférence au trajet qui me paraîtrait le plus convenable. Tout bien pesé, j'ai pris le parti de débuter par les régions septentrionales, encadrées par l'Océan Glacial arctique, la Russie occidentale, la dorsale himalayenne et

les mers de la Chine, espace sur lequel s'étendent les vastes
plaines de la Mandschourie, de la Sibérie, du Touran et de
la Russie. Cependant, quelle que soit leur uniformité, elles
sont découpées par diverses chaînes. Ainsi l'Oural et ses branches méridionales, courent du nord au sud, entre la Caspienne
et la mer du Nord, en séparant la partie asiatique d'avec
celle qui est propre à l'Europe. Transversalement, la grande
ride de l'Himalaya, rapide du côté du tropique, décline douce-
ment vers le pôle, la pente, dans ce sens, étant successivement soutenue par les chaînes à peu près parallèles du Kuen-
lun, du Thian-Schan et de l'Altaï qui, à partir des planes surfaces du lac Aral, s'allongent vers la Sibérie orientale. Ainsi
donc, nos repères sont déterminés par ces accidents.

DES TSCHUDES.

Les anciens, du temps d'Hésiode, n'avaient qu'une idée fort
confuse de l'immense superficie septentrionale dont il vient
d'être fait mention et qu'ils prolongeaient, sous le nom de
Scythie, depuis la Germanie jusqu'aux limites du monde
connu. Tout au plus distinguaient-ils la Scythie européenne
de la Scythie d'Asie. Hérodote, le premier, a cherché à jeter
quelque jour sur les peuples qui l'habitent. D'après les curieux extraits de M. Eichof, il dépeint les Hyperboréens qui
s'étendent jusqu'à la mer Glaciale, comme étant condamnés
à six mois de sommeil, sous une pluie incessante de plumes
blanches, allusions aux longs hivers et aux neiges des régions
polaires. Les Hippémolges sont des cavaliers et pasteurs armés de flèches et campant sur leurs larges chariots. Il distinguait, en outre, les Jirkes ou Tyrkes, actuellement Turcs,
chasseurs infatigables, les tribus agricoles de la Crimée,
celles qui se livraient à la piraterie et les nomades des
steppes. Au milieu d'eux, il voyait les Arimaspes, espèces
de Cyclopes qui disputaient l'or aux griffons des montagnes,

et les Argippées, hommes d'une physionomie toute spéciale, au front chauve, au nez plat, à la large mâchoire. Ceux-ci étaient cachés dans les gorges des Rhipées (Monts Ourals), où ils campaient sous des arbres dont les fruits les nourrissaient. Parlant une langue presque inintelligible, ils passaient pour inviolables aux yeux de leurs voisins, et même des Scythes qui, attirés par le commerce de l'or, ne pouvaient parvenir jusqu'à eux qu'après avoir fait usage de sept langues, expliquées par sept interprètes. C'étaient évidemment des Mongols campés, dès cette époque, au pied de l'Oural. Du côté de la Transylvanie, il mentionne également les Agathyrses, parés de l'or de leurs mines, situées dans les Carpathes. Enfin, viennent les Scythes orientaux ou asiatiques, c'est-à-dire les Massagètes, fiers de leurs mines d'or et d'airain, vainqueurs de Cyrus, et qui occupaient une plaine immense, à l'orient de la Caspienne.

Les études des géographes modernes ont jeté un grand jour sur ces peuples divers. Ils établissent, pour la partie asiatique, l'existence d'une race d'hommes à peau jaune, fixée au N-E du système montagneux, du côté de la Mongolie, de la Mandschourie et s'étendant, de là, sur la Chine, race, dit-on, peu colonisatrice, et pourtant, ses stations démontrent qu'elle est susceptible d'habiter les climats les plus différents. Il me paraît donc plus rationnel de croire qu'elle préféra demeurer dans sa mère-patrie, et d'ailleurs, on a déjà dû saisir le côté industriel de son caractère. A côté de ces Mongols sont les Scythes à peau blanche. Suivant les uns, ils sont un rameau de la grande famille Indo-Perse, détachée violemment de sa souche, quinze siècles avant J.-C., vers l'époque des conquêtes de Sésostris, comme l'ont été les Celtes, les Pélasges et les Germains. Selon d'autres, la vraie patrie de tous ces peuples est la Haute-Asie, la région comprise entre les chaînes altaïque et himalayenne. M. Viquesnel divise ces hordes de la manière suivante:

Famille slavo-lithuanienne.	Slaves et Sarmates à la race desquels appartenaient, en grande partie, les Monts-Krapaks.
	Lithuaniens du bord de la Baltique.
Famille ouralienne.	Finnois ou Tschudes demeurant dans la partie nord de l'Oural.
	Turcs mêlés de Finnois, établis sur la partie orientale de l'Oural et sur le Caucase.

Famille scandinave ou varègue, habitant la Suède.

Races incertaines ou mélangées.	Bulgares et Kirghiz mêlés de Slaves, occupant la partie méridionale de l'Oural.
	Viatitches.
	Atviagues.

Il ne s'agit pas ici de nous occuper des conquêtes effectuées par les nombreuses tribus de cette Tartarie, réservoir d'où sont sorties tant de masses qui bouleversèrent une grande partie de notre globe. Les mines étant notre affaire, quelques détails sur les Finnois suffiront. Ils paraissent constituer une race indigène ; en tout cas, de très-anciens déplacements des peuples ayant eu lieu, l'on ne peut pas savoir qui occupait le pays avant eux, et peut-être n'auraient-ils fait que précéder les Sarmates dans leur migration d'Asie. Du temps de Cyrus, 500 ans avant J.-C., une grande partie d'entre eux habitait le nord de la Caspienne, entre le Volga et l'Oural. Au début de notre ère, ils fuirent devant les Goths ; dans le IVe siècle, ils furent refoulés sur les contrées où on les trouve actuellement, quoiqu'il en reste sur le Volga, l'Oka, le Koma, l'Oural et l'Altaï. Ces Finnois ont pour caractères un corps de moyenne taille, bien développé, anguleux, une face applatie, à pommettes saillantes. Leurs cheveux blonds deviennent bruns et bouclés ; leur barbe est claire, les yeux sont gris, et le teint est jaunâtre. Ils sont loyaux, hospitaliers, fidèles, braves, opiniâtres, portés à la poésie idyllique. A leur souche, on rattache entre autres les peuples et tribus suivants :

Europe.	Finnois de la Finlande. Les Russes les appellent Tschusne. Esthes appelés Tschudes par les Russes. Lapons qui occupaient autrefois le nord de la Finlande, la Suède, la Norwège. Ils empruntèrent une partie de leur langue aux Finlandais dont ils diffèrent pour la conformation physique, ayant d'ailleurs une grande ressemblance avec les Samoïèdes de l'Asie. Magyars de la Hongrie et de la Transylvanie. Leur langue est finnoise, et ils constituent la seule branche qui se soit distinguée par les armes. J'ajoute qu'ils sont de bons mineurs.
Asie.	Permiens, Tschérémisses, Baschkirs, Vogoules, etc., etc.

Ces Finnois avaient des relations avec les anciens peuples historiques, et sur la Caspienne, en particulier, ils communiquaient avec les *magiciens* de la Colchide, de sorte qu'ils devinrent les grands magiciens du Nord. En d'autres termes, ils furent considérés comme étant des Mages, expression dont le sens primitif, *hommes de science*, a été dénaturé de la façon que l'on sait, et il est à remarquer que les pauvres et arriérés Lapons affichent encore la prétention d'être des magiciens ou sorciers. Du reste, à l'aide des tombeaux appelés *tschuden*, tumuli des Tschudes et des galeries, on peut suivre les traces de ce peuple de l'Altaï à l'Oural, et de la Crimée jusqu'à la mer Blanche.

Ceci posé, laissant pour un instant de côté le Caucase, les Carpathes ou Monts-Krapacks et les Dofrines de la Suède, chaînes toutes placées sur les bords de notre ensemble, je m'attache d'abord à la distribution actuelle des exploitations des Russes.

Sur l'Oural, le district de Katharinenbourg, à l'entrée de la Sibérie, produit un peu d'or, beaucoup de cuivre et une immense quantité de fer. Là, se trouvent, entre autres, les mines de cuivre de Gumeschewsky, de Bogoslowsk et de Polakowsk; les gîtes d'or de Bérésowsk et de Soimonowsk; enfin, les masses de fer oxydulé des montagnes magnétiques de Nischné-Tagilsk et de Blagodat, près de Kuschwinsk, découvertes en 1702 par les Vogoules. Celles-ci n'ont été réellement attaquées qu'en 1721, et la fonderie fut créée en 1725. A cette occasion, Macquart fait la remarque que l'aimant naturel avait la réputation d'être une matière très pauvre; mais il s'assura de la fausseté de cette idée pour celle de la Sibérie, et je rappelle en passant ce fait, parce qu'il vient à l'appui de mes explications au sujet des retards qu'éprouvèrent les exploitations de ces sortes de minerais. Aux environs de la montagne de Blagodat, on trouve également l'oligiste, le fer spathique et l'hématite. En outre, la plus ancienne exploitation russe du fer de l'Oural, celle de Kamenski, n'a été établie qu'en 1698, et le premier cuivre fut fondu en 1723 dans une mine de M. Demidoff.

A 500 lieues à l'est de l'Oural, au centre de la Sibérie, viennent les mines de l'Altaï, dans le district de Kolywan, établies entre le Lob et l'Irtiche, et sur les premiers gradins de la chaîne. Dans ces montagnes, qui séparent la Sibérie d'avec la Tartarie chinoise, le fer manque, le cuivre est peu abondant, et le produit principal est l'argent aurifère. Ici, sont les mines de Barnaoul, de Zméof et de Séménofsky, que le gouvernement russe fait exploiter.

Enfin, à 700 lieues davantage à l'est, on rencontre le district montagneux de Nertschinsk, dans la Daourie, partie la plus orientale de la Sibérie, au-delà du grand lac Baïkal, entre la Chilka et le Kerulun, affluents du fleuve Amour. Le plomb argentifère en est le principal produit.

On sait d'ailleurs que l'Oural et la Daourie possèdent des gîtes d'aigues-marines, de topazes et de grenats. Cependant, à cette occasion, il convient de rappeler que les anciens distinguaient douze espèces d'émeraudes; mais plusieurs ne sont que des jaspes, puisqu'elles ne possèdent aucune transparence, et, de plus, la grosseur qui leur est assignée dépasse trop les dimensions connues pour qu'il soit permis de les ranger parmi les gemmes; d'autres émeraudes appartiennent évidemment à des cristallisations fort différentes. Toutefois, suivant ces mêmes vieux auteurs, les trois plus belles variétés dont ils avaient la connaissance, venaient de l'Egypte, de la Bactriane et de la Scythie, d'où il suit que le mineur Tschude ne s'arrêtait pas uniquement aux métaux.

En définitive, ces sources de l'or et de l'argent du Pérou des Russes, ces exploitations du fer, du cuivre et du plomb sont énormément plus espacées que celles de l'Europe, circonstance qui, par sa combinaison avec la météorologie, a pu contribuer au ralentissement temporaire de leur civilisation. Et pourtant, cet isolement est loin d'avoir été la cause d'un arrêt de l'industrie minière chez les anciennes peuplades du pays.

Afin d'approfondir actuellement la question des mines des Tschudes, je donnerai quelques détails plus circonstanciés que les précédents, en prenant pour point de départ le Jénissei qui descend de l'Altaï. Le long des bords de ce fleuve, Pallas découvrit surtout de nombreux tas d'anciennes scories. Dans cette même contrée, en 1749, un forgeron sibérien trouva, sur le sommet d'une haute montagne, un filon de fer, tout près duquel gisait un aérolithe pesant 690 kilog., et auquel s'attachaient les Tartares qui regardent cette masse comme tombée du ciel. Le forgeron, imbu de l'idée qu'elle contenait un métal précieux, l'emporta dans son domicile où elle était encore en 1772, lors du passage de Pallas qui l'expédia à St-Pétersbourg; et, d'ailleurs, le savant voyageur ne put rencontrer, dans les environs, aucune trace de fourneau, aucun vestige de travail. Toutefois, Macquart considéra le bloc comme étant le produit d'une sorte de fourneau catalan, attendu que son intérieur renferme du verre et du charbon. Sans doute, ce verre est contestable. En effet, il se pourrait qu'il fût du péridot, minéral d'aspect vitreux et souvent associé aux aérolithes, quoique certains laitiers ou scories rayent assez facilement des verres ordinaires. Cependant, le charbon ne doit pas être éliminé de la question ; et d'un autre côté, il faut tenir compte de la position de la masse près d'un filon de fer ; enfin, son poids n'a rien d'assez exorbitant pour infirmer l'idée du successeur de Pallas. Je laisse donc provisoirement la question indécise, mais avec regret, car il serait intéressant de savoir jusqu'où pouvaient arriver les Cyclopes tschudes, tandis qu'à proximité, nous avons vu les Mongols fabriquer du fer par les moyens les plus élémentaires. Ils sont même d'une simplicité telle, que vraiment la disparition de l'appareil qui aurait pu servir à opérer l'agglomération du lopin métallique n'aurait, en aucune façon, lieu de surprendre, et, de plus, je fais remarquer que souvent on parle d'anciennes scories, mais bien rarement de débris d'antiques fourneaux, circonstance évidemment de nature à démontrer le peu de solidité de ces constructions.

Sur l'Oural, les anciennes exploitations de Goumeschewski, portées sur la malachite, l'azurite, le cuivre et l'argent natifs, ont donné lieu à de grands travaux qui, repris par les Russes, nécessitèrent de puissantes machines d'épuisement, de solides charpentes et, par conséquent, de grands frais. Ces mines avaient été ouvertes par les Tschudes qui, d'ailleurs, laissèrent, dans la partie méridionale de ces montagnes, une infinité de vestiges de leur intelligence comme de leur activité en fait de mines ; ils développèrent leurs entailles jusqu'à 20 mètres au-dessous de la surface du sol. Du temps de Macquart, le Directeur des mines, M. Turtchanninoff, possédait un gant ainsi qu'un havresac en peau de renne, tous deux déchirés, et qui furent trouvés dans une excavation, entre des pierres blanches, à la profondeur de 18 mètres. Pour se donner la clarté nécessaire, ces mineurs implantaient, dans l'argile des parois de leurs galeries, des copeaux de bois de pin qui y sont encore en grand nombre et à demi consumés. Du reste, l'usage de ces luminaires s'étant conservé chez les moujics de diverses parties de la Russie, il n'est pas rare d'en voir les habitations ravagées par l'incendie quand ils n'ont pas soin d'extraire ces sortes de mèches au moment où devenant trop courtes, leur flamme atteint les cloisons de bois qui séparent les chambrettes. Ces détails nous reportent naturellement à ceux qui ont été mentionnés quand il fut question de l'invention du feu et des moyens d'éclairage chez divers peuples.

Certains renseignements nous apprennent que les sépultures des Rois scythes, découvertes par les Moscovites, furent trouvées vides parce qu'elles avaient déjà été visitées par des hordes survenues plus récemment, et notamment par les Cosaques. Mais, dans d'autres cas, il est arrivé que ces Tschudes ont été enterrés avec le creuset, symbole de leur profession, et en général, les métaux précieux, accumulés dans leurs tombes, font rechercher celles-ci avec soin, parce qu'ils sont devenus une ressource pour le trésor impérial russe. Tant de fouilles ont d'ailleurs démontré que ces ouvriers entamaient déjà les filons avec des outils de pierre ou de bronze. Leur industrie est donc excessivement ancienne, et de plus, tout mineur comprendra facilement qu'avec de pareils instruments, ils n'ont pu attaquer que les parties superficielles et pourries des gîtes, c'est-à-dire leurs *chapeaux*. Cependant, il est aussi de fait, d'après Hérodote, que les Scythes rendaient un culte à un glaive de fer, et cet usage étant, chez eux, peut-être déjà ancien alors, on peut admettre qu'ils ont connu ce métal depuis une époque passablement reculée, fait dont la probabilité est accrue par l'existence de l'oligiste et du fer spathique dans leur contrée. Enfin, le voyageur Sievert ayant trouvé, dans une tombe de l'Altaï, une épée de fer, des ornements en or, des boucles et un vase de cuivre d'environ $1^m,0$ de hauteur sur $0^m,55$ de diamètre, et pesant environ 4 kilog., il faut conclure de ces associations que, dans ce pays comme dans d'autrès, l'Age naissant du fer s'est articulé avec la fin de la grande période du bronze.

Du côté opposé de l'Oural, près du Volga, les couteaux des Scythes bulgares étaient en cuivre rouge, tout comme ceux qui furent découverts dans les tombeaux des déserts Jénissei. Ils étaient probablement fabriqués par les Tschudes, dont les exploitations s'étendaient plus loin au sud-ouest, c'est-à-dire en Crimée. Ici, l'ouverture de leurs sépultures démontra le fait d'une excessive abondance de l'or, pendant le premier Age du fer. Un seul tumulus cyclopéen, des environs de Kertsch, a fourni 65 kilogr. de métal fin. Sous une autre énorme butte de ce genre, gisait une urne noire, de grande dimension, de forme étrusque, ornée de rebords en relief et en grande partie dorée. La tête du défunt portait une couronne d'or très-pur, en feuilles de lauriers d'un beau travail et du poids d'environ 400 gr. D'un côté de ses épaules était placée une sorte de grande médaille représentant une femme, et de l'autre côté, on découvrit un Mercure en berger. Plus bas, venait un strigile en fer avec quelques anneaux de bronze. Enfin, sur le couvercle du cercueil se trouvait une urne en terre cuite, remplie d'ossements d'oiseaux sacrifiés, probablement en l'honneur du mort.

Le musée de Kertsch, riche en restes de ce genre, fut pillé par nos troupes pendant la campagne de Crimée; mais l'Empereur Alexandre II s'empressa de faire racheter des soldats toutes les pièces qu'ils possédaient encore, et d'ailleurs de riches dépouilles de cette contrée, furent réunies dans le palais de l'Hermitage, à St-Pétersbourg. Elles permirent, entre autres, à M. Picard de constater que l'emploi du laminoir n'était pas plus inconnu aux Tschudes qu'aux Suisses. La preuve du fait a été donnée par une lamelle en or, assez large et longue pour couvrir une ceinture sur laquelle se reproduisait, à intervalles parfaitement égaux, un défaut qui ne pouvait provenir que d'une paille inhérente à l'un des cylindres dont il était, par conséquent, facile de mesurer la circonférence. Il serait actuellement intéressant de savoir de quel côté, Asie ou Europe, l'instrument fut inventé, ou plutôt, si les Suisses ne recevaient pas leurs ornements tout fabriqués, de même que leur parvenait le néphrite de l'Orient, de même aussi que l'ambre de la Baltique pénétra jusqu'en Italie et en Grèce.

A l'égard de la possibilité de ces relations commerciales, M. Viquesnel me fournit une curieuse note extraite de M. Karamsin, qui parlant des conquêtes des Novogorodiens dans les gouvernements d'Arkhangel et de Vologda, ancienne patrie des peuples Tschudes, et connue dans l'histoire sous le nom de Biarmie, s'exprime ainsi : « Là, sur les rives de la Dwina septen-
» trionale, existait, au commencement du XIᵐᵉ siècle, d'après
» les narrations des Islandais, une ville de commerce où, pen-
» dant l'été, se rassemblaient les marchands scandinaves. Le
» cimetière de cette ville fut pillé par les Norwégiens, que
» Saint Olof, contemporain de Yaroslaf, avait envoyé dans la
» Biarmie, et qui enlevèrent en même temps les ornements
» de Yamola, idole des Finnois. Le récit fabuleux de leurs
» poëtes, relativement à la magnificence merveilleuse de ce
» temple et à la richesse des habitants n'est pas du ressort
» de l'histoire ; mais les peuples de la Biarmie pouvaient
» faire un commerce avantageux des produits de leur pays,
» tels que du sel, du fer, des fourrures avec les Novogoro-
» diens qui, dans le XIᵐᵉ siècle, s'étaient ouvert un chemin
» jusqu'à l'embouchure de la Dwina. » Dans une autre note,
on lit : « Les principaux (Norwégiens) arrivèrent pendant la
» célèbre foire qui s'y tenait, et après avoir acheté des
» fourrures, il leur vint dans l'idée de piller le cimetière, car
» les habitants avaient la coutume d'enfouir dans la fosse
» une partie des richesses laissées par les morts. Ce lieu était
» entouré d'un bois et d'une palissade. Sur une place, au milieu»

» on voyait la statue du dieu Yamola. Elle portait un riche
» collier au cou, et on avait mis devant elle une coupe
» d'argent remplie de pièces de monnaie. »

Ces récits s'accordent évidemment avec ce que l'on sait
aujourd'hui très-exactement des habitudes des Tschudes, et
comme leur race s'étendait au moins jusqu'à l'Altaï, où ils
se trouvaient près des Chinois et des Thibétains, il est permis d'admettre qu'ils avaient, auprès de leur idole, un entrepôt pour les produits de leur industrie et de leur commerce
continental et asiatique. N'oublions pas que les ornements d'or
trouvés dans les tombes des anciens scandinaves ont la même
composition chimique que l'or de l'Oural, et du moment où
cet alliage naturel allait en Scandinavie, on s'explique le transport ultérieur d'autres objets jusque vers la Suisse, etc. Quant
au sel gemme, on sait que les Kirghiz d'Iletskaja, au sud d'O-
renbourg, exploitaient celui des deux rives de la Soljauka.
Transporté de là jusqu' au Volga, par les affluents, il se répandait
ensuite au loin. Les Russes qui régularisèrent ces travaux découvrirent, dans les vieilles excavations, des coins, des leviers,
divers ustensiles en bois et même des charbons entièrement
incrustés dans la masse solide du sel. Ici donc, encore une
fois, nous sommes reportés à une très-haute antiquité, ce qui
n'empêche pas de concevoir la prolongation des exploitations
jusque dans les temps modernes.

En effet, le même historien, M. Karamsin, à propos des
Turcs du VIme siècle, parle de leur Khan Dysabule qui recevait des ambassadeurs de Justinien, dans les monts Altaïs,
sous une tente ornée de tapis de soie, d'une infinité de
vases d'or, étant lui-même placé sur un trône magnifique,
et il ajoute : « On sait que les Russes, actuellement maî-
» tres de la Sibérie méridionale, y ont trouvé, dans les tom-
» beaux, une quantité considérable d'objets précieux, venant,
» selon toute apparence, de ces Turcs d'Altaïs qui n'étaient

» plus sauvages et qu'il faut croire civilisés, en partie, puis-
» qu'ils faisaient le commerce avec la Chine, la Perse et la
» Grèce. » Ailleurs, le même historien de l'empire Russe
ajoute: « Ces effets d'or et d'argent se voient dans le cabinet
» d'Histoire naturelle de St-Pétersbourg et ont été trouvés
» près de l'Irtisch et du Tobol. Dans les tombeaux des déserts
» du Jénissei, on n'a rencontré que des flèches, des poignards
» et des couteaux de cuivre rouge, ce qui prouve évidem-
» ment que les peuples qui habitaient ces contrées ne con-
» naissaient pas encore l'usage du fer. C'est pourquoi ces
» monuments doivent être bien antérieurs à Gengis-Khan.
» Les Turcs d'Altaïs étaient célèbres par leurs richesses et
» faisaient d'or massif leurs tables, leurs chaises et les har-
» nais de leurs chevaux. »

Ces détails portent à croire que ces Turcs n'étaient pas
moins adroits mineurs et artisans que leurs frères les Scythes
qui, pour ainsi dire, naissaient mineurs. On remarquera
d'ailleurs que, maintenant encore, les descendants des Tschudes excellent dans la fabrication d'une foule de menus objets, tels que cadenas, serrures, etc., qui font l'étonnement
des ouvriers étrangers. L'orfévrerie de Toula est surtout renommée, et, parmi ses produits, on cite particulièrement
l'argenterie rehaussée d'or et niellée de bleu métallique.
Cette couleur est regardée comme étant produite par un mélange d'argent, de plomb et de soufre liquéfiés, ou bien par
la galène; mais je l'ai parfaitement imitée en dessinant les
arabesques avec du sulfhydrate d'ammoniaque et en chauf-
fant ensuite les pièces à un degré que l'expérience apprend
bientôt à ne pas outre-passer, sinon une décrépitation détache
instantanément le sulfure de dessus la lame d'argent avec laquelle il doit faire corps.

En dernière analyse, la région dont les produits viennent
d'être passés en revue a nécessairement été l'objet d'exploi-

tations minières depuis les époques primordiales de l'humanité, et comme elles se soutiennent encore de nos jours, c'est là, sans doute, qu'il convient de chercher, plutôt que partout ailleurs, les diverses phases d'une industrie sans laquelle les autres sont à peu près impossibles. On découvre, en outre, de ces côtés, les traces d'un ancien commerce fort étendu et, par suite, il faut conclure que les Phéniciens n'ont pas été les seuls entremetteurs de l'antiquité. A eux appartenait le sud de l'Europe, et aux Tschudes ou à leurs annexes revenait la partie septentrionale. En ajoutant à celle-ci la grande échancrure comprise entre le Caucase et les Carpathes, échancrure par laquelle s'écoulent le Don, le Dnieper qui, mettent en communication la mer Noire avec le centre de la Russie, il devient facile de comprendre comment ils se mirent en contact avec les Phéniciens. Et de cette manière, s'explique pourquoi l'Europe, de temps immémorial, enveloppée par les grandes voies commerciales des plaines de la Russie, de la Baltique, de la Manche, de la Méditerranée et du Pont-Euxin, dut progresser avec une rapidité à laquelle n'a point pu participer l'Afrique dont le contour est trop peu découpé, relativement à sa profondeur, pour se prêter facilement aux relations internationales.

DES CHINOIS.

Du côté de l'extrême Orient, nous trouverons de très-anciens vestiges de la vie policée, mais peu de données sur l'ancienne métallurgie. En outre, ce qui est raconté à son sujet se trouve souvent entouré de fables d'une contexture telle que la plupart de ses origines sont apocryphes. Cependant, comme au milieu de ces lacunes et de ces mythes percent certains faits intéressants, la peine que nous allons prendre de les résumer ne sera pas entièrement perdue. Soient donc d'abord des Chinois de race mongolique, c'est-à-dire à peau jaune.

On admet que leur existence certaine comme peuple remonte à environ 4000 ans, ce qui n'aurait rien d'exagéré par rapport aux données concernant les Ages de la pierre et du bronze. Ils font venir de pays situés à leur occident, près des Monts-Kuenlun, plusieurs inventeurs des arts et des sciences qui seraient arrivés sous leur premier empereur historique Hoang-Ti, lequel régnait 2637 ans avant J.-C., c'est-à-dire avant l'inondation diluvienne survenue sous Yao, 2297 ans avant J.-C. Ce déluge ayant laissé, à sa suite, d'immenses marécages, son successeur Yu dût s'occuper de leur dessèchement entre les années 2286-2276, et comme l'exécution de pareils travaux exigeait certainement de bons instruments, il s'ensuit que, dès cette époque, les Chinois devaient connaître au moins le bronze, et très-probablement le fer.

Ceci posé, j'observe qu'il existe une théorie d'après laquelle ce peuple, de même que d'autres, serait plutôt imitateur qu'inventeur, qu'il est sans puissance créatrice, mais rusé, patient et assidu, théorie qui, au besoin, pourrait être appuyée de ses propres dires au sujet de l'instruction qu'il aurait reçue des hommes venus de l'Occident. Cependant, souvenons-nous d'abord de ses philosophes, Confucius, Lao-Tseu, Fo, Mem-Tsu et de l'ambassade que Marc-Aurèle envoya à Ouon-Ti, Empereur de la Chine, pour établir des relations commerciales. Indiquons ici les immenses conquêtes qui, à la même époque, mirent les armées chinoises en contact avec celles de Rome, sur la Caspienne, et qui refoulèrent cette masse de hordes barbares par lesquelles l'empire d'Occident fut détruit. Plaçons, à la suite, les belles routes, les ponts de fer et de pierre dont l'un, soutenu par 252 piliers, traverse un bras de mer, les arrosements artificiels qui arrivent au sommet des montagnes, les nombreux canaux, parmi lesquels celui de

Canton à Pékin a près de 600 lieues de longueur, sa grande muraille prolongée sur près de 500 lieues, œuvres supérieures en immensité aux travaux des Romains. Voyons également la porcelaine, la papier, la poudre inflammable, l'imprimerie, la pisciculture, la sériciculture, les brouettes à voiles, les radeaux cultivés, l'art de faire des outils différents des nôtres, de curieux alliages, la boussole, inventée dans l'Empire du Milieu, longtemps avant qu'il en fût question chez nous. Tenons compte de ses observations astronomiques, instituées sous Yao, de ses belles cartes géographiques, contemporaines du règne de Clovis, qui, certainement n'avait rien de pareil et sont même beaucoup plus parfaites que celles du temps de Henri IV, et demandons-nous si, en définitive, un pareil peuple n'était pas essentiellement inventeur.

La logique n'oblige-t-elle pas plutôt à chercher la cause de l'état arriéré du Chinois actuel, dans son écriture complexe, dans des institutions antiques, consolidées par le système d'un gouvernement dont la politique fit écarter, comme nouveautés dangereuses, toute espèce de perfectionnement. Qui ignore que la culture intellectuelle de ce peuple était si avancée, déjà 218 ans avant J.-C., qu'alors Chi-Hoang-Ti fit brûler les innombrables livres de son empire, et enterrer vifs 460 lettrés qui voulaient les sauver. Il n'est pas certain que même à Paris, foyer des lumières, centre d'émission des inventions, sanctuaire où s'élabore tout ce qui fait l'auréole scientifique de l'humanité, trône de l'immortelle vérité, fondement cyclopéen du progrès, etc., il n'est pas certain, dis-je, que l'on y trouverait autant de savants disposés à subir le martyre pour conserver le dépôt qui leur est confié. Du reste, il est bien démontré que le Chinois, malgré son renom d'immobilité, d'attachement aux lois, aux coutumes anciennes, et à son organisation qui subsiste depuis 4000 ans, est loin d'être la pacifique créature qu'on s'ima-

gine. Ses révolutions, ses guerres civiles et sanglantes, ses
essais de socialisme vers 1129, ses renversements violents
de 15 dynasties depuis 1200 ans, période pendant laquelle
nous n'avons eu que trois ou quatre mutations, la violence
de ses Taï-Pings d'aujourd'hui, voilà autant de faits qui prouvent suffisamment comment il sait, au besoin, secouer un
joug devenu trop onéreux.

Quant au gouvernement, il fut secondé non point par la
peau jaune de la race, mais bien par les vastes plaines arro-
sées de fleuves majestueux qui devaient nécessairement faire
prédominer l'agriculteur foncièrement stationnaire, sur le
mineur progressif. Aussi, l'une des grandes cérémonies auxquelles s'assujettit l'Empereur consiste à tracer un sillon avec
une charrue de vermeil ; il est alors vêtu en laboureur, et, par
cette cérémonie, il veut ennoblir le premier de tous les arts,
politiquement parlant. Quant aux encouragements donnés à
l'industrie minière, il n'en est fait nulle mention. Enfin, si à
ces causes l'on ajoute que la contrée, formant un monde à
part, est séparée des autres par des déserts, par de hautes
chaînes de montagnes, par des mers, qu'elle est favorisée par
un climat propice, on comprendra que les relations avec les
autres peuples ne lui étaient nullement indispensables, et
alors on sera bien plus près de la vérité qu'en admettant la
simple influence d'une légère modification du tissu entané et
de la physionomie.

Laissant actuellement de côté ces considérations, je renvoie
à l'industrie dont le mineur chinois donne la preuve en Californie, pour arriver à ce qu'il fit dans sa patrie. Sans doute,
l'on ne possède aucun renseignement précis sur la plupart
de ses exploitations, et pourtant, il est bien reconnu que son
pays possède des métaux de toute espèce, surtout dans les
montagnes du sud-ouest, le Yu-nan et le Kouei-tcheou. Le
fer y abonde ; il est riche en mercure. L'or et l'argent se trou-

vent dans les provinces du sud et dans celles de l'ouest. Le
cuivre, l'étain, le plomb, s'extraient de la province centrale
du Kiang-si. Les mines d'étain du Kian-fu donnent en outre
de l'arsenic sulfuré. Les métallurgistes ont su produire le
pack-fong, alliage de cuivre, de zinc et de nickel, malléable
à froid et imitant assez bien l'argent de vaisselle dont il a la
blancheur, la dureté et presque l'inaltérabilité; composition,
du reste, imaginée depuis par deux ouvriers lyonnais, Mail-
lot et Charlier qui s'associèrent pour en tirer parti, et lui donnèrent le nom de maillechort. A la suite, on peut placer la
toutenague, composé blanc d'étain et de bismuth, pareillement d'invention chinoise. De même qu'en Europe, la houille
est le produit le plus important de leurs mines. Elle se trouve
dans presque toute la Chine, mais surtout aux environs de
Pékin et dans la province septentrionale de Kan-sou. Il faut
encore mentionner leur sel gemme, leurs kaolins, le jade si
célèbre de la province de Cham-si, quoique la plus grande
partie vienne du Khotan, d'où il est apporté par les Bou-
khares. Enfin, le sondage à la corde appartient en propre au mineur chinois. Avec son secours, il atteint des
profondeurs de 1093^m, et l'on sait que, dans la province de
Ou-Tong-Kiao, les habitants se donnent de l'eau et des *puits
de feu*, c'est-à-dire des dégagements de gaz inflammable dont
ils se servent pour leur éclairage et leur chauffage. Au surplus, sachant que ses exploitations sont encore florissantes,
il me reste le regret de ne pas connaître ses vieilles et ses
nouvelles méthodes métallurgiques, pour apprécier le genre de
progrès qu'elles ont dû subir.

L'émancipation du Chinois, dès à présent certaine, permet
d'espérer, d'un avenir prochain, de curieuses révélations au
sujet de ses débuts industriels. Cependant, il est une autre
circonstance qui doit encore fixer notre attention. Je veux
parler des relations mystérieuses établies par la Providence

entre les nations, quelles que soient les distances qui les séparent, et je développe ma pensée en rappelant d'abord que
la houille est considérée comme étant le pain quotidien de
l'industrie, c'est-à-dire le principal aliment du progrès. Eh
bien ! à cet égard, la France se trouvait, d'une part, condamnée
à une stagnation prochaine, en vertu d'une théorie qui ne lui
concédait que des gîtes houillers brièvement limités, tandis
que, d'un autre côté, ses procédés de sondage ne lui permettaient pas d'aborder de grandes profondeurs. Le Chinois ne
s'arrête point pour si peu. Son instrument, simple fleuret suspendu à une corde, fut repris par les Allemands qui lui donnèrent le nom de *seilbohrer*. Sur ces entrefaites, j'avais étudié
la question houillère d'après de nouvelles bases, et, à la demande de M. Schneider, Directeur du Creusot, j'eus occasion
de faire l'application de mes principes au bassin de Saône-et-
Loire. Cependant, il restait à démontrer leur exactitude.

En cela, le sondage chinois, modifié par M. Kind, perfectionné au Creusot et employé plus tard pour le puits de Passy,
intervint de la façon la plus heureuse, car il confirma l'existence du terrain houiller sous le trias, à un niveau compris
entre 750^m et 950^m, où l'instrument s'arrêta par suite d'un
accident. Celui-ci importe peu pour le moment, puisque la
houille n'en fut pas moins découverte dans d'autres travaux,
et le reste se fera dans un temps plus opportun. Provisoirement,
je témoigne ma reconnaissance cordiale au confrère qui, du
bout de l'Asie et dès les siècles passés, avait préparé les
moyens de donner consistance à mes idées au sujet de l'extension des terrains houillers de mon pays. J'observe en
sus que, pour se hasarder à attaquer des profondeurs de
1000^m et plus, les Chinois devaient posséder, il y a quelque
mille ans, des idées très-arrêtées sur certains points de la
géologie, et surtout, ils devaient avoir acquis les moyens de
déterminer la continuité des terrains sédimentaires dans la

profondeur, sinon, ils n'auraient pas osé se hasarder à faire leur recherche par un travail nécessairement fort dispendieux. Cette présomption s'accorde d'ailleurs avec ce que l'on sait au sujet du génie observateur de leur race.

Au surplus, je complète les aperçus cosmogoniques des Chinois en faisant voir qu'ils ont eu l'idée de l'existence de plusieurs déluges. Le Chou-Koung, un des plus beaux monuments de l'antiquité orientale, fait dire à Yao les paroles suivantes : « Les eaux immenses du déluge se sont répandues ; elles ont tout inondé et submergé. Les montagnes disparurent dans leur sein, les collines y ont été ensevelies. Leurs flots mugissants semblaient menacer le ciel. Les peuples poussent des soupirs, qui pourra les secourir?... » Hoaï-Nan-Tsée, Lie-Tsée et les autres Toa-Sé (savants) parlent d'un déluge, arrivé sous Niu-Hoa, lorsque des eaux démesurées couvraient tout, que les pluies ne discontinuaient pas, et que Niu-Hoa vainquit l'eau par le bois et fit un vaisseau propre à aller loin. De même, Lopi, après avoir rapporté que les saisons furent changées, que les jours et les nuits furent confondues, ajoute : « Il y eut alors de grandes eaux dans tout l'univers... qui réduisaient les hommes à la condition des poissons. Elles avaient submergé les animaux, les maisons. » Toutefois, les Han-li rapportent : « Dans cet ancien temps, il y avait peu d'habitants ; chacun habitait, à son gré, sur les hauteurs. Les eaux répandues dans les vallées ne nuisaient point ; mais les hommes se multipliant, on songea à étendre les habitations et à faire écouler les eaux.... L'inondation n'était pas arrivée du temps de Yao, mais remontait jusqu'au commencement. Les eaux n'avaient pas encore pu s'écouler ; Yu, intendant de Yao, y travailla. » Enfin, l'histoire de la Chine parle encore d'une grande inondation, arrivée sous Peyrum, dans des temps bien postérieurs aux inondations de Yao, mais dont il est difficile de fixer l'époque.

Au surplus, les Chinois, les Japonais, les Siamois et les Indiens pensaient tous que la terre avait éprouvé différentes révolutions dont ils assignaient la durée, et qu'elle en devait éprouver un grand nombre d'autres qui se succèderaient alternativement.

DES SIAMOIS, BIRMANS, INDIENS, etc.

Le Küenlün, d'où sont supposés venir les instructeurs des Chinois, n'est qu'une annexe de la grande chaîne de l'Himalaya qui coupe l'Asie sur presque toute son étendue de l'est à l'ouest. Cette ride laisse au sud l'Indoustan avec l'Indo-Chine, pays auxquels personne ne conteste l'antique culture des arts, des lettres et des arts, tandis qu'au nord s'étend le Thibet, moins avancé, mais déjà cité pour son borax auquel on doit ajouter le salpêtre, le cinabre, l'argent et l'or.

Dans l'Indo-Chine, le royaume de Siam est un des pays du monde qui doit être le plus riche en or, si l'on en juge par les pagodes, par les divers ornements des temples, par la vaisselle du roi et par les auges de l'éléphant blanc. D'ailleurs, les montagnes abondent en minéraux de toute espèce, parmi lesquels on peut citer le saphir, l'étain provenant du lavage des sables de la presqu'île de Malacca, et le réalgar, dont les masses sont assez volumineuses pour que les Siamois puissent en faire des tasses. Ils s'en servent comme remède, en ce sens qu'ils y laissent séjourner du vinaigre, agent qui oxyde et dissout une certaine quantité de ce sulfure arsénical, et ils boivent la liqueur.

L'empire Birman possède plus spécialement des mines de fer, d'étain, de plomb.

Les îles de Sumatra, Banca, Java, Bornéo, Timor, Macassar, les Moluques, ainsi que les Philippines, peuvent être rattachées à l'ensemble précédent. On exploite des mines d'or et d'argent dans celle de Sumatra, et probablement, l'or des Philippines, des Moluques et de Bornéo provient des lavages. Timor, Macassar et Bornéo fournissent du cuivre, et Banca de l'étain d'alluvion. Enfin Java se recommande spécialement à l'attention à cause de ses statues indiennes en bronze orné d'incrustations, de celle de Bouddha, en argent, et de Dourga, en fer. Les Hollandais y ont trouvé, de plus, des haches, coins, ciseaux et autres instruments en pierre que les Javanais appellent les *dents de l'éclair*, comme dans le nord de l'Europe, la tradition désigne les objets analogues sous le nom de *pierres du tonnerre*. Ces pièces ont été rassemblés depuis longtemps dans le célèbre musée de Leyde.

L'Inde, aussi bien que la Chine, peut montrer ses curieuses constructions, ses rochers taillés et, de plus, les immenses trésors métalliques ou lapidaires qui étaient accumulés dans ses palais sont suffisamment connus. Déjà, il a été dit que ses anciennes armes étaient en cuivre rouge, comme les couteaux des Bulgares et des Tschudes du Jénissei. Cependant, l'acier indien, désigné sous le nom de *wootz*, n'a été introduit que depuis peu en Europe, où il est très-recherché. Les mines du pays consistent en fer spathique et oxydulé. L'île de Ceylan fournit son étain d'alluvion. En outre, ses sables produisent de l'or. Enfin, les royaumes de Golconde et de Visapour sont libéralement dotés en diamants, dont les plus gros viennent de ces pays.

Au surplus, de temps immémorial, les Indiens ont su modifier les nuances des gemmes, et l'on en jugera d'après la lecture du *Lalita Vistara*, livre d'une antiquité reculée, traduit en français par M. Foucaux. Cet ouvrage, qui décrit la vie du Bouddha Çhakia-Mouni, laisse voir une somme de connaissances scientifiques, métallurgiques et industrielles vraiment stupéfiante. Cependant des causes physiques et politiques, à peu près du même ordre que celles qui exercèrent

tant d'influence sur la Chine, ayant occasionné des effets analo-
logues sur une partie des Indous, il est résulté qu'ils se sont
pareillement immobilisés, quoiqu'ils appartinssent à une race
à peau blanche. Finalement, les Anglais ont absorbé tous
ces trésors de l'Inde, et l'usage qu'ils en font tourne au profit de la liberté et de la civilisation.

DES PERSES, MÈDES, BABYLONIENS, etc.

Les données minières n'abondent guère pour la majeure
partie du pays placé à l'ouest, sur la prolongation abais-
sée de l'Himalaya, et qui constitue la haute région iranienne,
limitée au nord par les Pays-Bas touraniens du lac Aral,
déclive au sud vers le golfe Persique et la mer des Indes,
bordée à l'est par l'Indus ou Sindh, et à l'ouest par les montagnes qui bornent la concavité du Tigre et du Bas-Euphrate.
A ce point de vue général, l'Iran, pays des bons génies, est
en opposition avec le Touran, pays de steppes, que l'on
étend jusqu'en Sibérie, et où le Zend-Avesta place la demeure d'Ahrimane, principe du mal. En effet, les nomades
touraniens firent de formidables irruptions dans les provinces de l'Iran dont les habitants les connurent sous le nom de
Kymris, et les Grecs sous la dénomination vague de Scythes;
mais il faut ajouter que, de leur côté, les Iraniens envahis-
saient le Touran, témoin les Sarmates, tribu médique, qui
s'implanta vers la Caspienne et s'étendit jusqu'en Pologne.
Au surplus, l'Iran fut, de toute antiquité, le principal lot des
descendants de Sem, fils de Noé, représentés par les Perses,
les Mèdes, Bactriens, Afghans, Sogdiens, dont les langues à
peu près semblables ont des relations intimes et curieuses
avec le germanique, le slave, le grec et le latin.

Dans cette distribution, on peut d'ailleurs distinguer les
Elamites, qui tiraient leur origine d'Elam, fils aîné de Sem,

et leur station correspondait à une partie des provinces modernes du Khousistan, du Lauristan et de l'Irak-Adjémi. En cela, les Perses prétendaient être issus des Elamites, et l'Ecriture les confond avec les Mèdes. Ce haut pays dominait naturellement la pente méridionale où s'étend la partie des populations araméennes qui habitait la Mésopotamie, la Chaldée, l'Assyrie et les déserts arabes. Elles reçurent leur nom collectif d'Aram, cinquième fils de Sem. Assur, fils de Sem, bâtit Ninive, sur le Tigre, vers 2680 ans avant J.-C., en même temps que Nemrod jetait les fondements de Babylone, sur l'Euphrate.

Les Mèdes du haut pays d'Ecbatane furent, dit-on, les premiers à se constituer en un état régulier. Ils fondèrent, plus de 2200 ans avant l'ère chrétienne, une dynastie à Babylone, où l'on avance que l'idolâtrie prit naissance et qui est considérée comme étant la capitale du plus ancien empire de la terre. Les Babyloniens portaient la création du monde à 45200 ans avant le déluge, et la période qui suivit ce cataclysme est remplie de légendes, au travers desquelles on entrevoit le berceau et les progrès de la civilisation. Sous leur climat favorable, les villes se multiplièrent. De son côté, Nakhshiwan, près de l'Araxe, affluent de la Caspienne, serait la première ville bâtie après le déluge. De même encore Ninus, qui régna environ 2000 ans avant J.-C., agrandit Ninive, capitale du premier empire assyrien.

Sans vouloir décider entre tant de prétentions, il reste permis de croire à la haute antiquité des Ariens, Aryas, Araniens, Arméniens, Assyriens, dont les noms dérivent tous de la même souche, Aram ou Iran, qui se retrouve dans l'Irak-Arabi et dans l'Irak-Adgémi. Mais leurs immenses capitales n'existent plus. Le génie de la mauvaise centralisation s'empara d'elles tour à tour. Son despotisme oriental, ses blessantes injustices, ses odieuses absorptions soulevèrent les haines, excitèrent la cupidité. Babylone, d'abord en partie saccagée par Alexandre qui y mourut dans une orgie, puis négligée sous son successeur Séleucus, devint déserte et périt insensiblement. Il n'en reste que quelques ruines éparses sur l'Euphrate, près du village d'Hellaz. Persépolis, capitale de l'empire Perse, lieu de la sépulture des grands rois, s'appelle aujourd'hui Tchel-Minar ou les quarante colonnes, résidu que l'on voit au nord de Chiraz. Le Mède Cyaxare fit de Ninive un monceau de ruines, lequel, s'effaçant de plus en plus, pendant la domination arabe, se trouve enseveli sous la poussière de la plaine et le limon du Tigre. Le pâtre conduit ses troupeaux sur son sol ondulé, et l'exact Xénophon qui, à la tête des Dix-Mille, traversa les lieux seulement deux siècles après la terrible destruction, n'en fait pas plus mention que les historiens d'Alexandre.

Cependant, outre les marais desséchés par Sémiramis, 1916 ans avant J.-C., des villes si immensément riches et peuplées, ornées de palais, de monuments gigantesques, de jardins suspendus sur de hautes colonnades, de larges quais, de ponts, d'un observatoire tel que la tour de Babel, de statues colossales, d'aqueducs passant sous l'Euphrate, ont exigé les métaux pour leur construction. J'ai déjà cité les tombes cubiques avec instruments de silex des anciennes substructions de Babylone, ainsi que les pierres de circoncision formées d'obsidienne, trouvées à Khorsabad sur l'emplacement de Ninive, par M. V. Place, et je complète ces premières données par la mention de l'excellent acier découvert sur le même lieu. Dès l'antiquité la plus reculée, ces peuples possédaient l'art de battre les métaux, de dorer les bois, de rehausser les tissus de laine par des filets d'or, de fondre l'airain et l'argent. On croit que la première statue d'or fut celle de Bélus à Babylone; et du temps d'Alexandre, 100 portes d'airain permettaient d'entrer dans la ville.

On peut y ajouter le marbre, les turquoises, le sel si abondant, et, dans l'ordre superstitieux, les *pierres de Médie*, pierres magiques qui avaient la propriété de guérir de la goutte comme de la cécité. Bien plus, Ctésias de Gnide, un des compagnons de Xénophon, raconte qu'il avait reçu deux épées, l'une des mains de Parisatis, mère d'Artaxercès, l'autre des mains du roi lui-même. Il ajoute : « Si on les plante dans » la terre, la pointe en haut, elles écartent les nuées, la » grêle et les orages. Le Roi en fit l'expérience devant moi, » à ses risques et périls. » On a cru voir en cela un pressentiment du paratonnerre inventé par Franklin ; mais ce qui est plus essentiel, ce sont les asphaltes si abondants près de Bagdad, de Mossul et d'Arbèles, avec lesquels les briques des fameuses murailles de Babylone étaient cimentées, au dire de quelques anciens géographes.

Toutes les phases de l'industrie étant donc représentées dans ces cités, il n'y a rien de mensonger dans l'antiquité que leur attribuent la Bible comme tous les autres historiens. Et quant aux mines métalliques, sources de ces richesses, tout se réduit à savoir que la Perse renferme, selon Chardin, quelques mines de plomb argentifère à Kervan, près d'Ispahan ; elle exporte encore aujourd'hui des lingots d'or et d'argent. Le fer ne lui manque pas ; elle possède, de plus, des mines de cuivre. En tout cas, l'ensemble de la région Iranienne se trouvant entouré d'autres contrées métallifères, ses énormes entassements de métaux s'expliqueront, au besoin et tout naturellement, par les prochains détails de cette revue.

Avant de poursuivre nos investigations dans d'autres contrées, il ne sera pas hors de propos de fixer notre attention, encore un moment, sur les idées géologiques et cosmogoniques des peuples dont nous avons mentionné les travaux miniers ou métallurgiques. Elles sont la conséquence naturelle de l'étude du sol, et d'ailleurs, tout porte à croire que ces anciens furent les témoins de quelques catastrophes, car il serait difficile de s'expliquer autrement la précision dont ils font preuve dans leurs mythologies, dans leurs poëmes sacrés, et notons, en outre, qu'il s'agit ici des premiers rudiments de la géologie, science sans laquelle le développement des mines est à peu près impossible.

A cet égard, j'ai déjà mentionné les déluges des Chinois, en faisant ressortir un aperçu des Han-li, qui réduisent ces inondations à la simple proportion d'un assainissement des vallées, comme il nous en faut faire aujourd'hui en Algérie, ou même en pleine France. La différence ne roule que sur les époques respectives. Evidemment nous sommes distancés de quelques millénaires, et ce détail, à coup sûr, est bien peu glorieux. Abstraction faite de cet accident, les cosmogonies de l'Orient, probablement les plus anciennes de toutes, ne s'arrêtent point à des aperçus aussi simples. Les Chinois, de même que les Indiens et les Siamois, pensaient que la terre avait éprouvé diverses révolutions dont ils assignaient la durée, et qu'elle en devait éprouver d'autres qui se succèderaient alternativement.

On suppose aussi que les diverses transformations de Vichnou, de Sommanocodon et autres divinités de l'Inde, ne sont que des allégories relatives à de grands cataclysmes terrestres ou même universels. Ainsi, il est dit que, dans sa dixième et dernière incarnation, le premier de ces dieux sera le cheval exterminateur, Kalki, lequel, d'un coup de pied réduira le globe en poudre. Outre cela, et déjà de leur temps, ces mêmes Indiens admettaient quatre différents âges de la terre, qui avait 15 millions d'années d'existence. De plus, une indication très-curieuse concerne les exhaussements du sol, en ce sens qu'ils nous représentent le même Vichnou soulevant d'abord la terre submergée par les eaux. Plus tard encore, dans sa sixième incarnation, cette divinité châtie la caste des guerriers et comble de biens les Brahmanes. Cependant, victime de l'ingratitude de ces derniers, Vichnou se retire dans la chaîne des Ghattes, alors baignée par la mer, et là, vivant dans la solitude, dans le détachement des biens de ce monde, il donne enfin une nouvelle preuve de sa puissance en faisant sortir des eaux la côte de Malabar.

Chez les anciens Perses régnait le Magisme, doctrine dualistique, où Ormuzd, le bon principe, et Ahrimane, le génie du mal, constamment en lutte, étaient pourtant dominés par un dieu supérieur. Ce dualisme mêlé d'une grossière idolâtrie, fut réformé et spiritualisé par Zoroastre, auteur du Zend-Avesta, qui paraît avoir vécu vers la fin du VIme siècle avant J.-C., et celui-ci parle encore du soulèvement des plus hautes montagnes : « Lorsque l'Albordj se fut considérablement étendu, les montagnes en vinrent... Elles sortirent alors de la terre et percèrent à la surface comme des arbres. » Du reste les Mages, prêtres de sa religion, cultivaient l'astronomie, l'astrologie et, en sus, les sciences occultes. Ils étaient surtout chargés de la conservation du *feu sacré*, déification du principe igné que rappellent les vestales et le culte de Vulcain, fait qui ne surprendra nullement les géologues, auxquels sont connus les nombreux dégagements de gaz hydrocarburés de la Perse, entre Mossul et Bagdad, où les habitants utilisent ce don de la nature pour une foule d'usages domestiques et industriels.

Les Chaldéens, habitants de la partie méridionale du pays des Babyloniens, enseignèrent aussi, à ceux-ci, l'astrologie indépendamment du culte du feu. J'ai indiqué, tout à l'heure, l'âge qu'ils assignaient au globe, et j'ajoute que Babylone, bâtie par Nemrod, puis agrandie par le législateur assyrien Bélus, Bel, Béel ou Baal, qui régnait entre 1995 et 1966 ans avant J.-C., eut ensuite pour roi son fils Ninus. Il mit son père au rang des dieux, en lui faisant représenter le soleil. De toutes ces combinaisons résulta une cosmogonie astrologique dont on a retrouvé quelques détails dans un fragment de Bérose, astronome chaldéen, prêtre de Bélus, et vivant du temps d'Alexandre. D'après lui, Bélus admettait que la terre aurait été dans un état de conflagration, et, qu'en outre, elle est assujettie à des incendies et à des déluges périodiques. Bien plus, ces grandes évolutions, étant amenées par le cours des astres, sont, par cela même, calculables, et voici de quelle manière il fixe le temps des conflagrations et des déluges futurs.

La terre sera réduite en cendres quand tous les astres qui suivent aujourd'hui des routes différentes (les planètes) seront réunis dans le signe du Cancer et placés les uns sous les autres, de telle façon que la même ligne droite traverse chacun de leurs centres. L'inondation générale aura lieu quand les mêmes astres seront rassemblés identiquement dans le signe du Capricorne. En effet, le premier, présidant au solstice d'été et le second, au solstice d'hiver, l'on ne peut douter qu'ils n'aient tous deux une grande influence sur la nature, puisque d'eux dépendent toutes les révolutions de l'année. Enfin, il faut croire que l'ensemble des planètes se trouvant en conjonction sous le tropique du Capricorne, ont le pouvoir de produire des marées beaucoup plus considérables que la lune et le soleil livrés à leurs propres forces. Les mers devront même être soulevées au-dessus des plus hautes montagnes.

Sans doute, de pareilles marées sont physiquement impossibles; mais nos hypothèses actuelles sont-elles toujours plus irréprochables? Encore n'est-il pas piquant de voir énoncer cette grandiose application de la théorie des marées aux phénomènes géologiques par un astronome qui vivait environ 4000 ans avant nous. Et, après tout, ce feu, ces incandescences, ces submersions, ces alternances d'échauffement et de refroidissement, ces soulèvements des montagnes, ces idées de grands cataclysmes, ces divers âges du globe et son immense antiquité calculée par millions d'an-

nées sont des choses qui se professent encore couramment
de nos jours, sauf quelques modifications que le raisonnement
et l'observation ont pu introduire et introduisent successivement dans nos énoncés.

Sachons donc respecter la mémoire de ces antiques génies
qui nous ont ouvert la voie à côté des mineurs et des métallurgistes dont le travail fournissait les éléments de tant de
vivaces conceptions géogéniques. En scrutant un peu ces faits,
on s'étonne beaucoup moins de la statue d'or de Bélus que
de celles qui sont dédiées à certains héros. On approuve l'acte
de reconnaissance en vertu duquel son nom fut donné à une
gemme de la grosseur d'une noix, qui se trouve à Arbèles,
d'après Démocrite. Semblable à un verre blanchâtre, elle
montre une sorte de prunelle noire, qui brille au milieu d'un
reflet d'or. Vraie pierre chatoyante, cet *œil de Bélus* rappelle
de suite, les Berthierite, Jamesonite, Volzine, Beudantite,
Beaumontite et quelques autres qui font l'ornement de nos
collections. On entrevoit, en outre, comment la dynastie de Béel
put subsister pendant treize siècles. On comprend pourquoi
Danaüs d'Argos et Palamède prétendaient être Bélides ou
descendants de Bélus, pourquoi les Gaulois avaient leur
Bélénus, correspondant à Apollon, pourquoi enfin Achab,
Jézabel et tant d'autres étaient baalites. C'est tout comme il
y eut des pythagoriciens, des aristotéliciens, tout comme nous
avons encore, en géologie, des wernériens et des huttoniens.
Quand on sait qu'à la sortie des séances géologiques d'Edim-
bourg, les partisans de l'un et l'autre bord terminaient quelquefois leurs discussions par une boxe, on s'explique comment
les anciens sectateurs des doctrines opposées arrivèrent à
faire de Baal ou Béel des diables du genre de Bélial, de Belzé-
buth et de Béelphégor. Et qui sait si le Béliche, démon des
Malgaches, n'est pas issu de la même souche. Sans doute, la
religion du vrai Dieu, proclamée par Moïse, devait l'emporter

sur le matérialisme payen ; mais, du moment où son triomphe est assuré, il faut, au moins, avoir la générosité de reconnaître la valeur d'un adversaire, et surtout ne pas perdre de vue que, malgré ses moyens imparfaits, il fut, à la fois, le législateur et le bienfaiteur d'un grand peuple.

DES CAUCASIENS ET PEUPLES LIMITROPHES.

Le système orientaliste accorde nécessairement une origine asiatique à l'art des mines, et pourtant, nous n'avons rencontré dans la Chine, dans l'Inde et dans la Perse que des amoncellements de métaux ou autres matières minérales, sans avoir pu donner des détails sur les mines et sur leurs créateurs. Les contrées situées à l'extrémité occidentale de la grande ride asiatique qui nous a guidés jusqu'à présent, se montreront un peu plus explicites parce que, longeant la mer Noire et la Méditerranée, elles se trouvent en contact avec l'Europe. Sans doute, tout ne sera pas encore parfaitement lucide ; mais le complexe et ténébreux dogmatisme de l'Inde et des contrées adjacentes sera remplacé par les allégories moins énigmatiques de la Grèce, et quelquefois par les traditions bibliques. On le conçoit, c'est déjà un point important !

Là, entre la Caspienne et le Pont-Euxin, entre l'Asie et l'Europe se prolonge le scabreux Caucase, qui continue à établir la démarcation entre les régions accidentées du Sud et les steppes septentrionales, représentées ici par les bassins du Don et du Volga. Ce Caucase est dominé par l'Elbrouz dont la cime trachytique, élancée à 5646^m au-dessus du niveau de la mer, dépasse encore de 800^m celle du Mont-Blanc.

Suivant quelques ethnographes, ses habitants faisaient partie des anciens Scythes d'Hérodote auxquels s'annexent les Finnois. Blumembach imagine que cette contrée est le point de départ de la race blanche caucasienne qui couvre toute l'Europe, s'étend sur l'Egypte, l'Arabie, l'Abyssinie, le long de l'Afrique septentrionale jusque dans le Maroc, et envahit une grande partie de l'Asie occidentale et méridionale; mais Malte-Brun observe, avec raison, que rien ne motive son séjour dans ces montagnes antérieurement à son développement dans les Alpes ou l'Atlas. La variété peut se former partout où existent les causes physiques dont elle dépend. De son côté, d'après une amicale communication de M. Lortet, Ritter fait ressortir la remarquable concordance d'une foule de noms qui se rattachent, plus ou moins clairement, à celui du Caucase, *Kauk-Asos*. C'est la dénomination du pays du Soleil, *Asa, Asia*. Les *Abazes* habitent la région aussi bien que les Tcherkesses, les Ossètes, les Nogaïs. On retrouve le même son dans les fleuves *Ph-asis, Ar-axes* ou *Kor-axes*, l's se changeant souvent en *x*. Les Hellènes avaient une *Diana-asia*, une *Athène-asia*. Avant *Ara, Aza* était le nom de l'autel en latin. Dans le nord, on aurait aussi conservé le souvenir de l'orient et des temps antiques du Caucase. Les *Ases* qui paraissent n'être qu'une population conquérante, sortie de l'Asie pour se répandre dans le nord de l'Europe, étaient une race divine dans la mythologie des Scandinaves. Ainsi, Odin dont l'Edda dit : *Odinus recta appellatur omnium pater, quia pater est deorum hominumque, et omnium rerum*, avait toujours pour séjour *As-gar, As-Kerta*. *As* et *Aser* s'appellent les dieux et les héros de sa suite. Enfin, les Islandais disent : *Asa, Asia, solum divinum, sacra terra, non sic ab Asia nomen, sed regio ab illis suscepit*, et leur tradition ajoute qu'il arriva par une longue route de l'Asie vers le nord, où il introduisit les lois et le culte de Dieu. Héros dans la guerre et dans la paix, il enseigna la poësie et la magie. Il fut, avec ses compagnons, les ancêtres des Danois, des Suédois et des Normands.

D'après ces recherches, combinées avec d'autres, on pourrait peut-être démontrer que l'antique Europe a, sous le rapport religieux et historique, reçu une impulsion venant de l'Asie Majeure, passant directement par le pays des Cimmériens et des Thraces, impulsion qui aurait eu lieu avant toute civilisation hellénique. Elle s'étendit sur l'Adriatique, la Baltique et l'Europe moyenne. En tout cas, voyons ce que la poétique Grèce a fait de l'industrie de cette souche et de celle des contrées adjacentes.

Dans le Caucase proprement dit, apparaissent des roches cristallines au travers des dépôts secondaires et tertiaires, circonstance qui permet d'y admettre l'existence des métaux. C'est là que, par ordre de Jupiter, Mercure attacha Prométhée sur un rocher où un vautour lui rongeait le foie qui, renaissant continuellement, éternisait son supplice. Il fut délivré par Hercule, le dieu de la force, et la cause de sa punition fut sa fabrication d'une statue humaine avec de l'argile, statue dont le cœur était composé des qualités de presque tous les animaux, statue, enfin, qu'il voulut animer. Conseillé en cela par Minerve, déesse de la sagesse, il monta au ciel pour y dérober le feu divin à l'aide d'un flambeau qu'il alluma aux rayons du soleil. Devenu ainsi le créateur du premier homme, il excita la jalousie du maître des dieux.

A ce sujet, quelques interprétateurs modernes voient en lui l'image du génie persécuté, circonstance très-admissible. Toutefois, il faut ajouter qu'Eschyle fait dire à Prométhée : « J'ai formé l'assemblage des lettres et fixé la mémoire, » mère de la science, âme de la vie ; » et de plus, il fut spécialement considéré comme étant l'inventeur de tous les arts. Il aurait pu, dans le siècle actuel, payer au gouvernement des *brevets d'invention* qui lui eussent assuré le droit de dénoncer à la justice les contrefaçons, de s'attirer une interminable suite de procès, de se ruiner complètement, à moins de trouver des capitalistes suffisamment riches pour lui venir en aide, cas dans lequel une bonne partie du bénéfice est absorbé. En ce temps-là, les affaires prenaient une autre tournure. La reconnaissance des peuples l'éleva au rang des demi-dieux ; Athènes célébra en son honneur la fête connue sous le nom de Prométhéies, récompenses qui démontrent assez le prix attaché aux premières découvertes utiles, et parmi celles-ci, on range le briquet dont, dès le début, j'ai fait ressortir l'immense difficulté ainsi que l'influence sur la civilisation. N'eût-il donc rendu que ce seul service à l'espèce humaine, sa tâche de bienfaiteur aurait été convenablement remplie.

Cependant, M. l'Abbé de Tressan en fait, de plus, un fondeur de la race des Géants ou Titans, qui se rendirent redoutables à Jupiter, considéré comme prince grec. Vaincu, comme ses confrères, il se réfugia dans le Caucase où il fit ce que fit Vulcain, autre Titan exilé à Lemnos, c'est-à-dire que, caché dans ces forêts que fréquentent les aigles et les vautours, il civilisa les hommes en y créant des forges. Ces circonstances s'accordent assez bien avec le supplice de la *Roche prométhéenne*, avec son vautour, avec son feu volé du ciel, pour qu'il ne soit pas impossible qu'un voyageur découvre, sur quelque contrefort, et les vestiges des vieilles fosses que creusaient les pics de ses mineurs, et les scories provenant de la fusion de l'espèce de *foie* qu'ils arrachaient des entrailles de la terre. Nos ouvriers trouvent encore du *foie minéral* dans les filons.

Sur le versant méridional du Caucase, s'étendent l'Imirétie, la Géorgie, l'Abasie et la Mingrélie ; celle-ci donne son nom à une sorte de golfe de la mer Noire qui en baigne les rivages. L'ensemble de la contrée est traversé par le Phase ou Fashs qui, descendant du Caucase, se jette dans la mer Noire à Poti, tandis que le Kour (Cyrus), grossi de l'Araxe (Iaxartes), gagne la Caspienne, en vertu d'une ramification du Caucase qui établit la direction inverse des eaux. D'ailleurs, l'on a cru trouver la vraie situation du Paradis dans une partie du

pays, tant il est beau, et dans ce sens, le Phase serait le
Phison, un des quatre fleuves de l'Eden. Nous désignerons
cette région sous le nom collectif de Colchide en observant
qu'elle était aussi habitée par les Chaldéens, que l'on retrouve jusqu'au confluent de l'Euphrate et du Tigre. Ceux-ci
dont le nom varie, Chaldæi, Chalybes, Alybes ou Halizons, s'a-
donnaient à l'astronomie; ils passaient en même temps pour
être devins ou magiciens, et l'on a vu que leurs savants prenaient le nom de Mages. On leur est redevable d'une bonne
partie des idées superstitieuses relatives aux vertus de certaines espèces minérales, dont il a été fait mention parmi les
détails concernant l'Age de la pierre. Ils prétendaient, en
outre, communiquer avec les intelligences célestes, à l'aide
de leur science occulte et de leurs pratiques secrètes. Pour
le vulgaire, celles-ci devaient tourner à la cabale, science
consignée dans un livre qu'Adam aurait reçu en consolation
de sa chute, et par laquelle auraient été effectués les miracles
de Moïse, de Josué, d'Elie, etc. Au surplus, ces aperçus ne
sont pas à dédaigner pour nos détails ultérieurs, et même
ils se sont déjà fait pressentir à l'occasion des Tschudes,
comme des prophétesses Kymriques, dont la magie n'était
peut-être qu'une copie de celle des Chaldéens.

    Cette Colchide a été rendue célèbre par l'expédition des
Argonautes où, pendant le règne de Laomédon, se signalè-
rent Jason, Hercule, Orphée, Castor et Pollux, tout comme,
cinquante ans plus tard, Achille, Ulysse, Agamemnon, Hector, Sarpédon, Enée apparurent sous son fils Priam. Si donc
beaucoup de fables s'entremêlent à l'histoire du siége de
Troie, à plus forte raison, le voyage des héros de la Toison-
d'Or doit être affecté du même défaut. Cependant, il est hors
de doute que ces princes grecs, au nombre de 52, partirent
de la Thessalie, relâchèrent à Lemnos, traversèrent le détroit
des Dardanelles, abordèrent la Troade, furent jetés sur les

côtes de Thrace, et arrivèrent dans la Colchide, à l'embouchure du Phase où était Æa, but de l'expédition. Visitant ensuite les côtes de l'Asie, ils pénétrèrent dans la mer d'Azof ; puis revenant sur leurs pas, ils filèrent sur Gibraltar, passèrent près de la Sicile, et mirent fin à leur circumnavigation méditerranéenne en touchant l'Afrique avant de rentrer en Thessalie.

Abstraction faite du côté aventureux ou investigatoire de ce périple, il a été admis que son but était une opération commerciale sur les laines de la Colchide, dont la beauté donna lieu à des bénéfices par suite desquels arriva la fiction de la Toison-d'Or. Sans repousser cette supposition, il est pourtant permis d'en soutenir une autre d'après laquelle l'or proprement dit, l'or métallique du pays, ne fut pas négligé. Sa connaissance devait être parvenue dans la Grèce, car les Grecs hantaient la mer, comme le prouvent les aventures de leurs dieux et héros. Ils avaient même leurs pirates auxquels Castor et Pollux donnèrent la chasse vers 1260 avant J.-C., et d'ailleurs, dès 1400, Minos, roi de Crête, fut obligé de les détruire. En somme, la navigation étant devenue familière aux Grecs, ils ont dû désigner d'une façon quelconque leurs navires.

Jupiter changé en *taureau*, ou plutôt monté sur un vaisseau appelé le Taureau, emporta sur les flots la belle Europe, fille d'Agénor roi de Phénicie. Io changée en *génisse*, s'élança dans la mer Ionienne pour arriver à l'île de Crête. On a encore, dans la Manche, des bateaux de charge, très-renflés à l'avant et désignés sous le nom de *taureau*. Dans ce sens, le char traîné par des *dragons ailés* avec lequel s'enfuyait Médée, tout comme Pégase, *cheval ailé*, né de Neptune, sur lequel monta Persée pour délivrer Andromède attachée à un rocher sur le bord de la mer, n'étaient évidemment que des bâtiments à voile. Par la même raison, Phryxus et

Hellé qui furent transportés dans la Colchide sur un *bélier à toison d'or,* avaient tout simplement navigué sur un vaisseau nommé le *Bélier.* Au surplus, dans son épopée mystique sur Cassandre, le poëte Lycophron se plaint des combats acharnés entre l'Asie et l'Europe. Sept guerres auraient eu lieu avant celle de Troie, et probablement la marine joua un rôle dans les premières expéditions aussi bien que dans celle-ci.

Quant à l'or, on sait que le Phase, de même que d'autres torrents du pays, roulaient des sables aurifères dont le métal était renommé pour sa pureté. Dès lors, il fallait en recueillir les paillettes, et dans ce but, les habitants ont pu recourir aux tables déjà mentionnées, avec l'indication spéciale de l'addition d'une étoffe tendue sur leur surface, afin que les particules métalliques pussent se nicher entre leurs aspérités. On a également vu que d'ordinaire on se sert de toiles de laine; mais, au besoin, de simples peaux de mouton, dont le poil aura été plus ou moins écourté, doivent suffire. De cette façon, la Toison d'or s'explique tout naturellement.

Cependant, si ce mythe se prête à une interprétation fort simple par les pratiques précédentes, le reste de l'histoire de Jason se présente comme un tissu de fables du genre de celles qui composent les romans de chevalerie auxquels les récits des faits et gestes des héros grecs ont souvent été comparés. Il n'y a donc pas lieu d'y chercher quelque chose de nature à inspirer une grande confiance, et pourtant, au milieu de ces rêveries, on peut tirer quelques aperçus dont voici les plus saillants: Afin de conquérir la Toison d'or, il fallait d'abord mettre sous le joug deux taureaux, présent de Vulcain. Ils avaient des pieds et des cornes d'airain et ils vomissaient des torrents de flammes. Après les avoir soumis, on devait les attacher à une charrue de diamant pour les employer à défricher quatre arpents d'un champ consacré au dieu Mars et qui n'avait jamais été labouré. Pour compléter

ce travail, il était ordonné de semer dans cette terre des
dents de dragon dont surgirent aussitôt des hommes armés
que Jason dut exterminer, pour s'occuper ensuite à combattre
et à détruire un dragon qui veillait à la conservation de la
Toison d'or. L'intervention de l'art de Médée, magicienne
comme sa sœur Circée, et à laquelle Jason avait promis le
mariage, fit réussir ces opérations.

Bochard, prenant pour base la véritable signification des mots
phéniciens, explique une partie de ces détails par un combat
sanglant dont les Argonautes sortirent victorieux. Mais d'a-
bord, cette charrue de diamant ne serait-elle pas un reste de
l'Age de la pierre, et je profite de l'occasion pour faire ressortir
quelques autres données de M. Gaudry au sujet des pierres fines
dont il est souvent question dans l'histoire de l'ancienne
Chypre, île peu éloignée de la Colchide. Là, les diamants
se sont trouvés n'être que de l'analcime, substance assez
tendre, parfois hyaline, et d'ailleurs sujette à cristalliser
avec des formes qui imitent celles de la pierre précieuse. D'un
autre côté, les émeraudes de la même île ne peuvent être
que du quartz vert ou de la heulandite. Elle renfermait également des jaspes, des opales, ou autres variétés de quartz,
et si l'on réunit ces indications à celles des anciens qui distinguaient douze espèces d'émeraudes, parmi lesquelles il en est
qui ne sont aussi que des jaspes, il faudra conclure que les
termes de la minéralogie primitive n'ayant rien de bien précis,
on est parfaitement libre d'imaginer un soc pierreux, de nature siliceuse, suffisamment dur et tenace pour le travail en
question. Les jades ordinaires satisfont à ces conditions. Du
reste, ce mot diamant, appliqué aux événements de l'é-
poque de Jason, pourrait, au besoin, servir à établir qu'une
connaissance, au moins vague, de la véritable gemme de l'Inde
était parvenue en Grèce. Sa découverte n'est effectivement pas
invraisemblable, puisque le minéral se rencontre dans les al-

luvions, quelquefois même avec l'or, témoin les gîtes de Werk-Uralsk, de Bornéo et de la province de Minas-Geraes au Brésil.

Le second détail essentiel est celui des deux taureaux qui vomissaient des torrents de flammes et qui avaient des pieds et des cornes d'airain. Evidemment, ce présent de Vulcain ne put être qu'un appareil métallurgique dont la soufflerie imitait le mugissement des animaux en question. D'ailleurs, la Colchide n'est pas dépourvue de métaux, car on trouve du cuivre dans les parties voisines du Caucase. La Géorgie contient des mines d'or, d'argent, de fer, de cuivre, d'étain, des rubis ainsi que du jaspe, et l'Imirétie possède de riches minières de fer. On n'a donc que l'embarras du choix à l'égard du minéral traité dans ces fourneaux. Des pieds d'airain ne disent pas précisément que le métal coulait hors de leurs creusets, et encore, le fer ne paraît pas devoir être exclus. En effet, ayant expliqué que les Chaldéens s'étendaient jusqu'ici, et que leur nom se confond avec celui de Chalybes, il s'agit simplement de rappeler que la dénomination grecque du fer ou de l'acier est précisément le mot *chalybs*, employé dans les vers de deux poëtes :

> *Hæc ære, et duri chalybis perfecta metallo.* (Sil.)
> *At Chalybes nudi ferrum, virosaque Pontus.* (Virg.)

Ce Pontus est la mer Noire où Médée est supposée avoir exercé toutes sortes d'ensorcellements. Une version, non moins accréditée que celle dont il a déjà été question quand il s'est agi du fer oxydulé, lui attribue entre autres la métamorphose du jeune Magnès en pierre d'aimant. Elle devait donc connaître cette étrange substance, chose du reste très-admissible à l'égard de la fille d'Éétès, roi de Colchos, et probablement instruite par les Mages. On lui accorde même la découverte d'une pierre qui conserva son nom. Elle est noire, veinée de couleurs d'or, et exhale une humeur couleur de safran ayant le goût du vin, caractères qui ne paraîtront nullement impossibles aux minéralogistes familiarisés avec les bitumes contenus dans les minéraux.

Au surplus, il faut rappeler que les poëtes l'ont dépeinte sous les couleurs les plus odieuses, en lui faisant commettre une multitude de crimes après son mariage avec Jason. Pourtant, on sait aussi que les Corinthiens, voulant faire oublier leur massacre de Mémercus et Phérès, payèrent cinq talents à Euripide pour flétrir la mémoire de la princesse, et les calomnies répétées par le *servum pecus* des imitateurs, toujours plus empressés à accepter le mal que le bien, dénaturèrent complètement l'histoire de notre ancienne métallurgiste.

Quant à Jason dont l'expédition remonte à **1263** avant J.-C., on admet qu'il perdit, pendant son absence, le trône de Iolchos en Thessalie, auquel il était appelé par sa naissance. Son séjour en pays étranger dut, en effet, être prolongé, à en juger du moins d'après Strabon qui rapporte que l'Araxe formait jadis, en Arménie, un grand lac dont notre héros rompit les digues en ouvrant les montagnes. A partir de ce moment, le fleuve eut son embouchure dans la Caspienne. Ce récit rappelle l'histoire de la Chine dont les premiers souverains furent occupés à faciliter l'écoulement des eaux et des lacs qui l'inondaient, la rendaient marécageuse en produisant des inondations locales. En cela, Jason aurait été un bienfaiteur de la contrée, aussi bien que Minos, Castor et Pollux.

DES ANATOLIENS.

En partant du Caucase pour tirer au sud, le long des côtes de la mer de Mingrélie, on atteint bientôt l'Asie Mineure, grande presqu'île comprise entre la mer Noire et la Méditerranée. Elle est, en grande partie, composée de ro-

ches cristallines, longée, au nord par l'Anti-Taurus, au sud
par le Taurus, chaînes courant toutes deux de l'est à l'ouest,
et laissant entre elles un large plateau dominé par l'Arghi-
Dagh. Cette région, aujourd'hui désignée sous le nom d'Anatolie ou de Natolie, colonisée entre les années 1096 et 984 avant
J.-C. par les Grecs ioniens, envahie par les Perses, par les Gaulois
sous le nom de Galates, conquise par Mithridate, par les Romains, par les Croisés, par les Turcs, fut très-anciennement
civilisée, grâce à son commerce, à sa navigation. Anaxagore,
Homère, Tibulle, Anaximandre, Diogène, Héraclite, Xénophane, étaient Ioniens. Là, se trouvaient, ou bien existent encore, Trébizonde, Sardes, Ephèse, Nicée, Nicomédie, Héraclée,
Troie, Gnide, Smyrne, Clazomènes, Erythrée, Lampsaque,
Colophon, Milet, Sinope, cités dont l'histoire berça notre
jeunesse. Il nous convient donc de chercher, dans ces souvenirs, quelques détails au sujet de la source des richesses de la
contrée, c'est-à-dire de remonter à ses mines.

Notre point de départ sera Trébizonde, au pied de l'Anti-
Taurus. Ici, le gouvernement turc possède des mines de
cuivre qui m'étaient dépeintes comme une des ressources de
l'Empire, lorsqu'on m'en proposa la direction que je refusai.
Peut-être m'aurait-elle fait faire la connaissance de quelques
antiques traitements métallurgiques ; mais on ne manque pas
de mines à organiser en France, et, d'un autre côté, il m'eut
fallu abandonner la géologie pour laquelle j'avais imaginé un
projet d'observations de nature à jeter du jour sur un assez
grand nombre de questions jusqu'alors fort obscures. L'a-
venir me fera savoir si j'eus tort ou raison, au point de vue
scientifique. Quant à l'accessoire pécuniaire, il est devenu
évident pour moi que j'ai fait fausse route, car le public se
soucie fort peu de la nature. Le roman lui plaît, et pour en
faire, il suffit de se tenir dans sa chambre.

On cite encore, de ce côté, des filons de galène argentifère et au sud-ouest, sur le Jékil-Irmak, les mines de cuivre de Tokat ou Bérissa, ville voisine de Sivas ou Sébaste, l'ancienne *Cabira*, dont le nom est évidemment un reflet de la naissante métallurgie représentée par les dieux Cabires. En effet, indépendamment des pyrites cuivreuses, on y trouve des galènes, des minerais de fer, et en sus, ses filons cuprifères passent pour être plus riches que ceux de Trébizonde; mais ils sont faiblement exploités et peut-être sont-ils liés ou confondus avec les précédents.

Plus loin, entre le Pont et la Paphlagonie, on rencontre l'embouchure de l'Halys, aujourd'hui Kisil-Irmak, rivière qui, prenant sa source dans la chaîne précédente, se jette dans la mer Noire. C'est là que l'on place les Halizons, alliés des Troyens, d'après Homère : « Ils ont quitté, dit-il, les terres lointaines d'Alybe où l'argent naît en abondance. » Cependant, on remarquera d'abord que ces dénominations offrent une singulière ressemblance avec le mot *chalybs* dont j'ai déjà suffisamment fait ressortir la valeur, et qu'en outre, l'on ne possède aucun renseignement sur lesdites mines d'argent. La station paraît donc offrir un intéressant sujet de recherches pour les mineurs. Il serait surtout essentiel de retrouver ici des monceaux de litharges du genre de ceux du Vivarais et de l'Algérie, parce qu'il n'est pas impossible que leur rencontre serve à préciser le degré d'ancienneté de la coupellation, procédé qui me paraît contemporain de l'Age du bronze.

Une houille de bonne qualité est exploitée à Héraclée ou Erékli.

En continuant la route vers l'ouest, on approche du Mont Olympe de Brousse (alt. 2373ᵐ), aujourd'hui le Kéchich-Dagh (Montagne du Moine), sur les confins de la Phrygie et de la Mysie. Près de là, au fond du golfe d'Astacus, se présentent les filons de chromate de fer d'Ismid ou Isnikmid, l'ancienne Nicomédie. On connaît aussi du chromate de plomb

dans ces environs, et à quelque distance, vient le gîte de fer
chromifère de Kutaich ou Kiutahia auprès duquel se trouve,
en sus, l'*écume de mer*, si renommée de l'Asie Mineure.

A défaut d'autres renseignements sur la nature métallifère
de la station précédente, je passe dans les Mysies, au Mont Ida
dont les gorges profondes recèlent les sources du Granique, de
l'Esépus et du Scamandre. L'ancienne Troie, tant illustrée
par la poésie, était établie sur son revers occidental, et, à une
certaine époque, la Troade comprenait, à titre de pays conquis, les deux Mysies avec la Petite-Phrygie. D'après Strabon,
cette région possédait, à Astyra, des mines d'or à peu près
épuisées de son temps. Près d'Andyra se trouvait la *pierre ca-
laminaire* dont on faisait l'*orichalque*, alliage devenu l'objet
d'un travail de M. Rossignol. Le pays, au-dessus de Cysthène,
contenait encore une mine de cuivre, et le Mont Ida est lui-
même métallifère. Son minerai de fer oxydulé magnétique fut
déjà cité, 600 ans avant J.-C., par Thalès, le plus ancien
philosophe de la Grèce. Hippocrate, dans son livre *De la stérilité de la femme*, mentionne aussi la *pierre qui attire le fer*.
Cependant Platon l'appelle la *pierre d'Héraclée* et Sophocle
l'avait nommée la *pierre de Lydie*.

Ces indications variées ne sont pas en contradiction avec
l'existence, au Mont Ida, d'un gîte qui serait celui dont les
attractions affectèrent les clous de la chaussure, ainsi que le
fer de la houlette du berger Magnès, pendant qu'il cheminait
aux environs. Et d'ailleurs, j'ai relaté une version différente
d'après laquelle ce jeune homme aurait été changé en pierre
d'aimant par Médée. Autant de récits, autant de fables: mais
quoi qu'il en soit, le culte de Cybèle Bérécynthie et ses prêtres, les Corybantes, grands métallurgistes, rendirent le nom
de la montagne célèbre en Asie, comme on le verra par la
suite. Actuellement, je rappelle que celle-ci fut le lieu de la
scène du Jugement du berger Pâris qui y donna le prix de la
beauté à Vénus, dont les rivales étaient Junon et Minerve, et

j'ajoute que l'apparence oiseuse de ce détail disparaît du moment où l'on considère que non seulement la déesse proté-
geait les Troyens, mais qu'elle a, surtout, de grands rapports
avec Athor, divinité égyptienne, sœur de Phthah, dieu de la
lumière et du feu, élément capital des fondeurs. De là, une
connexion qui, ramenant à son rôle de maitresse de forges,
suffit pour expliquer la prééminence de Vénus dans une
station essentiellement métallurgique. Peut-être même ne
s'agit-il, dans tout cela, que d'une simple transformation du
nom de la Cybèle Bérécynthie effectuée par les Grecs.

La tradition place, dans la contrée, un événement tout
autrement capital pour la métallurgie. Il s'agit d'un incendie
des forêts, lequel aurait fait couler, en ruisseaux de feu, le
métal contenu dans la terre, de sorte que l'homme témoin de
cet effet découvrit, du même coup, les métaux et l'art de les
fondre. Lucrèce partageait cette opinion :

> *Quod superest, æs atque aurum ferrumque repertum est,*
> *Et simul argenti pondus, plumbique potestas,*
> *Ignis ubi ingenti silvas ardore cremarat*
> *Montibus in magnis..................*

Possidonius admettait de même que « les forêts s'étant
jadis embrasées, la terre qui se trouvait contenir de l'argent
et de l'or, se liquéfia et mit ces métaux en évidence par l'érup-
tion qui s'en fit à la surface. » Mais Strabon discrédita cette
fable, et d'ailleurs les traditions faisaient arriver l'accident,
non seulement au Mont Ida, mais encore en d'autres lieux et
même dans les Pyrénées dont les bois incendiés par les
bergers auraient reçu leur nom du mot grec qui signifie *feu*.
J'aimerais tout autant croire que cette chaîne le doit à Pyrène,
fille du roi Bébryx, qui y fut déchirée par les ours :

> *Nomen Bebrycia duxere a virgine colles.*

Toutefois, connaissant les modifications du mot *Pi*, *Py*,
Pey, *Pé*, *Puy*, *Puig*, *Pioch*, *Puech*, *Poëppe* qui se rattachent
au latin *Podium* (*Podium dumense*, *Puy-de-Dôme*) et, dit-on, au

celtique *Pi*, Pilat, Pifré *(Puy large, Puy froid)*, je maintiens d'abord mes explications au sujet des origines du traitement des métaux telles que je les ai données dans mes précédents aperçus métallurgiques. En outre, j'introduis une nouvelle donnée dans la question linguistique en mettant sous les yeux du lecteur la carte de la Thrace de M. Viquesnel. Il y trouvera un *Pilaf* vers l'embouchure du Strymon, près de Pravista. C'est le *Mons Pangœus* des anciens dont il serait intéressant d'établir l'analogie avec le *Pilat* lyonnais, et le *Pilate* de la Suisse. Comment enfin, se fait-il que des *Pyrénées* existent entre l'ancienne et la nouvelle Epire.

Au surplus, les rampes du Mont Ida devant présenter de nombreux vestiges d'antiques exploitations, il serait à propos d'examiner s'il en est qui eurent pour but d'attaquer des gîtes du fer oxydulé, et par là serait définitivement résolue la question problématique du traitement de ce minerai par les primitifs métallurgistes. Toutefois, on remarquera que son histoire ne mentionnant nulle part le feu, le bruit des marteaux, ni rien de ce qui concerne l'appareil des forges, il m'est encore permis de conserver mon opinion au sujet de sa tardive exploitation.

La Lydie, province presque entièrement grecque, et dont Sardes est la capitale, est placée près de la chaîne du Sipylus. La ville de Sipyle, placée sur la montagne, était la capitale des états de Tantale, dont la fille Niobé, fière de ses nombreux enfants, osa insulter Latone qui n'en avait que deux. Apollon et Diane vengèrent cette insulte en tuant tous les enfants de Niobé qui, stupéfiée par la douleur, fut transformée en rocher. En se plaçant au point de vue mythique des Grecs, on peut imaginer que cette métamorphose pourrait bien être la personnification d'un Menhir ou d'une pierre Bétyle, souvenirs de l'Age de la pierre. Il n'est donc pas entièrement inutile de chercher si, dans les environs, il n'existerait pas

un groupe de blocs de nature à rappeler les Cromlechs de la
Bretagne.

La chaîne du Sipylus présente aussi du fer oxydulé magnétique, et l'on prétend même en avoir tiré le premier aimant, qui
aurait reçu son nom de la ville de Magnésie, dérivé de celui de
Magnès, fils d'Eole et d'Enarète, ancien roi du pays. Encore,
importe-t-il ici de ne pas confondre Magnésie du Sipylus avec
Magnésie du Méandre (Iéni-Cheher). Toutes deux sont assez
voisines et toutes les deux sont magnétiques. Nonobstant ces
contradictions, les narrations relatives au Sipylus déterminèrent le voyageur Yates à faire quelques expériences pendant
qu'il gravissait vers le château de Magnésie. Au début de son
ascension, une déclinaison orientale se manifesta dans la boussole. Elle alla ensuite en augmentant à chaque pas, de manière
à atteindre un maximum de 56° sur un point au-delà duquel
l'écart diminua. Un examen plus attentif des conditions locales fit reconnaître certaines roches de teinte foncée qui
furent supposées être la cause du phénomène. L'aiguille ai-
mantée, placée dessus, commença aussitôt à trembler, et
l'une de ses pointes s'abaissa fortement. Cependant, une action pareille se manifestant, même quand l'instrument fut
posé à quelque distance du pied de ces roches vers lesquelles
l'aiguille ne tendait d'ailleurs pas à se diriger, il fallut conclure que le centre attractif se trouvait, non pas dans leur
masse, mais quelque part, dans l'intérieur de la montagne.
Enfin, un échantillon de la pierre noirâtre ne décéla pas le
moindre magnétisme lorsqu'il fut mis à l'épreuve au loin
de son gîte originaire. On le voit donc, la question de la cause
attractive est loin d'être résolue, et, provisoirement, il faut
reléguer ce massif parmi ceux dont M. de Humboldt a parlé
d'une façon trop hasardée, à en juger d'après les résultats très-
précis, obtenus par M. Reich, savant physicien de Freiberg.

A défaut d'une occasion plus propice, je complète ici mes

détails sur le fer oxydulé, en rappelant que Vulcain fut chargé par Jupiter de suspendre avec des chaines d'or, entre le ciel et la terre, Junon à laquelle il lia les mains derrière le dos, après lui avoir attaché une enclume, sous chaque pied, pour la soumettre à l'influence de deux blocs d'aimant, si artistement placés, qu'aucun des autres dieux ne put vaincre le charme. Par ce moyen, le maître des dieux se débarrassait des éternelles tracasseries de son épouse. C'était violent, et évidemment, la position devait surtout être humiliante pour la fière déesse, habituée à répéter son :

> *Ast ego, quœ divûm incedo regina, Jovisque*
> *Et soror et conjux.* . . . . .

Tout porte à croire que ce mythe fit éclore le projet de l'architecte Dinocharès d'établir dans le temple de Sérapis, à Alexandrie en Egypte, une voûte d'aimant pour faire flotter en l'air la statue de bronze d'Arsinoë, dont la tête devait renfermer un morceau de fer. Sans doute, ces idées ont un côté ridicule, et pourtant, il ne faut pas perdre de vue qu'elles se réalisent, en partie, par l'électro-aimant avec lequel les saltimbanques marchent au plafond d'un théâtre. D'autre part, il en est résulté la boussole qui prête son concours au marin pour s'orienter sur l'uniforme superficie des mers et au mineur pour se diriger au milieu du dédale de ses travaux souterrains. Encore, comme ce n'est pas l'unique fois qu'en partant de données enfantines on est arrivé aux résultats les plus capitaux, j'ai pensé que ces rudiments ne seraient pas déplacés ici. N'ont-ils pas abouti à la télégraphie électrique?

Cette même Lydie est célèbre à cause de son Pactole qui traverse Sardes, et d'un roi Midas, nom commun à la plupart des souverains de la Phrygie, contrée dont l'histoire, assez peu intéressante, n'a, pour ainsi dire, d'autre point saillant, que l'aventure d'un de ses Midas. Ayant rendu un service à Bacchus, il reçut de ce dieu le don de convertir en or tout ce qu'il toucherait. Selon Ovide, ses premières expériences de chimie transmutatoire eurent un succès complet :

Ilice detraxit virgam : virga aurea facta est.
Tollit humo saxum : saxum quoque palluit auro.
Contingit et glebam : contactu gleba potenti
Massa fit. Arentes Cereris decerpsit aristas :
Aurea messis erat. Demptum tenet arbore pomum,
Hesperidas donasse putas. Si postibus altis
Admovit digitos, postes radiare videntur.

Mais, à la suite de la satisfaction de la passion, vint la nécessité de contenter également l'estomac, autre impitoyable créancier pour le riche comme pour le pauvre. Les mets convertis en or ne lui convenant pas, le monarque s'en allait mourant de faim, lorsque le compatissant Bacchus lui conseilla de se baigner dans le Pactole de la Lydie qui, dès ce moment, devint aurifère. Tout cela ne l'empêcha pas de s'aliéner Apollon, qui le munit d'une belle paire d'oreilles d'âne :

Auriculas asini Mida rex habet.

Il faut croire qu'en se donnant la peine d'inventer cette décoration, le clairvoyant protecteur des Muses était assuré de son éternelle durée ; certainement, elle est encore très-largement portée. Du reste, dans un sens plus positif, Midas rendait la justice sur un trône dont Hérodote exalta la magnificence et qui fut donné au temple de Delphes. En sa qualité d'homme cousu d'or, il eut ses inévitables flatteurs. Ceux-ci prétendaient que ses sujets lui devaient leur bonheur, dire qui paraît tout au moins très-risqué, quand on sait que leur agriculture lui produisait d'immenses revenus, et qu'en outre, pour mieux s'assurer de la tranquillité de ses gouvernés, il fit planer sur eux le silence. Selon le système égyptien, son but se trouva atteint par un entourage d'établissements théocratiques et politiques, parmi lesquels il faut compter l'espion-

nage, menu détail que les Grecs républicains et railleurs tra-
duisirent à leur façon en imaginant l'extension de ses organes
de l'ouïe.

En somme, Midas se présente à nous comme un type particulier, celui du mineur incomplet, contrastant avec ses laborieux voisins, les Dactyles et Corybantes du Mt Ida, par cela
même que tout son savoir se réduisait à celui du facile lavage
des sables aurifères. Du reste, à partir de l'époque fabuleuse,
et jusque dans la période héroïque, ceux du Pactole fournirent
encore à Crésus, premier roi de Lydie, d'immenses richesses à
l'aide desquelles il put faire construire, avec Ephésus, le temple
de Diane, l'une des Sept Merveilles du monde. Ces gîtes étaient
complètement épuisés du temps de Strabon; mais l'érection
d'un pareil monument exigeait autre chose que de l'or. Il
fallait des métaux plus durs et, à défaut de plus amples renseignements, je rappelle qu'Aristote attribue à Scythès le
Lydien, l'art d'allier et de fondre l'airain, tandis que Théophraste concède cette invention à Délas le Phrygien.

Au sud de la Lydie, s'étend la Carie où se trouve Gnide, autre cité affectionnée de Vénus. La déesse y avait une statue, ouvrage de Praxitèle, et, selon les poëtes, cette ville, de même
que Paphos et Idalie, jouissait du droit de remiser son char et
ses colombes lorsqu'elle quittait l'Olympe pour visiter la terre.
Il reste donc à savoir si Vénus ne possédait pas ici quelques
usines, comme dans l'île de Chypre qui n'est point éloignée
de la présente station.

Enfin, au pied du Taurus, à 25 kilom. de la Méditerranée,
et dans l'angle que forme l'Anatolie avec la Syrie, gisent les
filons de galène argentifère d'Adana, ville dont le pacha d'E-
gypte s'était emparée. Elle entretient un commerce actif et peut
montrer de nombreuses ruines; mais l'ancienneté de ses exploitations est inconnue.

En résumé, l'Anatolie se présente avec une grande somme de richesses minières, avec son trafic étendu, sa science, son immortelle poésie, et, pour tout dire, avec les indices manifestes d'une civilisation fort avancée. Déjà, dans des temps très-reculés, ses philosophes énonçaient des aperçus géologiques. Thalès admettait pour premier principe l'eau ou l'élément liquide; il est le principal agent de la nature. Pour Anaximandre, il n'y avait qu'une substance unique, l'*infini*; mais, suivant son élève Anaximène, l'air fut la substance infinie et primordiale. Héraclite enseignait que le feu est le principe de toutes choses, l'agent universel. Xanthus de Lydie, contemporain d'Aristote, avait vu, en plusieurs endroits fort éloignés de la mer, des espèces de conques, de pétoncles, de moules pétrifiés. Enfin, Eudoxe de Gnide, parle de poissons pétrifiés que l'on trouve, dans les lieux secs, aux environs de Tium et d'Héraclée du Pont, en Paphlagonie. Ainsi donc, l'existence des fossiles se trouvait dès-lors démontrée. En outre, les rôles du calorique, de l'eau et des vapeurs, pour lesquels les savants se disputent encore de nos jours, étaient déjà professés, soit dans l'Ecole ionienne, soit par des Ioniens, et comme toutes ces questions sont encore pendantes, il faut croire qu'elles ne seront pas tranchées de sitôt. Cependant, nous n'en devons pas moins admirer cette concentration de tout ce qui fait la gloire comme la richesse des nations, et, par suite, chercher la solution des problèmes archéologico-métallurgiques qu'il m'a fallu indiquer en passant.

DES SYRIENS ET DES PHÉNICIENS.

Au midi de l'Anatolie, se prolonge une contrée que les chaînes du Liban et de l'Anti-Liban découpent du nord au sud, parallèlement à la côte méditerranéenne. Elle se compose successivement de la Syrie, de la Phénicie et de la Palestine, subdivisions qui n'existaient pas dans l'origine. Les

peuples qui en occupaient l'ensemble appartiennent à la famille
sémitique dont il a déjà été fait mention comme ayant peuplé
la Chaldée et la Mésopotamie. L'Ecriture désigne la Syrie, le
Bar-el-cham des Arabes, sous le nom de pays d'Aram, et anciennement aussi, les Hébreux, issus d'Héber, trisaïeul d'Abraham, parlaient la langue araméenne, c'est-à-dire le syriaque
et le chaldéen. Leur pays appelé Chanaan, du fils de Cham,
qui vint l'habiter, comprenait jadis la Phénicie, la Judée, ainsi
qu'une partie de la Syrie méridionale, et très-probablement, il reçut son nouveau nom par corruption de celui
des Phéniciens, Philistins ou Palestins qui, chassés par les
Israélites, se retirèrent sur la partie occidentale de la
contrée. D'ailleurs, l'armée de David avait des Phéléthiens,
Phéniciens d'origine, et soldats renommés par leur vaillance.
En ce sens, les Phéniciens seraient les restes des Chananéens;
mais il est évident aussi qu'ils se séparèrent des Philistins,
car David fit alliance avec les premiers en même temps qu'une
guerre acharnée aux seconds.

Ceci posé, on suppose que ces Philistins tirent leur
origine de l'Egypte, et il est aussi de fait que la religion des
Phéniciens avait une certaine ressemblance avec celle des
Egyptiens, car leurs divinités Bal ou Bel et Astarté correspondent à Isis et Osiris. D'un autre côté, la Fable rapporte que
le pays prit son nom de Phénix, fils d'Agénor. Envoyé par son
père à la recherche d'Europe, que Jupiter avait enlevée, il
ne parvint pas à la découvrir, et s'établit dans la contrée dont
il devint un des rois. Elle prit, dès lors, le nom de Phénicie. Ces
détails montrent d'anciennes migrations du genre de celles
qui ont été observées ailleurs, et pourtant, elles n'infirment
pas l'analogie de l'idiome par lequel sont réunis les habitants
du bassin de l'Euphrate, de l'Arabie, des côtes de l'Afrique,
de l'Abyssinie, idiome sans rapport avec celui de l'Asie, et,
s'ils en sont venus, ce ne peut être qu'immédiatement après

Adam, c'est-à-dire qu'ils doivent être considérés comme étant aborigènes.

Abstraction faite de ces indications, il nous faut noter les fractions suivantes : 1° La Syrie, comprise entre l'Euphrate à l'est, la Méditerranée à l'ouest, l'Anatolie au nord, et au sud, près des côtes, la Phénicie. Soumise par David, elle s'affranchit sous Salomon. Ses villes principales sont Damas et Antioche. 2° La Phénicie, bande étroite de terre, resserrée entre la Méditerranée et la chaîne du Liban, limitée au nord par le fleuve Eleuthérus, et au sud par le Bélus près de la Judée. Enfin 3°, la Palestine ou Judée, contrée dont les limites varièrent beaucoup. On peut la réduire à la vallée du Jourdain à l'est, et la borner à l'ouest par la mer, en y comprenant le pays des Philistins qui furent soumis par David. Ainsi restreinte, elle s'étendait du nord au sud, depuis l'espace où s'était établie la tribu de Dan, jusqu'au torrent d'Egypte. Les principales villes littorales étaient Joppé, Gaza et Azoth ; celles de l'intérieur sont assez célèbres pour ne devoir pas être indiquées.

L'ancienne industrie des Syriens est peu connue. Cependant, on sait que ce pays montueux possède, à Hamah, des filons de fer spathique, avec de l'hématite, inclus dans un calcaire de transition, et le Liban renferme de la houille. En outre, Pline fait mention d'un orpiment de couleur d'or, mais fragile comme les pierres spéculaires, et qui se trouvant à fleur de terre, faisait l'objet d'une extraction pour l'usage des peintres : « Il avait excité des espérances chez Caligula, qui était
» si avide d'or. Ce prince en fit fondre une grande quantité ;
» l'or obtenu fut excellent, mais en si petite proportion que,
» malgré le bas prix de la matière, il y eut de la perte. Or,
» c'est son avarice qui lui en avait fait faire l'épreuve, et
» depuis cet empereur, elle ne fut plus renouvelée. »

Cependant, aujourd'hui encore, la capitale de la Syrie est une ville industrielle que Lamartine dit semblable à Lyon, une

vaste manufacture..... Là, se fabriquent des étoffes damas-
sées; là aussi se multiplient les marchands de narguilhés, les
selliers, les orfèvres. C'est de Damas que tire son nom la damasquinure, dont la confection consiste à enchâsser de petits
filets d'or ou d'argent dans du fer ou de l'acier, et j'ai expliqué
qu'elle était connue des anciens. Le procédé nous est revenu
de ce pays sous le règne de Henri IV; mais il ne faut plus
chercher, à Damas, les fines lames d'acier, remplies de dessins
moirés, de veines blanches, argentées, noires, croisées ou parallèles, qui l'avaient rendue si célèbre avant le XVme siècle. En
1803, l'ingénieux Clouet publia un procédé pour atteindre le
même but, et depuis, Faraday, Stodart, ainsi que Bréant s'occupèrent de la question. Actuellement, la plupart des sabres,
des poignards vendus par les armuriers syriens viennent,
dit-on, d'Europe et notamment de la Belgique.

La Phénicie comprend plusieurs villes célèbres, tantôt établies sur le littoral, tantôt implantées sur des iles voisines de la
côte. Telles sont Hyblos, Tyr, Aradus, dont l'existence date
d'une époque où Tyr n'était pas éclose, enfin Sidon, ville
chananéenne que Moïse fit bâtir par Sidon, fils aîné de Chanaan,
et qui se soumit à Tyr, sa cadette, fondée 1900 ans avant J.-C.
M. Ernest Renan nous a fait admirer les gigantesques travaux
de ces villes, leurs énormes murs composés avec des prismes
quadrangulaires de 4 à 5^m de longueur et surtout une demeure monolithe entièrement évidée et taillée dans le roc.
Eh bien! pour produire ces merveilles, de grandes richesses
sont nécessaires, et en effet, Tyr fut la *Reine des mers*, jusqu'à
l'époque de sa destruction par Alexandre, en 332 avant J.-C.

Il est admis que les Phéniciens étaient essentiellement marchands, qu'ils transportaient les matières premières ainsi
que les produits des fabriques étrangères. A ce titre, l'argent
leur était fourni par l'Espagne; ils cherchaient l'étain à la
pointe sud-ouest de l'Angleterre, dans l'île de Scilly. Ces com-

merçants tiraient aussi l'or de l'Inde et de l'Afrique. On prétend même qu'ils allaient l'acheter, de ce dernier côté, au Mont Ophir que l'on suppose être dans le pays de Sofala, sur la côte orientale de l'Afrique, vis-à-vis de Madagascar, en admettant, de plus, qu'ils y parvenaient en passant par le canal que Néchao établit entre le Nil et la mer Rouge, sur l'isthme de Suez. Toutefois, j'observe que, jusqu'à présent, la position du Mont Ophir est simplement déduite de l'analogie de son nom phénicien avec celui de Fura, montagne du Sofala où les Portugais exploitent encore le métal précieux.

Aucun peuple de l'antiquité n'a fondé autant de colonies commerciales. Malte, la Mélité des Grecs, citée par Homère sous le nom d'Hypérie, fut possédée successivement par eux, par les Carthaginois, par les Siciliens, par les Romains, et les Maltais d'aujourd'hui sont encore de remarquables négociants, témoin, entre autres, le rôle qu'ils jouent en Algérie, où il n'est pas sans intérêt d'observer leur prodigieuse activité, qui n'a d'équivalent en Europe que celle des Juifs. Sur la côte d'Afrique, en 880 avant J.-C., Didon créa Carthage, Carthago des Romains, Karchedon des Grecs, Karthad-hadtha (nouvelle ville) des Phéniciens. Sa population, ainsi que celle du territoire, était un mélange de Phéniciens et de Lybiens, et là encore dominait le commerce, quoiqu'elle ait également établi des colonies. En Sicile, les Phéniciens bâtirent Lilybée, actuellement Marsala. Enfin, en Espagne, ils colonisèrent le littoral, depuis Gibraltar jusqu'à l'Ebre. Ici, entre autres, Gadès, à l'embouchure du Bétis, était leur station principale. Par là, ils dominaient le détroit Gibraltar, *fretum Gaditanum* ou *Herculeum*, et l'on remarquera, en passant, le soin avec lequel les Anglais, non moins commerçants, se sont emparés, à leur exemple, des précieuses positions de Gibraltar, de Malte, île placée presqu'au centre de la Méditerranée et de la Sicile, qui du moins leur appartient à peu de chose près. C'est que dans

tous les siècles, les mêmes besoins amènent les mêmes nécessités.

Il est facile de concevoir, d'après cela, que les Phéniciens
devaient être les navigateurs les plus célèbres de l'antiquité.
Ils se guidaient, en mer, d'après la Petite-Ourse, et même on
leur attribue l'invention de la navigation. Cependant, l'importance de leur commerce dut diminuer à mesure qu'aug-
mentait celui des Grecs, des Carthaginois, des Tyrrhéniens,
des Massiliens. Il s'anéantit après Alexandre, et maintenant le
port de Tyr est ensablé. En cherchant d'ailleurs la cause de
la prospérité de cette ville, on la découvre dans sa position
au fond de la Méditerranée où elle se trouvait en contact avec
trois continents, l'Europe, l'Afrique et l'Asie. Nulle autre part,
l'influence des causes géographiques ne ressort d'une façon
aussi explicite que par la comparaison de la Phénicie avec la Colchide. Ces deux régions sont à peu près placées sur le même
méridien, et quoique la dernière se trouve à quelques degrés de latitude plus au nord, son climat n'en est pas moins
très-favorable. L'Asie et l'Europe leur sont communes. Pourtant, toute rivalité était impossible, car la mer Noire est moins
largement ouverte que la Méditerranée, sa navigation est
plus dangereuse, et d'ailleurs l'avantage du contact avec
l'Afrique manque à la Colchide. De nos jours, on est en
droit d'espérer que le percement de l'isthme de Suez pourra
ranimer l'ancienne activité de Tyr, sinon exactement sur le
même point, du moins dans quelque station voisine et établie
sur le même littoral. Port-Saïd, ainsi nommé en l'honneur
du vice-roi d'Egypte, et fondé par M. de Lesseps, est appelé
à jouer un rôle dans cette rénovation.

On vient de voir comment des causes purement physiques
développèrent au plus haut degré le génie commercial chez
une fraction de la race sémitique, et l'on s'arrête ordinairement à l'idée qu'ils ne furent que des négociants complète-

ment absorbés par leurs achats, leurs transports et leurs
ventes. Toutefois, le commerce appelant l'industrie, on ne
sera pas étonné quand j'aurai ajouté que si, faute de filons, les Phéniciens ne furent pas précisément des mineurs,
leurs connaissances métallurgiques et chimiques étaient, du
moins, suffisamment développées pour qu'ils aient pu se permettre diverses applications industrielles. Il est spécialement intéressant de voir comment les Sidoniens, déjà si
connus par leur pourpre, surent découvrir l'art de fondre et
de travailler le verre. Pline est très-explicite à ce sujet. Après
avoir parlé d'un fleuve Bélus qui se jette dans la mer, près de
Ptolémaïs en Phénicie, où son sable, agité par les flots, se
sépare de ses impuretés et se nettoie, il ajoute: « Le littoral
» sur lequel on le recueille n'a pas plus de 500 pas, et, pen-
» dant plusieurs siècles, il fut la seule localité qui produisit
» le verre. On raconte que des marchands de nitre y ayant
» relâché, préparaient, dispersés sur le rivage, leur repas.
» Ne trouvant pas de pierres pour exhausser leurs marmites,
» ils employèrent, à cet effet, des pains de nitre de leur car-
» gaison. De ce nitre soumis à l'action du feu avec le sable
» répandu sur le sol, ils virent couler des ruisseaux transpa-
» rents d'une liqueur inconnue, et telle fut l'origine du
» verre. Depuis, comme l'industrie est ingénieuse et avisée,
» on ne se contenta pas de mélanger du nitre au sable;
» on imagina d'y incorporer la *pierre-aimant*, dans la pensée
» qu'elle *attire* à elle le verre fondu comme le fer. De la
» même façon, on se mit à introduire dans la fonte divers
» cailloux luisants, puis des coquillages et des sables fos-
» siles... Pour sa fonte, on emploie du bois léger et sec, et
» on ajoute du cuivre de Chypre avec du nitre, surtout du
» nitre d'Ophir. On le fond comme le cuivre, dans des four-
» neaux contigus, et on obtient des masses noirâtres, d'un
» aspect gras....... Ces masses sont refondues dans des four-

» neaux où on leur donne la couleur ; puis, tantôt on les
› souffle, tantôt on les façonne au tour, tantôt on les cisèle
» comme l'argent. Jadis, Sidon était célèbre pour ses ver-
» reries ; on y avait même inventé des miroirs de verre. »

Et ce n'est pas tout, car à ces inventions des miroirs, très-
probablement noirs, des verres incolores ou colorés, dans
lesquels on voit reparaître l'aimant qui nous a déjà occupés
dans un autre sens, et enfin, à ces fourneaux rendus contigus,
accouplés, comme de nos jours, par motif d'économie dans
la construction, il faut encore ajouter la monnaie et, de plus,
l'alphabet ou l'art d'écrire, autre nécessité du commerce. Du
reste, cet alphabet phénicien fut l'alphabet grec primitif,
composé de onze consonnes et cinq voyelles ; il est le même
que l'alphabet cadméen, importé en Grèce par Cadmus de
Phénicie.

Après cela, il est facile de concevoir qu'un peuple si ingénieux et si actif ne pouvait pas être plus étranger à la science
qu'à la philosophie. Suivant certains historiens, Sidon fut la
patrie de Zénon, chef des stoïciens. En tout cas, la Phénicie
eut son philosophe Moschus. Le premier, il expliqua l'univers par le concours des atomes, matérialisme qui était en
opposition avec la cosmogonie de l'Hyérophante Sanchoniaton,
autre Phénicien contemporain de Sémiramis ou antérieur au
siége de Troie et qui composa une histoire de sa patrie dont
quelques passages seulement sont parvenus jusqu'à nous ; encore, leur authenticité est-elle mise en doute. Cependant, il ne
sera pas superflu de mentionner ce que l'on rapporte de ses
idées sur la formation du globe. Suivant lui, « dans le commen-
» cement, tout était humide ; l'esprit uni à la matière produisit
» moth ; ce moth est le limon premier. » A ces expressions,
Eusèbe, parlant d'après les Phéniciens qui avaient conservé
le souvenir de sa doctrine, ajoute « que les terres et les mers
» avaient été enflammées ; que de grands vents, des nuages se

» succédèrent et qu'il tomba beaucoup d'eau. » Tout cela, sans doute, est fort peu explicite, et pourtant, ces atomes qui s'agglomérèrent, ces eaux, ces incendies, ne sont pas des choses en désaccord avec nos principes géologiques, au point de n'offrir aucun intérêt à ceux qui se plaisent à remonter au point de départ des théories pour lesquelles surgissent encore de très-vifs débats. Ils remarqueront que le *limon premier*, le *moth* en particulier, est d'une curieuse ressemblance avec l'*état primitif boueux* du globe, tel que l'admet M. Delesse.

DES HÉBREUX.

Les Hébreux attribuent l'honneur de la découverte des métaux à Thoubal-Caïn, septième descendant d'Adam, fils de Lamek, l'époux de Tsila, le frère de Yabal, père des pasteurs qui vivent sous la tente, et de Youbal qui, le premier, joua du psaltérion et de la cithare. En ce sens, le métallurgiste biblique aurait vécu avant le déluge de Noé, c'est-à-dire au moins 2975 ans avant notre ère, ce déluge étant lui-même supposé remonter à 2450 ans avant J.-C., ou bien être postérieur de 1656 ans à la création, intervalle durant lequel auraient vécu dix patriarches antédiluviens. Et comme on a vu que le premier Age de la pierre est antérieur au diluvium de la France occidentale, il s'agira désormais de savoir lequel des deux événements précéda l'autre, en étudiant les relations d'âge qui peuvent exister entre les instruments de silex et ceux que Thoubal-Caïn, ou bien la race qu'il représente, fabriquait en fer et en cuivre.

On sait que le chaldéen Abraham, quittant son pays natal, se rendit dans le pays Kénaan ou Chanaan dont les Israélites errants dans le désert, sous la conduite de Moïse, avaient fait leur Terre promise. Ce pays, placé entre plusieurs contrées également avancées en civilisation, la Phénicie, la

Mésopotamie et l'Egypte, fut définitivement envahi par Josué, 1605 ans avant J.-C., et comme les Juifs étaient sortis de ce dernier pays, ils devaient nécessairement avoir acquis la connaissance du traitement des métaux. Le fait est d'ailleurs démontré par certains détails de leur existence nomade d'alors, tels que les fabrications du *veau d'or* et du *serpent d'airain* qu'effectuèrent des fondeurs ambulants du genre de nos peireroux dont il a été fait mention dans la section de cette notice relative au travail du bronze.

Les livres de Moïse mentionnant, de plus, des fourneaux capables de produire de hautes températures, on a entrevu une circonstance de nature à faire admettre qu'ils servaient au traitement du fer. En tout cas, il est impossible de mettre en doute l'emploi de ce métal chez les Hébreux, quoique les explications d'un passage du livre de Samuel, données par M. de Saulcy, établissent que des tribus à peu près nomades, comme se trouvaient alors celles qui composent la nation juive, devaient être hors d'état de se livrer à son travail en grand. En effet, leurs artistes ambulants étaient capables de le façonner en détail aussi bien que l'or ou l'argent; et, quant aux gros ouvrages, tels que les instruments aratoires, il suffisait de recourir aux Philistins sédentaires qui, voisins des côtes, s'approvisionnaient de plus loin, attendu que la Judée n'a possédé aucune exploitation métallifère; du moins M. Gaudry, qui visita une partie du pays, n'a entendu parler que des mines du nord de la Syrie.

Au surplus, les chariots de guerre des Philistins étaient garnis de fer, et l'histoire de David contient à ce sujet un autre détail parmi ceux qui concernent l'armure de Goliath:
» Et il avait un casque d'airain sur la tête, et il était vêtu
» d'une cuirasse à écailles dont le poids était de 5000 sicles
» d'airain. Et il avait des bottes d'airain, et un bouclier d'ai-
» rain couvrait ses épaules. Et le bois de sa lance était comme

» l'ensouple des tisserands, et le fer de sa lance pesait 680 si-
» cles. » On le voit, deux siècles s'étaient écoulés depuis le
siége de Troie, et le fer ne formait encore que la minime
partie de l'accoutrement guerrier du géant. Il est cependant plus
résistant, moins lourd et moins embarrassant que le bronze,
qui pèse environ 89, la densité de l'autre ne s'élevant qu'à
77. N'importe, la vieille habitude se conservait. Mais, sous
Salomon, 830 ans avant J.-C., le fer fut largement employé
à la construction du temple de Jérusalem.

Ce n'est donc plus sur des particularités de ce genre qu'il importe d'insister; mais un aperçu sur la masse des métaux que
les conquérants des anciens temps pouvaient se procurer, ne
sera pas à dédaigner. A cet égard, il est dit que Cyrus, dans
son invasion de l'Asie, environ 600 ans av. J.-C., avait fait un
butin de 3400 livres d'or, sans compter les vases d'or, les ouvrages en or, et, entre autres, des feuilles d'arbre, un platane,
plus une vigne. Ses victoires lui valurent aussi 5000 talents
d'argent avec la coupe de Sémiramis dont le poids était de 15
talents. Eh bien! en remontant à quatre siècles au-delà, on voit
déjà David, dans ses conquêtes qu'il étendit de l'Euphrate jusqu'à l'Egypte, avoir toujours soin de se réserver les matières
métalliques provenant des contributions qu'il levait sur les
peuples, car il voulait édifier le temple de Jérusalem. Cette
condition lui procura une quantité d'or de 100 mille kikar; de
l'argent mille fois mille kikar. L'airain et le fer ne pouvaient
être pesés, leur quantité étant trop considérable, et encore
faut-il ajouter les gemmes, les pierres et les bois. Comme l'observe M. de Saulcy, l'imagination s'étonne à l'énonciation d'un
pareil amas de métaux, à l'existence duquel, néanmoins, il ne
nous est ni permis, ni possible de ne pas croire. Toutefois le
prophète royal ne put réaliser ses projets. Bien plus, le Seigneur
lui dit: « Tu as répandu beaucoup de sang et tu as fait de grandes
» guerres; tu ne bâtiras pas de maison à mon nom, car tu as

» répandu beaucoup de sang à terre devant moi. Vois, il t'est
» né un fils. Ce sera un homme de repos et je lui donnerai
» le repos avec tous ses ennemis d'alentour, etc., etc. »

Laissant de côté ce qui concerne les pierreries des Juifs,
je complète ces aperçus sur la minéralogie des Hébreux par
quelques détails relatifs à une substance qui joue un certain
rôle dans les pays chauds. Chacun a lu les tragédies de Racine
et connaît, par conséquent, le songe d'Athalie :

> Ma mère Jézabel devant moi s'est montrée,
> Comme au jour de sa mort, pompeusement parée :
> Ses malheurs n'avaient point abattu sa fierté.
> Même elle avait encore cet éclat emprunté
> Dont elle eut soin de peindre et d'orner son visage,
> Pour réparer des ans l'irréparable outrage.

Toutefois, ce dont on ne s'occupe guère, c'est de savoir de
quoi se composait une partie de cette parure. Eh bien ! les
Livres saints disent que cette reine impie voulant apaiser la
colère du roi Jéhu, s'était peint les yeux avec de l'antimoine.
On voit encore que l'orgueilleuse femme y reçoit les noms de
vase d'antimoine et de *boîte à fard*. Et d'ailleurs, voici des textes
plus précis, tant pour la reine que pour les femmes juives :

*Venitque Jehu in Jezrahel. Porro Jezabel, introitu ejus audito,
depinxit oculos suos* stibio *et ornavit caput suum, et respexit
per fenestram* (L. DES ROIS, IV).

*Tu autem (Jerusalem) vastata quid facies? Cùm vestieris te
coccino, cùm ornata fueris monili aureo et pinxeris* stibio *oculos
tuos, frustra componeris: contempserunt te amatores tui, animam tuam quærent* (JÉRÉMIE, Ch. IV).

Eh bien ! cet antimoine est le plus ancien fard dont il soit
fait mention dans l'histoire ; en même temps, il fut le plus
universellement répandu. En Asie surtout, les yeux, généralement d'un brun foncé, grands, convenablement entourés
d'un cercle de la poussière noire du minéral, passent pour

prendre une expression pleine d'une douce langueur. Ayant d'ailleurs la propriété de dilater la paupière de façon à faire paraître l'organe plus ouvert qu'il ne l'est réellement, les femmes ont soin de ne pas négliger ce surcroît d'attraits, et elles l'obtiennent en se frottant le tour de l'œil avec une aiguille trempée dans la substance qu'elles étendent même jusque sur les sourcils. Du reste, non seulement les Syriennes, les Babyloniennes et les Arabesses prenaient cette précaution, mais encore les Grecques, les Romaines adoptèrent l'usage aussi bien que les Turquesses africaines.

Indépendamment de cet emploi, je rappelle que les hommes des déserts de l'Arabie tirent une ligne noire en dehors du coin de l'œil, non pas seulement pour lui donner une apparence plus fendue, mais qu'en outre, ils justifient cet usage en expliquant que l'antimoine est un préservatif contre les ardeurs du soleil. Sauf exagération, cette prétention a très-probablement quelque chose de fondé pour ces pays où les ophthalmies sont si fréquentes. J'ajoute donc, pour ma part, qu'une dame de Marseille, après avoir séjourné long-temps en Afrique, rapporta ce produit dont elle conseilla l'emploi à sa nièce, afin de fortifier sa vue et de soulager ses paupières légèrement affectées. Le remède ayant produit un effet salutaire, je fus chargé d'en rapporter de Constantine. Ici, les pharmaciens me déclarèrent que la matière, désignée sous le nom de *cohol*, était préparée suivant des procédés secrets et qu'il fallait m'adresser à des Mauresques pour l'obtenir.

Dans l'impossibilité de m'occuper davantage de la commission, je voulus du moins connaître les idées émises à ce sujet, et d'abord je trouvai que, d'après les médecins de l'Ecole d'Avicenne, le cohol désigné comme un mélange de poudres très-fines, est employé à titre de collyre pour les maux d'yeux. Je supposai donc que la préparation n'avait

d'autre but que celui d'amener la poussière minérale à un
état de division extrême et analogue à celui qu'obtiennent les
Chinois quand ils produisent leur beau vermillon aux dépens du cinabre. Mes présomptions à ce sujet se trouvèrent parfaitement confirmées par les détails de Pline : « Il
est, dit-il, de propriété astringente et réfrigérante. On l'emploie surtout pour les yeux ; et il a été nommé par la plupart
platyophtalmon, parce que, faisant paraître les yeux plus
grands, il est employé dans les préparations callibléphariques
des femmes. Il guérit les fluxions des yeux et les ulcères de
cet organe. On s'en sert en poudre, avec de la poudre d'encens et de la gomme ; il arrête aussi le sang qui s'écoule du
cerveau. En poudre, il est très-efficace contre les plaies récentes et contre les anciennes morsures des chiens. Il est bon
contre les brûlures par le feu, étant mêlé à de la graisse, de
l'écume d'argent (litharge), de la céruse et de la cire. Pour le
préparer, on le brûle dans une tourtière, après l'avoir entouré
de fumier de bœuf ; puis on l'éteint avec du lait de femme, et
on le broie, dans un mortier, avec de l'eau de pluie. De temps
en temps, la partie trouble est transvasée dans un vaisseau
de cuivre et purifiée avec du nitre. On reconnaît le marc (antimoine métallique) à ce qu'il est très-semblable à du plomb
et occupe le fond du mortier ; on le rejette. Le vaisseau, dans
lequel ont été transvasées les parties troubles, reste la nuit
couvert d'un linge. Le lendemain, on décante ce qui surnage
ou bien on l'enlève avec une éponge. Le dépôt qui s'y forme
est regardé comme la fleur. On l'expose au soleil, couvert
d'un linge, sans le laisser entièrement dessécher. Alors, on le
triture de nouveau dans un mortier et on le divise en trochisques. Dans toute cette opération, l'important est de brûler le
stibi convenablement, de manière à ne pas le changer en
plomb (antimoine métallique). Quelques-uns, pour le faire
cuire, emploient, non du fumier, mais de la graisse ; d'autres

le broient en l'imbibant d'eau, le passent dans un linge plié
en trois, jettent le marc, transvasent la partie liquide et re-
cueillent ce qui s'en dépose, pour s'en servir dans les em-
plâtres et dans les collyres. »

Tout métallurgiste admirera sans doute ces grillages si judicieusement ménagés, cette chimie si avancée des anciens
temps. Aussi, voulant m'éclairer encore davantage, je consul-
tai quelques médecins européens ; mais le remède n'étant pas
consigné dans le Codex, ils m'expliquèrent que les Arabes
sont polypharmaques, et qu'en conséquence, il est inutile de
tenir compte de leur système médical. Enfin, considérant le
sulfure d'antimoine comme insoluble, ils admettent qu'il ne
peut exercer aucune action.

Certes, personne, moins que moi, n'est disposé à s'imbiber
le corps d'une infinité de drogues ou bien de composés tels
que la fameuse Thériaque d'Andromaque, espèce d'Élec-
tuaire japonais, sorte de Mithridate, genre d'Orviétan, qui se
prépare encore à Lyon, et dans laquelle il n'entre pas moins
de 66 à 75 substances. Encore, parmi celles-ci je remarque
le bizarre assemblage du spicanard, des trochisques de vipères,
de la semence du navet sauvage, de la muscade, de la terre
de Lemnos, du bitume de Judée, du vitriol de fer, du
colchitis grillé, du mastic, du suc de réglisse, du dictame
de Crète et notamment du galbanum renforcé par des
semences de carottes. Où donc est la simplicité, si ce n'est
du côté de l'antimoine? Cependant, il me paraît d'autant plus impossible de croire à la neutralité absolue du remède, que les matières antimoniales se montrent attaquables
par le suc gastrique, témoin les célèbres *pilules perpétuelles*.
Et pour être moins actif dans les yeux, son effet n'en serait
que mieux approprié à leur délicatesse, de façon que, tout
bien considéré, il me paraît rationnel de ne pas rejeter, sans
plus ample examen, un préservatif dont l'efficacité semble

appuyée par les pratiques séculaires dont je viens de parler.

D'après d'autres données historiques, l'antimoine sulfuré n'a été employé qu'en la seule qualité de fard, jusqu'au XIIe siècle de notre ère ; mais cette indication ne précise point l'époque à laquelle remonte sa connaissance. A cet égard, MM. les archéologues nous disent avoir découvert, près d'Aigle en Suisse, une sorte de bronze antimonial, qu'ils font remonter à l'Age du bronze. Eh bien ! j'observe que les minerais connus sous le nom de *cuivre gris* étant naturellement antimonifères et leur antimoine ne se séparant du métal qu'avec la plus grande difficulté, on comprend facilement qu'il a suffi de traiter une de ces espèces pour obtenir l'alliage en question. Elles sont d'ailleurs assez communes dans les Alpes pour autoriser à croire qu'il ne s'agit ici que d'un produit local, provenant d'une fusion directe, et nullement d'un composé artificiel, obtenu par la combinaison de deux métaux originairement séparés, comme cela est arrivé pour le bronze ordinaire. Il est donc certain que l'alliage d'Aigle ne nous apprend rien au sujet de l'antique emploi de l'antimoine.

M. Grand paraît avoir été plus heureux, car avec les instruments de silex, les agates et les quartz hyalins qu'il découvrit dans la caverne de Menton, il trouva un fragment de sulfure d'antimoine revêtu d'une croûte oxydée. Sans doute, de cette découverte unique il serait téméraire de conclure que l'usage de la substance comme fard remonte à l'âge de la pierre. Cependant, j'ai dû mentionner la rencontre, afin qu'étant avertis, les archéologues puissent arriver à introduire la précision souhaitable en pareille matière. En effet, peu d'autres demi-métaux doivent exciter leur attention au degré de celui dont je viens de faire connaître la dispersion dans diverses parties du monde. N'oublions pas que Basile Valentin, dans son *Currus triumphalis antimonii*, l'a proclamé comme un remède à tous maux, que Paracelse, voulant le remettre en vogue, l'adopta pour en faire son enfant sous le nom de *lion rouge*, tout comme Basile Valentin l'avait désigné sous celui de *lion oriental.* Encore les alchimistes, à l'envie les uns des autres, lui décernèrent les titres de *Saturne des philosophes corrigeant ses satellites*, de *racine des métaux*, de *bain solaire*, de *plomb de sapience*, de *gynécion, calcédonium, alabastrum, larbason, omnia in omnibus*, *ommatographon, planophthalmon, stimni, tetragonum, plumbum nigrum, magnesia Saturni,* liste qui prouve combien ce demi-métal leur donna d'occupation. Et ce n'est pas tout, car la Faculté de Médecine en interdit l'usage, par un arrêt rendu en 1556, lorsqu'elle faisait dégrader les docteurs Besnier et Paumier qu'il fallut réhabiliter en 1637 et 1650. Finalement, il devint une des bases fondamentales de nos remèdes capitaux.

Du reste, chacun connaît l'histoire de Basile Valentin, qui, ayant remarqué que les porcs sur lesquels il en faisait l'expérience engraissaient à vue d'œil, imagina de faire participer du même avantage les moines ses confrères. Mais il est évident qu'il ne s'agit en cela que d'une de ces méchantes plaisanteries que nos ancêtres débitaient contre certains ordres religieux. Dans un sens plus probable, on croit que du mot arabe *Aïtmad* ou *Atimad*, et par corruption *Atimodium*, on a fait celui d'*Antimonium.*

L'Anatolie a fourni aux archéologues des Menhirs, souvenirs positifs de l'Age de la pierre. De même j'ai pu conjecturer que la pétrification de Niobé, sur le Mont Sipyle, pourrait se trouver figurée par un Menhir, entouré de quelques autres *pierres levées*, représentant ses enfants, de manière que l'ensemble constituât une sorte de Cromlech.

A cet égard, la Judée s'est montrée beaucoup plus explicite, puisque j'ai déjà eu l'occasion de mentionner les autels dressés en divers lieux par Abraham, ainsi que les pierres cabires près desquelles Samuel affectait de rendre la justice

au peuple. L'on sait également qu'après l'apparition de Dieu
en songe à Jacob, près de Luza, où il lui promit la terre de
Chanaan, le patriarche, en mémoire de l'événement, érigea
la pierre qui lui avait servi d'oreiller, répandit de l'huile sur
ce bloc, donna à la ville voisine le nom de Beth-el, signifiant
Maison de Dieu, et qu'elle appartint ensuite à la tribu de
Benjamin, sur les confins de celle d'Ephraïm. D'un autre
côté, Josué traversant le Jourdain, eut soin de faire rassembler dans le lit de la rivière, douze grosses pierres qu'il fit dis-
poser, sur l'emplacement de son camp, en forme de monument destiné à conserver le souvenir de son passage.

Rien n'est donc plus fréquemment mentionné, dans la
Bible, que ces objets qui, selon certains antiquaires, doivent
être rangés dans la catégorie générale des *pierres bétyles*,
espèces d'idoles auxquelles l'humanité primitive attribuait habituellement de grandes vertus. A cet égard, les Orientaux
étaient alors à peu près dans l'état de nos Lapons qui, à
défaut d'un quartier de pierre, plantent, derrière leurs tentes,
un tronçon de bouleau. Etant destiné à représenter leur dieu
Thiermes, ils ont soin, malgré sa puissance, de le munir d'un
clou d'acier avec un caillou pour le mettre à même de se
chauffer au besoin, et en sus, ils l'entourent de branches
de pin, de cornes ou d'os de rennes immolés en son honneur.
Certes, je suis loin d'admettre qu'Abraham, Jacob et Josué,
imbus de la connaissance du vrai Dieu, ont été bétylâtres;
mais il n'en est pas moins permis de supposer qu'ils se
conformèrent à des usages reçus, quitte à considérer leurs
constructions comme autant d'autels ou de lieux sacrés du
genre de ceux qui servent encore aujourd'hui au culte du
christianisme.

Au surplus, la répétition du terme *Beth*, à l'occasion d'une
foule de localités de la Judée, est vraiment digne d'attention.
Béthanie, Bethléem, Bethphagé, Bethsaïde, Bethsamès, Beth-

sétha, Bethbara, Bethsura, Béthulie, Béthoron, ne sont certainement pas redevables au pur hasard de leur consonnance avec les pierres bétyles. Et, si je me reporte aux mesures géodésiques ou autres de l'ancienne Egypte, j'y retrouve les Beth-cab, Beth-cor, Beth-lether, Beth-rob, Beth-seah, mots tous évidemment issus de la même souche, de façon à indiquer une consécration, qui n'était pas tout à fait hors de saison, pour des objets servant à régler une foule de transactions. Or, les Hébreux ayant longtemps séjourné dans ce dernier pays, ont nécessairement dû se pénétrer de ses usages et les importer ensuite dans celui qui leur fut définitivement acquis par les victoires de Josué. Après tout, je conçois parfaitement que le problème de l'Age de la pierre pour la Judée, ne doit pas être considéré comme étant définitivement résolu par ces seules indications ; mais, mon but sera atteint, si j'ai pu mettre sur la voie des éclaircissements qu'il me paraît plus logique de chercher dans les stations sus-mentionnées que partout ailleurs.

Indubitablement, les descendants d'Héber ont dû conserver la tradition d'événements géologiques plus ou moins anciens. Tel est notamment le Déluge dont le souvenir existe d'ailleurs chez tous les anciens peuples. Ils furent, de plus, les témoins de quelques catastrophes dont voici un exemple bien détaillé, et relatif à une époque parfaitement historique. Amraphel, roi de Sennaar, Arioch, roi du Pont, Chodorlahomor, roi des Elamites et Thadal, roi des Nations, se liguèrent contre Bara, roi de Sodome, Bersa, roi de Gomorrhe, etc., et s'assemblèrent dans la vallée des Bois qui est maintenant la mer Salée. Ils pillèrent Sodome et Gomorrhe. Cependant, Abraham put venir au secours de ces villes; il reprit tout le butin et le rendit aux habitants, refusant de rien accepter d'eux, depuis le moindre fil jusqu'à un cordon de soulier, afin qu'ils ne pussent pas prétendre l'avoir enrichi. Tou-

tefois, le Seigneur, voulant effacer les iniquités de ces Amor-
rhéens, parla à Abraham pour lui annoncer ses résolutions et
en même temps pour faire alliance avec lui. *Alors, après le cou-
cherdu soleil, il se forma une obscurité ténébreuse ; il parut un four
d'où sortait une grande fumée, et l'on vit une lampe ardente
qui passait au travers des troupeaux divisés.* Quelque temps
après, Dieu lui fit annoncer de nouveau son intention de détruire Sodome et Gomorrhe. Cette menace se réalisa bientôt.
*Une pluie de soufre et de feu descendit sur ces villes. Elles fu-
rent bouleversées, de même que la contrée environnante et tout ce
qui l'habitait. Pendant la fuite de Loth, neveu d'Abraham, sa
femme... qui regarda derrière elle, malgré la défense céleste, fut
changée en une statue de sel... Abraham s'étant levé le matin,
vit de ce côté des cendres enflammées qui s'élevaient de la terre
comme la fumée d'une fournaise.*

Or, rien n'est plus explicite que ces détails. Ils embrassent
les préambules du phénomène avec ses conséquences, et
tout géologue qui sait comment les schistes bitumineux peuvent s'enflammer, combien les asphaltes abondent dans la
contrée, à quel point sont saturées de sel les eaux de la mer
Morte, lac Asphaltite ou mer Salée, s'expliquera matérielle-
ment le météore préliminaire, la fumée, le bouleversement de
la contrée et même la conversion de la femme de Loth en une
statue de sel, parce que, s'arrêtant dans sa fuite, elle fut probablement engouffrée sur un point où le mouvement du sol
fit surgir un bloc de cette substance. Surtout, n'oublions pas
maintenant qu'en sus des bitumes qui viennent flotter sur
la mer Morte, des exhalaisons sulfureuses qu'elle émet si
fréquemment, son eau est, à la fois, dense et saline,
au point qu'un homme ne s'y enfoncerait que jusqu'à la
moitié de sa hauteur, et concluons que non seulement le
terrain qui l'encaisse est salifère, mais encore que ce sel a
dû se dissoudre en laissant des vides souterrains. De là, l'ef-

fondrement qui fit naître ce bassin, en présence d'Abraham ; de là encore, ces flammes, ces fumées qui, provenant du sous-sol, ont pu se combiner avec des feux du ciel, comme le disent les interprétations, et de cette façon nous serons parfaitement dans le vrai. Après cela, la Providence qui intervient en toutes choses, a été libre d'envoyer des Anges à Loth, pour l'avertir du désastre ; mais la mission de discuter ses actes n'étant pas confiée au naturaliste, il suffit d'avoir fait ressortir un de ces moyens simples par lesquels se réalisent ses immuables décrets.

Les savants d'Israël ne devaient pas être plus étrangers aux notions géologiques que ceux des autres nations, et d'abord, je prends, dans le Psaume cxiii de David, un passage où il parle des miracles de Dieu en faveur de son peuple : *Quid est?...... Montes exultatis sicut arietes, et colles sicut agni ovium. A facie Domini mota est terra, à facie Dei Jacob.* Or, ces montagnes qui se dressent comme des béliers, image saisissante de nos montagnes dentelées, ces collines mamelonnées qui surgissent comme les agneaux des brebis, cette terre qui s'ébranle en présence de son Créateur, sont bien certainement une peinture des soulèvements dont le côté saisissant ne peut s'expliquer que par l'intime conviction de la réalité du phénomène. Mais que de sarcasmes certains philosophes n'ont-ils pas débités au sujet de la Cosmogonie de Moïse, et pourtant, voyons si ses détails fondamentaux sont absolument inadmissibles, d'après l'état actuel de la science.

In principio, Deus creavit cœlum et terram. Terra autem erat inanis et vacua... Dixitque Deus : Fiat lux. Et facta est lux... et divisit lucem a tenebris... Et fecit Deus firmamentum, divisitque aquas quæ erant sub firmamento ab his quæ erant super firmamentum. Vocavitque Deus firmamentum Cœlum. Dixit vero Deus : Congregentur aquæ quæ sub cœlo sunt in locum unum : et appareat arida. Et vocavit Deus aridam, Terram, congregationesque aquarum appellavit Maria. Et ait : Germinet terra herbam virentem.... et lignum pomiferum..... Dixit autem Deus : Fiant luminaria in firmamento cœli et dividant diem ac noctem et sint in signa et tempora, et dies et annos... Fecitque

Deus duo luminaria magna : luminare majus, ut præesset diei : et luminare minus, ut præesset nocti : et stellas..... Dixit etiam Deus : Producant aquæ reptile animæ viventis et volatile super terram sub firmamento cœli. Dixit quoque Deus : Producat terra animam viventem in genere suo, jumenta et reptilia, et bestias terræ secundum species suas... et ait : Faciamus hominem ad imaginem et similitudinem nostram... et creavit Deus hominem... Et factum est Dies sextus.

Eh bien ! en partant des théories de Laplace et de Herschel, une matière d'abord excessivement dilatée dans les espaces cosmiques dut obéir aux effets de la gravitation universelle et se concentrer, peu à peu, autour de divers centres. En d'autres termes, il y eut, pendant un certain temps, un état général confus, vaporeux, durant lequel tout était désordre, *tohu-bohu*, pour me servir de l'expression des livres hébraïques. Mais la première condensation constituait des foyers plus lumineux que les espaces ambiants, et par suite, la lumière se trouvait séparée des ténèbres. L'attraction continuant à exercer son empire, l'agglomération moléculaire établit une distinction encore plus tranchée entre le ciel, les mers et la terre sur laquelle purent germer les premiers végétaux auxquels il nous est permis d'attribuer une simplicité toute confervoïde. Alors encore, les astres se dessinèrent d'une façon plus nette qu'auparavant, car tout autorise à croire que la masse immense du soleil, par exemple, ne dut pas se montrer, aussi promptement que le globe terrestre, avec l'état d'agglomération qui leur est propre actuellement. L'astre du jour ne reste-t-il pas entouré d'une vaste atmosphère de vapeurs lumineuses dont la condensation graduelle ne se trouvera complétée qu'après un laps immense de siècles, tandis qu'elle a, pour ainsi dire, atteint sa limite autour de notre globe, depuis un nombre d'années non moins considérable? Du reste, les jours et les nuits étant devenus plus tranchés, les animaux aquatiques et les oiseaux s'établirent dans leurs domaines respectifs. Vinrent ensuite les mammifères terrestres et enfin l'homme.

Cette hiérarchie étant donc entièrement conforme aux données astronomiques et géologiques, il ne restait plus que l'impossibilité de faire cadrer, avec les six jours de la création, les formations sédimentaires dans lesquelles les restes de tant de milliards de productions végétales et animales sont conservés suivant un ordre de succession de nature à ne laisser aucune prise à l'ambiguité. A cette difficulté se joignait l'idée de la sagesse infinie du Créateur. Elle ne permettait pas de lui attribuer la fantaisie de façonner une multitude de simulacres de toutes sortes d'êtres organisés et de les caser régulièrement dans les couches provenant de l'incrustation successive du globe, le tout pour tendre un piége à l'esprit humain. A part cette pensée, fallait-il au moins le temps de constituer lesdites couches, masses essentiellement chimiques, et dont la formation, rentrant dans la part d'action qui nous a été dévolue par l'Etre suprême, est, par cela même, assujettie à nos calculs, aussi bien que les mouvements purement mécaniques des astres. S'il s'est réservé ce qui constitue la vie à tous les degrés imaginables, depuis la végétation du byssus, depuis les fonctions de la plus élémentaire des monades jusqu'à celles de l'homme, du moins, il lui a donné le pouvoir de manipuler, à son gré, les molécules matérielles, réduites aux seules affinités. En même temps, il lui concéda la faculté de raisonner sur leurs combinaisons, deux à deux, trois à trois, etc., et par suite, d'en prévoir les effets, d'en discuter les résultats.

Or, les raisonnements, tant chimiques que géologiques, à ce sujet, aboutissant à faire admettre des myriades pour amener l'état actuel du globe, on conçoit les embarras dans lesquels devaient se trouver les observateurs mis en présence des six jours de Moïse, et des faits qui ressortaient journellement, de la façon la plus claire, de leurs études. L'esprit profondément religieux de mon excellent professeur de l'Ecole des Mines, M. Brochant de Villiers, fut ému des impossibilités qui surgissaient devant lui. Désirant donc se débarrasser de toute inquiétude à ce sujet, il s'adressa à M. l'abbé Frayssinous, dont la haute intelligence saisit aussitôt les difficultés de la question. Loin de repousser ce savant qui réclamait ses instructions, il eut la charité de discuter avec lui tous les points litigieux. Bref, chacun ayant apporté son contingent, le célèbre prédicateur monta un jour en chaire, et, dans une de ses plus sublimes conférences, il mit les récalcitrants au défi de prouver la fausseté des récits de Moïse. En effet, la base de leurs contestations ne résidait que dans la traduction impropre du terme hébreu, qui est rendu par le mot jour, tandis qu'au fond, il ne signifie qu'une durée indéterminée. Ainsi donc, dans le premier jour ou dans la première époque, la lumière se fit. Dans les seconde et troisième périodes, les eaux, les terres, les corps et les espaces célestes se dessinèrent plus nettement. Les végétaux vinrent à leur tour, et ainsi de suite, comme je l'ai expliqué précédemment.

En dernière analyse, la Cosmogonie du législateur des Hébreux aborde les principaux détails de la création. Bien différente, dans son originalité, des vagues aperçus émis par les philosophes des autres nations contemporaines, elle précise la hiérarchie des faits capitaux, en nous laissant la liberté d'ajouter les résultats de nos recherches sur les évolutions successives de la matière minérale et de la nature organique. Après cela, des idées si larges furent-elles le pur résultat de l'esprit prophétique, d'une intuition extraordinaire, ou bien dérivèrent-elles de l'observation? Il me semble que ces diverses causes ont dû se combiner ensemble pour aboutir à une œuvre si parfaite, car Moïse, pas plus que les autres hommes, pas plus Jésus-Christ même, n'a dû être soustrait à la loi du travail. Il vécut au milieu de l'Egypte, déjà fort savante, et, dans sa retraite, il eut le temps d'écouter, de voir, de comparer, de réfléchir et d'arriver finalement à la conception la plus grandiose de l'esprit humain, à celle dont, de nos jours, les immortels astronomes Laplace et Herschel posèrent les bases fondamentales, et dont nos géologues s'efforcent d'établir les compléments.

DES ÉGYPTIENS.

La Judée, pays asiatique, n'est séparée de l'africaine Egypte que par l'isthme de Suez; mais le littoral égyptien se jetant à angle droit du précédent, s'étend vers l'ouest, tandis que le bassin du Nil se prolonge du nord au sud dans l'intérieur de l'Afrique. Latéralement, le domaine du fleuve est contenu, à l'est, par la chaîne arabique du Moqattam, riveraine de la mer Rouge, et à l'ouest par la chaîne libyque, qui le détache du Sahara. En outre, un régime de cataractes ou de rapides, commençant à Assouan (Syène), près du tropique du Cancer, et finissant vers El-Kartoun, sépare le Nil inférieur, propre à l'Egypte, d'avec le Haut-Nil qui appartient à la Nubie, annexe de la haute région abyssinienne, Nil dont les sources les plus reculées sont à chercher au sein d'espaces encore en partie mystérieux. Sans aller si loin, l'Atbarah, affluent oriental, se joignant au fleuve entre les cataractes supérieures, limite avec lui une région en quelque sorte mésopotamique, dont Chendi est la capitale, et que les anciens désignaient sous le nom d'île de Méroé.

Tout prouve que, dès la plus haute antiquité, les sciences, et particulièrement l'astronomie, ont été cultivées par les habitants de cette contrée, bien qu'ils fussent de race noire. Il s'ensuit que leurs pyramides et autres monuments, non moins remarquables que ceux de l'Egypte, devront être mis en ligne avec les produits des Chinois, des Babyloniens, des Hébreux, quand il s'agira de discuter, d'après de larges bases, la question de savoir si une peau blanche ou tannée, si des yeux un peu plus un peu moins obliques, si un nez ca-

mard ou saillant, si un front fuyant ou un profil grec, si des
cheveux laineux ou lisses, sont précisément les preuves
d'infériorité de certaines subdivisions de l'espèce humaine,
et s'il ne faut pas y adjoindre une foule d'autres raisons déduites des données de l'ensemble habituellement désigné
sous le nom de *Géographie physique*, avec lesquelles se com-
binèrent divers éléments gouvernementaux. Provisoirement,
j'ai ramassé, au passage, les données, telles qu'elles se sont pré-
sentées, car il me semble de plus en plus logique de conclure
que l'état rudimentaire des sociétés devra être pris en sérieuse
considération dans les études de ce genre, et de là, cette suite
d'aperçus sur les origines des populations, sur leurs pratiques
industrielles, sur leur philosophie, dont j'ai enregistré les
détails, bien qu'ils aient dû paraître parfois vraiment excentriques par rapport à mon but. On ne perdra donc pas de
vue, qu'en entreprenant de faire ressortir l'influence du mineur sur les progrès humanitaires, je n'ai pas voulu encourir
le reproche d'avoir cherché à tout baser sur une cause unique ;
mais qu'en cela, j'ai simplement voulu introduire un élément
de plus dans cette grave question. Ces bases étant arrêtées,
je passe à l'Egypte proprement dite.

En aval des cataractes du Nil, près de Kéneh ou Kous, se
trouve Thèbes, capitale de la Haute-Egypte, aux environs de
laquelle on voit le palais de Karnak, le tombeau d'Osyman-
dias, la statue de Memnon, l'allée des 600 sphinx, les pyramides, les obélisques de Louqsor, etc. C'est aussi là que
résidèrent les rois des plus anciennes dynasties de l'Egypte,
car cette partie, la première habitée, fut civilisée à une époque
inconnue.

Memphis, capitale de l'Egypte centrale, placée en tête du
Delta, fut fondée par Menès, premier roi dont l'histoire fasse
mention. Il paraît avoir régné 2450 ans avant J.-C. Cette
ville ne montre plus que des ruines qui, à Sakkarah, sont en-

core un objet d'admiration, sans compter ses fameuses py-
ramide, son sphinx colossal, et vis-à-vis, se trouve le Caire,
bâti par les Perses, lors de l'expédition de Cambyse, avec
le vieux Caire ou Fostat que l'on présume être l'ancienne
Babylone d'Egypte (Baboul).

Enfin, la Basse-Egypte, le Delta, complète ce système ré-
gional. Cet espace plat, découpé par les bras du Nil qui s'y
subdivisent en grand nombre, possède plutôt de célèbres
ports de mer que des capitales proprement dites. Là, sont,
entre autres, Rosette, dont l'entrée est actuellement d'un difficile accès, Damiette, illustrée par saint Louis, et Alexandrie,
fondée par Alexandre-le-Grand, 322 ans avant J.-C., et prise
par Napoléon en 1779.

La naissance de la civilisation égyptienne est problématique.
On ignore si elle est indigène ou si elle fut apportée de Méroé dans l'Ethiopie par une colonie qu'amena Osiris. On
conjecture encore qu'elle vint de l'Abyssinie ou du Sennaar.
D'un autre côté, M. de Guigne considère les Chinois comme
une colonie égyptienne. Le contraire serait plus croyable ;
mais il ne faut pas oublier qu'il existe une théorie différente,
d'après laquelle ce peuple serait redevable de sa civilisation à
des nations situées davantage à l'est. Enfin, j'ajoute que,
d'après Platon, le peuple de Saïs, dans la Basse-Egypte, affec-
tionnait les Athéniens, parce qu'il se croyait de la même
origine, circonstance qui porte à supposer que des colonies
grecques s'implantèrent ici comme dans l'Anatolie. En tout
cas, reconnaissant qu'ils furent d'abord sauvages et nomades,
les Egyptiens déclaraient qu'ils ne se réunirent que très-
tard en corps de nation et font remonter les débuts de
leur monarchie à 3993, soit 4000 ans avant J.-C. De cette
façon, leur histoire aurait pris naissance à peu près à la même
époque que celle des Chinois. Cependant, d'autres versions
portent cette antiquité à 9000 ans. La connaissance de l'Age
de la pierre nous a familiarisés avec ces chiffres.

Ceci posé, j'entre dans quelques détails au sujet des immenses travaux par lesquels l'Egyptien s'est placé au rang des peuples les plus renommés par leurs vastes entreprises.

D'après les récits d'Hérodote, les prêtres du pays lui auraient affirmé que, « du temps de Ménès, toute l'Egypte était un marais, excepté le pays de Thèbes ; qu'il ne paraissait rien de la terre au-delà de l'étang de Mœris, jusqu'où il y a de la mer, sept journées de chemin en remontant la rivière. » En ce sens, le sol du Delta serait un *pur don du Nil*, la vraie terre d'*Horus*, fils d'Osiris et d'Isis, conçu par celle-ci lorsqu'elle était encore dans le sein de sa mère, et qui, après sa naissance, fut élevé secrètement dans les lagunes de Bouto (Bourlos). Le nom même du Nil dériverait de mots grecs qui signifient *nouveau limon*. Toutefois, on remarquera que sur le Delta en question, Tanis, ville royale sous les Pharaons, était déjà passablement ancienne du temps de Moïse.

Diodore de Sicile s'explique à peu près de la même manière qu'Hérodote ; mais il ajoute, en sus, que, « du temps d'Osiris, au lever de la Canicule, le Nil, qui croît tous les ans, dans cette saison, rompit ses digues et déborda d'une manière si furieuse qu'il submergea presque toute l'Egypte et particulièrement cette partie dont Prométhée était gouverneur. Alors, l'impétuosité du fleuve lui fit donner le nom d'Aigle, etc. Prométhée voulait se tuer de désespoir. Cependant, Hercule, se surpassant lui-même en cette occasion, entreprit, par un effort plus qu'humain, de réparer les brèches faites par le Nil dans ses digues, et de le faire rentrer dans son lit. Telle serait l'origine de la fable qui dit que l'un des quarante-trois Hercules de la mythologie tua l'aigle qui rongeait le foie de Prométhée. » En tout cas, cet événement, connu sous le nom de *déluge de Prométhée*, et qui nous montre ce civilisateur du Caucase sous un nouveau jour, établit qu'alors l'Egypte était fort avancée dans la voie du progrès, puisqu'elle avait déjà endigué son fleuve, à une époque pour ainsi dire fabuleuse.

Tout bien considéré, une partie des travaux de ses rois se résume en luttes gigantesques contre les eaux et contre les sables du désert. Du temps d'Abraham, les Egyptiens avaient pratiqué un grand nombre de canaux. Il en reste encore 5000. Des digues servaient à diriger les eaux de l'inondation périodique du fleuve. En outre, le lac Mœris, Kern ou Caron, dans la Moyenne-Egypte, fut creusé de main d'homme, du temps de Mœris, (Touthmès IV), qui régnait 1740-24 avant J.-C., et sa destination était de recevoir le trop plein des eaux du fleuve, ou bien à arroser les terres quand les crues n'étaient pas suffisantes. Aux environs était établi le fameux labyrinthe créé par Mendès ou par la dynastie Mendésienne, et aussi la sépulture des anciens Egyptiens, sépulture à laquelle on arrivait par un canal dérivé du Nil, fait qui donna lieu au mythe de la barque de Caron, qui transportait les morts dans les Enfers. Au reste, les géographes varient au sujet de la dimension de ce réservoir: les uns lui donnent 600 kil. de circonférence; d'autres 300, tandis que Pomponius-Méla réduit ce pourtour à 30 kil. seulement. Ces différences ne seraient-elles pas le résultat d'un ensablement progressif?

Les Egyptiens, dit-on, avaient horreur de la mer. Cependant, cette circonstance n'empêchait pas leur commerce avec l'Inde, qui se faisait par la mer Rouge et par l'isthme de Suez. Dans le but de le faciliter, Néchao entreprit, vers 600 ans avant J.-C. le creusement du canal de Suez qui, terminé par Ptolémée, avait plus de 50 lieues de long, sur 50^m de large, et une profondeur suffisante pour porter les plus gros vaisseaux. Il disparut sous les sables, et actuellement, M. de Lesseps fait travailler à un nouveau, creusé de ce genre.

Mais encore faut-il tenir compte de travaux d'un ordre entièrement différent. En effet, à l'occasion de ces sables amenés du désert par les vents, M. de Persigny a fait ressortir le fait de l'arrêt de leurs invasions par la construction des pyramides. Dans la presqu'île de Méroé, comme à Thèbes, comme à Memphis, elles sont toutes placées, soit isolément, soit en groupes, à l'entrée des vallées qui, de la région des sables mouvants, débouchent transversalement sur la plaine du Nil, de sorte que, par leur disposition, ces obstacles artificiels présentent au vent du désert, au Khamsin ou Typhon, principe du mal et de la stérilité, des surfaces capables d'en modifier les allures, et par suite, de déterminer la précipitation des matières pulvérulentes qu'il tient en suspension. Ainsi donc, loin d'éterniser l'orgueil et la folie des Pharaons, ces gigantesques monceaux sont, au contraire, un des plus glorieux monuments de la sagesse comme de la science des Egyptiens. Les pyramides les plus célèbres, celles de Chéops, de Céphrem, de Mycérinus, ayant été érigées entre 2000 et 1500 ans avant J.-C., appartiennent évidemment à l'Age du fer.

Que faut-il de plus pour démontrer qu'en fait de travaux d'utilité publique, les Egyptiens rivalisèrent avec les Chinois; mais aussi, tant d'immenses opérations écrasaient le peuple, qui se révolta plusieurs fois, parce qu'il travaillait à la corvée. A défaut de houille et de machines à vapeur, il fallait sacrifier des hommes. D'après Hérodote, la fatigue, la faim et la soif firent périr 80 mille individus, au seuil d'El Guisr, lors du creusement du canal de Néchao. Les Israélites, venus du temps de Jacob, vers 2076 avant J.-C., furent pareillement assujettis à la tâche; aussi quittèrent-ils le pays, 1645 ans avant J.-C., avec Moïse, en traversant la mer Rouge pendant une marée basse dont le flux engloutit le Pharaon Aménophis qui les poursuivait. Le royaume eut même ses moments d'anarchie. Une révolution qui fit remplacer le gouvernement théocratique par des chefs militaires, procura à la nation un certain adoucissement. Cependant, des fraction-

nements survinrent; en outre, les Hyksos, pasteurs arabes ou
phéniciens avaient envahi la contrée, vers l'an 2310 avant
J.-C., et formé une dix-septième dynastie qui fut chassée
par les Pharaons thébains vers 2050 ans avant J.-C. Les
Éthiopiens paraissent aussi être intervenus dans ces invasions, de même que Cambyse, roi des Perses, en 525 avant
J.-C. Réciproquement, l'esprit des conquêtes s'empara de
Ramsès-Sésostris, à peu près vers l'époque du siége de Troie,
et, après avoir fait arriver son pays au plus haut degré de
prospérité matérielle, ce prince, atteint du spleen, se donna
la mort. Bref, des causes d'agitations variées et même tu-
multueuses ne manquèrent pas plus aux Égyptiens qu'aux
Chinois, pour le développement de leur énergie et de leurs
aptitudes spéciales, bien que pour les maintenir dans la dépendance, les prêtres ainsi que les rois se soient réservé,
autant que possible, le monopole de toutes les sciences ,
aient interdit l'entrée aux étrangers, détourné leurs sujets
des entreprises commerciales, et partagé la population en
quatre castes, sacerdotale, guerrière, ouvrière et agricole,
desquelles nul ne pouvait sortir pour passer dans une autre.
Enfin, une écriture hiéroglyphique, espèce de rébus, com-
pliqua encore l'originalité du système social, en rendant
l'instruction impossible à tout autre qu'aux initiés.

Cependant, cette taciturnité n'empêcha point quelques
rayons de se faire jour, et, d'un autre côté, les restes expliquent ce qui n'a pas été dit. Agatharchide de Gnide, géographe qui écrivit, vers l'an 150 avant J.-C., un périple de la
mer Rouge, et plus spécialement Diodore de Sicile, montrent
l'exploitation des mines en vigueur dans la Thébaïde, à la
naissance de la civilisation égyptienne: « C'est pourquoi, dit
celui-ci, des mines ayant été découvertes dans la Thébaïde,
on fabriqua des armes à l'aide desquelles on tua les bêtes et
on cultiva la terre. » Voilà donc le rôle des métaux plus

nettement précisé que partout ailleurs, et pourtant, leur apparition dut être précédée par l'emploi de la pierre dont l'Age exista sans doute durant cette longue période qui vit les Egyptiens sauvages et nomades pendant quelques milliers d'années avant qu'ils ne fussent réunis en corps de nation.

Les archéologues auront soin d'élucider cette question. Provisoirement, je remarque que si l'Egypte possède peu de mines, elle ne fut pas précisément embarrassée par cette condition géologique. En effet, ses relations avec les parties supérieures de son Nil, avec l'Ethiopie qui comprenait le Kordofan et le Sennaar, étaient faciles. La première région possède du fer hydraté, du fer oxydulé, des pyrites cuivreuses, sulfureuses et arsénicales, du cuivre sulfuré, du cuivre gris, de la galène et de l'or. De même, le Sennaar pouvait fournir du fer oxydulé, plus l'argent sulfuré et sulfo-antimonié de la montagne de Dara. Enfin, je vois, sur les cartes, une mine de cuivre, indiquée à Dar-el-Nahas, dans le Darfour. Ainsi donc, un commerce bien simple lui fournissait ce que la nature lui avait refusé.

La métallurgie des Egyptiens fit de rapides progrès, car nous avons vu que déjà les propriétés de l'acier leur étaient familières, 1600 ans avant notre ère ; à plus forte raison, le fer dut être connu d'eux longtemps auparavant. Dans leurs carrières, on a rencontré des leviers et autres instruments en bronze très-dur. Ils possédaient des canifs, des poignards et des sabres de cet alliage. Un couteau de bronze jaune, découvert par M. le comte Tyszkiewicz, se fait particuliè-- rement remarquer par sa belle forme et par la finesse du tranchant qu'il a conservé. Le même archéologue a rapporté des damasquinures ou incrustations d'or appliquées sur le bronze des figurines des dieux Phthah, Cnouphis, etc. Enfin, leurs tombeaux montrent qu'ils portaient des colliers en argent, des bagues en or ; qu'ils savaient appliquer de la

manière la plus exacte des masques de ce métal sur la figure
de leurs morts. D'un autre côté, Pline nous apprend que, par
un art ingénieux, ils coloraient l'argent au lieu de le ciseler,
et que l'argent, ainsi privé de son éclat, n'en devenait que
plus cher. « Cette matière colorante, dit-il, se compose ainsi:
on mêle l'argent avec 2/3 de cuivre de Chypre très-fin et
autant de soufre vif que d'argent. On fait cuire le tout dans
un vase de terre luté avec de l'argile. La cuisson est
achevée quand le couvercle se détache de lui-même. On
noircit aussi l'argent avec du jaune d'œuf durci ; mais cette
teinte s'en va avec du vinaigre et de la craie. » Ce dernier
procédé est assez connu de nos ménagères pour ne pas mériter
de plus amples observations. Par contre, le composé d'argent,
de cuivre et de soufre est vraiment trop remarquable pour
ne devoir pas nous arrêter un moment. Evidemment, il rappelle l'argent niellé de Toula dont il a déjà été fait mention
quand il fut question de l'industrie des Russes; la différence
ne roule que sur l'entière sulfuration du composé égyptien,
tandis que la niellure ne pénètre pas profondément dans la
masse de l'argent. Le minéralogiste y voit quelque chose de
plus, car la combinaison triple lui rappelle le sulfure d'argent
cuivreux de Schlangenberg, le silberkupferglanz, analysé
par MM. Hausmann et Stromeyer, et auquel M. Beudant donna
le nom de Stromeyérine, avec l'espérance qu'il serait adopté
par les minéralogistes. Cet hommage était trop bien adressé
pour être rejeté ; mais je crois devoir faire ressortir un autre
mérite de cette fabrication artificielle d'une espèce minérale.
Elle devance énormément toutes les tentatives de ce genre,
faites depuis plus d'un siècle, et les géologues qui se plaisent
à l'étude des filons prendront sans doute acte de sa production
par la voie sèche pure et simple, contrairement aux efforts
des chimistes actuels, qui s'évertuent à faire prévaloir la
voie humide dans la formation des gîtes métallifères. Du

reste, pendant le cours de mes nombreuses expériences sur les sulfures, je me suis assuré que le produit de l'art, obtenu au creuset brasqué, jouit exactement de toutes les propriétés de l'espèce naturelle.

Les procédés minéralurgiques n'étaient pas plus négligés des Egyptiens que la métallurgie. Ils façonnaient en vases la porcelaine et l'argile. Ils possédaient des colliers en gemmes diverses. L'émeraude, entre autres, se trouvait dans leur montagne de Zabara, au sud-ouest de Cosséir. Les belles syénites des environs de Syène, ainsi que d'autres roches, ont fourni la matière de leurs colossales statues et de leurs obélisques, tandis qu'ils gravaient en creux ou en relief une foule d'autres pierres. Bien plus, la collection donnée par M. le comte Tyszkiewicz au nouveau musée de St-Germain renferme une pendeloque dont la surface inférieure porte le nom de la princesse Neferou-ra, fille de Toutmès III. Ce bijou a donc été taillé 1500 ans avant J.-C. Outre cela, une petite amulette carrée, en sardoine, montre, au revers, celui d'Amenemhé III, roi de la douzième dynastie et fondateur du fameux labyrinthe. Appartenant d'ailleurs à la puissante famille des Amenemhé, qui couvrit l'Egypte de ses monuments, depuis Tanis jusqu'au fond de la Nubie, avant l'invasion des Hyksos, cette pièce est par cela même beaucoup plus ancienne que celle de Neferou-ra. Au surplus, quoique l'on ne puisse pas préciser exactement le règne d'Amenemhé III, il n'en est pas moins vrai qu'ayant été façonné pendant la plus belle époque de l'art égyptien, l'objet se trouve ainsi remonter au-delà de 2000 ans. Ce fait ne surprendra point les amateurs auxquels sont connus les travaux de ciselure et de perforation de l'Age de la pierre, qui eux-mêmes datent d'une époque bien antérieure.

A côté de la minéralurgie, il faut placer la halurgie ou l'emploi des sels naturels ou artificiels dont les espèces propres à l'Egypte ont été mentionnées dès le début de ce travail. Ici nous ajouterons que les teinturiers du pays connaissaient leur rôle de *mordants* pour fixer et modifier les couleurs des tissus. Pline témoigne à cet égard la surprise que lui occasionnèrent les moyens en usage dans le pays : » En Egypte, dit-il, on teint les étoffes par un procédé fort singulier ; blanches d'abord, on les foule, puis on les enduit non de couleurs, mais de mordants qui, ainsi appliqués, n'apparaissent point sur les étoffes. Alors, on plonge celles-ci dans une chaudière de teinture bouillante et on les retire un instant après, entièrement teintes. Ce qu'il y a de merveilleux, c'est que n'ayant qu'une seule couleur dans la chaudière, les étoffes qui en sortent sont de différentes couleurs, selon la nature des mordants, et ces couleurs ne peuvent plus être enlevées par le lavage. » A mes yeux, ce merveilleux dépeint largement l'ignorance qui pesait encore sur les Romains dans le premier siècle de notre ère.

Que n'avait d'ailleurs pas imaginé le peuple qui nous occupe ? Il fabriquait des flèches et des haches d'armes en bois ; il tissait le lin, le coton et la laine, momifiait les cadavres, confectionnait des perruques très-volumineuses et travaillait le verre. Il savait pratiquer les éclosions artificielles ; ses peintures sont assez connues ; son agriculture florissait, car l'Egypte était le *grenier de Rome*. En un mot, il possédait tous les arts. On doit, par cela même, comprendre combien la chimie égyptienne était avancée, et par suite, il devait s'y ajouter une certaine somme de notions sur la physique. D'ailleurs, en fait de connaissances astronomiques et mathématiques, l'Egyptien se trouvait au niveau des autres nations de son temps ; on lui attribue même l'invention de la géométrie.

Une race si ingénieuse et si largement dotée du côté de l'esprit d'observation devait avoir des géologues. Le granit, le porphyre, l'albâtre, le soufre, l'alun sont communs en

Egypte, aussi bien que le natron et le sel. Les célèbres grottes de la Thébaïde ne sont que des carrières qui s'étendaient sur un espace de 20 à 25 lieues, et les hiéroglyphes que l'on y remarque prouvent qu'elles furent creusées à une époque très-reculée. Eh bien ! toutes ces roches, ces productions salines, combinées avec les dépôts sédimentaires du Nil, avec les amoncellements des sables, avec les travaux qu'ils nécessitèrent, leur fournissaient d'amples sujets de réflexion.

Cependant, ici, comme de coutume dans l'antiquité, intervint une mythologie assez complexe, sorte de panthéisme dans lequel toutes les forces de la nature furent personnifiées et divinisées. Suivant la hiérarchie admise, un dieu infini, sans nom, source de toutes choses, dominait diverses séries divines, d'un ordre inférieur, parmi lesquelles nous devons spécialement distinguer, au suprême rang, Phthah, premier monarque de la dynastie céleste, le dieu du feu et de la vie, le Vulcain des Hellènes, principe fécondateur, l'organisateur du monde. A côté de lui, se trouvait Bouto, la matière ou le limon primitif, réuni sous la forme d'une sphère ou d'un œuf, principe générateur féminin, humidité génératrice, sorte de Chaos des Grecs, et qui habitait les eaux stagnantes, bourbeuses de Bourlos. A un degré plus bas, se plaçaient douze dieux célestes, désignés sous le nom général de Cabires, dont six mâles suivent le soleil et sont Saturne, Jupiter, Mars, Vénus, Mercure et le Ciel des étoiles. La lune, l'éther, le feu, l'air, l'eau et la terre ou Rhéa personnifient les six Cabires femelles. Arrivaient ensuite une file de divinités subalternes dont l'énumération est inutile pour notre objet ; par contre, je fais ressortir, en passant, l'analogie qui existe entre *Bouto* et le *Moth* des Phéniciens, et l'on remarquera, plus spécialement encore, ces Cabires dont le rôle métallurgique, déjà annoncé, se dessinera bientôt. Provisoirement, il sera admis que ce Phthah et ces Cabires indiquent une grande estime pour l'art du traitement des métaux, en même temps qu'une profonde reconnaissance pour les hommes auxquels ils étaient redevables de leur civilisation.

Dans un sens plus essentiellement géologique, les calcaires chargés de fossiles qui composent une partie du sol de l'Egypte, ainsi que les sédimentations envahissantes du Nil, avaient été observés par les savants du pays, dont les théories suffisent pour inspirer une haute idée de leurs connaissances. Ils disaient à Platon: « Le genre humain a été détruit plusieurs fois par des déluges, par des maladies. » L'hiérophante Manéthon parle même d'une période réglée de 36525 ans que l'on croit être la *grande année*, au bout de laquelle recommence un nouvel ordre d'événements semblables aux précédents, conception qui n'est, pour ainsi dire, qu'une modification du système de Bélus. Mais, en sus, les prêtres égyptiens admettaient que l'axe du globe, d'abord parallèle, ce qui supposait un printemps perpétuel, s'est ensuite incliné et qu'il redeviendra parallèle. Suivant eux, les mers couvrant tout le globe, avaient déposé à sa surface des coquilles et d'autres débris organisés. Elles allaient ensuite s'enfouir dans des cavernes intérieures d'où elles pourraient ressortir un jour. Et s'ils n'ont point parlé du soulèvement des montagnes, ils imaginaient du moins d'immenses affaissements, événements qui ne pouvaient pas se produire sans occasionner des culbutes en sens inverse dont devaient nécessairement résulter des proéminences. Au surplus, Platon, qui a laissé le plus de souvenirs de cette philosophie, s'adresse à Socrate dans son *Timée*, en prêtant les paroles suivantes à un prêtre de Saïs qui parlait à Solon :

« O Solon, Solon! vous autres Grecs, vous êtes toujours enfants. Il n'en est pas un seul parmi vous qui ne soit novice dans la science de l'antiquité. Vous ignorez ce que fit la génération des héros dont vous êtes la faible postérité. Ecoutez-moi, je veux vous instruire des exploits de vos ancêtres, et je le fais en faveur de la déesse qui vous a formés, ainsi que nous, de terre et de feu... Tout ce qui s'est passé dans la monarchie égyptienne, depuis 8000 ans, est écrit dans nos livres sacrés; mais ce que je vais vous raconter de vos lois primitives, de vos mœurs et des révolutions de votre pays remonte à 9000 ans.

» Nos fastes rapportent comment votre république a résisté aux efforts d'une grande puissance qui, sortie de la mer Atlantique, avait envahi l'Europe et l'Asie, car alors, cette mer était guéable. Sur ses bords, se trouvait une île, vis-à-vis de l'embouchure que vous nommez les Colonnes d'Hercule. Cette île était plus étendue que la Lybie et l'Asie ensemble. De là, les voyageurs pouvaient passer à d'autres îles d'où il leur était aisé de se rendre dans le continent.

» Dans cette île, il y avait des rois dont la puissance était formidable. Elle s'étendait sur cette île ainsi que sur les îles adjacentes et sur une partie du continent. Ils régnaient, en outre, d'un côté sur toutes les contrées limitrophes de la Lybie jusqu'en Egypte, et, du côté de l'Europe, jusqu'en Thyrrénie. Les souverains de l'Atlantide tentèrent de subjuguer votre pays et le nôtre. Alors, ô Solon! votre république se montra, par son courage et par sa vertu, supérieure au reste du monde. Elle triompha des Atlantes......

» Mais, dans les derniers temps, survinrent des tremblements de terre et des inondations. Alors, tous vos guerriers furent engloutis par la terre, en l'espace de vingt-quatre heures, et l'Atlantide disparut. Depuis cette catastrophe, la mer qui se trouve dans ces parages n'est point navigable à cause du limon qui s'y est formé et qui provient de l'île submergée. »

Dans plusieurs autres de ses dialogues, Platon revient sur cet affaissement, et dans celui du *Règne*, il examine ce

qui a dû arriver au genre humain lors de l'événement.
D'autres auteurs de l'antiquité ayant également mentionné le
fait, il parut impossible de le mettre en doute, si bien
que l'on s'occupa de chercher où pouvait exister cette Atlantide. Elle fut placée du côté des Açores et des Canaries, ou
bien encore dans la Méditerranée, régions toutes plus ou
moins volcaniques et dont les tremblements de terre auraient, disait-on, déterminé la rupture des voûtes d'une immense caverne, et par conséquent, la chute d'une vaste superficie de terrain.

Or, le fait n'est nullement improbable, sauf la part qui
peut provenir d'une certaine exagération de Platon. Il nous
ramène à l'histoire d'Abraham et à l'affaissement qui donna
naissance à la mer Morte. Outre cela, il me faut rappeler qu'en
parlant de l'Age de la pierre, j'expliquais comment on a été
conduit à admettre que les îles Britanniques se rattachaient
au continent. Eh bien ! à en juger d'après les chiffres du
prêtre de Saïs, il est possible que le phénomène de l'Atlantide, que l'établissement du canal de la Manche, que le déluge de M. Boucher de Perthes, que l'époque durant laquelle
le mammouth, le rhinocéros, la hyène des cavernes et le renne
se promenaient dans nos contrées aient été des choses contemporaines.

Rien n'est d'ailleurs plus commun que les effondrements du
sol dans certaines contrées. Pour le bassin du Rhône, en particulier, j'en ai fait connaître une multitude, développés depuis l'état embryonnaire jusqu'à la dimension de vallées, depuis
l'état naissant dans la journée même à celui des antiques *skow-
moses* de l'Age de la pierre du Danemark, et il m'eut été facile
d'en signaler une foule d'autres, sans la crainte d'allonger inu-
tilement mes énumérations à ce sujet. Mais ici, il me sera
permis de rappeler aux géologues la grande idée de M. Elie
de Beaumont au sujet de l'affaissement qui, avant le début

de la période triasique, fit naître la vallée du Rhin, entre
les chaînes de la Forêt-Noire et les Vosges, ainsi que la
théorie pareille de M. Lequinio, au sujet du bassin de la
Saône. Ces énoncés élargissent encore le cadre, en faisant
admettre la répétition de cataclysmes pareils, à diverses époques. Après tout, ceux qui n'ont pas oublié la prépondérance
que M. Constant Prévost voulait attribuer aux affaissements
sur les soulèvements, seront en droit d'imaginer que les
Egyptiens étaient non moins avancés que lui, et pourront répéter, au sujet de ses prétentions, les paroles adressées à
Solon : « Vous êtes toujours enfants ! Il n'en est pas un seul
parmi vous qui ne soit novice dans la science de l'antiquité. »

Avant de terminer, je me fais un véritable plaisir de renvoyer,
pour l'histoire des atterrissements du Nil, aux admirables
Leçons de Géologie pratique de M. Elie de Beaumont. Nulle
autre part, les géologues trouveront des données plus précises
au sujet de cette antiquité dont je voudrais pouvoir déterminer les bases à l'égard des métaux.

DES THRACES, DES GRECS ET DES ILLYRIENS.

La rareté des documents miniers pour la partie de l'Afrique
septentrionale qui s'étend à l'ouest de l'Egypte, m'oblige à
abandonner cette direction et à suivre le côté nord de la Méditerranée. Là, je me trouve en face de l'Anatolie, et par conséquent sur la ligne montagneuse suivie depuis la Chine,
ligne d'ailleurs tellement soutenue qu'il serait, à peu de chose
près, possible d'arriver du bout de l'Asie aux bassins du Rhône
et du Rhin, sans descendre des culminances. En effet, la seule
et vraie solution de continuité de cette longue dorsale est représentée par la mer de Marmara avec ses entrées des Dardanelles et de Constantinople, accidents disjonctifs de l'Europe
et l'Asie, à vrai dire aussi insignifiants de ce côté que l'est

l'isthme de Suez comme élément conjonctif de l'Asie et de l'Afrique.

Une pareille persistance laisse prévoir le rétablissement immédiat des grandes hauteurs, dès l'abord de l'Europe. La reprise est instantanée ; car, à partir des rives de la mer Noire, une chaine rapidement exhaussée, file entre le Danube qu'elle laisse au nord et la Méditerranée qu'elle range au sud en allant se rattacher, vers l'ouest, aux Alpes orientales et à leurs contre-forts. Un bourrelet, si prolongé, doit naturellement prendre divers noms, suivant les régions qu'il traverse, et, en tout cas, la nécessité de préciser les points oblige à le fractionner. Il ne sera donc question, pour le moment, que de la portion qui se termine aux Etats vénitiens. Encore, le trajet demeurant trop étendu, et plusieurs populations différentes s'étant implantées sur sa longueur, il importe de procéder immédiatement à une subdivision ultérieure. A cet égard, de larges facilités sont données par suite de l'établissement d'une série de rides à peu près parallèles entre elles, mais perpendiculaires à l'axe précédent. Elles découpent, en outre, les régions basses de son versant méridional en plusieurs bassins partiels, de telle façon qu'elles fournissent des limites naturelles, qui, de tout temps, ont servi de bornes aux nations établies sur l'espace en question. Enfin, on remarquera que ces peuples sont contenus, au sud, par la mer, et au nord, par la haute arête mentionnée en premier lieu.

Ceci posé, j'utilise ces encadrements pour déterminer la position des peuplades et de leurs monuments. Les emplacements et l'histoire de leurs mines viendront ensuite.

En partant de l'est, on rencontre d'abord le groupe des Balkans, l'Hœmus des anciens, boulevard de Constantinople du côté de la Russie, séparant la Thrace méditerranéenne d'avec la Bulgarie danubienne. Il n'est franchissable que

par un petit nombre de cols, et son altitude est d'environ
3000ᵐ. Le long de la mer Noire, la minime ramification
transversale du Kara-Tépé et du Gieuk-Tépé s'abaisse du
Balkan vers Constantinople, en regard du Rhodope (Despoto-
Dagh), placé à l'ouest, aussi ardu que l'Hœmus, et qui se soutient jusqu'au lac Bisthonis. Ce premier châssis, dans lequel
se réunissent les eaux de la Marïtza, constitue la circonscription de la Thrace, patrie d'Orphée et de Linus.

A la suite des Balkans, et après le Rhodope, vient l'Orbélus des anciens, l'Argentaro ou Egrisu-Dagh actuel, faisant corps avec le Schar-Dagh. Ce tronçon, propre à l'ancienne Dardanie, domine la Serbie avec la Mésie qui restent
au nord, tandis que la Macédoine se range au sud, et celle-ci
est arrosée par le Karasou (Nestus), le Karasou-Strouma
(Strymon), le Vardar (Axius), et l'Indjé-Karasou (Haliacmon).

Sur l'extrémité occidentale de la Macédoine, un soulèvement parallèle à celui du Rhodope, mais plus grandiose, a fait
émerger la péninsule grecque avec son long faîte du Pinde,
dont nous fixerons la naissance au cap Matapan. De ce point,
l'axe est susceptible d'être prolongé géologiquement au travers de la Morée, des Monts Glioubotin (Scardus), des Alpes
Dinariques jusqu'en aval de Vienne, à Orschova sur les Portes-
de-fer, défilé du Danube dont il détermine la remarquable
inflexion. A partir de cette ligne cesse la prédominance presque est-ouest de l'orographie balkanienne. Tout se coordonne
autour du nouveau système qui court du sud-est au nord-
ouest, comme le démontrent les alignements des Cyclades,
des rives des mers Ionienne et Adriatique. Et pourtant, de
distance en distance, des bourrelets transversaux constituent
autant de réminiscences des allures antérieures, en découpant les parties basses de la péninsule grecque, de manière à
faciliter le classement de ses principales populations.

Ainsi, à l'est du Pinde et sur les confins de la Macédoine,

se détache le chaînon du Volutza et de l'Olympe, séjour des dieux, le Lacha actuel, dont l'altitude atteint 2373^m. Sur son revers méridional, commence le bassin thessalien du majestueux Pénée dont l'autre extrémité est bornée par les chaînons des monts Délacha et Gouria. Enfin, un groupe de montagnes littorales, comprenant l'Ossa et le Pélion, établi le long du golfe Thermaïque (G. Salonique), complète la délimitation de la Thessalie. Séjour des Centaures, l'Ossa fut séparé de l'Olympe par Hercule, et l'étroit débouché de la délicieuse vallée du Pénée naquit de cet arrachement; mais, de leur côté, les Géants entassèrent Ossa sur Pélion et l'Ossa sur l'Olympe, pour escalader le ciel, idée poétique que fait, aussitôt, naître la perspective de ces échelons successifs, vus du côté du sud.

En continuant la route dans le même sens, on traverse l'Hellade, c'est-à-dire le début de la Grèce propre, à partir du petit bassin de l'Hellada (Sperchius), rivière qui tombe dans le golfe Zeitoun (G. Maliaque), et que borne, au sud, l'Œta coupé par le défilé des Thermopyles. Il est suivi par celui du Mauro-Potamos (Céphise), que limite imparfaitement, le long du golfe du Lépante, dans la Phocide, près de Delphes (Astri), le groupe de l'Hélicon et du Parnasse (Mt Liacoura), résidence principale d'Apollon et des Muses. En effet, la rivière contournant cet obstacle se perd biéntôt dans le lac Copaïs (lac Topoglia, L. de Livadie), que l'on suppose avoir été jadis assez grand pour couvrir une partie de la Béotie et de l'Attique. En d'autres termes, Livadi (Lébadée), avec sa caverne de Trophonius, Thèbes et Athènes sont établies au milieu de régions basses comparativement aux précédentes. Cependant, celles-ci présentent encore les monts Zagara, Elatéa (Cithéron), Palæovouni, Parnès, Laurium, Pentélique et Hymette.

Sur le versant occidental du Pinde, ou bien du côté de l'Adriatique, d'autres ramifications séparent les bassins de la Narenta, du Drin noir et du Drin blanc, du Scombi, du Bératino, du Voïussa (Aoüs), du Calamas, de l'Arta (Aréthon) et de l'Aspro-Potamo (Achéloüs), où la fable place la mort du centaure Nessus, percé par la flèche empoisonnée d'Hercule. Généralement plus prolongés que les fleuves orientaux, ils en diffèrent surtout par la singulière modification qu'éprouvent les directions du cours de ceux de la partie méridionale de la contrée. Ils ne courent pas vers l'ouest comme le Scombi et l'Achéloüs, mais à peu près directement au sud, de manière à se jeter les uns, du côté du golfe d'Ambracie (G. d'Arta), les autres, vers celui de Lépante. Et par suite, l'Acarnanie, l'Etolie, voisines de la Phocide, ne sont plus délimitées aussi nettement que l'Epire qui longe la Thessalie, que l'Albanie qui correspond à la Macédoine, comme la Dalmatie à la Serbie et à la Bosnie, du moins à peu de chose près.

Finalement, le montueux Péloponèse (Apia, Morée) se prête aux mêmes distinctions. En effet, cet appendice du continent dont il est profondément séparé, au nord, par le golfe de Lépante, et, à l'est, par le golfe Saronique (G. d'Athènes, mer Egée), tout en y demeurant adhérent par l'isthme de Corinthe, est partagé par le prolongement du Pinde, qui en occupe la partie centrale. Sur sa croupe, s'étend l'Arcadie dont les points remarquables sont la forêt d'Erymanthe, Hérée, Aliphère, Orchomène (Kalpaki), Mantinée (Paléopoli), Tégée (Paléo-Tripolitza, Clitor (Calivia), Mégalopolis (Léontari).

En descendant sur le versant oriental et abrupt, on rencontre l'Argolide, comprenant Argos, Nauplie, Némée (Colonna), Mycènes et Epidaure (Pidavro). A l'opposite, l'Elide est représentée par Gastouni (Elis), Olympie, Pise, Pyrgos et Cyllène (Chiarenza). De ce côté, se prolonge la pente douce, comme l'indique le large bassin de l'Alphée. Encore, à l'extrémité nord de la Morée, la chaîne pindique, coupée brusquement le long du golfe de Lépante, ne laisse qu'un étroit espace à l'Achaïe dans laquelle je range Corinthe, Sicyone (Vasilica),

Vostitza (Ægium) et Patras (Aroé). Enfin, après un trajet d'environ 200 lieues, le diaphragme décline graduellement au sud par la Laconie et la Messénie, où se trouvent Sparte, Kalamata, Coron, Modon (Méthone), Navarin (Pylos) et Messène (Mauro-Mathi), jadis la plus grande ville du Péloponèse.

Du reste, la trifurcation qu'à l'approche de la mer Egée, la Morée subit par les caps Malia, Matapan et Gallo, entre les golfes Kolokythia et Coron, suffirait à elle seule pour indiquer le terme du Pinde. A l'instar de la chaîne pyrénéenne, il se subdivise en forme de patte d'oie dont la branche la plus importante, celle du Pente-Dactylon, possède encore une altitude de 2400^m, au Taygète (Mt Maina), et là, le Vasili-Potamo, longtemps confondu avec l'Eurotas, ainsi que le Pamisus des environs de Messène, présentent, entre ses fourchures, une remarquable analogie de position avec le Tech, le Teta, la Mouga, etc., issus du Canigou. Au surplus, l'identité des allures du Vasili-Potamo et de l'Aspro-Potamo, portant à reproduire la conclusion pour la partie du Pinde propre à l'Etolie avec ses parties adjacentes, on arrive à admettre que la Morée n'est qu'un simple ressaut de la chaîne, établi à la suite de la grande faille du golfe transversal de Lépante.

Entrecoupée comme elle l'est, par d'innombrables dépressions et de hautes gibbosités, composée d'une multitude de bassins séparés par des arêtes à peu près rectangulaires entre elles, la Grèce constitue évidemment une contrée d'un parcours difficile, et de là, sa division fédérative. En cela, elle est, jusqu'à un certain point, assimilable à la région alpine, dont chaque vallée contient une population notablement différente et, parfois même, complètement étrangère à celle de la vallée juxtaposée, quand elle n'est pas son ennemie. C'est l'état moral dans lequel se trouvait la Suisse, et même naguère, il y était encore porté au point que, dans le but d'établir une certaine confraternité, les patriotes éclairés créèrent l'insti-

tution des tirs fédéraux, réunions dans lesquelles les Valaisans
apprennent à connaitre les Vaudois, ceux-ci les Grisons et
réciproquement. Eh bien! ce qui vient d'être fait chez nos
voisins fut imaginé, d'après Diodore de Sicile, environ 1330 ans
avant J.-C., par Hercule, l'étouffeur du lion de Némée, le
destructeur du sanglier d'Erymanthe, animaux avec lesquels
les sculptures d'Alcamène et les explications de M. Geoffroy
de Saint-Hilaire nous ont déjà familiarisés. Du moins, on regarde ce dieu comme étant le fondateur des Jeux olympiques,
les plus magnifiques de tous ceux de la Grèce, et qui, d'ailleurs, furent rétablis par Pélops, puis par Iphitus. Il ne fallait,
en effet, rien moins que de pareilles solennités pour faire
converger des tribus différentes de mœurs, de religion, de
langage, pour créer une patrie commune, et pour entrer,
enfin, dans la voie du progrès. Au surplus, la différence
entre les fêtes de l'Helvétie et de la Grèce ne porte que sur
un détail. C'est que, pour égayer les siennes, la fédérale
Suisse n'a rien su trouver de mieux que les monotones et
insipides détonations de ses carabines, à peine diversifiées
par des exercices gymnastiques, et, en tout cas, habituellement gâtées par des discours pleins d'aigres allusions contre
un pays voisin, tandis que dans les réunions d'Olympie, à
côté des luttes, des courses, les plus beaux génies de l'antiquité venaient se disputer une couronne d'olivier, symbole
de la gloire et de la paix. Là, entre autres, Hérodote, debout
sur les degrés du temple de Jupiter, en face de l'Alphée, dans
toute sa largeur et dans toute sa beauté, excitait les accla-
mations universelles et faisait verser les larmes d'admiration
de Thucydide son concurrent, par la lecture de l'*Histoire*,
fruit de ses voyages. Espérons qu'un jour Schwanden, Stantz,
Schwitz, Pfaffnau, Rapperschwyl auront leur Hélicon, garni
d'un Apollon entouré de ses Muses.

Du reste, d'autres causes contribuèrent à activer la

marche intellectuelle des Grecs. Si l'intérieur de leur pays est curieusement divisé, cette division s'est étendue jusque sur le littoral. Il se montre donc, presque partout, déchiqueté, garni de lobes saillants, de baies profondes, flanqué d'îles, de façon que le contact avec la mer étant aussi intime que possible, l'idée de naviguer d'un bord à l'autre dut se trouver, pour ainsi dire, innée chez la nation. J'ai déjà parlé des noms de leurs navires; mais il est surtout intéressant de voir les dieux de l'Olympe s'enfuir à la vue de Typhon, plus redoutable que tous les autres Géants ensemble, demi-homme, demi-serpent, dont la tête atteignait le ciel. En effet, voulant échapper à la poursuite de ce terrible adversaire et se réfugier de la Grèce en Egypte, ils se métamorphosèrent en animaux, l'un en corbeau, l'autre en vache, en poisson, en cygne, suivant les emblêmes de leurs vaisseaux. Et d'ailleurs, si Minos devint le formidable juge des Enfers, c'est que, sans doute, il avait pendu à la vergue de son grand mât plus d'un flibustier, Démon de la mer. Cependant, une réaction, toute naturelle, fit aussi accourir les étrangers, et dès ce moment, intervinrent les anciens colonisateurs de la contrée, apportant leur contingent de connaissances. Tels sont, entre autres, le phénicien Inachus, père de Phoronée et fondateur du royaume d'Argos, en 1986 avant J.-C.; puis l'égyptien Danaüs qui, descendant de Bélus, établit à Argos la dynastie des Bélides, vers 1572 avant J.-C.; enfin, Pélops de Lydie, fils de Tantale, qui passa en Elide vers 1350 ans avant J.-C. D'autres seront mentionnés par la suite. Il suffit ici d'observer que ces arrivées eurent pour effet de tirer la Grèce, d'assez bonne heure, de l'engourdissement dans lequel une âpre structure orographique l'avait maintenue plus longtemps que les Egyptiens et les Phéniciens, mieux avantagés par la nature.

Ces aperçus nous amènent à exposer quelques données

historiques au sujet des tribus inhérentes à la région dont les éléments géographiques viennent d'être coordonnés. Là, on distingue d'abord, du côté de la Thrace, d'anciennes peuplades scythiques, épanchements naturels des Tschudes de la Crimée et du Danube dont d'autres branches, sous le nom de Bulgares et de Valaques, s'étalèrent sur le versant nord de l'Hœmus, jusque dans la Mésie. Elles anticipèrent même sur les parties hautes du Pinde qui avoisinent les sources du Pénée, de l'Achéloüs, de l'Inachus et de l'Aoüs.

La Thessalie que l'on considère comme le berceau des principaux peuples de la Grèce, montre pareillement ses Dolopes, placés au pied du Pinde, ses Myrmidons d'Achille, ses Perrhèbes, ses Lapithes des bords du Pénée, sujets d'Ixion et de Pirithoüs, et ses Centaures dont les parfaits cavaliers servirent, sans doute, de modèles pour les admirables bas-reliefs du Parthénon. Plus avant, dans la Grèce propre, viennent les Dryopes, sortis de l'Arcadie et établis sur les bords du Haut-Céphise; puis, au sud du Mont Œta, se trouvaient les Aones et les Hyanthes qui donnèrent le nom d'Hyanthis à l'ancienne Béotie, d'où, chassés par Cadmus, ils passèrent dans la vallée de l'Achéloüs, précédant ainsi Etolus, fils d'Endymion, dont le nom prévalut sur ceux qu'elle portait avant son arrivée. Encore, faut-il mentionner les délégués de la Laconie et de l'isthme de Corinthe, venus, dit-on, de la Carie dans le Péloponèse ; les Titans, fils d'Uranus, les féroces Géants, issus de la Terre, et dont les prouesses ont été rappelées précédemment; enfin, les Autochtones, dont le nom dérive de celui d'un roi qui régnait sur une partie de l'Attique avant l'arrivée de Cécrops.

Du milieu de ces tribus plus ou moins fabuleuses et probablement indigènes, surgirent les Pélasges que, selon la coutume, on suppose appartenir à la race indo-germanique, et cela, sans savoir s'ils quittèrent l'Orient avant ou après les Celtes, les Germains, les Ibères et les Slaves. Ils seraient venus en Grèce, au plus tard, 1900 ans avant J.-C., en franchissant le Danube. On veut aussi en faire des Sémites sous le nom de Pélasgo-Phéniciens, et, par ce système, on croit expliquer, d'une manière naturelle, l'origine des luttes persistantes des peuples de la Grèce et de l'Asie-Mineure. Cependant, comme on ne connaît que trop la facilité avec laquelle les guerres s'établissent entre des voisins, de quelque nature qu'ils soient, cette théorie n'est pas plus indispensable que la première. Partant donc de l'idée admise de l'existence de leur race, presque pure de tout mélange, au centre du Péloponèse, chez les Arcadiens, montagnards de mœurs simples et antiques, agriculteurs et pasteurs, j'admets que Pélasgus fut leur civilisateur, et qu'en outre, son fils Lycaon leur donna des lois. Ce fondateur de Lycosure, la plus ancienne ville de la contrée, vivait du temps de Cécrops.

Ils sortirent d'ailleurs de leurs montagnes pour occuper, en tout ou en partie, la Thrace, la Macédoine dont un des rois, nommé Pélagon, se rangea du côté de Priam contre les Grecs au siége de Troie. Leur nom fut donné à la Pélasgiotide, partie de la Thessalie qu'ils habitaient. Sous la conduite de Lycaon, dans le xixe siècle avant J.-C., on les vit descendre dans l'Epire. Cependant, d'après Plutarque, ce seraient Pélasgus même, avec Phaéton, chef de colonie, qui y fondèrent plusieurs villes, et M. Pouqueville admet que l'Acropole de Castritza, primitivement appelée Hella, aurait été leur capitale. A part cette complication, on les retrouve dans l'Achaïe et dans le Péloponèse, où le golfe de Volo de la mer Egée était autrefois le golfe pélasgique. D'ailleurs, quelques-unes de leurs tribus passèrent soit dans l'Illyrie, soit dans l'Asie-Mineure, car les Méoniens, premiers habitants de la Lydie, de même que les Troyens, passent pour être Pélasges. Ils occupèrent, pareillement, Lemnos et la Samothrace.

Du reste, ces Pélasges étaient en voie de civilisation. La

poésie, l'architecture, et par suite la métallurgie leur étaient familières. Ils avaient préparé l'ordre social en rassemblant, dans des villes murées, des peuplades vagabondes, et leurs étranges constructions ressortiront incessamment. Mais, vers 1550 avant J.-C., les Hellènes, autre branche de la même famille, apparurent à l'horizon, sous la conduite de Deucalion et de son fils Hellen. Venant de la Scythie ou du Caucase, d'après les traditions, ils formèrent quatre grandes tribus, les Doriens, les Eoliens, les Ioniens et les Achéens. Doués d'un esprit guerrier, mais grossiers, ignorants et ayant en horreur les occupations pacifiques et l'industrie, ils substituèrent, peu à peu, leur domination à celle des Pélasges, envahirent le Péloponèse, la Grèce centrale, et retardèrent de plusieurs siècles la civilisation du pays auquel ils donnèrent le nom d'Hellas. Presque partout, les Pélasges furent réduits à un état d'infériorité ou même d'esclavage des plus durs, témoin les Ilotes, les Pénestes, etc. Outre cela, les Hellènes envoyèrent des colonies dans les îles de la mer Egée et même dans l'Asie-Mineure. Ils établirent quelques petits royaumes, Iolchos, Magnésie, etc. Enfin, il reste à remarquer qu'on les confond parfois avec les Cyclopes, bien qu'ils aient adopté un genre d'architecture spécial dit *hellénique;* tandis que les constructions pélasgiques sont souvent désignées comme étant *cyclopéennes.*

Sans doute, quelques-unes de ces données laissent à désirer du côté de la précision. Toutefois, elles suffisent pour faire entrevoir l'établissement, en Grèce, d'une population fort ancienne, et par suite, je suis amené à poser la question de son existence durant l'Age de la pierre. Eh bien! quoique les Grecs n'aient conservé aucun souvenir à son sujet, on peut cependant en trouver des vestiges sous plusieurs formes, les unes mythologiques, les autres positives, et comme toutes concourent au même but, je me trouve pour ainsi dire autorisé à croire que les primitifs Pélasges connurent l'emploi du minéral.

En remontant d'abord aux temps fabuleux, on rencontre une atroce confusion, provenant en grande partie du mélange des idées ou des dénominations phrygiennes, grecques et latines. En effet, on voit immédiatement une certaine Rhéa, soit Cybèle, Vesta, Titée, Ghé, Ops, Tellus ou la Terre, qui est présentée comme une même divinité, épouse d'Uranus, Cœlus, Ciel personnifié. Elle en aurait eu dix-huit enfants, dont la liste comprend en particulier Titan, Saturne, l'Océan, les Géants, les Cyclopes et Thémis. Dans d'autres cas, cette même Rhéa, toujours sous le nom d'Ops (richesse), devient sœur de la Terre ou de Cybèle, fille de Cœlus et de Vesta, sœur et femme de Saturne qui lui donna Jupiter, Junon, Neptune, Pluton et les autres principaux dieux. Rhéa est également présentée comme fille de Saturne et d'Ops, en même temps que Jupiter; mais, de son côté, Thémis (la Justice) devient indifféremment fille de Titan ou fille d'Uranus, tandis que, d'autre part, Saturne et Kronos (le Temps), primitivement distincts, se trouvèrent ensuite identifiés. Finalement, une Vénus-Uranie est désignée comme constituant une autre personnification du Ciel et de l'innombrable légion des étoiles.

Cet embrouillement ressemble fort au Chaos dont tout sortait avec le Temps, savoir: la Terre, le Ciel, l'Océan, le Feu, les Astres, etc., et dans un pareil cas, le plus court est de simplifier ou de n'adopter que les indications appropriées au but que l'on se propose. Prenant donc en considération les dires d'Hérodote d'après lesquels les Pélasges seraient plus anciens que les dieux de la Grèce, et entrevoyant l'idée vague d'une sorte de trinité dans laquelle le Temps, le Ciel et la Terre, jouent le principal rôle, il ne me répugne pas de placer Uranus et son épouse Rhéa, au rang des très-antiques divinités, sans trop m'inquiéter des autres détails. J'admets, en outre, que celle-ci fut la richesse par excellence, et qu'elle présidait au feu interne de la terre.

> *Vestamque potentem*
> *Æternumque adytis effert penetralibus ignem.*

Enfin, j'accorde qu'elle naquit ou qu'elle fut exposée sur le Mont Bérécynthe en Phrygie, par la raison que c'est surtout dans ce pays qu'elle fut vénérée. En effet, elle était parée du titre de *Cybèle Bérécynthie*, sans compter celui de *Grande Déesse* des Phrygiens qui l'adoraient aussi sur le Mont Dindyme, bien que, pour cela, ils ne renonçassent pas à la faire séjourner sur le Mont Ida, *Mons Cybele sacer.*

> *Alma parens Idœa Deum, cui Dindyma cordi.....*
> *Felix prole virum, qualis Berecynthia mater.....*

La portée de ces aperçus ressortira ultérieurement. Actuellement, pour trouver un certain enchaînement dans les faits qu'il s'agit d'exposer, il convient de prendre des points de départ dans l'Anatolie pour passer ensuite à la Grèce. L'identité de certains détails concernant la pierre, fera ressortir entre ces deux contrées, une source commune.

Or, dans l'Asie-Mineure, Pessinunte (Nalikan) renfermait un domicile de la *Magna Mater*, différent des précédents, et plus spécialement, un magnifique temple dans lequel était une de ses statues que l'on disait tombée du ciel sous la forme d'une pierre noire, indication dont on est parti pour en faire un aérolithe. On sait d'ailleurs que cette idole fut demandée par les Romains qui basaient leurs sollicitations sur quelques lignes des livres Sibyllins. L'ayant obtenue, ils la transportèrent, par mer, jusqu'à l'embouchure du Tibre, et là, ils se trouvèrent dans l'impossibilité de faire avancer plus loin le vaisseau qui s'était engravé. L'oracle, consulté de nouveau, répondit qu'une vierge aurait seule le pouvoir de le faire entrer dans le port. Alors, la belle Claudia, soupçonnée de n'être plus sans tache, sollicita comme une grâce d'être soumise à cette épreuve. Libre d'agir, elle déroula sa ceinture dont la longueur était suffisante pour servir en guise de cordelle. Son bout fut attaché au navire ; puis d'un pas léger, suivant le chemin de halage, elle amena le bâtiment jusqu'au port, miracle que l'on pourra ranger à côté du prodige minéralogique d'Attus Navius, déjà mentionné.

Dans l'île de Chypre, l'ancienne Paphos, sur l'emplacement de laquelle Pococke trouva beaucoup de ruines, renfermait un temple où se rendaient des oracles, et là, un bloc conique, noir, encore une fois présumé être un aérolithe, était adoré pour Vénus céleste, Uranie, Astaroth ou Astarté, divinité des Phéniciens et des Syriens, fondateurs de la cité. En cela, ces colons se montraient fidèles au culte de leur mère-patrie, car, à Emèse, au nord-est de Sidon, ils adoraient aussi le soleil, représenté par un autre cône de pierre noire, désigné sous le nom d'Elagabal. A son tour, l'empereur romain Héliogabale ou Elagabal qui, dès son enfance, fut grand-prêtre du dispensateur de la lumière, voulut le faire également vénérer à Rome. Toutefois, moins heureux que Claudia, cette fantaisie, et toute son escorte de folies, les unes plus désordonnées que les autres, déterminèrent sa milice prétorienne à le massacrer.

Le rôle de la pierre se décèle d'une façon plus explicite dans l'histoire de Rhéa. En effet, Titan, frère aîné de Saturne, avait accordé à celui-ci la liberté de régner sous la condition expresse que le trône reviendrait aux Titans, ses fils, et que Saturne détruirait ses enfants mâles dès leur naissance. Pour mettre ce traité à exécution, celui-ci se fit cannibale et avala d'abord Pluton et Neptune. Alors Cybèle, sa femme, imagina de sauver Jupiter, en substituant, à ce nouveau-né, une pierre enveloppée de langes. Elle fut aussitôt engloutie.

> Saturnusque vorax, delusus imagine prolis,
> Corripit ore avido saxum. . . . . .

Cette pierre, devenue, par la suite, un objet de vénération,

reçut même les honneurs divins, sous le nom d'*Abadir* ou
Abdir, et comme elle fut, de plus, désignée sous celui de
Bétyle, il faut la placer dans la catégories de ces objets dont
le rôle a été détaillé à l'article des Hébreux. Du reste,
chacun sait que cette voracité de Saturne a été expliquée,
en partant du fait que le temps, dont il est la personnification,
détruit tout ce qu'il fait naître, et pourtant, le mythe me paraît indiquer quelque chose de plus. Comme il existe, dans
le monde, une infinité d'autres corps moins rebelles à la dé-
glutition que des pavés, on ne comprendrait pas pourquoi
Cybèle s'attachait spécialement à ces masses, si l'on n'imaginait que la Fable cache quelque renseignement relatif à l'emploi de la matière minérale.

Cet Abadir et les autres pierres bétyles ou idolâtriques dont
il vient d'être fait mention rappellent les menhirs et les cromlechs de l'Anatolie, cités au sujet de Niobé. Eh bien! l'aventure du berger Cragaleus, devant lequel Apollon, Diane et
Hercule se disputèrent la possession de la formidable acropole d'Ambrakia (Olpé) en Epire, vient à l'appui de la métamorphose de la fille de Tantale. Car, ayant adjugé la ville à Hercule,
Apollon indigné le métamorphosa en rocher, nouveau bétyle,
muni de son histoire, comme les autres.

Du reste, le phénomène inverse s'est aussi produit dans ces
temps fabuleux, témoin Deucalion et son épouse Pyrrha qui,
seuls, échappés à un déluge de la Thessalie, purent se réfugier sur le Parnasse où l'oracle de Thémis leur ordonna de
jeter derrière eux les os de leur *grand'mère* pour repeupler
le pays. Ils comprirent qu'il s'agissait de la terre dont les
pierres sont les os, et exécutant l'ordre, ils ramassèrent des
cailloux. Ceux que jetait Deucalion devenaient des hommes,
et les autres qui étaient lancés par Pyrrha se transformaient
en femmes. Cependant, admirons combien les forces de l'espèce
humaine sont exiguës à côté de celles des dieux. Bien certaine-

ment, ces cailloux furent loin d'égaler, en nombre, ceux qui composaient la grêle lancée par le puissant Jupiter sur un ennemi qu'Hercule ne pouvait venir à bout de vaincre, pendant son expédition en Provence. Ils tombèrent, alors, en telle quantité, qu'il en résulta l'entassement graveleux de la Crau (Crava), des *lapidei campi*, dont le voyageur admire la vaste uniformité, l'aspect désert, lorsqu'il se rend d'Arles à Marseille. Ajoutons, enfin, que Jupiter lui-même, voulant combattre les Géants, s'arma d'une faux de diamant que Typhon lui arracha pour lui couper les mains et les jambes qui lui furent rendues par Mercure et Pan. Encore, cette faux n'est-elle point un pendant de la charrue de diamant avec laquelle Jason dut labourer son champ de la Colchide?

Tant d'exemples variés qui viennent d'être cités me semblent démontrer que les Grecs des temps primitifs faisaient volontiers intervenir la pierre lorsqu'il s'agissait d'expliquer un phénomène quelconque, et qu'en conséquence, ils étaient alors parfaitement pénétrés de l'importance de son rôle. Toutefois, ces fables étant bien insuffisantes pour fixer définitivement les opinions au sujet de l'Age de la pierre en Grèce, il importe de découvrir d'autres vestiges de nature à venir à l'appui de son existence.

Il est évident que de tout temps les beautés ont dû se mirer et que les surfaces des eaux calmes furent les premiers miroirs. Cependant, il est parfois difficile, pénible même de s'étudier convenablement sur des nappes horizontales. De plus, on n'est pas toujours amoureux de sa propre image au point de demeurer étendu sur le bord des sources pour en recevoir les reflets, et de s'y noyer finalement, comme Narcisse qui, d'ailleurs, absorbé par ses égoïstes contemplations, avait dédaigné la gentille nymphe Echo dont le chagrin fit dissiper la substance corporelle, *ceu fumus in auras*. Il fallut donc trouver des corps solides, capables d'être fixés verticalement, suffisamment réfléchissants et assez larges pour se prêter aux exigences de l'ajustement.

Certaines pyrites fournirent des plaques polies que l'on retrouve dans les tombes des princes péruviens; elles constituent ce que l'on appelle les *miroirs des Incas*. On suppose aussi que les plus anciens objets de ce genre étaient d'airain. Vinrent ensuite ceux d'argent ou d'or. Mais, les uns ont l'inconvénient de faire paraître le teint blême ou jaune, et, d'autre part, l'argent, le bronze, sont sujets à ternir. En outre, ces métaux, tout comme le verre, sont d'invention récente, comparativement à l'emploi des pierres. C'est, par conséquent, de celles-ci que l'art dut s'occuper d'abord. Heureusement, certains volcans émettent des verres noirs, connus sous le nom d'obsidiennes, souvent très-homogènes et en même temps capables de fournir des pièces de la taille d'un homme; du moins, Pline raconte que, de son temps, on en voyait de cette dimension, incrustées dans les murs des palais romains. Elles venaient de l'Ethiopie. Les Guanches de Ténériffe, et, plus loin, les naturels de diverses parties de l'Amérique, se servaient de la même roche pour une destination pareille. Enfin, l'abbé Grosier déclare que les Chinois ont confectionné leurs premiers miroirs avec la pierre noire dite Iu, laquelle paraît être identique aux précédentes. Eh bien! d'après Théophraste, Orchomène d'Arcadie possède aussi des obsidiennes désignées sous le nom d'escarboucles. Les Arcadiens en tiraient également des miroirs, et comme on sait qu'en général ce verre volcanique a été travaillé de concurrence avec le silex; comme il a été constaté, en outre, que dès la seconde période de l'Age de la pierre, on savait déjà obtenir de très-beaux polis, tout autorise à ranger la fabrication d'Orchomène parmi les restes des primordiaux procédés industriels, sans qu'il faille, pour cela, renoncer à appuyer la présomption sur d'autres données.

A cet égard, interviennent d'abord les tumulus que les archéologues divisent en deux classes : les grands, considérés comme étant caractéristiques pour l'époque première ; les petits étant propres à l'Age du bronze. D'après M. Boué, les uns et les autres sont communs dans toutes les parties de la Macédoine et de la Thessalie ; ils ressemblent en tous points à ceux que l'on voit dans la Troade. De même que certaines montagnes du pays, on les désigne sous le nom de *Tépé*. Les petits n'ont qu'une élévation de $1^m,5$ à $2^m,0$, et ceux-ci sont placés deux à deux, l'un vis-à-vis de l'autre, sur le bord des routes. Peut-être ne sont-ils là qu'à titre de bornes miliaires. Les grands Tépé, dont la hauteur varie entre 10 à 15^m, ont pu servir de tombeaux. Ils ont été observés dans la Thrace, à Erékli, Tschourlou, Loulé-Bourgas, Séra, Visa, Andrinople, Eski-Sagra et Philippopoli, où il en existe une véritable collection. Dans la Macédoine, on connaît ceux de Pella et Salonique qui sont de la plus grande dimension et tout-à-fait semblables à ceux de la Troade. Il en est de même à Gomati, dans la péninsule chalcidique, entre les golfes Thermaïque et Strymonique. La Thessalie en possède à Tricala, Larisse, Armyros, Vélestina. L'Epire, près de Janina, tout comme l'Herzégovine, peuvent montrer ceux de Mostar et de Gatsko. La Béotie et la Morée n'en sont pas plus dépourvues que les régions précédentes, et d'ailleurs, rien ne serait plus simple que d'augmenter cette liste en y ajoutant les buttes de la Bulgarie et de la Mésie supérieure où elles sont non moins multipliées ; mais je préfère rappeler, d'après M. Boué, que leur disposition ne convient nullement à des postes militaires, et qu'il est facile d'y faire des recherches pour la découverte de pièces de nature à faire connaître exactement leur âge.

Evidemment, des travaux de ce genre doivent offrir un intérêt au moins égal à celui que font naître les fouilles effectuées pour une foule d'autres antiquités, et pourtant, à notre point de vue, elles n'ont pas été fort heureuses. Ainsi, le tumulus de Pella, ancienne capitale de Philippe, avait été ouvert et vidé avant les explorations de M. Pouqueville. D'ailleurs, les constructions intérieures, très-complexes, les salles, les galeries, les caveaux qu'il rencontra, ne s'accordent guère avec la simplicité que l'on doit attendre de l'Age de la pierre. De son côté, M. L. Heuzey, en vertu d'une mission récente et spéciale de S. M. l'Empereur, s'attacha aux tumulus de Pydna, lieu de la victoire de Paul-Emile sur Persée. Il n'y découvrit rien qui pût être rapporté à la bataille où fut consommé le triomphe des armes romaines. Cependant, l'un d'eux lui présenta un monument funéraire dont le style se rapporte à une époque plus ancienne, à celle où le royaume de Macédoine était encore dans tout son éclat. La chambre sépulcrale était peinte, garnie d'un fronton dorique, fermée de portes de marbre décorées de têtes de lions en bronze ; mais encore une fois, la sépulture avait été violée, et quand même elle eût été intacte, les conclusions seraient restées les mêmes que pour la précédente. En se basant sur ces faits, ainsi que sur les détails fournis par la Crimée, on serait en droit de conclure qu'il n'y a pas une identité parfaite entre les tumulus de l'Orient et de l'Occident, si l'on était bien certain que ceux de Pydna et de Pella ont été examinés dans toute leur épaisseur, condition devenue essentielle, depuis qu'à Waldhausen on a vu le même monceau se composer pour ainsi dire de trois étages, consécutivement munis des attributs propres à chaque âge, celui du fer occupant la partie culminante.

Les archéologues du jour mettent encore les habitations lacustres au rang des monuments de l'Age de la pierre. Or, ce genre de construction n'est pas plus étranger aux peuples asiatiques qu'à ceux de l'Europe. On peut le croire représenté, dans les temps actuels, par les îles flottantes des lacs

de la Chine et de la partie inférieure de l'Euphrate dont
M. Troyon a fait mention. Il se retrouve, sur les bords de la
mer Noire, au pied du Caucase, où, d'après un passage d'Hippocrate, mis en évidence par M. Petersen, professeur à Ham-
bourg, « les habitants du Phase passent leur vie dans les
marais. Leurs demeures de bois et de roseaux sont construites au milieu des eaux et forment une ville. » En Syrie, selon
Aboul-Féda, écrivain du XIVme siècle, « un des lacs alimentés
par l'Oronte, portant communément le nom de *Lac des
Chrétiens*, était habité par des pêcheurs qui demeuraient sur
ce bassin, dans des cabanes en bois, au-dessus des pilotis. »
Actuellement encore, les petites anses du Bosphore contiennent des constructions dont les pieux, d'une longueur considérable, sont inclinés et entre-croisés dans divers sens, et
supportent des huttes de pêcheurs, distribuées à des hauteurs
diverses, non par étages réguliers, mais comme des nids
entre les rameaux d'un arbre. On arrive à ces demeures par des
échelles. Derniers vestiges des temps passés, elles indiquent certainement un goût pour le séjour aquatique, d'autant plus prononcé qu'elles s'élèvent parfois en face d'habitations élégantes, construites dans le style moderne, sur le bord
de la mer, par exemple à Babec et Séraglio. Enfin, il faut
rappeler ici le lac Prasias, sur les confins de la Thrace et de
la Macédoine, sur lequel, d'après Hérodote, les Dobères, les
Agrianes, les Odomantes et les Pæoniens des environs du
Mont Pangée construisaient leurs demeures de la même manière que les anciens habitants de l'Helvétie. Leur position
les mit à l'abri des armes du satrape Mégabize et de la domination de Darius.

Ces rapprochements, qui mettent l'Asie en rapport avec
l'Europe, par la Macédoine et l'Italie, autorisent évidemment
à faire la conjecture que des recherches convenables feront
découvrir d'autres stations du même genre, en Grèce ainsi

que dans les îles avoisinantes, et que par suite, la question
de l'Age de la pierre pourra être tranchée par les instruments
que l'on y trouvera, comme elle l'a été à l'égard de la Suisse.
Mais on conçoit aussi que dans un pays ardu, hérissé, rocheux, un genre de construction entièrement pierreux devait
prédominer sur le pilotis. C'est ce qui est arrivé par l'établissement des murailles dites cyclopéennes ou pélasgiques,
des acropoles construites au couronnement des rochers ou
des mamelons isolés, et offrant ce caractère tout spécial
d'être formées d'énormes blocs bruts ou simplement dégros-
sis, posés de manière à engrener, autant que possible, les
uns entre les autres par leurs angles. On n'y voit donc se dessiner
aucune assise; les interstices sont d'ailleurs dépourvus de ciment
et simplement remplis de fragments moins volumineux. Telle
est, du moins, l'idée que fait naître l'inspection des modèles
confectionnés avec un soin remarquable par M. Petit-Radel.

On comprend, en outre, que de pareilles maçonneries doivent remonter aux premiers temps où les hommes réunis en
sociétés sentirent le besoin de se défendre contre leurs voisins, et même, cette opinion est pleinement confirmée par
la position parfois presque inabordable de ces monuments. Il
est, enfin, digne d'attention que les points furent si judicieusement choisis que certaines acropoles pélasgiques servent encore actuellement de citadelles. Le fils de Nauplius,
l'un des Argonautes, Palamède, l'inventeur du jeu des échecs,
des poids, des mesures, de quelques lettres de l'alphabet
grec et des manœuvres militaires, serait, dit-on, aussi l'Offi-
cier du génie qui aurait imaginé l'arrangement des premières
forteresses ; mais il est évident qu'ayant été un des héros du
siége de Troie, il n'a pu que les perfectionner, car, déjà longtemps auparavant, les Lapithes et les Centaures, Nessus, Pholus,
Chiron, Maniclès avaient élevé des constructions de ce genre.

Celles-ci abondent au point qu'il faut renoncer à les mentionner toutes. Cependant, des indications sur la position de quelques-unes d'entre elles, d'après les données de M. Pouqueville, pouvant n'être pas superflues, je rappelle qu'en Thessalie, viennent les ruines de Pharsale et de Pialia. L'Etolie et la Doride possèdent celles de Carpénitza (Œchalie) et de Castritza (Hella). Sur la croupe du Pinde ou sur ses parties latérales, on en peut découvrir à Argos-Oresticum, près de Crépéni, aux environs de Castoria, Chaliki (Chalcis), Sfétédéla (Pélion), Avados (Athénéon), Pyrrha, Godista (Polyanos) et Conitza. L'Epire et l'Acarnanie présentent Olpé (Ambrakia), Camarina (Comorus), Chimara, Bounima (Tymphé), bâti par Ulysse, Argos-Amphilochicum, Candili (Alizée), Astacos, Stratos et Agraïs. Sur le Péloponèse, gisent Vostitza (Ægium), où Agamemnon, au moment de partir pour le siége de Troie, réunit les rois, pasteurs des peuples. Là, sont encore accumulées Caphies, Bura, Pharès, Palæo-Chori (Sparte) et spécialement dans le fond du golfe d'Argos, la Palamède, citadelle de Nauplie, contemporaine des demi-dieux, avec Mycènes, Tyrinthe, Argos ou plutôt Larisse, son imprenable acropole, et qui, avec Sicyone, passe pour être la plus ancienne ville de la Grèce. Enfin, on remarquera que plusieurs de ces constructions cyclopéennes servirent de base à des murailles helléniques. Pella (Palatisia), capitale de la Macédoine, sous Philippe, rentre dans ce cas.

En dernière analyse, les renseignements relatifs à ces anciens monuments prouvent leur antiquité, et pourtant, rien n'autorise à les rapporter tous à l'Age de la pierre. S'il est vrai que Tymphé et la Palamède ne datent que du siége de Troie ou des temps héroïques, elles remontent tout au plus à l'Age du bronze, et par suite, il s'agirait de trouver le moyen d'effectuer un triage de nature à faire ressortir les maçonneries les plus primitives. La découverte d'instruments de silex dans des gisements convenablement étudiés pourrait conduire à la solution du problème. L'état plus ou moins brut des blocs viendrait également en aide dans ces recherches, car l'art devait se perfectionner avec le temps, et je pense qu'en particulier, des murs aussi grossièrement construits que le sont ceux de l'enceinte établie sur la coulée volcanique de Côme, près de Pont-Gibaud en Auvergne, seraient des indices qui, combinés avec le précédent, ne laisseraient plus guère de motifs d'hésitation.

Les hiérons, enceintes sacrées de construction pélasgique, temples rustiques renfermant un autel en plein air et environnés de forêts de chênes prophétiques, devront surtout être pris en considération. Evidemment l'usage d'élever des autels aux génies est excessivement ancien, et les Pélasges ne devaient pas être soustraits à cette loi commune. D'après Hérodote, ils adoraient primitivement des *dieux sans nom.* Pan passe pour avoir été leur première divinité ayant une dénomination distincte, et ils avaient un oracle de Thémis, fille de la Terre, dont l'hiéron était établi sur l'emplacement actuel du monastère de Hellopi, près de Goulas, au sud de Janina en Epire. Une négresse, sortie du temple d'Osiris ou de Jupiter, vint plus tard à Thèbes en Egypte, les solliciter d'admettre le culte de son dieu ; ils consultèrent alors leur oracle qui s'étant montré favorable, détermina la construction de l'hiéron de Dodone dont les Selles devinrent les prêtres. Des ruines existent encore au monastère du St-Esprit, à côté de Gardiki, au nord de Janina. Ainsi donc, de ces découvertes, fruit des recherches de M. Pouqueville, il résulte que Jupiter-Dodonéen ne fut pas le premier oracle de la Grèce, et pourtant, celui-ci est antérieur au déluge de Deucalion ainsi qu'à toutes les cités des Hellènes, et déjà du temps d'Hérodote ses chênes prophétiques n'existaient plus.

Ces bases étant admises, l'intérêt tout spécial qui se rattacherait à des recherches entreprises sur ces deux points si voisins l'un de l'autre, se conçoit facilement. Dodone montre l'emploi évident du bronze. Indépendamment de ses chênes et de son soupirail prophétiques, l'oracle se composait de cloches ou chaudrons d'airain que venait frapper un automate armé d'un martinet formé de chaînes du même métal. Cette girouette mise en mouvement par les vents du NO et du SE qui, dans la station, règnent durant la majeure partie de l'année, ébranlait une première cloche ; celle-ci transmettait ses ondulations aux suivantes, et c'était d'après ce bruit que l'on annonçait l'avenir. L'usage des cloches se répandit d'ailleurs dans le reste de l'Epire, et il paraît avoir plu à Auguste qui avait fait ses études à Apollonie, car il en orna le temple de Jupiter-Tonnant qu'il bâtit à Rome. Au surplus, M. Pouqueville a démontré que les Pélasges de cette région avaient des bûcherons armés de très-bons instruments. Il trouva notamment une forte hache de bronze à Pandosie, cité dont les ruines lui parurent remarquablement riches en restes de tous genres, et pourtant, à l'époque de son passage, vers 1805, les fouilles n'avaient encore été que très-superficielles.

Eh bien ! si Dodone est pour ainsi dire moderne, l'Age de la pierre se dessinera peut-être nettement dans l'hiéron de Thémis. Lors de l'arrivée de la Pythie égyptienne, l'Epire était couverte d'épaisses forêts, dans lesquelles Hésiode place la demeure des premiers hommes réduits à habiter les troncs d'arbres creusés par le temps. Et peut-être ces domiciles ne les rendaient pas fort à plaindre. Qui sait si ces antiques végétations de la Grèce n'étaient pas analogues à celles de la Californie où des espèces de cèdres de 30 à 40 mètres de circonférence et ayant 4000 à 5000 ans d'existence, ont excité l'étonnement des voyageurs ? En consultant le *Voyage en Californie* si plein d'intérêt de M. Simonin, on comprendra qu'en nous reportant aux temps primordiaux , il nous laisse entre-

voir les soins de la nature à l'égard de l'espèce humaine dans
son enfance. Bien certainement, la cellule large et haute que
la carie peut excaver dans un de ces vieux troncs, doit être
préférable aux huttes des habitations lacustres, aux cavernes
des Troglodytes, et pour que l'on ne me fasse pas le reproche de me baser sur une donnée exceptionnelle, j'ajoute que,
malgré la dévastation de nos forêts ét malgré les besoins de
la civilisation, les arbres de 2000 ans ne sont pas encore entièrement détruits dans nos pays. A plus forte raison devaient-
ils abonder à l'époque de l'Age de la pierre.

Quoi qu'il en soit de ces aperçus, il est probable que dans
le temps où Thémis rendait la justice, dans le temps de l'Age
d'or, les instruments de pierre ne devaient pas manquer aux
hommes, et je suppose que c'est dans son hiéron surtout
qu'il convient d'approfondir les recherches. Et de plus, du
moment où il est admis que ces hiérons sont des monuments
d'une excessive antiquité, on devra visiter, non-seulement
celui de Dodone pour le bronze, mais encore, près de Pa-
leste, dans l'Epire, celui des Furies, l'Aorne entouré de marais infects. De même, près de Patras, dans l'Achaïe, on
pourra explorer l'autel pélasgique, le hiéron et le bois présumé être celui des Dioscures. Enfin, on ne négligera pas
Delphes en Phocide, où l'Apollon actiaque reçut, sur la pointe
SO du Parnasse, le premier des cultes qui, dès l'aurore de la
civilisation, pouvait s'adresser au Soleil, père des saisons,
source de vie et lumière. Pausanias place dans son enceinte
l'Abadir dévoré par Saturne, et de plus, un autre soupirail prophétique pourra mettre sur la voie de recherches
d'un genre différent, quoique de nature à concourir au même
but que les précédentes.

Je viens d'indiquer ce qu'il est permis de soupçonner à
l'égard des Ages de la pierre et du bronze; mais le fer devait intervenir, et ici se présente une première indication

qui ne sera pas à négliger lorsqu'il s'agira de préciser la date de son apparition. En effet, quelque dénaturée que soit l'histoire de Jupiter, il n'en reste pas moins la conviction qu'un prince de ce nom eut à soutenir de grandes guerres contre les Titans et les Géants, et précisément dans l'un des combats, Hercule tua Eurytus avec une massue de bois de chêne, pendant que Vulcain, muni d'une massue de fer rouge, terrassait Clytius. J'ai d'ailleurs hâte d'ajouter que les Grecs l'employaient avant Hésiode qui vivait au commencement du IXe siècle et à peu près contemporain d'Homère. Celui-ci, dont les poëmes, indépendamment de l'or, de l'argent, de l'étain et de l'airain, mentionnent 32 fois le fer, tend à indiquer l'époque du siége de Troie comme une ère de transition durant laquelle les armes étaient indifféremment de l'un ou de l'autre métal. Les pointes des lances, des javelots paraissent être soit de fer, soit d'airain; mais, pour mieux faire apprécier la valeur du fer, je rappelle qu'à l'occasion d'une lutte entre les héros grecs, Achille présenta une partie brute telle qu'elle sortait de la fournaise et que lançait autrefois le vigoureux Eétion. Après avoir immolé ce prince, il transporta le culot dans ses navires, et devant Troie, il se leva pour faire entendre ces paroles: « Approchez, ô jeunes » guerriers qui voulez tenter la fortune de ce combat. Celui » qui sera maître de cette masse, lors même qu'il posséderait » une vaste étendue de champs fertiles, aura du fer à son usage » durant cinq années. Ni le laboureur, ni le berger n'en man- » queront, et ils ne seront pas obligés d'aller à la ville prochaine. » Ce bloc leur en fournira abondamment. » De pareilles expressions démontrent assez l'enfance de la production du métal. Elle fut longue, puisqu'à partir du VIIe siècle avant J.-C. les Lacédémoniens jugèrent à propos d'en faire leur monnaie; en outre, ils ne portaient que des anneaux de fer.

Au surplus, pour faire ressortir le prix que, du temps d'Homère, les Grecs attachaient aux œuvres métalliques, il suffira de mentionner les deux grandes cuves d'argent, les deux beaux trépieds d'or donnés à Ménélas par le roi de Thèbes, et la quenouille d'or avec la magnifique corbeille d'argent, bordé d'or fin et bien travaillé, dont Alcandre, épouse du monarque, fit présent à Hélène. Ces pièces venaient de l'Asie-Mineure où, longtemps après, Athènes achetait encore, pour sa monnaie, l'or de la Lydie, en même temps que celui de la Macédoine.

Je viens de classer, pour la Grèce, les détails relatifs à ses plus antiques constructions ; j'ai mentionné ses habitations tant lacustres que pélasgiques et même forestières ; j'ai parlé de ses tumulus et fait surgir les *desiderata* de la question des matières minérales essentielles à l'espèce humaine, en cherchant à mettre sur la voie de découvertes capables de combler un jour les lacunes de leur histoire. Actuellement, il me faut passer à des aperçus métallurgiques qui, sans être complètement exempts des fables si naturelles aux Grecs, présentent cependant certains caractères positifs, et ici apparaît d'abord Cécrops, natif de Saïs en Egypte. Il vint, avec une colonie, s'établir dans l'Attique, vers 1643 av. J.-C., et fonda une partie des douze bourgades dont Athènes fut ensuite le centre. C'est de lui que date l'Ère cécropique ; il répandit le culte de Minerve et de Jupiter, institua l'aréopage, enseigna aux habitants la culture de l'olivier et introduisit parmi eux les mariages. De son temps surtout, on exploita les mines d'argent du Mt Laurium, l'on commença à travailler le cuivre, l'on découvrit le fer.

Une plus large part doit être faite au phénicien Cadmus, fils d'Agénor, envoyé à la recherche de sa sœur Europe, et qui, réduit à l'impossibilité de la trouver, n'osa point retourner dans sa patrie. Il se fixa en Béotie où il trouva les Hyanthes, ainsi que les Aones, et il y bâtit Thèbes, vers 1580 av. J.-C. On le voit, cette histoire ressemble trop à celle de Phénix pour qu'il n'y ait pas quelque confusion à cet égard. Quoi qu'il en soit, on lui attribue l'introduction de l'alphabet ou de l'écriture malgré Hérodote qui s'explique d'une façon dubitative à cet égard. D'ailleurs, il est admis que l'alphabet pélasgique précéda de beaucoup celui de Cadmus; qu'il survécut au déluge d'Ogygès, antérieur à celui de Deucalion, et par suite, le héros aurait seulement importé quelque chose de plus complet. En tout cas, M. Fourmont jeune rapporta du pays, une inscription de 75 ans plus ancienne que l'arrivée du nouveau colonisateur. Suivant d'autres hypothèses, ce Cadmus serait le Hermès-Kadmylos de Samothrace, divinité des Pélasges-Tyrréniens, et son arrivée de la Phénicie ou de la Thrace ne serait qu'une fable postérieure. Enfin, au point de vue métallurgique, il aurait été un célèbre fondeur qui trouva, le premier, l'art de travailler en grand, de purifier, d'allier, de jeter en moule les métaux. L'excellence de son savoir le fit appeler dans la Grèce où il exécuta plusieurs monuments en bronze qui pourraient, encore aujourd'hui, servir de modèles aux artistes en ce genre, et de plus, il exploita des mines dans la Thrace.

Malgré toutes ces tergiversations, il me semble difficile de ne pas admettre au moins une partie de cette histoire, car les Grecs font mention d'une certaine *Cadmeia* qui devint la *Cadmia* des latins. Cette dénomination se transforma successivement en s'appliquant à la *calamine*, *calmine*, *calmei* ou *galmei*, minerais de zinc des Français et des Allemands dont on indique l'existence près de Thèbes, et dont le nom est évidemment celui du fondeur. En outre, il faut citer le *Spodium* ou la *Cadmia fornacum* qui, provenant de la vaporisation, se condense vers les parties supérieures des fourneaux. Celle-ci est encore connue sous le nom de *Cadmia zinci* que l'on peut, sans trop se risquer, placer à côté de la *Cadmia fossilis*, ou *mineralis*, ou *nativa*, comme provenant l'une de l'autre. En effet, les métallurgistes ne savent que trop à quel point le zinc est un désagréable compagnon de leurs minerais de fer, de plomb, de cuivre, d'argent, à cause de la promptitude avec laquelle ses vapeurs constituent des incrustations dont l'épaisseur, sans cesse croissante, finit par devenir une cause d'embarras, un véritable obstacle à la marche régulière des fourneaux. D'ailleurs, cet *avorton minéral* est, de plus, un *voleur des métaux*, un *demi-minéral rapace*, parce qu'il entraîne, avec lui, une partie des corps qui lui sont associés.

Pline est si explicite au sujet de cette substance, et ses rapprochements entre la calamine naturelle et la cadmie sont si catégoriques qu'il me paraît nécessaire de citer au moins quelques passages de son *Histoire naturelle* où, après avoir traité du cuivre, il mentionne la cadmie à titre de résultat accessoire de son traitement. « Elle est le produit de la partie la plus atténuée de la matière que sépare l'action de la flamme et du soufflet ; elle s'attache à la voûte et aux parois des fourneaux. La plus légère se trouve à leur orifice supérieur, par où la flamme s'exhale. On la nomme *capnitis*. Elle est comme brûlée, et par son état extrême de division, elle ressemble à la braise incinérée. La meilleure est celle du dedans, suspendue à la voûte et appelée, pour cette raison, *botryitis* (en grappe). On en distingue deux variétés par la couleur : l'une rouge et friable, l'autre de teinte cendrée..... Une troisième cadmie s'amasse sur les côtés des fourneaux, n'ayant pu, à cause de sa pesanteur, s'élever jusqu'à la voûte. On la nomme *placitis*, nom qui lui vient de son apparence même ; car, composée de lames plates, elle offre plutôt l'aspect d'une croûte que d'une pierre ponce. On en connaît deux variétés, l'*onychis* et l'*ostracitis*, noire et la plus sale de toutes. Toute la cadmie de l'île de Chypre est mise au premier rang. »

Après avoir mentionné, en passant, quelques-uns des em-

plois de cette dernière pour les médicaments ophthalmiques
et autres, Pline parle aussi des préparations qu'on lui fait subir, et finalement, il ajoute : « Nymphodore prend de la cadmie naturelle *(lapidem ipsum)*, aussi pesante et dense que
possible, la brûle sur du charbon, l'éteint dans du vin de
Chios, la pile, la passe par un linge, la pulvérise dans un
mortier, la fait macérer dans de l'eau de pluie, pulvérise le
sédiment qui s'y forme jusqu'à ce que la substance devienne
semblable à la céruse et n'offense en rien les dents. La préparation d'Iollas est la même ; seulement il choisit la cadmie
naturelle *(lapidem)* la plus pure. »

Ces détails intéressent à plus d'un titre. D'abord, cette dé-
gradation par laquelle les cadmies, d'abord impures, pesantes
et crustacées contre les parois internes de la cuve des fourneaux, prennent un état moins dense, mamelonné dans la
voûte qui supporte la cheminée, et se trouvent enfin réduites
à l'apparence pulvisculaire de légères cendres, là où le torrent gazeux qui les engendre arrive dans les parties supérieures et froides, prêt à se répandre dans l'atmosphère, cette dé-
gradation, dis-je, démontre trop largement l'esprit observateur
des anciens métallurgistes pour passer inaperçue. Je ne
connais même aucun traité moderne sur les fonderies, dans lequel existe une pareille précision. En second lieu, les préparations médicinales si soignées des pharmaciens Nymphodore et Iollas, évidemment grecs, complètent les indications
relatives aux moyens qu'employaient les anciens pour arriver
à obtenir la plus grande division possible des substances à
l'usage des malades. L'antimoine nous a fourni un exemple
de cette *accuratezza* trop souvent négligée de nos jours. Enfin,
un fait encore plus capital est définitivement acquis à l'histoire de la minéralogie et de la métallurgie par suite des explications de Pline. C'est que l'analogie chimique qui existe
entre les minerais de zinc et le produit des fourneaux était

parfaitement comprise des anciens, puisqu'ils adoptaient, les uns la cadmie, les autres la calamine, pour les mêmes usages, et par suite, la cause d'hésitation qui a pu résulter de la différence des dénominations est entièrement levée.

Partant de cette donnée , je fais remarquer que la valeur, la portée réelle du mot *cadmie* fut ensuite modifiée selon le caprice des chimistes du moyen âge, et qu'en outre, il a été appliqué d'une façon plus large à une foule d'autres matières douées d'une certaine ressemblance avec la véritable cadmie de zinc. De là, non-seulement toute la série des dénominations *fleurs de zinc, pompholix, lana philosophica, nihil album, spodium, tutie, arsenic, cobalt, cinabre;* mais encore l'idée de proposer la réunion, sous le nom de cadmie, de tous les sublimés, et en sus, celle de tous les corps métalliques capables de fournir des suies ou des incrustations dans les appareils métallurgiques ou chimiques. Au fond, cette généralisation est acceptable ; mais, en ce moment, restons dans la réalité, en maintenant les simples acceptions originaires, et alors la cadmie se présentera comme un souvenir du fondeur Cadmus. En adjoignant ici le *cadmium,* autre métal découvert en 1817, dans les matières zincifères, par l'illustre Stromeyer, on verra que la mémoire des bienfaits de l'antique mineur et fondeur a été dignement conservée, sans compter qu'il fut placé au rang des Héros par la Grèce reconnaissante.

En définitive, ces indications, réunies à celles des autres parties de notre travail, démontrent qu'à l'époque du siége de Troie, les Grecs du continent savaient extraire des mines tous les métaux usuels, quoique la connaissance du fer ne fût pas alors très-ancienne chez eux. Ils paraissent même avoir longtemps ignoré l'art de le préparer, et pourtant ils en avaient à leur disposition parce qu'il leur arrivait de plus loin. Des traditions plus positives que les mythes relatifs à Vulcain attribuent sa découverte aux Dactyles

idéens qui habitaient l'île de Crète, et les marbres de Paros
la font remonter à l'an 1432 avant J.-C.; mais l'histoire de
ces autres métallurgistes devant faire l'objet d'un chapitre
spécial, je complète immédiatement mes aperçus sur les
vieilles pratiques des Grecs, en faisant observer que l'emploi du gaz, provenant de la combustion du soufre, leur
était familier. Ils s'en servaient pour les cérémonies reli-
gieuses. Par son intermède, ils purifiaient les coupes destinées aux libations. Quand Ulysse eut massacré les cent-
seize prétendants à la main de Pénélope, il fit nettoyer la
salle, apporter du feu et du soufre afin de *purifier la salle, le
palais et la cour.* A ce titre, la substance était pour ainsi dire
considérée comme une chose sacrée, et n'est-il pas intéressant de voir cet ancien agent se prêter de nos jours, entre les
mains des teinturiers, à un autre genre de purification? Je
veux parler des étoffes de divers genres dont le roux naturel se détruit si facilement quand on les expose à l'acide volatil qui se dégage du soufre brûlant.

Nos aperçus minéralogiques doivent nécessairement être
complétés par des explications au sujet des mines qui fournissaient aux Grecs leurs métaux. A cet égard, l'esquisse orographique, tracée dès le début, sera d'un puissant secours,
car les gîtes métalliques n'étant pas semés au hasard, mais
leur position étant généralement réglée par certaines lignes
montagneuses, la coordination de ceux dont nous avons à
parler sera facile. Toutefois, en pareille matière, quelques
indications géologiques préalables n'étant pas hors de saison,
je vais d'abord mentionner, pour la Thrace et la Macédoine,
celles qui me sont fournies par MM. Viquesnel, Tchihatcheff,
Hommaire de Hell, de Verneuil et Boué.

Les roches cristallines ou de transition, schisteuses ou érup-
tives, endomorphiques ou exomorphiques, abondent sur l'un
et l'autre versant des Balkans. Elles se montrent à Bourgas,

sur la mer Noire, et jusqu'à Constantinople, à Péra, Térapia, Buyukdéré et Iéni-Mahalé ; c'est assez dire qu'elles occupent une partie du bassin de la Maritza. Elles reparaissent au Rilo-Dagh, à l'est des affluents supérieurs du Strymon, et les échantillons qui m'ont été remis par M. Viquesnel me donnèrent l'occasion de décrire un très-intéressant métamorphisme du genre de ceux de Fassa et de Monzoni en Tyrol. Il a été effectué par des injections de roches feldspathiques et amphiboliques dont je crois l'origine très-récente, et qui, agissant sur les calcaires et les schistes, les convertirent en marbres chargés de pyroxènes, d'épidote, de wollastonite, d'idocrase, de grenats, entre lesquels des pyrites ont été disséminées. Plus loin, à l'ouest, le Schar-Dagh met pareillement en évidence des roches cristallines qui s'étendent sur le versant de la Mésie, à Novo-Brdo comme à Kratovo sur l'Axius, appartenant au bassin macédonien. Il en est de même pour les montagnes centrales et pour les hauts plateaux de la Bosnie, entre Scopia et Livno.

Quant aux chaînes transversales, ces formations sont connues pour le Rhodope, pour le massif du Pangée (Monts Castagnatz). Enfin, elles constituent pour ainsi dire la base entière du versant oriental du Pinde, de sorte qu'elles se prolongent de ce côté jusqu'au cap Matapan, en composant, entre autres, les masses de l'Olympe en Thessalie, une partie du sol de la Béotie, de l'Attique et de la Laconie. Tout différent en cela, le versant occidental, comprenant une partie de la Morée, de l'Epire, de l'Illyrie, est composé de terrains secondaires.

Avec une pareille constitution pétralogique, et à cause de ses dislocations, la Grèce doit être une région passablement métallifère. En effet, les stations qu'il s'agit d'énumérer ne contrediront point les lois générales, malgré les *desiderata* énoncés par M. Boué qui réclame, en particulier, des renseignements plus précis sur les Hauts-Balkans. C'est donc en attendant mieux que je rappelle les mines d'or de la Thrace dont s'empara Philippe II, roi de Macédoine, 357 ans avant J.-C., et les minerais de fer de Philippopoli. D'ailleurs, je complète les trop brèves indications relatives à cette partie, en mentionnant une mine de cuivre dont l'exploitation s'effectue près de Buyuk-Déré, sur le canal de Constantinople, ainsi que les filons d'orpiment, de réalgar, que l'on place dans les environs. Tous ces gîtes sont subordonnés à la petite chaîne côtière du Kara-Tépé. Et comme l'on signale des roches trachytiques près de la mer, je saisis l'occasion de faire ressortir l'association des sulfures arsénicaux avec ces masses volcaniques anciennes, parce qu'elle se rattache aux relations pareilles, observées en Hongrie, ainsi que je l'ai expliqué dans ma *Géologie lyonnaise*, d'après les résultats des études de MM. Beudant, Richtofen, etc.

La Macédoine se montre plus explicite. Dans sa partie supérieure, entre les sources du Strymon et de l'Axius, autour de Keustendil et d'Ostroumdscha, existent des filons de cuivre et d'argent. Egri-Palanka, en aval de l'Orbélus, montre un gîte de fer oxydulé. De même, Karatova possède des filons de galène argentifère, inclus dans la syénite, et dont l'exploitation se maintient. D'autres mines argentifères sont établies à Nevrokoup, entre le Strymon et le Nestus, sur le Périn-Dagh, sommité d'une arête qui, à partir du Rilo-Dagh, se prolonge vers les plaines voisines du golfe de Contessa. Plus bas encore, sur le même faîte, au nord-ouest de Drama, les anciens plaçaient des mines d'or et d'argent. Dans ce cas, ne seraient-elles pas sur la prolongation du Pilaf-Tépé (Mᵗ Pangée), près de Pravista, à proximité de l'embouchure du Strymon? Enfin, dans la presqu'île chalcidique, au sud-est de Salonique (Thessalonique), non loin de Sidéro-Kapsa (Chrysite) et de Mégala, des exploitations de plomb argentifère existaient déjà du temps des rois de Macédoine.

Sur le revers oriental du Pinde, la petite Dévol ainsi que l'Haliacmon charrient des sables aurifères près de Croupista, et des laveries sont établies, depuis leurs sources jusqu'en aval, à Phili dans le canton de Greveno, lieu où le fleuve devient trop profond et trop rapide pour permettre ce travail. La Thessalie ne m'offre aucune donnée ; mais Denis le Périégète vante le fer de la Béotie comme étant célèbre dans l'antiquité. A Genurio, le calcaire des Thermopyles contient de l'anthracite. L'Attique présente le fer oxydulé du Pentélique. Thorique et son Mont Laurium renferment de la malachite, du fer spathique, du spath brunissant, de l'hématite, des pyrites. C'est surtout là, vers le promontoire Sunium (G. Colonne), que l'on place les anciennes mines d'argent des Athéniens. Andrizena, dans l'Arcadie, possède des minerais de cuivre natif, oxydulé et carbonaté vert. Enfin, il faut mentionner l'oligiste d'Ajio-Pétro, dans les Monts Mustos, l'oligiste, l'hématite brune, le fer spathique, accompagnés de spath brunissant dans les micaschistes de Porto-Quaglio, sur le cap Matapan, près du golfe de Kolokythia, ainsi que le fer spathique jadis largement exploité au cap Malée.

Le versant des mers Ionienne et Adriatique ne fournit, pour l'Epire, d'autres éléments métallurgiques que des gîtes d'antimoine, de pyrites, de fer en globules oolithiques et une sorte de charbon fossile ; mais en remontant vers le nord, le versant danubien des dorsales Balkanique et Pindique, dans la Haute-Mésie, se montrera plus abondamment pourvu d'exploitations. Certainement, dans cette amélioration, intervient le voisinage et l'influence des Hongrois dont j'ai déjà fait pressentir l'aptitude minière quand il fut question de la classification des peuplades scythiques. Là, le Mont Vitocha, près des sources de l'Iskra (Æscus), surgit avec ses gîtes d'or et d'argent. A l'ouest, en tête du bassin de la Morava, (Margœus), on rencontre le groupe de Novo-Brdo,

Kratovo, Ianovo, composé de galènes argentifères. En aval de Novo-Brdo, Galoubatz possède des mines de cuivre, et, à côté, vient le Mont Kapaonik dont le sommet renferme encore du plomb argentifère. La ville de Kourschoumli (ville de plomb) fut peut-être l'entrepôt de ce métal que fournissaient les filons précédents. Enfin, le fer oxydulé reparaît dans les schistes en décomposition de Vrstka-Rieka, sur la rive gauche du Klissoura.

La Servie, contrée sous-jacente à la Haute-Mésie, possède des lavages d'or sur l'Ipek et le Timok, non loin du Danube. Les mêmes espaces ont du fer oxydulé à Tzerna-Rieka, du cuivre gris, du cuivre pyriteux, et la ville de Maïdanpek, dans la vallée de Tzernaïka, peut exhiber des ruines d'anciennes mines et fonderies. Après cela, reste un certain nombre de gîtes dont il m'est impossible de préciser la position faute de cartes topographiques suffisamment détaillées. Ce sont ceux de Banda, composés de galène et cuivre pyriteux; Lukovo, argent; Luka, galène; Stora-Koutschaina, argent, et Bela-Konié, fer.

La Bosnie a ses rivières aurifères comme le bassin de la Morava. Telles sont la Bosna, le Verbas, la Laschva, près de Travnik; en outre, Pline mentionne la Stanitza. M. l'abbé Fortis, tout en déclarant la contrée convenablement pourvue en métaux, signale en particulier la mine d'argent de Srebernitza, sur la Drina, affluent de la Save, et qui coule le long du versant oriental de l'axe du Pinde. Il en a vu un échantillon semblable à l'argent natif du Potosi, ramifié comme la mousse et adhérent à du quartz. D'autres anciennes exploitations de galène argentifère ont existé à Kroupanj, sur la même ligne, mais plus près du Danube. Du reste, les environs de Vischegrad, de Visoka et de Voïnitza sont dotés de mines de fer hydraté cellulaire. Enfin, la Croatie, à Maïdan, Novi-Maïdan et Stari-Maïdan, possède pareillement du fer sur la Sanna et l'Unna qui se jettent dans la Save.

Sur cet ensemble minier, plane le génie de Philippe II, roi de Macédoine. Pendant sa jeunesse, il se fit initier, dans l'île de Samothrace, au culte des dieux Cabires et probablement à la métallurgie dont ils étaient les représentants. Courageux et politique, il fut envoyé, par Pélopidas, comme ôtage à Thèbes, où il vécut dans la maison d'Epaminondas dont il reçut les leçons. Echappé de cette ville, ses premiers soins furent de retourner dans son pays natal, de s'emparer du pouvoir suprême et de perfectionner son armée. Ses états s'agrandirent par son protectorat de la Thessalie et par des conquêtes, effectuées tant en l'Albanie que dans la Thrace. De ce dernier côté, Datos et Crénides devinrent un des boulevards de son royaume, auquel il donna le nom de Philippi, et par ces prises, les mines du Pangée, des environs de Sidéro-Kapsa, du Haliacmon, etc., etc., firent partie de son domaine. Mais, du bout de la Chalcide, l'ombre du Mt Athos couvrant Lemnos à l'heure du coucher du soleil, il en résultait une relation de proximité qui la rattachait naturellement à ses possessions continentales. Il l'en déclara *inséparable*. Sa voisine Imbro qui le rapprochait de Samothrace où s'était écoulée une partie de sa jeunesse, subit le même sort, et par là il se mettait en rapport avec l'Anatolie.

L'exploitation des seuls gîtes voisins du Pangée procurait à Philippe, annuellement, 1000 talents en or, estimés à 5,400,000 livres, et en y ajoutant les produits des autres mines, on comprend qu'il dut devenir bientôt plus riche que la république d'Athènes. Usant de sa fortune à la façon de Jupiter qui pénétra dans la tour de Danaé sous la forme d'une pluie d'or, il trouvait qu'aucune ville n'est imprenable lorsqu'on y peut faire entrer un mulet chargé d'or, et au besoin, il faisait *philippiser* l'oracle. A cette époque, les Grecs commençaient à dégénérer, et plus spécialement, les Athéniens étaient devenus de véritables lazzaronis. Leurs journées se passaient sur la place publique ; ils se seraient contentés de pain, pour toute nourriture, pourvu qu'on ne les privât point des spectacles en plein vent où ils entendaient pérorer les beaux parleurs. Philippe se tourna contre eux.

Dès son début, le mineur heureux rencontra le fils d'un maître de forges malheureux, c'est-à-dire Démosthènes auquel son père mourant légua, fort jeune, des affaires embarrassées. Je laisse à découvrir si une rivalité de métier intervint dans la question. En tout cas, ce dernier prononça contre Philippe les célèbres harangues connues sous le nom de *Philippiques* et d'*Olynthiennes*, où le roi est qualifié des titres d'ambitieux, de téméraire, d'homme qui, l'or à la main, trafique de tout, de fourbe, d'immoral, d'impie et autres gracieusetés non moins extra-parlementaires. Bref, il parvint à lui opposer une ligue à la tête de laquelle étaient Athènes et Thèbes. Après quelques revers, Philippe remporta la brillante victoire de Chéronée où le célèbre orateur se déshonora par sa fuite.

Devenu maître de la Grèce, il n'abusa pas de sa supériorité et retourna dans la Macédoine pour préparer une grande expédition contre les Perses qui menaçaient toujours la Grèce. Un seigneur macédonien l'assassina. L'accomplissement de la tâche revint à son fils Alexandre, qui retrouva Démosthènes le traitant de jeune étourdi, et excitant à la révolte. Thèbes apprit bientôt la différence qui existe entre le génie de l'action et le simple don de la parole. Athènes dut lui livrer dix de ceux qui avaient péroré contre lui ; mais il leur pardonna. Se tournant ensuite contre Darius, il finit par envahir une notable partie du monde connu. En cela, il fut aidé d'abord, comme son père, par les mines, car on lui attribue un revenu d'un talent par jour, provenant d'une exploitation voisine du lac Prasias, lequel n'est séparé de la Macédoine que par le Mont Dysorum. Au surplus, il lui restait au moins une partie de celles que son père avait si habilement dirigées.

On sait assez ce que devint l'empire du grand conquérant au sujet duquel Lucain et Sénèque portent de curieux jugements qu'ils auraient pu appliquer au moins aussi exactement aux Romains, leurs compatriotes. Les voici :

> *Illic Pellœi proles vesana Philippi*
> *Felix prœdo, jacet. . . . .*

> *Vesanus adolescens, a pueritia latro, gentium vastator.*

Toutefois, on peut aussi se demander si Démosthènes était bien clairvoyant lorsqu'il mettait obstacle à la domination de Philippe et d'Alexandre. La Grèce n'était plus digne d'être républicaine, et la modération dont ces rois firent preuve à son sujet permet de supposer qu'en agglomérant, entre leurs mains, ses états discordants, ils en eussent fait un royaume puissant et bien gouverné. Du reste, les Romains ne tardèrent pas à profiter de cette division, tout en démontrant combien la Macédoine leur paraissait redoutable. Paul-Emile, vainqueur de Persée, fit incendier, saccager 70 villes Epirotes, et entre autres, une foule de constructions cyclopéennes. Il vendit, en un seul jour, leurs dépouilles. Indépendamment des massacres et des pillages, il emmena, pour être vendus à Rome, comme esclaves, 150 mille Epirotes et Macédoniens, partagea le reste par troupeaux auxquels il interdit les mariages, le commerce et l'acquisition des biens hors du territoire qui leur était assigné. Après cet acte, il rapporta un butin de 250 millions de sesterces qui dispensa le peuple romain de payer désormais l'impôt. Enfin, pour couronner toutes ces destructions, ces iniquités, ces spoliations, il se procura les honneurs d'une promenade triomphale, ornée de la présence de Persée et de sa famille, enchaînés à son char, pour aller ensuite mourir de faim dans la prison, 167 ans avant J.-C. C'était magnifique et parfaitement de nature à éclipser la spoliation de l'île de Chypre par l'austère Caton qui, du moins, cherchait à faire proscrire de Rome le luxe et la mollesse.

Mais ce n'est pas tout. Le même décret qui dévastait si brutalement la Macédoine interdit l'exploitation de l'or et l'argent.

Metalla quoque auri atque argenti non exerceri.

Elles effrayaient donc bien les Romains, ces mines qui auraient pu permettre à la Macédoine de se régénérer! Pourtant, celles de la Chalcide furent reprises, mais longtemps après. Bélon les visita en 1568. Attaquées de nouveau dans le xviiime siècle, M. Urquhart put encore donner quelques détails à leur sujet. Des Bohémiens s'emparèrent aussi des sables de l'Haliacmon que, sans doute, Philippe exploitait de concurrence avec les autres gîtes. M. Pouqueville les vit opérer soit par le triage à la main, soit en plaçant dans la rivière de vieilles couvertures en laine et des toisons pour arrêter les paillettes. Il est évident que ce procédé, analogue à celui des peuples du Caucase, décrit par Appien, nous ramène aux Argonautes, et il est intéressant de voir expliquer le mythe de Jason par les méthodes de quelques nomades contemporains.

D'un autre côté, de l'ancienne métallurgie, il reste encore les chaudronniers et les Calandjis, étameurs en cuivre qui, de Pyrrha sur le Pinde, descendent dans les régions basses de la Grèce pour exercer leur industrie, comme les peireroux de l'Auvergne et les épingliers de la Forêt-Noire. Enfin, je rappelle qu'après Philippe, le culte cabirique ne tarda pas à pénétrer dans la Macédoine, tandis que depuis longtemps les Thessaliens pratiquaient la magie, venue de l'Orient.

A la suite des métaux, il faut ranger les marbres, dont l'influence fut immense à l'endroit de la civilisation grecque. Ils abondent dans leur pays ou dans les îles voisines. Ceux de l'Hymette, du Pentélique, de Naxos, Ténédos, Thasos, Lesbos, Chio, Paros, sont célèbres, et surtout celui du Mt Marpesse. Ils tiraient de l'Elide la *pierre porine* dont Pline dit: *Pario similis candore et duritie, minus tamen ponderosus.* Or, si sous l'influence d'un beau climat, d'une nature pittoresque, sou-

vent alpestre, l'aspect du Pinde, de l'Hélicon, du Parnasse,
appuyé d'un verre des eaux de la fontaine de Castalie ou
d'Hippocrène, suffisait pour inspirer les poëtes, d'un autre
côté, des roches moins dures que les granits et les porphyres
de l'Egypte, ces marbres, dis-je, se prêtaient admirablement au
travail des artistes, sans compter le charme indicible que leur
légère translucidité prête au poli des statues humaines. Il est
donc arrivé que les Grecs furent portés aux arts de la sculpture et de l'architecture. La peinture en est l'accessoire obligé,
et comme les beaux-arts et la poésie sont parents, leur intimité fit le sublime génie de la nation.

Divers phénomènes géologiques apportèrent leur contingent
pour frapper les imaginations déjà exaltées par tant d'autres
causes. Sur une foule de points, des gaz se dégagent des trachytes, des serpentines et des autres roches. Strabon et Ovide
indiquent des éructations volcaniques récentes, suivies de
vapeurs méphitiques, dans les presqu'îles de Dura et de Mé-
thana. A 20 stades de ce dernier point, les bains chauds de
Vromo-Limni n'apparurent que sous le règne d'Antigone.
Pour l'île de Négrepont, il est encore question d'une érup-
tion de boues enflammées survenue dans la plaine de Lélante,
à la suite d'un tremblement de terre. Ailleurs, on cite des
grottes tapissées de soufre provenant des émanations d'eaux
thermales salées, et l'on conçoit, après cela, les soupiraux
prophétiques sur lesquels se plaçaient les pythonisses ou py-
thies pour rendre leurs oracles équivoques sous l'influence
des hallucinations d'une demi-asphyxie. Dès que ces gaz
commençaient à les agiter, leurs corps frémissaient, leurs
cheveux se dressaient, puis, leur bouche écumante exhalait des paroles que les prêtres interprétaient d'une façon
ambiguë. Or, de ces eaux sulfureuses ou acidules à celles
que leur stagnation sous un chaud soleil rend fiévreuses,
il n'y a qu'un pas. De là, les marais pestilenciels de la

plaine d'Argos, personnifiés dans l'Hydre de Lerne que
combattit Hercule, tandis que l'Achéron amer et malsain,
le noir et bourbeux Cocyte du lac Achérusie dans l'île de
Cichyros prison de Thésée, le Styx de l'Arcadie, ruisseau
mortel par sa fraîcheur, dissolvant le fer et le cuivre, auxquels
on adjoignit l'Averne aux fortes odeurs, du royaume de
Naples, devinrent des fleuves des Enfers. Et le tout se trouva
complété par les vapeurs empestées de l'orifice de la grotte
de Ténare, au cap Matapan. Elle fut leur entrée:

> *Tænarias etiam fauces, alta ostia Ditis,*
> *Et caligantem nigra formidine lucum*
> *Ingressus, Manesque adiit, regemque tremendum*
> *Nesciaque humanis precibus mansuescere corda.*

Les mouvements du sol, rapides ou lents, s'ajoutèrent aux
phénomènes précédents. Pline parle de l'engloutissement
d'Hélice (Ægium) et de Bura, en 373 avant J.-C., à la suite
d'un tremblement de terre. Un pareil effort sépara, dit-on,
l'Olympe de l'Ossa et fraya l'écoulement du Pénée dans le
golfe Thermaïque. Au débouché de celui-ci, les îles Anticyros
passent pour être, de même, les extrémités d'une grande île dont
le milieu s'est effondré, et les habitants prétendent que des vestiges de constructions se voient encore dans la mer; mais personne n'a pu les distinguer. D'après Aristote, Délos, la plus
renommée des Cyclades, aurait reçu son nom parce qu'elle
apparut soudain à la surface des eaux d'où Neptune la fit
sortir; selon d'autres, elle fut longtemps flottante, ou plutôt instable. Le même dieu, poursuivant Polybothès qui
fuyait par la mer, arracha une partie de l'île de Cos et en
couvrit le corps du géant, ce qui forma l'île nouvelle connue
sous le nom de Nysiros. Santorin présente des effets plus positifs. Dans son golfe, surgit Thérasia, 236 ans avant J.-C.;
puis, 106 ans en arrière de la même ère, se montra Automaté,
et d'autres mouvements s'y sont renouvelés de nos jours.

Enfin, les expressions de Diodore de Sicile permettent de croire que le déluge de la Samothrace est le résultat d'un affaissement local. De son temps, les filets des pêcheurs rencontraient encore des débris de colonnes dans la mer voisine.

En parlant des axes montagneux qui traversent la Grèce, je n'ai mentionné que les plus apparents, et sans apporter une très-grande précision dans leurs orientations. Les géologues en comptent un plus grand nombre qui s'entre-croisent sur la contrée. Eh bien! ces fractures, ces soulèvements, combinés avec la disposition des couches alternativement calcaires et solides, ou marneuses et délayables, occasionnent d'ordinaire la formation d'un grand nombre de vallées ou bassins fermés, sans communications superficielles avec l'extérieur. Il s'ensuit que les rivières, permanentes ou non qui s'y rassemblent, les convertiraient en autant de lacs, si leurs eaux ne s'étaient frayé des dégorgeoirs souterrains, en profitant d'abord des crevasses de la nappe calcaire qui leur sert de lit. Elles descendent ainsi à des niveaux inférieurs où elles rencontrent des marnes qu'elles délayent et emportent de manière à se créer de longs boyaux aboutissant quelque part au jour, où elles reparaissent plus ou moins puissantes, sous la forme de *Fontaines vauclusiennes*. Naturellement, ces excavations prennent différentes formes, suivant leur amplitude et suivant leur état plus ou moins avancé.

Au premier rang, il faut placer les simples cavités obstruées par le fond et que nos montagnards du Vercors appellent des *pots*. Dans l'Illyrie, ils sont connus sous le nom de *dollines*, et chez les Grecs sous celui de *lacos*. Sur les hauts et secs plateaux, ces creux devenus le refuge des ancolies et autres fleurs qui ne résisteraient pas à l'action rasante des vents, jettent quelque diversité au milieu de monotones végétations. Mais s'il arrive que l'humidité se conserve dans leur intérieur, ils deviennent des bassins tourbeux, de diamètre variable entre quelques

mètres et plusieurs dizaines de mètres, formations qui avaient
déjà excité l'attention de Varénius en 1712 ; elles nous ra-
mènent aux skovmoses dont les archéologues danois ont tiré
un si heureux parti pour la détermination de leurs Ages de
la pierre, du bronze et du fer, et par conséquent, il y aurait
lieu, en Grèce, à fouiller ces cavités avec un soin au moins
égal à celui que l'on a mis à l'ouverture des tumulus, ainsi
qu'aux déblais des éboulis qui masquent les bases des vieux
pans de murs helléniques. Que ne s'est-il pas englouti dans
ces effondrements? L'ancien temple de Delphes, bâti en
cuivre, à l'imitation de la tour d'airain de Danaé, disparut
dans une crevasse pendant un tremblement de terre. Il fut
remplacé par un autre dont Agamède et Trophonius furent
les architectes. L'incendie le dévora dans la première année
de la 58ᵐᵉ Olympiade. Enfin, le dernier subsistait encore du
temps de Pausanias. Voilà donc une filiation de nature assez
positive pour autoriser à regarder la première disparition
comme réelle. Et si des temples, quelque minimes qu'ils soient,
ont pu être absorbés de cette manière, il est évident que la
moisson grecque pourra être au moins aussi productive que
la récolte scandinave.

Toutefois, ces dollines n'étant pas toujours fermées, il
arrive que les eaux sauvages ou pérennes qui s'y rendent,
trouvent des galeries, des égoûts, des *zaracas* plus ou moins
prolongés par lesquels s'effectue leur réapparition à quelque
distance en aval. Dans cet état, ces gouffres constituent les
Chasma, Katavothrons, Zéréthra des Grecs, observés également
en Bosnie par l'abbé Fortis, en 1778. Ici, les orifices inférieurs, d'où les torrents jaillissent subitement, sous la forme de
sources parfois très-puissantes, sont désignés sous le nom de
James, et pour les Grecs, ce sont des *Képhalovrysi*. En Béotie,
les bassins fermés de Mantinée, d'Orchomène, de Stymphale,
de Copaïs, etc. rentrent dans cette catégorie. On en remar-

que également à Kisterno, à l'extrémité de la presqu'ile du
Ténare (cap Matapan) en Laconie, à Tripolitza en Arcadie.
Enfin, dans l'Epire, les eaux du lac Labchistas se jettent dans
le gouffre de Voïnicova pour surgir près de Velchistas.

Jusqu'à présent, l'ensemble des faits se présente avec les
caractères d'une extrême simplicité ; mais l'obstruction des
dégorgeoirs souterrains peut survenir et elle a été observée
dans l'antiquité. Elle se reproduit même de nos jours, et l'inondation du bassin est la conséquence de l'arrêt des eaux. Dans
certains cas, les tremblements de terre occasionnent le désastre en faisant ébouler les conduits souterrains ; puis, les
eaux torrentielles des saisons pluvieuses, charriant avec elles
un limon rouge, des graviers, des squelettes d'animaux, des
débris de mollusques et des plantes, aggravent le mal en bé-
tonnant le tout. Cependant, au bout d'un certain laps de
temps, la pourriture des arbres, une augmentation de pression des eaux, provenant de grandes pluies, quelques nouvelles
secousses de l'écorce terrestre, occasionnent la désaggréga-
tion du tampon, et alors, des débâcles impétueuses submer-
gent les plaines inférieures.

La Grèce offre de remarquables exemples de ces diverses
circonstances. Soit d'abord le lac de Stymphale.

Son bassin est inclus dans la lugubre vallée de Zaraca. Le
fleuve qui le traverse forme un volume d'eau stagnante, large
comme la Seine dans son plein, et sa source se trouve auprès
du village de Chionia. Il s'engloutit à la baie du Mavron-Oros,
dans une voûte en arcade dont le ceintre, d'environ 4^m d'élévation au-dessus du courant, a été taillé de main d'homme dans
quelques endroits, et il reparaît dans l'Argolide, près du lac
Amphiarus ou Mavrococla. Pausanias raconte que, de son
temps, les habitants de Stymphale éprouvèrent un déluge,
suite de la colère des dieux. La campagne fut inondée sur
une étendue de plus de 400 stades, par suite de l'obstruction

du gouffre. Sur ces entrefaites, un chasseur qui poursuivait une biche, se jeta à la nage pour l'atteindre, et il la suivit jusqu'à ce que, arrivés au gouffre, ils disparurent ensemble et s'y noyèrent. Les eaux, alors, se retirèrent, et dans moins d'un jour le pays fut à sec. Actuellement, ajoute Pouqueville, sans recourir aux miracles, une meule de foin qui serait entraînée par une pluie d'orage, suffirait pour engorger ce grand égoût, et les paysans, avertis du danger qu'ils courent, en pareil cas, savent enlever, avec des crocs, les arbres et les immondices qui s'y accumulent. J'ajoute que des précautions du même genre sont prises dans quelques vallées du Jura.

On admet également que le lac Copaïs, alimenté par le Céphise, fut jadis beaucoup plus grand; qu'il couvrait une partie de la Béotie et de l'Attique, et que des travaux très-remarquables et très-anciens le mirent en communication avec la mer, en régularisant des excavations naturelles. Le système sera facilement compris du moment où l'on saura que les Katavothrons se trouvent dans l'une des trois baies par lesquelles ce bassin se termine au nord-est, près de Copæ, où son bord est le plus rapproché de la mer d'Eubée. Ils en sont séparés par le Mont Ptoüs au-dessous duquel passent les galeries pour déboucher sur le littoral, près de Larymna, et celles-ci sont au nombre de trois, dont la moins étendue a plus d'une lieue de longueur, les autres étant beaucoup plus considérables. On conçoit d'ailleurs qu'un triple débouché permet d'effectuer des curages, en cas d'obstructions qui ne peuvent guère se produire simultanément sur l'ensemble. Revenant d'ailleurs sur les issues naturelles dont on profita en les rectifiant, j'ajoute que ce travail fut activé à l'aide de divers puits très-profonds, ouverts de distance en distance sur la montagne. Aussi, sur les lieux, s'effraye-t-on de la difficulté de l'entreprise, des dépenses qu'elle dut occasionner et du temps qu'il fallut pour la terminer. La stupéfaction devient

encore plus grande du moment où l'on se reporte à l'époque
où ces travaux furent exécutés. Ils remontent à une antiquité
telle qu'il n'en reste aucun souvenir, ni dans l'histoire, ni
dans la tradition. En outre, on ne découvre, dans la Béotie, aucune puissance capable de former et d'exécuter un
pareil projet, pour lequel l'intervention de mineurs très-ha-
biles fut évidemment indispensable. Au surplus, le bassin du
lac montre des vestiges de rivages qui indiquent les niveaux qu'il
occupait à diverses époques, et du temps d'Alexandre, un mineur de Chalcis fut chargé du nettoyage de ces Katabothrons.
Etant actuellement très-négligés, ils sont en partie comblés, de façon que l'eau parait de nouveau regagner sur la
plaine.

La concavité de l'ancienne ville hellénique de Phonia (Phénéon), en Arcadie, est arrosée par l'Aoranius (Carya) qui,
après son engloutissement, à la base du Mont Saïta (Sciathis),
reparaît près de Lycouria, où il prend le nom de Ladon; c'est
un affluent de l'Alphée qu'il rejoint près d'Hérée. Phénéon
ayant été dévastée par les torrents liés à son fleuve, surtout
par l'Olbius, il fallut prévenir le retour de pareils désastres,
et dans ce but, on creusa dans la plaine un canal de 9ᵐ de
profondeur avec une largeur proportionnée, sur une longueur
d'environ 2 lieues. Il aboutissait à deux gouffres. Un tremblement de terre, ou plutôt, dit-on, la colère d'Apollon en occasionna l'obstruction, si bien que le bassin de Phénéon se
trouva inondé jusqu'à la hauteur de 20 mètres. Cependant,
les eaux se firent jour, et alors, l'on vit le Ladon qui avait
cessé de couler hors de son képhalovrisi, surgir subitement,
se précipiter dans l'Alphée pour submerger ensemble le territoire d'Olympie, situé en contre-bas. On distingue encore,
comme au temps de Pausanias, à la base des montagnes, les
traces des anciens niveaux du lac, et, au moment du voyage
de M. Pouqueville, le phénomène de l'inondation allait se re-

nouveler, parce que les arbres amenés par les torrents bouchaient de nouveau l'orifice. Un large marais s'était même déjà établi, lorsqu'en 1812, Kyamil, Bey de Corinthe, fit nettoyer l'égoût afin de rendre les terres à l'agriculture.

Le creusement du canal de Phénéon ayant été confié à Hercule, il importe, dès à présent, de jeter un coup d'œil sur l'ensemble des travaux de ce héros, car il est peu probable que l'on ait pris un personnage idéal, un nom quelconque pour lui attribuer une foule d'œuvres bienfaisantes, tandis que l'on spécifiait fort nettement les crimes et jusqu'aux anecdotes plus ou moins exagérées des autres. La seule précaution qu'il s'agit de prendre, dans ce rassemblement, se réduit à en effectuer le classement de manière à distinguer les luttes contre la nature matérielle et la nature animée.

Ainsi, nous éliminerons immédiatement les serpents qu'il étouffa dans son berceau, le lion de la forêt de Némée, les cavales de Diomède, les taureaux de l'île de Crète, le voleur Cacus, le géant Antée, fils de la Terre, les pirates de Busiris, le centaure Nessus, les pommes d'or du jardin des Hespérides, les combats contre les Amazones et le voyage avec les Argonautes. En cela cependant, le dieu se montrant comme un vaillant guerrier, colonisateur ou exterminateur d'animaux féroces et de dangereux bandits, s'est déjà distingué par des bienfaits d'un genre différent, puisqu'il fit connaître, entre autres, à l'Europe, les oranges (pommes d'or) de l'Afrique.

Dans une seconde catégorie de ses travaux, je place comme étant de nature incertaine, sa capture de la biche aux pieds d'airain et aux cornes d'or du Mont Ménale en Arcadie et consacrée à Diane. Il la poursuivit pendant une année entière et réussit à la prendre vivante. Sans doute, on peut expliquer cette fable en disant que les pieds d'airain expriment la vitesse de la course de l'animal et son adresse à éviter le chasseur. Toutefois, une année entière consacrée à une chasse aussi futile, paraît indiquer quelque chose de plus important, et n'oublions pas que les taureaux de Jason avaient aussi des pieds et des cornes d'airain, sans qu'ils fussent, pour cela, réputés excellents coureurs. S'agit-il donc ici d'un nouveau problême métallurgique? D'ailleurs, après s'être fait initier aux mystères éleusiens qui avaient des rapports avec le culte cabirique, Hercule descendit aux Enfers pour aider Thésée et Pirithoüs à enlever Proserpine, et là, il enchaîna Cerbère, il blessa Pluton lui-même. Mais, comme on verra bientôt que Proserpine et Pluton ont de grandes affinités avec les mines, il est encore permis de soupçonner ici quelque entreprise du genre de la précédente, et au besoin, on pourrait y ajouter la délivrance du métallurgiste Prométhée, attaché sur une roche du Caucase. L'histoire des oiseaux du lac de Stymphale ou plutôt des brigands qui en descendaient pour ravager le pays environnant est non moins ambiguë. Ils furent détruits ou chassés du pays par Hercule qui les poursuivit à outrance en faisant un grand bruit avec des timbales d'airain. Ce moyen d'expulser les oiseaux stymphalides est évidemment trop étrange pour être admissible à l'égard de bandits; d'ailleurs, du temps de Thésée comme d'Hercule, les cloches de Dodone étaient connues; elles ne faisaient fuir personne. Enfin, le diamant devait encore figurer avec Hercule, comme avec Jupiter, Jason, et comme dans l'île de Chypre, car, voulant délivrer Alceste, femme d'Admète, roi de Thessalie, le dieu descendit aux Enfers où il rencontra la Mort qu'il combattit, et à laquelle il lia les mains avec une chaîne de diamant. Contrainte de céder à sa force, elle le laissa ramener Alceste à son époux. Que sont donc tous ces volumineux diamants capables de fournir des 'socs de charrue, des faux, des chaînes?

La classe essentielle des travaux d'Hercule est plus explicite. Le lac ou le marais infect de Lerne dans l'Argolide,

rempli de serpents, gâtait le pays. Hercule parvint à en faire
un lieu très-fertile, couvert de moissons dorées, comme cela
arrive de nos jours pour toutes les maremmes, quand on veut
bien se donner la peine de les assainir, en Toscane comme
en Algérie, en Provence comme en Languedoc, etc. De là l'histoire de la *faux d'or* avec laquelle il coupa les têtes sans cesse
renaissantes de l'Hydre lernéenne. Augias, roi d'Elide, avait
de grands troupeaux de bœufs qu'il laissait paître sur les
bords de l'Alphée dont ils augmentaient l'état malsain par
leurs litières et par leurs piétinements. C'étaient des étables
du genre de celles de quelques-uns de nos Cheiks de l'Algérie. Pour le nettoyage ou l'amélioration des lieux, Augias conclut avec Hercule un marché par lequel il lui promit la 10me
partie de son bétail. Le héros réussit, en employant ses troupes pour détourner le fleuve, et ensuite, il tua Augias qui refusait de tenir ses promesses. Le sinueux Achéloüs ravageait
les champs de Calydon pendant ses débordements et amon-
celait des graviers en forme d'îlots appelés Eschinades. Hercule combattit ce cours d'eau par des endiguements, et en
rassemblant deux de ses bras en un seul, c'est-à-dire en lui
arrachant une de ses cornes qui ensuite fut échangée pour
celle de la chèvre Amalthée, corne d'abondance, qui indique
suffisamment l'importance agricole du résultat obtenu. En revenant de son expédition contre le géant à trois têtes, Géryon, qui
régnait sur les trois îles Majorque, Minorque et Iviça, le dieu
passa en Campanie, entre le lac Lucrin et la mer. Là, il établit
le chemin dit d'Hercule. Il restaura également les digues du Nil,
ébréchées lors de la grande inondation de Prométhée. Arrivé
devant Troie, du temps de Laomédon, il s'engagea à sauver
sa fille Hermione qui devait être exposée pour servir de pâture à un monstre marin envoyé par Neptune. En effet, celui-
ci et Apollon, tous deux chassés du ciel, réduits à gagner
leur pain, s'étaient chargés de construire les murs et les di-

gues préservatrices de la cité. Le travail étant terminé, ils furent ajournés par le père de la princesse qui, finalement, enfreignit son engagement. De là le courroux de Neptune. Quant à Hercule qui vint après eux, sa récompense devait être six chevaux légers comme le vent et capables de courir sur les eaux sans enfoncer, c'est-à-dire six bons vaisseaux. D'autre part, le monstre marin n'était autre chose que le choc des vagues qui démolissaient les constructions antérieures. Hercule leur opposa des massifs plus solides ; mais Laomédon, toujours peu scrupuleux, suivant son habitude, refusa de livrer les navires. Il fut assommé, comme Augias, par l'expéditif Hercule, qui, en outre, pilla Troie, conformément aux procédés primitifs en usage pour mettre fin à certaines contestations. Porto-Ercole, Livourne (Herculis Liburni Portus), en Toscane, Monaco (Herculis Monæci Portus) furent fondés par lui. Enfin, il effectua le creusement du canal de la plaine de Phénéon dont il a été question précédemment.

Quelques-uns de ces faits sont manifestement dénaturés, et pourtant ils ne le sont pas au point d'empêcher de voir qu'aux yeux des anciens, Hercule était plus qu'un homme fort, qu'un redoutable combattant, qu'un chasseur intrépide. Son nom se retrouvant toutes les fois qu'il fallut combattre quelque fléau dévastateur, on peut le considérer comme ayant été l'*Entrepreneur général des travaux d'utilité publique de la Grèce*, auxquels il appliquait ses troupes, c'est-à-dire ses escouades d'ouvriers, composées sans doute comme les nôtres, de terrassiers et de mineurs, puisqu'il devait souvent faire saper des rochers. Après cela, il importe peu de savoir s'il a réellement découpé, sur une longueur de 8 kil. et sur une largeur de 55 mètres la vallée de Tempé, entre l'Ossa et l'Olympe, pour procurer un écoulement au Pénée ; ou bien encore si, au détroit de Gibraltar, il sépara Calpé et Abyla pour unir la Méditerranée à l'Océan. Certains détails démontrent que la nécessité de découvrir des exagérations de ce genre n'obligerait pas de rebrousser jusqu'aux temps héroïques. Malgré mes leçons de géologie, je reste convaincu qu'en cherchant dans les bas-fonds de l'agglomération lyonnaise, on trouverait encore des gens bien persuadés que, dans leur ville, les rochers de Pierre-Scize et du Fort St-Jean ont été disjoints du temps de François Ier, par le bon Kleberger, l'Homme de la roche, afin de permettre à la Saône de couler directement *intra muros*, tandis que, filant auparavant par la dépression de la Demi-Lune, elle gagnait, à Francheville, la vallée de l'Izeron qui la conduisait au Rhône, près d'Oullins. Bien plus, les savants du pays étudiaient jadis gravement la question, et tout cela signifie qu'il est, en divers pays, des coupures de terrain dont l'aspect fait invariablement naître la même idée, thème qu'il ne serait pas impossible d'appuyer en passant en revue les autres Roche-Taillée, Hauenstein, etc. de la France et de l'Allemagne.

Il est évident qu'un seul Hercule eût été incapable de s'occuper des nombreux travaux dont il vient d'être fait mention. Mais aussi, sachant que les anciens en comptaient plusieurs, il reste à découvrir si les Héraclides de sa race n'auraient pas joui du privilége des enfants de Dan, cinquième fils de Jacob, qui fournissaient à Moïse et à Salomon des ingénieurs, en vertu d'une sorte d'hérédité professionnelle. Toutefois, à côté de cette circonstance, il en surgit une autre plus essentiellement digne d'attention. En effet, eût-il même percé les katabothrons de Copaïs et les autres, Hercule ne fut nullement considéré comme étant un véritable exploitant. Il opérait habituellement au jour, en plein soleil. Le travail des galeries n'était qu'un accident de sa vie, et tout au plus sa descente aux Enfers, avec Thésée, pourrait autoriser à croire qu'il s'occupa adventivement d'une exploitation métallique. Devant donc chercher ailleurs les divinités qui, aux yeux des Grecs, présidaient aux mines, j'imagine que sa précaution de s'initier aux *petits mystères* d'Eleusis permet de soulever un coin du voile derrière lequel se tenaient alors les mineurs, comme ils s'y maintiendraient encore aujourd'hui si la science ne mettait continuellement en évidence leurs idées les plus secrètes. Eh bien! cette science était alors à peine naissante et les secrets se trouvaient si bien gardés qu'il est impossible d'arriver à autre chose qu'aux vagues aperçus suivants.

L'origine d'Eleusis, dans l'Attique, remonte aux temps fa-buleux. Ogygès en est le fondateur. Elle devint le sanctuaire de la religion pélasgique qui s'y était réfugiée après la défaite des Pélasges par les Ioniens. C'est là qu'ensuite, Périclès établit le magnifique temple de Cérès, au culte mystérieux de laquelle on n'était admis que par initiation, culte intimement lié à celui des Cabires, dont les divinités ne diffèrent que par quelques noms et par divers attributs accessoires prêtés aux dieux. En tête figure naturellement Cérès; mais à son sujet, on voit renaître la confusion déjà indiquée à l'occasion de Rhéa. En effet, elle est souvent identifiée avec Proserpine, Vénus, Diane et Junon. La première était non-seulement la déesse des Enfers, mais encore la *Juno inferna*, la triple Hécate, c'est-à-dire Diane sur la terre, Phébé ou la Lune dans le ciel, et Proserpine dans les Enfers, dont le culte fut adjoint à celui de Cérès. Cette Proserpine présidait aux enchantements ou à la magie; elle envoyait souvent sur la terre des spectres hideux, et spécialement Empusa, ainsi que les Larves qui se retrouvent dans les Gnomes ou Lutins irascibles et capricieux de nos mineurs actuels. Enfin, il faut rappeler que Junon, fille de Saturne, si bien liée à Proserpine, fut la mère de Vulcain, forgeron par excellence, et qu'elle était particulièrement honorée à Samos, station éminemment métallurgique. Pluton était l'époux de Proserpine et en même temps dieu des Enfers, auquel était d'ailleurs associé un fils de Cérès, Plutus, dieu des richesses, vieillard aveugle, boiteux, venant à pas lents avec sa bourse, mais remarquablement prompt à s'enfuir à tire d'ailes. De son côté, Pluton portait les noms de *Dis*, richesses, auxquelles il présidait parce qu'elles sont renfermées dans le sein de la terre, et d'*Adès*, qui signifie triste, sombre. Son casque le rendait invisible, autre particularité qui s'accorde assez bien avec les apanages du dieu des mines. On en fit même un exploitant des filons de l'Espagne. Sans doute, ces indications sont assez peu satisfaisantes ; cependant, elles démontrent que les mineurs n'étaient pas totalement oubliés dans la théogonie grecque, et comme, en outre, la question va bientôt reparaître sous une autre forme, il suffit de les avoir mentionnées, à titre de préambule. Et, sans tarder davantage, j'aborde une question plus essentielle pour la géologie de la contrée.

L'Attique et la Béotie, si sujettes aux inondations, à cause des vallées qui les dominent, formaient très-anciennement l'Ogygie, c'est-à-dire le domaine d'Ogygès, le fondateur d'Eleusis. Eh bien ! déjà de son temps, survinrent des déluges ; mais devant en compter encore plusieurs autres, je rappelle que Xénophon et divers historiens mentionnent au moins cinq événements de ce genre. En voici l'énumération avec les détails qui les concernent:

1° Déluge d'Ogygès dont la date se perd dans la nuit des temps.

2° Déluge d'Hercule. Date également inconnue. D'ailleurs, il y eut plusieurs Hercules.

3° Second déluge d'Ogygès ou, probablement, d'un second prince du même nom. Il dévasta l'Attique vers 1832 avant J.-C. et rendit la Béotie inhabitable pendant deux siècles, à peu près dans le temps où soit Inachus, soit Phoronée régnaient à Argos. En tout cas, il faut placer, ici, une nuit ou une obscurité de neuf mois et quelques jours, et en sus, d'après Varron, l'étrange modification qu'éprouva

alors la planète Vénus, qui changea de couleur, de diamètre, de figure et de cours. Les principes bien connus de
l'optique expliquent suffisamment une partie de ces effets;
il n'est même pas rare de voir le soleil rougir ou bleuir et
son diamètre s'amplifier au milieu des vapeurs atmosphériques qui doivent nécessairement abonder au préambule
des grandes pluies d'un déluge. Mais il n'en est pas de
même du dérangement de l'orbite planétaire qui, pour
être réel, supposerait un véritable cataclysme. Peut-être
ne s'agit-il en cela que d'un jeu de réfraction du genre
de celui qui produit la *danse des étoiles*, phénomène
qu'il ne faut pas confondre avec celui de la scintillation.
Au surplus, on suppose qu'à cette époque, les eaux de la
Méditerranée furent soulevées sur la plus grande partie de
ses côtes.

4° Déluge de Deucalion, le plus célèbre de tous. Il inonda
la Thessalie, 1620 ou 1503 ans avant J.-C., dans le temps
où Cécrops et Cranaüs régnaient à Athènes. Suivant une
première version, il fut occasionné par de grandes pluies
qui firent déborder le Pénée, et la submersion dura trois
mois, accident météorologique que nos interminables crues
de la Saône portent à considérer comme n'étant pas impossible. Encore suppose-t-on qu'alors la débâcle de quelqu'un
des lacs à katabothrons de la Thessalie intervint dans le
phénomène.

Cependant, ce déluge, indiqué par les marbres de Paros,
prend une importance bien autrement grande par suite des
données que fournissent les géographes et géologues anciens
et modernes. De Lametherie et M. de Hoff se sont attachés
à en effectuer un rapprochement dont il serait trop long
d'énumérer ici tous les détails. Toutefois, il me sera permis
d'expliquer que, d'abord, les descriptions d'Hérodote, Skym-
nos, Artémidore, Aristote, Strabon, Eusthatius, Arrian,

Valerius Flaccus, Pline, Agathème, Denys de Byzance, Straton, Diodore de Sicile, etc., assignent à la mer Noire une ancienne circonférence plus considérable que celle du moment ; son niveau aurait été plus élevé que celui de la Méditerranée, et, de cette manière, on explique le changement de position des fleuves qui s'y rendent. Bien plus, cette mer Noire, la Caspienne, l'Aral formaient une nappe unique, presque aussi grande que la Méditerranée, et incluse dans le continent ; ou bien elle était unie à l'Océan septentrional par un détroit dont la longueur était comparable à celui de l'isthme de Suez. De là, le nom de *Pontus* qui lui fut conservé. Alors, son débouché, près de Constantinople, étant fermé, un tremblement de terre violent, occasionna la rupture qui constitue le Bosphore et l'Hellespont, et permit l'épanchement de ses eaux dans la Méditerranée. Celle-ci, subitement tuméfiée, inonda les plaines de l'Anatolie, de la Thrace, les espaces riverains de la mer Egée, jusqu'au pied des montagnes de l'Arcadie, et cet excès des eaux s'écoula jusque dans l'Océan par le détroit de Gibraltar dont la brèche s'ouvrit simultanément.

Naturellement, on dut être tenté de rattacher à cet événement divers faits partiels, tels que la rupture de la vallée de Tempé, le déluge de Samothrace, le déluge scythique, celui des Phrygiens sous leur roi Annac, ainsi que celui de Xisuthrus, le dernier des rois assyriens antédiluviens, qui se préserva de ses effets en construisant une arche comme Noé. L'Egypte ne fut pas épargnée, et, d'après Lucien, le temple d'Hiéropolis en Syrie avait été élevé par Deucalion, après le déluge, sur l'emplacement d'un gouffre prodigieux par lequel l'eau fut absorbée. D'un autre côté, le voyageur Pallas admet que la mer des Indes, soulevée par l'action des feux souterrains, traversa l'Altaï pour s'écouler dans les mers septentrionales, et Lucien raisonne dans le même sens. Enfin, au sujet de ce déluge, il faut rappeler un aperçu capital énoncé par Platon. En effet, le philosophe déclare qu'ayant fait périr un grand nombre d'hommes, ceux qui échappèrent au désastre vécurent errants dans les montagnes, et que les vestiges de la civilisation antérieure furent détruits. Aussi, dit-il, ne fait-on pas remonter à plus de 2000 ans les découvertes que l'on attribue à Orphée, à Palamède, à Olympus, à Amphion. On pourrait ajouter qu'alors s'effacèrent presque tous les souvenirs de l'Age de la pierre en Grèce qu'il faudrait par conséquent chercher dans les alluvions anciennes, comme les restes de M. Boucher de Perthes, bien plus qu'autour des hiérons et des temples pélasgiques.

Quant aux effets géographiques du cataclysme, ils seraient caractérisés, non-seulement par la formation du détroit de Constantinople, mais encore par l'émersion de la Crimée, par celle des contrées adjacentes et par la séparation de la mer Noire, de la Caspienne et de l'Aral. Eh bien! arrivée à ce terme, la question est de connaître l'époque précise de ces mutations. Andréossy, dans son *Essai sur le Bosphore*, décide que « ce terrain n'a subi, dans aucun endroit, aucune révolution historique, c'est-à-dire postérieure à l'entière organisation des continents. » Mais, quand Andréossy s'exprimait ainsi, les soulèvements étaient peu connus. Actuellement, grâce aux études de M. Elie de Beaumont, on peut lui répondre : « Des crises violentes, accompagnées de l'élévation de chaînes de montagnes et suivies de mouvements impétueux des mers, capables de désoler de vastes étendues de la surface du globe, paraissant avoir, pendant un laps de temps probablement immense, fait partie du mécanisme de la nature, il n'y a rien d'absurde à admettre que ce qui est arrivé à un grand nombre de reprises, depuis les époques les plus anciennes jusqu'aux plus modernes périodes de l'histoire de la terre, soit arrivé une fois depuis que l'homme existe sur sa surface. » Et cela s'est dit à l'occasion du soulèvement de Ténare qui concerne la Grèce.

5° Déluge Pharonien qui submergea une partie de l'Egypte à l'époque du siége de Troie. Ici, il convient de rappeler le déluge de Prométhée déjà mentionné parmi les détails concernant les Egyptiens, et dans lequel intervint Hercule, le représentant habituel de la force unie à l'industrie. Or, Prométhée étant père de Deucalion, on peut supposer que le débordement du Nil n'est qu'une transposition à l'Egypte de l'inondation de la Grèce.

6° Enfin, il reste à ajouter le déluge de Samothrace dont il fut question lorsqu'il s'est agi des mouvements du sol et encore à l'occasion du déluge de Deucalion. Il est donc inutile de nous arrêter davantage sur ce fait.

En présence d'une nature si accidentée et de tant d'excentriques phénomènes, l'active imagination des Grecs dut ne pas être absolument étrangère à la géologie. Un gite de poissons fossiles existe à l'île de Karabousa (Cimarus), placée près de celle de Candie et, en sus, des pétrifications abondent dans d'autres parties du pays. Aristote déclare que ces restes ont été laissés par la mer en voie de retraite. Xénophane que l'on compte parmi les philosophes grecs, bien qu'il soit né à Colophon dans l'Asie-Mineure, voyagea en Sicile où il trouva des dents de squales, des débris de poissons et de mollusques. Il conclut que la mer avait couvert non-seulement cette île, mais encore tous les continents, et qu'en se retirant et revenant, elle modifia la forme de la terre. Il faisait d'ailleurs sortir le monde de deux éléments, la terre et l'eau, ou, selon d'autres, d'un seul, la terre. En outre, les astres, selon lui, ne sont que des nuages condensés, et le soleil un feu qui s'allume tous les matins pour s'éteindre le soir. Strabon que je range ici, bien qu'il soit né dans l'Asie-Mineure, attribuait ces déplacements des eaux, ainsi que les déluges, à l'émersion des continents, aux affaissements subits et aux soulèvements du lit de la mer, aux tremblements de terre, aux éruptions volcaniques. Hésiode peint le ciel et la terre en proie à l'incendie, et le feu dévorant allant mettre le fer en fusion dans les entrailles du globe. Enfin, Empédocle, formé à l'Ecole des pythagoriciens, composa sur la *Nature* et sur les *Principes des choses*, un poëme si beau qu'il fut lu aux Jeux olympiques. Il admettait quatre éléments : le Feu ou Jupiter, la Terre ou Junon, l'Air ou Pluton, et l'Eau ou Nestis. Selon son opinion, l'air cédant à la violence du soleil, les pôles penchèrent. De là vint l'obliquité de l'Ecliptique, en même temps que la fin du *Printemps perpétuel* sur la surface du globe, comme de l'égalité des jours et des nuits. Il se précipita, dit-on, dans le cratère de l'Etna dont l'éruction ne rejeta que ses sandales. Voulant probalement étudier le phénomène, il périt, ainsi que Pline, victime de son zèle pour la science, car, une tradition lui fait construire, pour servir d'observatoire, la *Torre del philosopho*, bien connue des touristes.

Après cela, pour les poëtes, le chaos était l'infini, la matière première, existante de toute éternité, sous une seule forme, et dans laquelle les principes de tous les êtres étaient confondus. Dieu ou Nature ne fit que la débrouiller en séparant les éléments et en plaçant chaque corps dans le lieu qui lui convient. Au milieu de cet espace fut établie la Terre qui le divisa en deux parties, l'une, lumineuse, au-dessus ; l'autre, noire et ténébreuse, au-dessous. Celle-ci était le Tartare, l'Erèbe ou l'Enfer. En somme, cet ensemble d'aperçus laisse découvrir des idées évidemment plus saines ou plus complètes que celles des Phéniciens, des Egyptiens, des Perses, des Indiens et des habitants de l'Anatolie, et pourtant, leur enchaînement est moins logique que ceux de Moïse.

DES CABIRES, CURÈTES, DACTYLES, ETC. DE L'ARCHIPEL.

Les îles de l'Archipel grec, situées sous un climat doux, sont connues actuellement par quelques produits agricoles, par leurs vins exquis, leur cire, leur soie, et par le caractère essentiellement marin de leurs habitants. Toutefois, elles sont bien déchues de leur ancienne splendeur. Si elles voient encore se réveiller les pirates auxquels Minos, Castor et Pollux donnaient déjà la chasse, elles n'ont plus ces puissantes exploitations qui en ont fait le séjour d'une foule de dieux de tous les rangs, du temps de Rhéa, de Vulcain et de Vénus, la vierge de Chypre, *Cypria virgo*. Hélas! certains filons s'épuisent radicalement. D'autres ne se prêtent à une exploitation lucrative que dans leurs affleurements; des règles mal conditionnées mettent obstacle à leur reprise; les relations commerciales changent avec le temps; l'agiotage se mêle de la question; le charlatanisme intervient avec ses formes les plus décevantes et les journaux, ses meilleurs appuis; des empêchements très-inattendus entravent le travail, et puis les capitaux sont prompts à modifier leurs allures. Tant de causes font que parfois d'infortunés propriétaires sont forcés de vendre leurs équipages, de renoncer à leur bien-être. Je ne serais, pour ma part, nullement surpris si un archéologue venait démontrer que Vénus, spoliée par un faiseur d'une capitale quelconque, Athènes, Rome, Londres ou Paris, a été obligée de mettre à l'encan ses colombes avec les remises de ses chars, à Gnide et à Paphos, que Vulcain, malgré ses droits acquis, fut dépossédé de ses forges pour avoir omis de se conformer, en temps utile, à une formalité, et qu'enfin, privés de leurs chefs bienfaisants, les habitants de l'Archipel redevinrent flibustiers pour vivre.

Toutefois, ne désespérons pas d'une façon absolue, et nous aidant des recherches de MM. Rossignol, Boblaye, Gaudry, de Léonhard, etc., essayons au moins de rassembler ce que l'on sait des filons des îles voisines de la Grèce.

Négrepont ou Eubée, voisine de l'Hellade, avait des mines de fer et peut-être d'argent. Le nom de Chalcis, celui de sa capitale, vient du cuivre qui y abondait, comme cela arriva pour d'autres localités de la Grèce, Chalcé, Chalchis, Chalcitis, dénominations qui ne peuvent provenir que du mot grec qui signifie *cuivre*. Les Eubéens excellaient dans le travail de ce métal à peu près aussi commun qu'à Chypre. Le fer oxydé rouge est indiqué comme se trouvant spécialement au cap Chili, et l'on mentionne, de plus, le fer chromé de Kumi. M. Gaudry qui a dévoilé l'ancien travail du cuivre de Chypre, a aussi établi que les filons de fer oligiste et hydraté abondent dans la même île sans y avoir été exploités. Cette circonstance, combinée avec les découvertes archéologiques, achève de démontrer que l'emploi du fer est décidément postérieur à celui de l'autre métal. Du reste, après s'être emparé de l'île, les Romains imprimèrent une très-grande activité à l'exploitation de ses mines, et firent de ses produits un de leurs revenus importants. L'exploitation se soutenait encore du temps d'Auguste qui donna à Hérode la moitié du bénéfice en lui confiant la direction des travaux pour l'autre moitié. On dit que les anciens y trouvaient aussi de l'or et de l'argent.

A l'égard des autres îles, qui appartiennent pour la plupart aux Cyclades, je dois noter spécialement les détails suivants : Thermia (Cythnos) contient de l'oligiste, du fer spathique, de l'hématite et des eaux thermales. — Mycone. Fer hydraté à Porto Panormo. On y montre les tombeaux des Centaures. — Siphanto (Syphnos). D'après les anciens, mines d'or et d'argent. Fer oxydé rouge, blende avec spath brunissant à Ajia Sosti. — Délos (Sdilo ou Dili), aujourd'hui inhabitée, passe pour avoir fourni l'airain le plus anciennement connu. Celui de l'île d'Egine (Engina) eut ensuite plus de renom. — Andros. A Palæopolis et Ajio-Petro, hématite et belles masses d'oligiste dans le micaschiste. — Serpho (Sériphe). A Ajio Michaeli, galène, pyrite, hématite. A Mandra, fer oxydulé. A Kutala, malachite. A Porto Megalo, hématite, fer oxydé rouge, baryte

sulfatée, spath fluor. A Livadi et Trullo, hématite. A Koraka,
fer oxydé rouge. — Syra (Syros). Fer oxydulé à Syra. Malachite, oligiste, fer spathique et manganèse à Mawro-Manda.
— Zéa (Céos). A Kalamo, hématite, oligiste et spath brunissant. — Anaphé (Nanéphi). Galène dans le granit. — Sikino.
Oligiste avec pyrites à Ajio Georgi. — Skyro (Scyros), renfermant des hématites et des blocs épars de fer chromé. — Oura
ou Iaoura, qui contenait jadis des riches mines de fer. — Sco-
pelo, montrant du cuivre natif, de la malachite et de la pyrite
de fer à Klima. — Samos. Mines d'or et d'argent. Patrie de
Pythagore. Junon y recevait un culte tout particulier. — Enfin, l'on admet que plusieurs îles de l'Archipel présentaient
des gîtes aurifères, actuellement abandonnés, comme ceux
d'une partie de la Macédoine et de la Thrace.

Presqu'en face des Dardanelles, et par conséquent, au contact de l'Europe et de l'Asie, dans la mer Egée, vient Lemnos
(Stalimène), primitivement peuplée par les Pélasges, et qui,
du temps d'Homère, possédait deux volcans dont il ne reste
plus de vestiges :

> . . . . *Volcania templa sub ipsis*
> *Collibus.* . . . .
> *Vulcanum tellus Hypsipylea colit.* . . .

Connue encore pour sa terre bolaire et plus particulièrement
pour ses eaux chaudes, Hellanicus prétend que dans cette île
l'on découvrit pour la première fois et le feu et la fabrication
des armes, d'accord en cela avec Eustathe qui dit qu'elle fait
jaillir le feu et offre d'autres signes de chaleur, tels que ses
sources thermales. D'autres historiens avancent, en sus, que
l'île produisait jadis des hommes adonnés au travail des métaux qui, ayant les premiers fabriqué des armes d'airain, furent pour cela appelés *Sintiens* (pillards). Enfin, elle est voisine d'Imbros dont les productions minérales sont à la vérité
inconnues, mais que la conformité de ses roches et la pré-

sence des anciens métallurgistes autorisent à croire pareillement métallifère.

Vulcain, fils de Jupiter et de Junon, vint au monde avant terme et contrefait. En conséquence, l'auteur de ses jours, le trouvant trop laid pour lui permettre d'habiter le ciel, le précipita d'un coup de pied sur l'île de Lemnos. Dans sa chute, il se cassa la jambe et resta boiteux, *tardipes*, début certainement peu agréable pour le premier des métallurgistes ; mais ses qualités rachetèrent ses imperfections. Non-seulement il créa les forges, mais encore il se montra fils moins barbare que le père ; car, venant à son secours, dans la guerre des Géants, il lui fabriqua les foudres avec lesquelles ses ennemis furent terrassés. Jupiter revenu à de meilleurs sentiments le récompensa en le mariant avec Vénus, la plus belle des déesses. Cette histoire où l'on entrevoit le rôle du cuivre étant certainement très-dénaturée par le mélange des idées grecques, latines et égyptiennes, je complète, autant que possible, les données en rappelant que ce dieu du feu dont le nom ressemble singulièrement avec celui du Tubalcaïn de la Bible, s'appelait en grec *Hœphestos,* autre dénomination fort voisine de celle de la déesse Vesta, Hestia ou Festia, et qui elle-même, était rattachée au feu. Les étymologistes trouvent que son nom présente également une certaine analogie avec celui du Phtha de l'Egypte, représentant du principe igné et, dans tous les cas, il est admis que le culte de Vulcain a pris naissance dans ce pays.

D'un autre côté, selon les Grecs, Vulcain enseigna l'art de travailler le fer avant le déluge de Deucalion. On suppose, de plus, qu'il fut un prince Titan, fils de Jupiter, qu'une disgrâce força de se retirer dans l'île de Lemnos où il créa des forges, circonstance qui lui valut le titre de Mulciber (*a mulcendo ferro*). On le faisait également séjourner dans les îles Eoliennes dont les volcans ainsi que l'Etna passaient pour être ses usines, et là, il travaillait avec ses forgerons, les terribles Cyclopes gouvernés par trois chefs, le bruyant Brontès, l'étincelant Stéropès et Pyracmon le conducteur du feu.

> *Ferrum exercebant vasto Cyclopes in antro,*
> *Brontesque, Steropesque et nudus membra Pyracmon.*

Les yeux et le nez de ce dernier étaient flambants.

> *............Oculis et nare Pyracmon,*
> *Flammeus............*

Sans doute, il peut paraître bizarre de faire partir des flammes du nez et de l'œil d'un Cyclope; mais par le fait, les maîtres fondeurs actuels ayant continuellement soin d'observer l'état d'incandescence du *nez* scoriacé qui s'établit au bout de la tuyère, et de plus, certains fourneaux étant munis de *regards* pour permettre d'examiner leur intérieur, on voit que ces expressions sont de simples identifications de l'homme et de l'appareil, chose, du reste, pour ainsi dire normale chez les braves ouvriers auxquels l'imagination prête fort souvent des termes non moins pittoresques qu'aux poëtes. Et comme elles montrent, en outre, les vieux forgerons déjà en possession des signes révélateurs de la bonne ou mauvaise allure de leurs fourneaux, il faut conclure qu'au moins du temps de Virgile, les procédés métallurgiques avaient déjà acquis les moyens d'assurer leur réussite.

Du reste, tout ce qui tenait à Vulcain se ressentait de l'agent qu'il mettait en œuvre. Brotheus, l'un de ses fils, se jeta dans le feu par déplaisir de sa laideur; et l'autre, le Cacus du Mont-Aventin, vomissait le feu et les flammes par la bou-che, fables qui peignent assez les idées superstitieuses que l'on se faisait du travail. Elles plaisent au peuple. Quand je mis en activité les fourneaux des fonderies que je créai en Auvergne, on se racontait dans les villages qu'afin de les allumer, j'y avais sacrifié un enfant. Il n'est donc pas besoin de remonter à l'antiquité pour entendre débiter des sots contes sur les métallurgistes.

Je complète ces détails en ajoutant que, dans le système imaginé par les anciens, les Cyclopes n'étaient pas toujours des géants *flammei, igniti* ou *atri*. Ils passaient aussi pour être *terrigenæ*, c'est-à-dire nés de la Terre, ou bien encore fils du Ciel et de la Terre, et de plus ils n'avaient qu'un œil au milieu du front. On fut donc conduit à admettre qu'ils constituaient une tribu de mineurs dont l'œil unique était la lampe qu'ils portaient attachée au front afin de jeter de la clarté sur leur champ de travail. Il arrive, en effet, de nos jours, que dans quelques mines, ces sortes d'ouvriers adaptent à leur chapeau, le bout de chandelle qui doit les éclairer, comme d'autres fixent leur lumière contre leur poitrine en se rendant au poste. Enfin, s'ils furent considérés comme habitants de la Sicile et de Lemnos, où ils étaient occupés, sous les ordres de Vulcain, à forger la foudre pour Jupiter, il faut encore rappeler qu'une opinion plus rationnelle en fait les premiers habitants de la Sicile, et qu'en outre ils sont souvent confondus avec les Pélasges.

En dernière analyse, l'utilité du fer fut si bien reconnue, son invention inspira une si grande reconnaissance, que les hommes crurent devoir élever Vulcain le métallurgiste, au rang des dieux. Mais, indépendamment des objets qu'il fabriquait avec le fer, il confectionna le collier d'Hermione, fille de Ménélaüs et d'Hélène ; la couronne d'Ariadne, fille de Minos, roi de Crète, et le chien d'airain qu'il anima. On sait d'ailleurs que Jupiter en fit présent à Europe, sœur de Cadmus qui le donna à Procris, et celle-ci en fit cadeau à Céphale, si bien que Jupiter finit par le changer en pierre, nouvelle transformation lapidifique à ajouter à celles qui ont déjà été énumérées. Le palais du Soleil, les armes d'Achille, puis celles d'Enée, sortirent également des ateliers du dieu, et pour ses opérations, il se servait déjà de l'enclume et des soufflets.

Au surplus, je suppose que ces fabrications feront comprendre qu'il n'était pas le simple Directeur de la manufacture d'armes de Jupiter. Aux yeux des Grecs, il était un artiste complet, car, à en juger d'après les détails d'Homère, le seul bouclier d'Achille formait un ouvrage très-compliqué à une époque où celui d'Ajax n'était encore qu'une semelle composée de sept cuirs rivés l'un sur l'autre. Aussi, ces aperçus ne sont pas à négliger puisqu'il s'agira certainement un jour d'établir d'une façon définitive les relations qui peuvent exister entre Vulcain et les Dactyles, Cabires, Corybantes, Curètes et Telchines.

Je viens de relater les détails essentiels du mythe de Vulcain. On a vu qu'il est simple, trop simple même, car, pour ces temps antiques, d'autres faits établissaient l'existence de tribus pour ainsi dire exclusivement vouées au travail des métaux, et qui se répandirent de très-bonne heure dans la Grèce. Elles sont connues sous divers noms, Dactyles, Cabires, Curètes, Corybantes, Dioscures et Telchines. Les mythologues en parlent, tour à tour, à divers points de vue; mais M. Rossignol, Membre de l'Institut, s'est spécialement attaché à les envisager sous celui qui nous occupe, dans un travail plein d'érudition, ayant pour titre : *Des origines de la Métallurgie.* M'estimant fort heureux de recevoir de lui un si solide appui, je dois nécessairement rendre compte de ses idées. Toutefois, considérant qu'avant de les faire ressortir, il serait utile de connaître ces peuplades, je vais aborder la question, en rappelant ce que l'on savait ou soupçonnait déjà à leur sujet. Peu importe, d'ailleurs, l'ordre à suivre pour cette récapitulation historique, puisque l'ordonnance finale sera donnée par le savant académicien dont je viens d'indiquer sommairement le but.

Soient donc d'abord les Telchines. Ils étaient réputés fils

20

du Soleil et de Minerve ou de Thalassa, déesse de la mer, fille d'Ether, dieu de l'air, et d'Héméra, déesse du jour. Par conséquent, ils passèrent pour être des hommes surnaturels ou génies, ajoutant à ces apanages ceux de sorciers, de vétérinaires et de métallurgistes.

Dans les temps fabuleux, ils sortirent de la Crète, ancienne Telchinie, et pénétrèrent dans l'île de Chypre, puis dans celle de Rhodes, autre Telchinie, où ils fondèrent Linde, Camire et Jalyse. Ici, il reste d'eux un souvenir dans les dénominations de Telchinien données à Jupiter et à Junon par les habitants du pays. On les retrouve en Béotie, où la Minerve de Teumesse reçut le même surnom. Ils habitèrent également le Péloponèse, 1920 à 1896 ans avant J.-C., soit qu'ils y aient bâti Sicyone, qui est considérée comme étant la plus ancienne ville de la Grèce, soit qu'ils en eussent chassé les Titans. Phoronée, fils d'Inachus, dut soutenir de grandes guerres contre ces Telchines, qui massacrèrent Apis, son successeur, et dont la mort fut vengée par Argus, 4me roi d'Argos. On ignore comment ils disparurent. La fable dit simplement que Jupiter les ensevelit sous les flots et les changea en rochers, métamorphose fort ordinaire. Outre qu'ils sont considérés comme affiliés à Vulcain dont ils auraient été les ministres inférieurs, on remarque encore que leur nom présente une certaine analogie avec celui de Tubalcaïn. En tout cas, ils rappellent les caractères d'une population primitive, adonnée aux travaux des mines, aussi bien que les Dactyles, les Curètes, etc.

Selon quelques savants, les Curètes ou *tondus* composaient une autre classe particulière qui vint en Thessalie et en Phocide à la suite de Deucalion et donna naissance aux Doriens. L'Achéloüs les séparait des Acarnanes ou *chevelus*. L'ancienne Etolie portait le nom de Curétie. Ils se répandirent, en outre, dans le Péloponèse, en Eubée et en Crète. Homère

les fait intervenir dans la célèbre chasse du sanglier de Calydon, qui dévastait l'Etolie, et dans laquelle figurèrent, entre
autres, Thésée, Hippomène et la belle Atalante, si légère à la
course. Méléagre tua l'animal; mais les Etoliens et les Curètes se disputant sa dépouille, la guerre devint furieuse,
et ceux-ci se seraient emparés de Calydon, si l'invincible
Méléagre ne fût venu les mettre en déroute. Enfin, dans des
temps postérieurs, ils ont été expulsés de Plevrone (Pleuron)
par les Eoliens qui s'installèrent à leur place.

Cette histoire n'est pas complètement à dédaigner, attendu
qu'elle fournit une date d'une certaine précision, non-seulement à l'égard de ces Curètes, mais aussi pour ces féroces
sangliers du genre phacocère près duquel il faut placer, d'après
M. Geoffroy St-Hilaire, celui qu'Hercule tua dans les forêts
d'Erymanthe, de même que celui qui fut envoyé par Diane
pour ravager les campagnes des bords de l'Evénus, autour
de Calydon. Evidemment, leur espèce existait encore dans la
Grèce du temps de Thésée, puisqu'il compte parmi les héros
de cette chasse, et comme il faut placer les exploits de ce
héros entre l'expédition des Argonautes et le siége de Troie,
on ne commettra pas une grave erreur en admettant qu'en
1330 avant J.-C., la race n'était pas encore détruite. Il convient, d'ailleurs, de rappeler, à cette occasion, que les habitants de Tégée conservaient une des défenses de l'animal tué
par Méléagre. Elle leur fut enlevée avec une statue de Minerve, par l'ordre d'Auguste qui, de cette manière, voulut pu-
nir les Arcadiens d'avoir pris le parti d'Antoine contre lui.
L'énorme dimension attribuée à cette dent permet d'espérer
que les paléontologistes sauront un jour en découvrir d'analogues.

Je complète ces détails en ajoutant que l'on fait des Curètes
autant de ministres de la religion sous les princes Titans. Ils
étaient de plus des êtres mythologiques auxquels fut confiée

la garde de Jupiter encore à la mamelle et caché dans une grotte de l'île de Crète, par Rhéa, qui voulait le soustraire aux recherches du vorace Saturne. Enfin, ils figurèrent comme métallurgistes, et l'on suppose qu'ils inventèrent leur art pendant l'incendie des forêts du Mont Ida, accident dont la portée a déjà été discutée.

Les Corybantes ont de grandes affinités avec les Curètes et furent souvent confondus avec eux. Cependant, M. Rossignol les présente comme deux courants sortis d'une même source, qui, ensuite, se réunirent et se séparèrent encore pour se rencontrer de nouveau et enfin disparaître ensemble. D'après Phérécide, ils étaient fils d'Apollon et de Rhytie; cependant, Apollodore les fait naître d'Apollon et de Thalie, muse de la Comédie; enfin, Strabon les réunit aux Cabires. Leur célébrité vient de leur musique bruyante et de leurs danses dans lesquelles ils s'agitaient comme des frénétiques, et de là le nom de *Corybantiasme,* donné à une sorte de maladie pendant laquelle le patient se livre à mille contorsions. Ils se frappaient même à coups d'épée au point de se mutiler. Quant à leur musique, elle consistait en hurlements extraordinaires, accompagnés du bruit des tambours et du tapage qu'ils pouvaient produire en choquant leurs boucliers avec des lances, le tout pour célébrer le culte de Rhéa.

Les mineurs Dactyles étaient également prêtres de Cybèle, fils de Dactylus et d'Ida, ou habitants du Mont Ida. On leur attribue l'invention du rhythme poétique et musical. En outre, ils étaient chargés d'attiser le feu sacré et de danser, autour de lui, la *danse pyrrhique* en l'honneur du Soleil. Réputés magiciens, de même que tous les émissaires de la Chaldée, ils apportèrent avec eux les *Lettres Ephésiennes*, mots ou caractères magiques que l'on portait comme amulettes. En quittant la Phrygie, ils se rendirent dans la Samothrace dont ils ne surprirent pas médiocrement les habitants par la pratique des enchantements, des mystères et des initiations. A cet égard, on peut voir en eux les inventeurs des noviciats, des passes, des gesticulations et autres singularités symboliques, conservées, à quelques variantes près, dans les compagnon- nages, et parfois répétées en pleine place publique. J'observe de plus, que s'ils ont été fils de Dactylus et d'Ida, de même que les Corybantes étaient fils d'Apollon et de Thalie, suivant leur spécialité, c'est simplement parce qu'ils s'étaient mis sous la protection de ces divinités, comme les orfèvres sont sous celle de saint Eloi. A ce même titre, les mineurs actuels sont enfants de sainte Barbe, leur vénérable patronne.

Les Cabires, habituellement réunis aux Curètes et Cory- bantes, se sont déjà si souvent présentés, qu'il importe d'arrê- ter aussi quelques principes à leur sujet. Ils passent pour être d'anciens peuples de la Phrygie, établis près du Mont Cabi- rus de Bérécynthie, dont ils ont pris leur nom ; mais ce Mont Cabirus était probablement le même que le Mont Ida. D'un autre côté, Strabon avance que leur nom est mystique, don- née probablement vraie pour eux comme pour les autres ; il les élève au rang de fils de Jupiter et de Calliope, muse de l'histoire, relation qui peut faire croire qu'ils étaient en quelque sorte des êtres historiques pour les anciens Grecs. Hérodote les déclare fils de Vulcain, et Phérécide complète cette indication en les faisant naître de Vulcain et de Cabira, fille de Protée, dieu marin, changeant et pro- phète. Elle aurait eu trois nymphes cabirides et trois Cabires mâles, Axiéros, Axiocersus, Axiocersa, auxquels on adjoignit un quatrième assesseur, appelé Kasmilos, de manière à former une tétrade. Dans ce système, ils devinrent, plus tard, Vulcain, Mars, Vénus (Amour ou Harmonie), et encore, Pluton (Cérès, Proserpine, Hermès, ou Mercure). Or, celui-ci, ayant attaché Prométhée sur le Caucase, se rendant souvent aux Enfers, étant en relation avec Proserpine et Pluton, et se confondant avec le Hermès Trismégiste, inventeur de la chimie, il devient évident que d'intimes rapports existaient entre lui et les mines. D'autres traditions mettent en avant deux Cabires dont le plus âgé serait Jupiter, le plus jeune étant Bacchus. Enfin, ils furent considérés comme des Titans.

Ces dernières relations m'amènent à faire connaître, d'après M. Gougenot des Mousseaux, une explication qui ne manque pas d'intérêt. Dans sa manière de voir, le Cabirisme ne s'est pas formé d'un seul jet; mais il résulte d'un mélange du culte pélasgique avec le culte phénicien. Il existait ainsi deux sortes de Cabires dont les uns seraient les Pélasges-Japhétiques, ou, si l'on veut, les premiers habitants de la Grèce qui peuplèrent l'île des Cabires, l'île sacrée de l'Europe orientale, c'est-à-dire la Samothrace. Héritiers du pouvoir patriarcal et magistrats de sociétés formées *dès avant Inachus,* leurs pontifes avaient placé au fond de ce sanctuaire le dépôt des sciences sacrées et des connaissances profanes. En même temps, régnaient des Cabires égypto-phéniciens qui furent particuliers à la lignée de Cham, car l'on a vu que l'Egypte avait ses douze dieux de ce nom dont Cambyse viola le temple et brûla les statues. Dès lors, la guerre des Titans ne serait qu'une révolution religieuse, première guerre du fanatisme mis au service de la politique. Par suite de celle-ci, la Grèce primitive fut vaincue dans ses dieux Titans qui étaient Cabires ; l'Egypte ainsi que la Phénicie triomphèrent avec leur Jupiter, dieu cabire, roi de Crète, et alors, Saturne ou Kronos, mis en fuite, se rendit dans le Latium.

Du reste, les pierres bétyles furent un des plus anciens symboles terrestres de la religion cabirique. Ils reçurent eux-mêmes la qualification de *grands dieux,* de *dieux puissants,* dont les mystères étaient aussi redoutables que ceux d'Eleusis, et déjà ils avaient ces titres du temps des Argonautes. On peut donc admettre que leur culte, originaire dans la Samothrace, se répandit dans diverses contrées, la Béotie, la Macédoine, etc., etc., sans que, pour cela, elles aient été visitées par eux.

Ces aperçus sont foncièrement mythologiques, comme en général tous ceux par lesquels il a fallu débuter. La raison en est fort simple, car les origines se perdant dans la nuit des temps, il n'a pu arriver à nous que des souvenirs confus et embellis par les naïves imaginations des peuples dans l'enfance. Pourtant, ils suffiront pour nous initier au résultat des études de M. Rossignol, du moment où je les aurai complétées par quelques indications géographiques et géologiques sur leurs principales stations, Crète, Lemnos, Imbros, Eubée, Samothrace.

L'île de Crète (Candie), patrie de Minos et d'Idoménée, habitée par les Pélasges et les Doriens, fut un des séjours principaux de nos métallurgistes. En effet, je vois qu'elle est métallifère, comme le comporte sa constitution géologique dans laquelle M. Raulin fait jouer un grand rôle aux schistes anciens, traversés par des injections de roches porphyriques, serpentineuses et dioritiques. Ainsi, d'après les indications d'Edrisi, de Buondelmonti et de Boschini, consignées dans son importante *Description physique* de cette région, il a existé des mines d'or près de Khania ; de l'or, de l'argent et de l'étain sur une des cimes orientales de Sphakia, et du cristal de roche dans l'Ida. En outre, il mentionne, d'après ses propres observations, les filons de fer spathique avec quartz et feldspath de l'Almyros ; les veinules du même minéral des quartzites de Sphakia ; les hydroxides de fer d'Ennea-Khoria, des schistes de l'Haghios-Elias, de Mégalo-Kastron ; l'oligiste de Kisamos ; enfin, l'aimant des sables de l'embouchure du Hiasmata.

D'autres causes devaient amener les peuplades minières. Non-seulement cette île est la plus considérable de l'archipel grec, mais encore, indépendamment de sa position, vis-à-vis de l'ouverture de la mer Egée, « elle est un trait d'union entre l'Europe et l'Asie, continuée par des chapelets d'îles, d'une part vers le Péloponèse, et de l'autre vers l'Anatolie, » selon la pittoresque expression de M. Raulin. Les mineurs phrygiens y arrivèrent donc facilement. Outre les métaux, ils trouvèrent, vers son centre, une chaîne de hautes montagnes, conservant la neige durant une grande partie de l'année. C'est celle des Monts Psiloriti ou Monts Giove, et là, ils purent placer un Mont Ida, image de celui de leur patrie l'Asie-Mineure. Enfin, je complète ces indications en faisant observer que les formations secondaires, à l'instar de celles de la Grèce, sont percées par une multitude de cavernes, sans compter le labyrinthe de Gortyne, ouvrage de Dédale, habile architecte, sculpteur qui perfectionna son art, mais dont l'œuvre prétendue n'est qu'une immense carrière, d'après M. Raulin. La caverne naturelle de Dicté servit à cacher Jupiter enfant, que sa mère Rhéa voulait soustraire à Saturne. Il y fut nourri par la chèvre Amalthée et gardé par les Curètes, munis de leurs épées.

Lemnos et Imbros, voisines de la Phrygie et placées non loin de l'Ida d'Asie, furent également habitées par nos mineurs. Ces îles étaient fécondes en métaux; mais ces dons de la nature n'abondaient nullement dans la Samothrace où l'on ne connaît aucun gîte métallifère, et pourtant, celle-ci est spécialement célèbre par le culte mystérieux des Cabires. Elle devint l'île sainte et vénérée, le rendez-vous des métallurgistes et de tout ce qui prétendait à une origine pélasgique en Asie, en Grèce, en Italie. En cela, elle remplissait les fonctions de la Mecque, centre d'attraction des Musulmans. Réputée sacrée, elle servit d'asile aux fugitifs et aux coupables. Persée, roi de Macédoine, s'y étant réfugié, Paul-Emile n'osa l'en faire sortir qu'en vertu de négociations. C'est aussi là, d'après M. Rossignol, que s'établit le commerce particulier des anneaux de fer dont le métal provenait de cette terre, anneaux magiques, espèces de talismans dont la superstition s'est continuée jusqu'à nous. Pour se convaincre de la transmission de cette crédulité, il suffit d'aller dans ce que la modestie nationale appelle le foyer des lumières. Là, auprès de la place Vendôme, chez un serrurier bien connu, moyennant finance, on obtiendra des bagues de la même force et dont la vertu réside dans un tourbillon magnétique qui, démontré par une longue expérience, a surtout pour effet de guérir les migraines des dames de la capitale. Évidemment, cet artiste est un descendant des Cabires.

Du reste, si Samothrace fut un sanctuaire, Imbros devait être une succursale, un siége secondaire du même culte. Et tout bien considéré, il me semble qu'on peut voir là des espèces d'*Écoles des Mines*, indépendamment des autres pratiques ou enseignements destinés au vulgaire. Philippe II alla s'y instruire, et Orphée, ainsi qu'Hercule, devinrent Dioscures. D'un autre côté, les Tyndarides Castor et Pollux, enfants de Jupiter, reçurent le même titre, pendant une tempête qui menaçait d'engloutir le navire des Argonautes. Il leur suffit de faire vœu de s'initier aux mystères de Samothrace. Aussitôt, on aperçut des étoiles ou des feux qui voltigeaient autour de leurs têtes, et l'instant d'après, l'orage s'apaisa. Notons d'ailleurs que le phénomène des aigrettes lumineuses est familié aux marins actuels, attendu que les bouts des mats provoquent assez souvent les dégagements d'électricité qu'ils désignent sous le nom de *feux Saint-Elme*.

L'Eubée et l'île de Chypre, autres séjours de prédilection de ces mineurs, ayant été l'objet de nombreux détails, et se trouvant par conséquent trop connues pour exiger de nouvelles explications, il s'ensuit que, dès à présent, affranchis de toute entrave, il sera facile de suivre les classements de M. Rossignol.

Son but est d'établir que les personnages précédents, regardés comme des prêtres, adorés comme des dieux, renommés surtout pour leur enthousiasme inspiré, habitaient des pays riches en métaux et composaient une même famille, tant d'après la communauté de leur rôle que d'après la nature des contrées où ils se sont fixés et dont ils sortirent. D'ailleurs, il s'établit entre eux une véritable gradation qui figure exactement une progression métallurgique. D'abord, le minerai est extrait de la terre. Il est purifié sous l'action du feu et se convertit en métal. Devenu ductile, il se transforme en casques, en boucliers et en lances. Au moyen de l'alliage, il devient plus sonore. Enfin, il représente la forme humaine. Dans cette ordonnance, il ne s'agit que d'un même art, symbolisé dans les divers degrés de son développement, depuis l'extraction de la substance minérale jusqu'au moment où le métal devient un monument sous la main de l'artiste, et, à ce point de vue, les Dactyles étant au premier rang, les autres suivent progressivement.

D'où sont venus ces hommes? Certaines traditions les font sortir de la Bactriane, contrée de l'Asie ayant au sud les montagnes de l'Inde, au nord la Sogdiane, et à l'est la Scythie, position qui en fait des espèces de Tschudes. Suivant d'autres, ils seraient arrivés de la Colchide ou de l'Inde, pays tous deux miniers, car d'après Photius, cette dernière possède des exploitations d'argent abondantes et presque superficielles, tandis que, de son côté, Ctésias assure que celles de la Bactriane sont plus profondes ; enfin, quant à la Colchide, Strabon déclare que ses filons d'or, d'argent et de fer étaient si productifs qu'ils auraient suffi pour justifier les expéditions de Phryxus, qui suspendit, dans une forêt consacrée à Mars, la fameuse Toison d'or que Jason vint enlever ensuite.

Après avoir relaté ces indications, le savant académicien se borne à faire sortir nos mineurs de la Phrygie, région pareillement très-métallifère. C'est là que Rhéa, Cybèle, la Mère phrygienne, avait fixé sa demeure et qu'elle daigna, dit-on, enseigner l'art de travailler le fer. Employés à son service, soumis à sa puissance et résidant au Mont Ida, où eut lieu la découverte des métaux, où se firent les premiers essais de l'art métallurgique, ils furent envoyés par elle de l'Asie en Europe, pour fouiller les entrailles de la terre et pour en extraire les métaux. Partagés en plusieurs bandes qui tantôt convergeaient, tantôt divergeaient, on les voit occuper, soit successivement, soit simultanément, diverses contrées, et de là, naturellement, quelques incertitudes dans leurs marches.

Pourtant, celles-ci n'ont pas pu se soustraire entièrement aux investigations de notre savant antiquaire. La hiérarchie qu'il admet place les Dactyles à la tête du mouvement. Les premiers, ils travaillèrent le fer et exploitèrent les mines, d'après la Phoronide, poésie qui ne le cède en antiquité qu'à celles d'Homère et d'Hésiode. Apollonius de Rhodes adopte la même tradition. De la Phrygie, où ils travaillaient pour la Mère des dieux, ils auraient été amenés en Crète par l'un des Minos dont la sagesse illustra cette île jusqu'alors peu connue. Soit que l'un d'eux ait été fils d'une princesse de Phénicie et qu'il ait conservé des relations avec son pays natal, soit qu'on veuille considérer l'autre comme issu de Lycaste et d'Ida, fille de Coribas, toutes ces origines se ressentent de l'influence minière. Cependant, Eusèbe met les Dactyles sous le règne d'Erichthonius d'Athènes, roi que ses jambes contrefaites firent considérer comme fils de Vulcain, en même temps que l'inventeur des chars. Dans ce sens, leur apparition remonterait à 1500 ans avant J.-C.; mais d'autres auteurs les font arriver du temps de son successeur Pandion, 1432 ans avant J.-C., dates qui s'accordent assez exactement avec celles des règnes de l'un ou l'autre souverain de la Crète. Quoi qu'il en soit, le changement de résidence les transforma en Dactyles idéens de Dactyles phrygiens qu'ils étaient primitivement et par suite, après la Phrygie, la Crète est le pays qui réclamait, avec le plus de droit, le privilége de leur avoir donné naissance.

Du reste, ils furent, avant tout et par essence, des mineurs, représentant les rudiments de la métallurgie, ce qui les distinguait des Curètes, des Corybantes qui seraient en quelque sorte leurs descendants, et pour fouiller les mines comme pour extraire les métaux des minerais, les doigts de la main étaient les exécuteurs de la volonté de Rhéa; de là l'origine de leur nom. Toutefois, il est encore dit qu'ils furent appelés Dactyles parce qu'ils étaient au nombre de dix, comme les doigts des deux mains. Bien plus, on distingua cinq Dactyles mâles pour la main droite, comme cinq Dactyles femelles pour la gauche, ou bien ils eurent cinq sœurs, circonstance qui reporte toujours au nombre de dix. De son côté, Sophocle imagine que ce furent les cinq premiers Dactyles mâles qui découvrirent le fer, le mirent en œuvre, indépendamment d'autres inventions utiles à la vie; mais Diodore de Sicile, allant plus loin, et ajoutant qu'ils étaient Crétois, les déclare inventeurs du feu, du cuivre, du fer et de l'opération par laquelle on obtient les métaux. Le nom de *Celmis*, l'un d'eux, exprimant le *feu*, la *chaleur*, celui du second, *Acmon*, désignant l'*enclume*, enfin, le troisième, *Damnaménée*, signifiant *qui dompte par sa vigueur*, on voit aussitôt les trois éléments essentiels d'une forge, et pourtant, un Hercule leur fut adjoint par la suite. Encore, les historiens ne sont-ils pas parfaitement d'accord à leur sujet, car Clément d'Alexandrie veut que le fer ait été découvert à Chypre par Celmis et Damnaménée, tandis que Délas, autre Phrygien, y aurait trouvé l'alliage du cuivre; mais, selon Hésiode, c'est à Scythès qu'il faut l'attribuer. Finalement, quelques historiens se jetant complètement hors de cette ligne, reportent l'honneur du travail sur les Chalybes ou même sur les Cyclopes. Eh bien!

en traitant des questions relatives aux peuples limitrophes du Caucase, j'ai expliqué pourquoi les Chalybes ont été manipulateurs du fer plus que de tout autre métal, si bien qu'en présence de tant d'incertitudes, je conclus que l'inventeur du fer tout comme ceux des autres métaux ou alliages sont encore à trouver. Cependant, les recherches de M. Rossignol aboutissent à un résultat essentiel, celui d'avoir fait ressortir aussi exactement que possible l'introduction des mineurs asiatiques en Europe. Et dès lors, la comparaison des dates avec celles des Egyptiens, des Hébreux, des Babyloniens, met en évidence leur arrivée trop récente pour qu'ils aient pu être autre chose que des importateurs. Les Hiérophantes de l'Egypte trouvaient les Grecs très-jeunes. Ils le sont ici comme à l'égard d'autres choses.

Pour les Grecs, le premier endroit sur lequel apparurent les Cabires est le pays des Pergaméniens, en Mysie, qui leur fut consacré. De là, ils se rendirent à Lemnos, à Imbros et en Samothrace où ils s'arrêtèrent et furent particulièrement honorés. Tout les appelait à Lemnos, terre du feu, terre des métaux, peuplée des hommes qui les mettaient en œuvre, séjour de Vulcain, précipité du ciel. Ministres du culte de Rhéa, rattachés à la métallurgie terrestre et réelle, ils succèdent aux Dactyles, en ce sens qu'ils n'ont plus à extraire le métal de la terre, à le fondre, à le purifier. Ils le travaillent dans l'atelier ; ils le plient aux divers usages. Essentiellement forgeron, Eurymédon, l'un d'eux, fils de Vulcain, s'occupait constamment à la forge, battant la solide enclume. Les monnaies thessaloniciennes représentent, d'un côté, Cybèle ou Rhéa, et sur le revers, un Cabire avec un marteau, outil du forgeur. Par là, ils sont soustraits à l'autorité de Vulcain qui n'était pas, en particulier, le dieu des métaux, mais le dieu du feu, le dieu des volcans, auxquels il a donné son nom. Toutes ses résidences sont volcaniques avant tout, la Sicile, les îles de Lipari, Lemnos. Pourtant, l'Olympe ayant besoin de son artiste métallurgiste, ce fut Vulcain qui le devint naturellement, à cause du rapport intime du travail des métaux avec le feu. Aussi, son culte alla se confondre avec ceux des dieux souterrains, avec ceux de la Samothrace. Il ne faut pas davantage assimiler les Cabires et les Cyclopes dont les noms indiquent la nature de leur fonction le plus ordinaire, la fabrication des armes de Jupiter. Selon Hésiode, ils s'appelaient Brontès, *tonnerre*, Stéropès, *éclair,* Argès, *éblouissant*, et c'est Virgile qui remplaça Argès par Pyracmon, *enclume brûlante.* On conciliera tout cela comme on pourra, avec mes indications au sujet de Vulcain.

La première résidence des Corybantes fut la Troade, d'où ils passèrent en Samothrace, comme les Cabires. D'après Servius, leur nom vient du mot cuivre, parce qu'à Chypre, il y a une montagne riche en cuivre que les Chypriens appelaient Corium. Ils habitèrent donc cette île, patrie du cuivre, appelée *cuivreuse* par excellence, et là, ils forgèrent leurs armes et leurs instruments d'airain. En outre, on les retrouve en Crète, de même que les Curètes.

Ces derniers étaient Phrygiens. On les fait descendre de l'ancienne Smyrne, sur le Mont Sipylus. Ils séjournèrent à Chypre, en Samothrace et en Eubée. Eminemment métallurgistes, c'est là que, d'après Eusthate, ils revêtirent les premières armes d'airain qui leur valurent encore la dénomination de *Chalcidéens cuivrés.* D'ailleurs, les armes consistant en boucliers, casques et lances sonores, l'alliage du cuivre avec l'étain devait leur être connu, et par suite, ils marquent un progrès sensible dans l'art métallurgique. Au surplus, intimement associés aux Corybantes dans l'Eubée, ils s'y trouvaient lorsque Bacchus prépara son expédition contre l'Inde, et ensemble, ils imaginèrent la fabrication des armes, ainsi que les danses armées. Cependant, ils servent des divinités diffé-

rentes. Les Curètes étaient spécialement affectés à la Crète,
serviteurs de Jupiter dont ils eurent seuls la garde, tandis
que les Corybantes demeuraient attachés à Rhéa et liés à la
Phrygie. A cela se réduit ce qu'il y a d'important dans leur
caractère distinctif.

Il me faut arrêter ici l'exposé des résultats auxquels la revue minutieuse des auteurs et des médailles a conduit jusqu'à
présent M. Rossignol; la fin de son travail pouvant se faire
attendre plusieurs mois, je laisse de côté les Dioscures dont
le véritable métier n'a pas encore été défini, et je renvoie, pour
celui des Telchines, aux détails du début, en faisant la simple observation que la progression admise par M. Rossignol amène à en faire les inventeurs des statues ou d'autres choses analogues. N'étant donc plus occupés du travail
des matières minérales ou métalliques brutes, ils sortent, jusqu'à un certain point, du cadre adopté. Enfin, je dois rappeler
que le règne du civilisateur Phoronée qui, à Argos, eut, dit-on,
à lutter contre les Curètes et les Telchines, remonte à 1920-
1896 avant J.-C., tandis que le plus ancien Minos n'apparut
qu'en 1500. De là une nouvelle difficulté à lever.

Toutefois, procédant ici à l'application d'une remarque de
M. Morlot, dont les écrits m'ont déjà plusieurs fois servi, je
reproduis à peu de chose près sa pensée en disant: On ob-
jectera peut-être que pour reconstruire le passé humain, il
faut une abondance de matériaux qu'on est loin d'avoir réunis. Mais aussi ne s'est-on pas attaché trop exclusivement
aux historiens, aux traditions, admettant que les antiquités
sont rares et que les trouvailles sont peu fréquentes? Jadis,
en géologie, on croyait les fossiles tout aussi rares et tout
aussi exceptionnels, et maintenant les collections en regor-
gent. Eh bien! que les antiquaires se mettent à creuser le
sol avec la même ardeur qu'ils apportent à consulter les
livres, et ils réussiront comme a réussi l'active armée des

géologues, qui eut à lever des difficultés bien autrement
graves. D'heureuses découvertes, faites en Grèce, ayant déjà
mis sur la voie de l'Âge de la pierre, sur celle de divers traitements métallurgiques fort anciens, que ne doit-on pas attendre des recherches poussées au-dessous de l'horizon presque superficiel des médailles et des statues. A cet égard, les
points à fouiller ont surabondamment surgi dans le cours
de ce résumé.

DES ÉTRUSQUES, DES ROMAINS ET DES ITALIENS.

L'Italie est une presqu'île prolongée dans la Méditerranée,
entre ses parties désignées sous les noms de mer Tyrrhénienne,
Ionienne et Adriatique. Celle-ci la sépare de la Grèce dont
elle est pour ainsi dire la parallèle, et de plus la chaîne de
l'Apennin la divise dans le sens de sa longueur à peu près de
la même manière que l'axe du Pinde découpe sa voisine.
Vers ses extrémités supérieures par où elle se rattache au
continent, elle a pour encadrement, au sud-ouest, les Alpes
maritimes, à l'ouest, les Alpes occidentales qui la séparent
de la Gaule, et ensuite, au nord, la grande chaîne des Alpes
qui, à partir du Mont Blanc, se prolonge vers l'est jusqu'à la
rencontre des systèmes balkanique et pindique, de façon
à la détacher de la Germanie.

Cette vaste circonvallation, composée des montagnes les
plus ardues de l'Europe, complétée d'ailleurs par les espaces
maritimes, semble devoir protéger l'Italie et assurer sa parfaite indépendance. Malheureusement pour elle, son climat est doux, ses terres sont fertiles, ses mines étaient pro-
ductives, les mers sont loin d'être infranchissables, et entre les
cimes, quelque scabreuses qu'elles soient, il existe des passages. De plus, la contrée, trop allongée pour sa largeur,
est, en outre, morcelée par divers chaînons transversaux, de
sorte que l'unité manquant, il lui est arrivé de tout temps

et de toutes parts, des chefs guerriers ou colonisateurs qui, attirés par ses qualités, y introduisirent des complications ethnologiques encore plus embarrassantes que pour la Grèce. Le résultat naturel de ce concours de peuples de nature différente est de rendre fort difficile la détermination des aptitudes industrielles de chacun d'eux. L'Italie n'a-t-elle rien produit par elle-même? L'étranger dut-il venir pour réveiller des facultés somnolentes sous un ciel si beau? C'est possible; mais ne préjugeons rien. Ce n'est pas la patrie des Galilée, Torricelli, Christophe Colomb, la terre classique des ingénieurs hydrauliciens et autres, le pays des géologues Arduino, Spallanzani, Targioni, Breislak, Fracastoro, le séjour des poëtes et des artistes les plus célèbres, ce n'est point l'Italie, dis-je, qu'il est permis de taxer légèrement d'impuissance. Ses stagnations momentanées ne sont-elles pas les effets de gouvernements oppressifs, éclos dans son propre sein, ou implantés par la barbarie étrangère? Voilà le problème dont il importe d'obtenir un jour la solution pour laquelle je ne puis apporter ici qu'un faible contingent de données.

Eh bien! l'ensemble des faits oblige à admettre plusieurs peuples indigènes, soit des habitants dont l'origine se perd dans la nuit des temps. Tels sont, entre autres, pour l'Italie centrale et méridionale, dans la grande Grèce, les Apuliens de la Pouille, les Salentins, Lucaniens, Brutiens, etc. Dans la Sabine, entre l'Apennin, l'Anio, le Tibre et l'Etrurie, viennent les Sabins, Pélignes, Marses et Samnites de l'Abruzze dont le Mont Mujella est aurifère. Le Latium et l'Opique (Opica) contenaient les Volsques, Rutules, Eques, Aurunces ou Ausones, établis sur les bords de la mer Tyrrhénienne; enfin, sur les rivages de la Croatie, vivaient les Liburnes, pirates, comme beaucoup d'autres peuples littoraux.

Les Sabins de l'Apennin se disaient aborigènes. Montagnards courageux, aux mœurs simples, sévères, ils furent la tige de la plupart des tribus de leur voisinage, celles des Ombriens, des Osques, des Samnites, des Campaniens. Les Osques, également indigènes de la Campanie, composèrent toujours le fond de la population du pays, malgré les invasions grecques, samnites et étrusques. Leur langue différait beaucoup du vieux latin et de l'étrusque, et l'on observe que leur nom d'Osci n'est qu'une contraction d'Opsci, qui lui-même dérive de *ops*, terre, *opes*, richesses; mais à son tour, ce nom d'Ops se trouve être précisément aussi celui de Rhéa, femme de Saturne, la richesse par excellence.

Cependant, les Pélasges reparaissent en Italie, et l'on suppose que pendant leur ancien mouvement, un de leurs rameaux, venant de la Thrace, se rendit en Grèce où nous avons appris à le connaître. Le second, prenant une direction plus occidentale, remonta la Save, franchit les Alpes Carniques ou Juliennes et arriva en Italie où l'ensemble prit, par la suite, les noms de Tyrrhènes et de Sicules.

D'un autre côté, environ 1710 ans avant J.-C., c'est-à-dire plus de quatre siècles avant le siége de Troie, Œnotrus, issu d'une branche des rois d'Argos, vint, à la tête d'une colonie d'Arcadiens, dans l'Apulie qui dès-lors fut appelée Œnotrie, dénomination quelquefois appliquée à l'Italie entière. Néanmoins, il est aussi considéré comme étant un chef sabin dont le successeur Italus, régnant sur les Œnotriens, fit, à son tour, surgir le nom d'Italie.

Egalement dans ces dernières époques et du temps où Triptolème ensemençait les terres de l'Attique, 1381 ans av. J.-C., des flux kymriques, celtiques et très-probablement ibériques occupèrent la Haute Italie. Ils y laissèrent les Ligures, les Ombriens (Umbri), qui se placent entre l'Etrurie et le pays des Sabins. Ayant la réputation d'être très-courageux, leur nom est celui du celte *Amhra* dont les Latins firent *Ombra*, *Ambron*, qui signifie *homme fort, vaillant*; mais, au fond, ces Ombriens n'en constituent pas moins une véritable difficulté ethnologique.

Une race plus importante que la précédente, à notre point de vue, est celle des Etrusques, *Etrusci, Tusques, Tusci*, dont viennent les dénominations de *Tuscia* et ensuite de *Toscana*, qui échurent au pays qu'ils ont envahi. On admet que primitivement, ils avaient les noms de Tyrséniens, Tyrrhéniens ou Pélasges-Tyrrhéniens, de façon que, pour les Grecs, l'Etrurie devint la Tyrrhénia, et la partie adjacente de la Méditerranée était la mer Tyrrhénienne. D'ailleurs, ces Tusques occupèrent l'Apennin, ainsi que les plaines comprises entre cette chaîne et les Alpes; mais à une certaine époque, leur confédération s'étendit sur une grande partie de l'Italie. Devenus ainsi la population dominante de l'Etrurie, ils s'emparèrent bientôt des villes pélasgiennes, soumirent ou déplacèrent les Pélasges, soit les Tyrrhènes ou Sicules qui se fixèrent enfin en Sicile.

On retrouve leurs traces dans l'île d'Elbe, dans la Corse et jusque dans l'île de Sardaigne dont les primitifs habitants se disaient descendus de Javan, fils de Japhet. Le premier colon qui pénétra dans le pays fut Sardus, baptisé en même temps du nom de Hercule, comme tous les hommes qui exécutèrent de vastes entreprises. Il amenait avec lui des Grecs ou des Libyens de l'Egypte qui n'expulsèrent pas les anciens insulaires, mais leur donnèrent simplement le nom du nouveau chef. Finalement, celui-ci fut mis au rang des dieux avec le titre de Sardipiter ou Sardopater. Ensuite, arrivèrent successivement, Aristée avec des Grecs; des Ibères, conduits par Norax, qui bâtit Nora; des Thespiens et des Athéniens ayant pour prince Iolaüs dont le fort de Cagliari portait encore naguère le nom, Iole; il fonda Olbia et Agylé. La tempête poussa dans l'île une partie des Troyens d'Enée. Enfin, après le temps d'Alexandre, les habitants furent assujettis par les Carthaginois. Ceux-ci, d'après Eratosthène, usèrent d'une politique cruelle, car non-seulement ils faisaient noyer les étrangers qui osaient trafiquer dans l'île, mais encore ils défendirent, sous peine de mort, la culture, ne permettant aux Sardes de profiter d'autres productions de la terre que de celles qu'elle donnait naturellement. Serait-ce, par hasard, cette sévère interdiction qui fit naître l'étrange usage du pain confectionné avec des châtaignes et de la terre glaise, pain dont l'usage s'est conservé dans un district voisin du Gennargentu, point culminant du pays. On sait d'ailleurs que certaines tribus sauvages mangent avec plaisir de ces argiles comestibles, et il faut ajouter que la population argilophage de la Sardaigne passe pour être une des plus belles de l'île. En somme, cette contrée paraît avoir été peuplée par les Pélasges et par les Ibères, bien plus que par les Etrusques.

Les précédents aperçus sont certes très-simples; mais il n'en est pas de même du moment où il s'agit de déterminer le point de départ de ces Etrusques à l'égard desquels plusieurs indications sont en présence. Sénèque, Cicéron, Virgile et quelques autres auteurs disent qu'ils sont revendiqués par l'Asie. D'après Hérodote, à l'époque où vivait le roi Atys, fils de Manès, une famine cruelle, ravageant la Lydie, obligea une partie de la population à abandonner son pays natal. Les émigrants ayant pris pour chef Tyrrhénus, fils d'Atys, se rendirent à Smyrne pour construire des vaisseaux. Enfin, une longue navigation les amena dans l'Ombrie maritime où ils s'établirent en 1258 avant J.-C., repoussant au loin des côtes les Ombriens, anciens habitants du pays; ils bâtirent des villes et changèrent leur nom de Lydiens en celui de Tyrrhéniens ou Etrusques.

Une seconde donnée, non moins tranchée, est basée sur leurs anciens noms de Rasena ou de Rhètes, qui porte à les considérer comme étant partis de la Rhétie (Bavière). Déjà auparavant, ces Rhètes avaient apparu au nord, du côté des Grisons, vers Brixen dans le Tyrol, et dans la vallée de l'Adige jusqu'à Vérone. Leur migration du XIᵉ siècle les conduisit en Toscane où ils asservirent les Etrusques qui, dans ce cas, sont considérés comme une branche pélasge. En effet, Denys d'Halicarnasse les compte parmi les Tyrrhéniens autochtones de l'Italie. Ce serait donc à tort qu'on les fait venir de la Lydie, et pourtant, il a été encore avancé que les Rasena, originaires de la Lydie, arrivèrent en Italie par le nord et par la Rhétie.

Ces récits, passablement contradictoires, ne sont pas pour cela complètement incompatibles. Ils peuvent s'expliquer en admettant plusieurs invasions à peu près contemporaines, effectuées, les unes par terre, les autres par mer, et dont le mélange eut pour résultat l'ensemble étrusque auquel on laisse quelquefois le nom de Rasènes.

Une seconde invasion de la Gaule, effectuée par les Kymris, sous la conduite de Hésus-le-Fort (Œsus), occasionna un nouveau déplacement des Gaulois qui furent amenés en Italie dans les années 614-587 avant J.-C., par le Brenn Bellovèse. Celui-ci enleva aux Etrusques la vaste vallée du Pô, jeta les fondements de Milan, constitua la Gaule cisalpine (Lombardie), et dès lors, l'Etrurie se trouva bornée par la Macra, par le Tibre et par le faîte des Apennins. Ainsi réduite, elle constituait encore un pays puissant, et de leur côté, les Gaulois ou Celtes prirent le nom d'Insubres (Is-Ombra).

Au milieu de ces modifications générales, l'Italie centrale, ou plutôt le bassin du Tibre, subissait aussi l'influence de mouvements spéciaux. D'abord Janus, le premier roi connu, vint s'y établir et bâtir la ville de Janicule, après avoir quitté la Perrhébie, contrée septentrionale de la Thessalie. Il y reçut, peu de temps après, vers 1451-1415 avant J.-C., le pontife Saturne, venant également de la Perrhébie, proscrit par Jupiter victorieux. Le nouvel arrivant enseigna l'agriculture et l'usage des lettres, créa la ville de Saturnie sur le Mont

Capitolin, et laissa le trône à son fils Picus. Eclipsant Janus, l'Italie prit de lui le nom de Saturnia. Cependant, tous deux furent divinisés, et leur règne pacifique fut l'Age d'or de la contrée. On suppose d'ailleurs qu'en arrivant, ils trouvèrent déjà des constructions pélasgiques et qu'ils en élevèrent de nouvelles.

En 1330 avant J.-C., soit environ 50 ans avant la ruine de Troie, Evandre, obligé de quitter le Péloponèsc, amena une nouvelle colonie d'Arcadiens, fonda, près du Mont Palatin, la ville de Pallantée, du nom de son fils Pallas, et donna l'hospitalité à Hercule qui, en sa qualité normale d'ingénieur, engagea les Italiens, les Gaulois et les Ibères établis dans le pays à construire une route de commerce dont ils se garantissaient réciproquement la sûreté. Le même Evandre secourut Enée contre Turnus, prince des Rutules. En effet, peu de temps après, celui-ci, chassé de Troie, abordait à l'embouchure du Tibre qu'il put remonter à voile sans que Tibérinus, le bon dieu du fleuve, eût besoin d'en modérer le cours pour laisser arriver son protégé à la demeure du vieux et vertueux prince arcadien. Là, Enée épousa Lavinie, fille de Latinus, chef du Latium dont Laurente était le principal endroit, et édifia Lavinium. En 1150 avant J.-C., son fils Ascagne, réunissant les Latins et les Rutules, fit de sa ville d'Albe la capitale du pays. C'est à lui que remonte la formation du peuple latin, vers l'époque où l'arche d'Israël fut prise par les Philistins, et de Bonstetten fait observer avec beaucoup de raison que, « dans le temps de ces chefs, le pays de Latinus était comme un défrichement dans les bois de l'Amérique. C'est le moment le plus poétique, soit pour les mœurs, soit pour le paysage. »

Enfin, 753 ans avant J.-C., Romulus créa Rome en réunissant une troupe de bandits, et pour les fixer, il leur fit enlever les filles des Sabins invités à une fête :

Tantæ molis erat romanam condere gentem !

Une version plus accréditée est que l'Etat romain fut formé par la fusion de plusieurs peuples tels que les Sabins et les Albains, descendants d'Enée. Au surplus, les Romains se trouvant bientôt en hostilité avec les Etrusques, profitèrent de leur affaiblissement par les Gaulois pour les subjuguer.

Jusqu'à présent, et comme de coutume pour nos débuts, nous avons flotté plus ou moins incertains entre la fable et la réalité; pourtant, notre résumé historique aura son avantage en aidant à caser les débris des temps passés dont on s'est malheureusement aussi peu occupé, quant aux plus anciens, que de ceux de la Grèce. Aussi nous faut-il considérer comme une véritable bonne fortune les agréables relations qui nous ont mis entre les mains une note de M. Thiébaut de Berneaud, auteur d'un travail sur l'île d'Elbe qu'il visita en 1807. Par cette adjonction, ce judicieux explorateur démontre qu'elle renferme des instruments de l'Age de la pierre, puisqu'une pointe de lance en silex ou pétrosilex y a été trouvée sous terre. « Ce monument de la plus haute antiquité, dit-il, rappelle le morceau d'ancre de pierre que l'on disait avoir été laissé par Jason dans la ville d'Æa sur le Phase, et que les habitants conservaient encore du temps d'Arrien. Il démontre que l'île d'Elbe était déjà peuplée dans un temps où l'on ignorait encore l'usage du fer qu'elle fournit abondamment. Rome n'était pas encore bâtie. »

De mon côté, j'observe que cette lance était conservée dans la collection de Fabbroni, chimiste et minéralogiste célèbre, qui se distingua tout spécialement par ses expériences sur un curieux produit de l'antiquité. Ayant connaissance des récits de Pline, Strabon et Vitruve au sujet de briques flottantes, très-renommées, et dont la base devait se trouver, soit en Etrurie, soit en Espagne, auprès de Massilua et Calento, où ce genre de fabrication était en usage, il entreprit des recherches pour en découvrir les gisements. Elles l'amenèrent à reconnaître, sur le territoire de Sienne, près de Santa-Fiora, la terre présumée des anciens, et l'analyse lui démontra qu'elle se compose essentiellement de silice. En sus, les briques qu'il obtint avec cette substance étaient plus légères que du liége, et par suite, il put expliquer, soit la construction des tours que les anciens établissaient sur leurs vaisseaux, soit celle du navire presque fabuleux qu'Hiéron envoya à Ptolémée, et dans lequel se trouvaient des bains, des salles, des portiques revêtus de mosaïque. Non content de ces aperçus, le même chimiste se basant sur leur imparfaite conductibilité du calorique, imagina d'installer avec ces briques, sur le fond d'un vieux navire, une chambre carrée et voûtée. Elle fut remplie de poudre à canon, et recouverte de fagots auxquels on mit le feu. L'incendie brûla le corps du navire jusqu'à la chambre qui, n'étant plus soutenue, coula à fond sans que la poudre fut enflammée.

Cette expérience intéressante pour la marine a été reprise en France à la suite de la découverte d'une terre analogue, faite par Faujas, dans les Coyrons (Ardèche); enfin, en 1832, après avoir rencontré la même substance, près de Ceyssat aux environs de Pont-Gibaud (Puy-de-Dôme), je repris une partie des expériences de mes devanciers. Cependant, ces faits historiques n'empêchent pas les écrivains de la capitale d'attribuer tout le mérite de l'invention à M. Ehrenberg de Berlin, qui, pourtant, ne doit être mis qu'en quatrième ligne. « On ne lit pas à Lyon, » disent avec dédain certains chefs de l'école parisienne; mais à leur tour, les Lyonnais sont parfaitement en droit de leur répondre que, si à Paris on lit quelquefois, à coup sûr, ce n'est guère ce qui s'écrit en France, ou bien encore, on lit, mais avec l'intention bien arrêtée de trouver un petit joint par lequel on puisse léser un provincial. Ainsi le veut le maintien de la majesté du peuple parisien qui n'a d'égale que la *populi romani majestas.*

Ceci posé, laissant de côté ces détails incidents, bien qu'ils ne soient pas entièrement hors de propos, puisque l'Etrurie est en jeu, je passe à d'autres restes que l'on peut rapporter à l'Age de la pierre et du bronze. Leur découverte a été faite en Piémont et en Lombardie.

A Arona, dans les tourbières de Mercurago, adjacentes au lac Majeur, M. Moro a découvert des pointes de javelots, de flèches, en pierre et en bronze, pareils à ceux des tourbières de Landeron en Suisse. On y trouva, en outre, des poteries grossières ; un débris de canot creusé dans un tronc de chêne et n'ayant que 1^{m}90 de longueur, 0^{m}60 de largeur et 0^{m}30 de profondeur, sans traces de chevilles ou de clous, soit en fer, soit en bronze ; une ancre en bois, longue de 1^m environ, terminée par deux crocs et percée à l'autre extrémité pour recevoir la corde ; des cailloux de serpentine, travaillés à main d'homme ; enfin, des pilotis. Un peu plus loin, des flèches de silex, des poteries et quelques objets de bronze ont été recueillis dans les tourbières de Borgo Ticino. D'ailleurs, la colline du Pennino, voisine de cet endroit, présente, sous les bruyères, des vases semblables aux précédents ; ils renferment des os calcinés avec des ustensiles de bronze. Et, sur la rive lombarde, près d'Angera, une autre vaste tourbière a encore offert des canots.

De récentes communications de M. Mortillet ont fait connaître un emplacement analogue pour le lac d'Iséo, près du village de Pilzone en Lombardie. Entre les deux branches du lac de Côme, la tourbière de Bosisio lui donna une pointe de flèche de silex et une hache de bronze ; en outre, de nombreux silex ont été travaillés dans la même localité. Varèze et le Véronais se sont trouvés dotés d'objets analogues. Enfin, M. de Gastaldi mentionne le terrain de Modène et de Reggio comme étant particulièrement riche en fragments de vieilles poteries, en instruments de bronze et en ossements concassés, taillés ou carbonisés, provenant du cerf, du bœuf, du porc et d'autres animaux. Et, si je rappelle ici les détails déjà mentionnés à l'occasion du soulèvement qui a exhaussé à près de 80ᵐ au-dessus du niveau de la mer, les débris de poteries mélangés à des coquilles encore vivantes dans la baie de Cagliari en Sardaigne, on comprendra qu'en définitive, ces premiers éléments nous reportent à une très-haute antiquité, et qu'ils sont certainement, en grande partie, antérieurs à la plupart des migrations relatées dès le début. Il y a donc vraiment lieu à s'occuper plus sérieusement qu'on ne l'a fait jusqu'à présent des peuples indigènes de l'Italie.

Les restes pélasgiques interviendront nécessairement dans la question, et parmi ceux-ci, M. Petit-Radel range les *nouraghes* de la Sardaigne qu'il suppose construits 1500 ans avant J.-C. Ces singuliers monuments, au nombre de près de 600, consistent en espèces de tours d'environ 16 mètres de hauteur et dont le pied a 50 mètres de circonférence. Elles sont coniques, mais tronquées au sommet, ordinairement munies d'une base murée de 3ᵐ25 de hauteur et formant un terre-plein sur lequel s'élève le reste de l'édifice. Leur intérieur est divisé en trois étages ayant chacun une chambre voûtée en ogive et communiquant entre elles par une rampe en spirale pratiquée dans l'intérieur. Enfin, il arrive que des cônes subsidiaires, au nombre de 2 à 7, sont groupés autour du cône principal.

Evidemment, ces nouraghes n'ont aucun rapport avec les pyramides de l'Egypte dont la base est carrée, la masse infiniment plus considérable et la position bien déterminée au débouché des cols par lesquels pourraient arriver les sables des déserts. Ce que j'ai vu de ces nouraghes qui sont placés indifféremment sur les hauteurs ou contre les flancs des vallées indique une destination toute différente, et l'on admet qu'ils étaient des sépulcres. Quant au genre de construction de

leurs parois que l'on dit formées de blocs d'environ 1ᵐ cube, réunis sans ciment, il y a lieu de tempérer l'idée trop absolue que
les expressions du savant antiquaire pourraient faire naître.
Si certains nouraghes sont évidemment pélasgiques, d'autres
sont édifiés avec des pierres de taille équarries et rangées
par assises régulières, de sorte qu'ici, de même que pour
plusieurs autres choses, il faut admettre un progrès. A son
tour, celui-ci amène à supposer que l'influence des Phéniciens, des Grecs ou des Ibères est exprimée par les différences que l'on remarque entre les diverses bâtisses, bien
qu'elles soient toutes douées d'un fond identique, original, exceptionnel, et par conséquent, munies des conditions requises
pour démontrer leur indigénat. Au surplus, rien n'oblige à
prendre les 1500 ans de M. Petit-Radel dans un sens rigoureux. C'est trop peu pour l'Age de la pierre et même à peine
suffisant pour l'Age du bronze. Les précieuses collections
d'antiquités sardes recueillies par MM. Audifrédi, Corvésy,
Tabas et Celle, dont une partie a été conservée dans le musée
de Turin, et mieux encore les pièces que l'on rassemble actuellement à Cagliari, éclairciront un jour ces difficultés.

L'ile d'Elbe qui nous a déjà montré sa pointe de lance en
pierre, appartenait également aux Pélasges. Elle passa ensuite
sous la domination des Phocéens qui bâtirent Marseille, et,
après leur défaite, elle demeura spécialement sous la protection des Etrusques. C'est alors qu'elle secourut, par ses
hommes, le pieux Enée qui combattait les Rutules. Les Carthaginois s'en emparèrent, et après s'y être maintenus pendant plus de six siècles, ils la ravagèrent parce que les Elbois
avaient pris part à la guerre contre Syracuse. Une colonie
d'Etrusques vint repeupler l'île et reprendre les travaux des
mines ; puis elle passa sous la domination romaine qui lui
permit de rétablir son premier état de splendeur, au point
qu'elle put fournir aux consuls romains le fer nécessaire pour

équiper une flotte et repousser Annibal ; on se souvient d'ailleurs que, sous le blocus continental, elle était de même une des principales bases du recrutement de notre marine. Enfin, devenue l'asile des romains échappés aux proscriptions de Sylla, elle fut, de nouveau, un théâtre de carnage et de dévastation, si bien que depuis l'Age d'Auguste, jusqu'au ixme siècle de notre ère, on la regardait comme un triste lieu d'exil et de misère.

Ces aperçus historiques qu'il serait facile de pousser jusqu'à nos jours, d'après les données de M. Thiébaut de Berneaud, rendent raison de l'état de quasi intégrité de ses mines ou plutôt de sa montagne d'oligiste de Rio-la-Marina, sur laquelle s'était concentrée toute l'attention des mineurs, car j'ai déjà dit que ses gîtes d'oxydule magnétique ont été laissés intacts. Cependant, déjà attaquée par les Etrusques, environ sept siècles avant J.-C., et son exploitation se trouvant encore très-active de nos jours, on comprend toute la véracité dont Virgile a fait preuve quand il a dit :

Insula inexhaustis Chalybum generosa metallis.

En effet, un amas atteignant près de 160^m au-dessus de la mer qui en baigne le pied, et prenant une longueur proportionnée, ne doit pas être facile à épuiser. Bien plus, Pline, Varron, Strabon, frappés de sa constante production, attribuèrent à son fer la propriété de se reproduire à mesure de son extraction. J'explique l'idée dans les détails suivants.

Lorsqu'en 1847, j'allai visiter les lieux, je trouvai les mineurs occupés à enlever le minerai par tranches horizontales, procédé parfaitement rationnel en pareil cas ; mais les anciens opéraient différemment. A l'aide de pics, ils pratiquèrent de profondes excavations dans la montagne, en y perçant des galeries tortueuses, afin de suivre les parties les plus riches, moyen à la fois dispendieux et préjudiciable à la santé des ouvriers, à cause de la difficulté qu'il oppose à l'aérage. Du moins, ce système a été mis en évidence par des découvertes successives faites en 1750 et en 1788, d'après les rapports de Tronsson-Ducoudray et de Spallanzani. Eh bien! un résultat curieux de ce travail, combiné avec des triages nécessairement soignés, fut la production d'un vaste talus de déblais qui, remanié par les eaux pluviales, par l'influence séculaire de l'*Aura marittima*, par la réaction des pyrites vitriolisées sur les carbonates et les silicates, donna naissance à des concrétions bréchoïdes, qu'agglutine un ciment rouge, ochreux, entremêlé de paillettes d'oligiste, et comme on y trouve encore des parties riches, les mineurs ou leurs femmes regrattent ces matières avec bénéfice. Que faut-il donc de plus pour faire admettre la régénération du minerai?

Du reste, les reprises en question amènent, de temps en temps, la découverte de vieux pics, de lampes, de coins, de clous et autres objets en fer dont malheureusement on n'a pas suffisamment tenu compte au point de vue archéologique. Faisons des vœux pour qu'un jour ces pièces servent à établir le genre de transition qui a dû s'établir entre l'Age de la pierre à celui du fer, par l'intermédiaire du bronze dont on n'a pas fait mention jusqu'à présent.

Au surplus, ces minerais étaient en partie traités sur place à l'aide de nombreux fourneaux, et de là, selon Diodore de Sicile, le nom d'Æthalia, c'est-à-dire d'*île brûlée* ou d'*île de feu* que lui donnèrent les Grecs. Les vestiges de ces usines existent encore ou plutôt se manifestent par les nombreux amas de scories de la chaîne qui s'étend de Porto-Ferrajo à Rio, du territoire de Campo, de l'Acona, de la descente de Monte Arco, etc. Leur travail était encore actif au temps de la république de Pise, et la dernière se vit, vers l'an 1589, sur le flanc de la montagne qui longe le chemin de Porto-Ferrajo à Longone. Enfin, la destruction des forêts occasionnée par une excessive consommation de bois, obligea la *ferri feracem Ilvam* de Longin à expédier ses minerais dans le continent.

Sur la terre ferme, les Etrusques se montrent naturellement avec un caractère bien autrement développé que dans l'isolement de ces îles, et il doit être très-complexe à cause de l'étrange agglomération dont la race est le produit. Les restes recueillis à Volaterra, Pérouse, Orviéto, Viterbe, Aquapendente, Tarquinies, dans les grottes de Corneto, dans l'antique Vulsinies, à Populonia, Castel-d'Asso, Norchia, Soana, Cosa et autres villes, ne justifient que trop ce que laisse entrevoir l'histoire. Ils démontrent le fait d'un passage graduel de la barbarie à une civilisation déjà fort avancée avant la fondation de Rome ; mais, par une étrange fatalité, la langue des Etrusques, connue de Cicéron, encore parlée du temps d'Auguste et de Claude, est oubliée au point que l'on n'en peut pas à présent assigner la famille, bien qu'on lui suppose des rapports avec le grec ancien. Leur écriture, toute différente de celle des Romains, plus muette que les hiéroglyphes de l'Egypte, et les caractères cunéiformes de la Perse, de l'Assyrie ou de la Médie, n'a pas plus appris que les tables Eugubines, découvertes à Gubbio dans l'Ombrie, en 1444, quoique celles-ci portent, sur leur bronze, cinq inscriptions relatives aux guerres de l'Italie, en langue ombrique, mêlée d'étrusque, et deux en caractères latins. Enfin, pour surcroît de malheur, l'histoire des Etrusques, rédigée par l'empereur Claude, homme lettré, bienfaiteur de Lyon, est totalement perdue.

En présence de ces causes d'embarras, je tranche dans le vif en prenant l'argile pour mon début. J'ai expliqué pourquoi elle fut la première des substances minérales que l'homme dut soumettre à un traitement minéralurgique ; actuellement, je puis ajouter que des collections de vases étrusques et notamment de celle du Musée Napoléon III ressortent plusieurs genres de fabrication. Il en est que leur façon spéciale, et pourtant variée, mais sans peintures, sans inscriptions, font regarder comme appartenant aux premiers temps de la civilisation tusque. On en voit aussi qui indiquent la connaissance des vernis et l'emploi des couleurs provenant des oxydes métalliques. Quelques-uns de leurs reliefs rappellent la Phénicie et d'autres ont une certaine analogie avec ceux de l'antique Ninive. La plus grande partie présente des formes et des dessins évidemment imités des Grecs auxquels les Etrusques firent de nombreux emprunts depuis qu'une colonie corinthienne se fut établie dans l'Etrurie méridionale, à Vulturnum (Capoue) et à Nola, sept siècles avant notre ère. Il en sortit des vases remontant au temps d'Homère et représentant des scènes de l'histoire de Troie, accompagnées d'inscriptions grecques tellement anciennes qu'il est difficile d'y reconnaître les noms de Priamos, d'Hécaba et d'Hector. Denys d'Halicarnasse avance que les connaissances musicales des Etrusques furent tirées d'Argos, et, en effet, tous les instruments de musique des Grecs se retrouvent sur ces poteries. Enfin, si l'on ajoute que des fabrications étrusques ont été découvertes dans l'île de Lissa, sur les côtes de la Dalmatie, et qu'en somme, il est fort difficile de distinguer certains produits de l'un et l'autre peuple, on arrive à comprendre que l'on n'a pas trop exagéré quand on a dit que « l'Etrurie, grecque d'origine, avait en elle son génie. »

Prométhée fit sa statue humaine avec de l'argile et lui donna une âme. En ce genre, les Etrusques sont ses successeurs; ils pratiquaient la plastique, modelaient la terre et lui donnaient ainsi une âme. Du temps de Tarquin l'Ancien, ils firent un Jupiter de terre cuite, peint en rouge, et un Hercule de même matière. En général, les premières statues que Rome éleva à ses dieux, à ses héros, à ses triomphateurs, provenaient des artistes de l'Etrurie, et trois siècles après Auguste, ces objets d'argile abondaient encore dans la ville.

La pièce la plus remarquable du Musée Napoléon III, est, sans contredit, le tombeau dit *lydien*, trouvé en Toscane, sous un tumulus de l'ancienne métropole étrusque d'Agylla (Cære ou Cerveteri). On le fait remonter à cinq ou six siècles avant la fondation de Rome, ou bien encore, on le dit au moins contemporain de sa naissance. Il présente deux personnages, homme et femme, de grandeur naturelle, dont les traits sont ceux des peuples de l'Orient, et dont la coiffure, les chaussures rappellent, soit l'Assyrie, soit la civilisation phrygienne. Souvent même, les statuettes sont égyptiennes, couvertes d'hiéroglyphes et de feuilles de lotus. Virgile et Sénèque prétendent que les Etrusques ont eu l'Orient pour berceau. Cette tombe leur donnerait gain de cause si l'influence de l'art grec ne se décelait pas dans d'autres productions.

La pierre fut travaillée par les Etrusques à la façon égyptienne, comme le montrent les scarabées dont M. Simonin a vu de nombreux échantillons entre les mains des habitants de Populonia et de Campiglia. Quoiqu'ils soient en pierre dure, ils sont considérés comme étant les plus anciennes formes données par les Etrusques. Remonteraient-ils à la 2me période de l'Age de la pierre? En tout cas, ne perdons point de vue la pointe de lance de l'île d'Elbe. Au surplus, une aptitude si spéciale devant s'être transmise à leurs descendants, je conclus que les magnifiques mosaïques de Florence, pareillement en pierres dures, et qu'il importe de ne pas confondre avec celles de Rome, sont un héritage de ces artistes.

Dans un genre plus grandiose, viennent leurs colonnes, leurs arcades, leurs bossages, leurs constructions simples, solides, d'une architecture matérielle, un peu lourde, constituant l'*ordre étrusque* (tuscanien), semblable à l'ordre égyptien ou bien à l'ordre grec tout-à-fait ancien et qui cependant, même après les Grecs, trouvait encore des admirateurs dans Rome. Il établit la transition entre l'art de ceux-ci et l'art

romain. Enfin, l'on suppose que les premiers temples de ce
genre furent bâtis par les anciens Lydiens qui s'étaient
établis en Toscane.

Habiles fondeurs, ils coulaient le bronze avec une rare
perfection. On leur attribue un grand nombre de statues et
beaucoup de patères ornées de sujets mythologiques, tracés
au simple trait. Dans son intéressante visite de Populonia,
M. Simonin a pu constater l'existence de miroirs métalliques
ou de bronze, de vases du même alliage, de piques, de sabres et de casques tout vert-de-grisés. Les lampes actuelles
de la Toscane dont le voyageur examine encore avec plaisir
les formes sont à peu près identiques à celles qui excitaient
l'admiration des Athéniens, même au temps de Périclès.
D'après Tite-Live, Arezzo qui possédait une manufacture centrale d'objets de bronze fournit une partie de l'équipement des
soldats romains pour la seconde guerre punique, et comme
l'étain manque à l'Etrurie, ils pouvaient le recevoir des Gaulois et des Bretons, par l'intermédiaire des Phéniciens et des
Carthaginois. Les monnaies de Populonia sont presque toutes
à l'effigie de Vulcain, avec le marteau, l'enclume et les tenailles pour emblèmes; mais celles-ci peuvent dater de l'époque romaine. Il a été constaté que les plus anciennes ont
été simplement fondues. Du reste, excellents ciseleurs, graveurs, orfèvres, on a trouvé d'eux des chaines et des anneaux d'or du travail le plus délicat, et M. Noël Des Vergers,
auteur d'un beau travail sur ce peuple, cite comme ayant
été trouvé à Cerveteri, une parure de prêtre garnie d'ornements
qui ont un singulier caractère assyrien et égyptien à la fois.

D'où sortait ce cuivre? C'est ce que j'ai pu voir en 1844,
époque à laquelle je visitai les exploitations de Campiglia, de
Ghérardesca et des environs de Massa. Ici, je fus surtout
frappé de l'aspect insolite que présentent près de 400 fouilles
ou puits accumulés sur l'espace appelé la Serra-Bottini

(chaîne de puits), où ils forment un digne pendant des Cento-Camarelle (cent chambres), voisines de la mer. Toutefois, rien n'égale la vue des exploitations de Campiglia qui cependant datent de 3000 ans. De larges excavations s'ouvrent à la surface, tandis que d'autres sont tellement rétrécies qu'un homme ne peut y entrer qu'avec la plus grande peine. En outre, des salles souterraines dont l'ampleur ne s'explique que par la solidité de la gangue quartzeuse, yénitique et pyroxénique, communiquent entre elles par d'étroits boyaux, et, au milieu des parties encore en place, la pyrite cuivreuse, arrangée en mouches, en veinules, en rosaces, se trouve très-clairsemée.

Eh bien! cette dernière circonstance, combinée avec la forme irrégulière des travaux, amenait tout droit à conclure qu'en forts calculateurs, les mineurs étrusques s'étaient spécialement attachés à suivre les veines riches, de manière à ne laisser que la misère à leurs héritiers. Puis, quand même cette vérité n'eût pas sauté aux yeux, il est une maxime basée sur une longue expérience, et qui se débite entre praticiens : c'est *qu'il ne faut aborder les travaux des anciens qu'avec le plus profond respect.* Or donc, averti d'une façon comme de l'autre, je dus chercher à éluder la difficulté en faisant la découverte d'une partie vierge du filon. A l'ouest, apparaissaient des puits que des mesures subséquentes ont appris avoir plus de 100^m de profondeur. Je me tournai donc du côté opposé où existait un espace qui ne montrait aucun vestige d'exploitation. Le mineur fut placé au pied d'un chêne séculaire, et pourtant, qu'elle ne fut pas ma stupéfaction quand, trois ou quatre jours après, je pus m'assurer qu'il avait rencontré de vieux boisages entourés de remblais en pleine voie de décomposition. On le voit donc, les Étrusques entendaient au moins aussi bien que nous le travail des mines. Ils ont fait tout ce qu'il était humainement possible de faire sans le secours de la poudre et des machines à vapeur.

Si les exploitations de Campiglia étonnent le mineur, les restes des fonderies ne surprennent pas moins les métallurgistes. A l'endroit voisin de la mine, dit la Fucinaja (forge ou fonderie), existent les ruines des fourneaux et surtout des tas de scories cuivreuses, cubant, d'après M. Simonin, l'énorme volume de plus de 150 mille hectolit., lesquels correspondent au poids de 30 millions de kilogrammes. Encore, ne s'agit-il, dans ce calcul, que des parties visibles, car quelques-uns de ces monticules ont leur base enfoncée dans le sol. Il en est à peu près de même auprès des mines de Ghérardesca, et j'ajoute que toutes ces scories sont infiniment plus pures que celles qui ont été obtenues à des époques plus récentes. Au surplus, comme dans ces monceaux on n'a jamais rencontré autre chose que des scarabées, des amphores de forme spéciale et divers débris de l'époque étrusque, il faut bien faire remonter, à la même date, les travaux miniers et métallurgiques.

Les Romains interdirent ces exploitations, et ce qui le prouve d'abord, c'est un décret du Sénat, trois fois cité par Pline. En cela, ces conquérants furent surtout mus par le même motif qui les portait à faire clore les mines de la Macédoine. Il s'agissait d'affaiblir les Etrusques, bien que l'on tende aussi à croire qu'ils avaient en vue de favoriser l'agriculture dans la Péninsule. Du reste, comme nous aurons encore d'autres occasions de revenir sur la question, je rappelle ici qu'une autre preuve de la suspension des travaux de Campiglia se déduit d'une phrase de Strabon qui raconte qu'en allant à Populonia, il trouva d'anciennes mines abandonnées, et c'est certainement de celles de Campiglia qu'il veut parler, car il n'en existe pas d'autres à proximité. Enfin, il faut rappeler que, dans le Moyen-Age, les mines de la Toscane ont été l'objet de travaux très-actifs, témoin, entre autres, le filon de Montieri où l'on exploitait le plomb. Pourtant celui de Campiglia demeura dans l'abandon.

Du cuivre, passons au fer, en nous servant encore des données de M. Simonin. Ce métal a été travaillé à Populonia, la Pupluna des Rasènes, nommée par Virgile, et dont l'enceinte de murs pélasgiques n'est qu'en partie détruite. Elle était pour les Etrusques la ville aux mines; elle faisait le commerce des métaux et les minerais lui arrivaient tant du M^te Valerio, près de Campiglia, que de l'île d'Elbe; on mélangeait ensemble les deux produits. Le port de Populonia, aujourd'hui Porto Baratti, présente encore, le long du rivage, des monceaux de scories, de très-bonne qualité, développés sur une longueur de plus de 600 m. et une hauteur moyenne de 2 m. Ils provenaient de fourneaux construits à Populonia et dont les Romains n'ordonnèrent pas l'extinction après la conquête de l'Etrurie, probablement parce que le fer leur était plus nécessaire que le cuivre qu'ils pouvaient faire venir de Chypre ou autres îles de l'Archipel. En effet, Tite-Live mentionne Populonia parmi les cités dont Scipion l'Africain tira le métal qui lui était nécessaire pour son expédition de Carthage. Plus tard, Sylla ravagea la ville, mais respecta les usines que rappelle Strabon, et dont les opérations se soutinrent jusque sous les Empereurs, car Rutilius Numatianus qui passa en cet endroit, vers le ve siècle de notre ère, parle encore de leur activité. En supposant que l'invasion des Barbares ait mis fin à ces longues opérations, elles auraient été prolongées pendant dix ou douze siècles.

Au surplus, après tous ces détails, il ne sera pas inutile de rappeler la description des forges de Vulcain, faite par Virgile, car elle donne, du travail métallurgique, tel qu'il s'effectuait du temps de l'empereur Auguste, une idée à la fois nette et intéressante :

. . . . . *fluit æs rivis; aurique metallum;*
Vulnificusque chalybs vastà fornace liquescit.

> . . . . . *alii ventosis follibus auras*
> *Accipiunt redduntque ; alii stridentia tingunt*
> *Æra lacu: gemit impositis incudibus antrum.*
> *Illi inter sese multâ vi brachia tollunt*
> *In numerum, versantque tenaci forcipe massam.*

L'atelier était complet puisque l'airain coulait en jets, subissait la trempe en même temps que l'or s'élaborait. Les soufflets fonctionnaient à leur façon ; le vaste fourneau, comme je l'ai expliqué parmi mes aperçus préliminaires sur le traitement des métaux, ce fourneau, dis-je, restait probablement dans la catégorie des foyers catalans où se liquéfient des scories, et l'antre n'en retentissait pas moins du bruit cadencé de l'enclume sur laquelle de vigoureux forgerons soulevaient et retournaient les lopins avec leur mordante tenaille.

Il est presque impossible qu'un peuple qui excelle dans certains arts demeure en arrière pour le reste. Ainsi, plus d'une fois, nous avons vu l'aptitude à découvrir et à travailler les mines se trouver accompagnée de connaissances géologiques, et certes, celles-ci ne devaient pas manquer aux Etrusques. Toutefois, les preuves directes à cet égard faisant défaut, on peut, du moins, appuyer la présomption à l'aide d'une raison accessoire. En effet, ils avaient des hommes habiles à éventer des sources. J'ignore si ceux-ci procédaient à la façon de certains *sourciers* renommés dans les journaux, ou bien s'ils se servaient de la *baguette divinatoire;* mais quelques notions élémentaires sur la structure et la forme des terrains étant indispensables aux uns comme aux autres, rien n'empêche d'ajouter cette indication à celle qui concerne la science des gîtes métallifères. Ils possédaient, en outre, la géométrie de l'arpentage, certaines pratiques tinctoriales et généralement une industrie très-avancée.

Leurs prêtres surtout avaient une haute réputation de savoir, et comme de coutume chez les castes sacerdotales de l'antiquité, ils employaient des formules secrètes. Ils inventèrent les aruspices qui tiraient leurs présages de l'état des entrailles des victimes. Leurs augures jugeaient de l'avenir d'après le chant, le vol des oiseaux, l'appétit des poulets sacrés, et ils basaient leurs principes sur la délicatesse des organes de ces animaux qui leur font pressentir les modifications de l'atmosphère. Eh bien! encore actuellement, nous ne manquons pas de gens pour lesquels ces animaux ou autres sont des équivalents du baromètre, opinion spécialement intéressante parce qu'elle remonte, dit-on, aux Chaldéens qui, institués pour le service des dieux, passaient leur vie à méditer sur des questions philosophiques.

Quand il fut question des Persans, j'ai relaté, d'après Ctésias, leurs idées au sujet de la foudre. Il n'est donc pas hors de propos de rappeler que la *Science fulgurale* occupait un rang important parmi les connaissances sacerdotales de l'Etrurie dont les prêtres se livraient aux études météorologiques. Leurs résultats étaient consignés dans des registres sacrés nommés *Livres fulguraux*, que l'on conservait dans le temple d'Apollon, et qui renfermaient, en outre, la théorie religieuse des foudres, des éclairs et des déductions augurales. Tout cela prouve au moins une grande aptitude à l'observation, et s'ils ont abouti à faire dire d'eux que *deux augures ne peuvent pas se regarder sans rire*, il est certain que le mot piquant pourrait être appliqué avec non moins de raison à divers météorologistes du moment. Au surplus, on a fait la remarque que la croyance nationale au sujet du passage des âmes dans le monde infernal, sous la direction d'un bon et d'un mauvais génie, l'un blanc, l'autre noir, est certainement d'origine persane. Cette donnée doit donc être ajoutée à toutes celles qui ont déjà été mentionnées en faveur de l'origine orientale des Etrusques.

En nulle autre circonstance, l'influence du mineur n'est plus évidente qu'à l'égard de l'ensemble romain. Formé par une réunion de bandits qu'enlaça une discipline aristocratique sévère, religieuse et militaire, le goût ou le génie de la science ne put pas plus se développer en lui que chez le Chinois. Aussi, dans les occupations pacifiques, les Romains ne s'élevèrent pas au-dessus du rang des peuples essentiellement agricoles qui ne progressent guère que sous l'influence des encouragements ou de la pression des gouvernements, dispositions fort opposées à celles des industriels dont les tendances sont précisément inverses. L'agriculture était donc seule en honneur chez eux. Ils ne songèrent à la littérature que fort tard. En fait de science, ils s'attachèrent davantage à la météorologie qu'à la métallurgie, circonstance d'accord avec leurs mœurs campagnardes; enfin, ils abandonnaient aux esclaves les métiers et les arts lucratifs. Leurs mineurs étaient donc réduits à cet état d'infériorité sociale, et pourtant, cette belle et vigoureuse race romaine n'était pas plus mal dotée du côté de l'intelligence que celles dont elle dérivait. Mais, absorbée par des dissentions intestines, par des guerres incessantes, elle n'eut pas le loisir de se livrer aux travaux intellectuels d'un ordre élevé pour lesquels un certain calme est indispensable.

Les Romains ont donc dû se conduire à la façon des frelons qui pillent les abeilles, des gueux désignés sous le nom de plagiaires et qui se couvrent d'habits volés. Bon gré, mal gré, dès leur apparition, les voisins vinrent à l'aide. Sous Numa, Rome fut rapidement plus qu'à moitié étrusque; ses trois Tarquins étaient étrusques, et quand elle expulsa ses rois, elle conserva ses relations avec les Etrusques. Elle emprunta presque toutes leurs cérémonies. Sa musique, et spécialement celle qui servait dans les sacrifices, venait de l'Etrurie; ses jeunes patriciens allaient y puiser leur instruction, étudier l'art augural, et l'on a vu comment les armes lui étaient fournies par les métallurgistes de Populonia ainsi que de l'île d'Elbe. Encore sous Caton, tout était étrusque dans les maisons romaines.

Cependant divers apports lui vinrent d'autre part. Tel est d'abord le fétichisme qui existait dans les religions primitives de l'Italie. Car, pour les Sabins, par exemple, une simple lance plantée en terre devenait le dieu de la guerre. Les esprits étaient donc tout préparés à recevoir d'Enée le *Palladium* qu'il apportait dans le pays. C'était une statue de Pallas ou Minerve, haute de trois coudées, faite d'un morceau de bois et que l'on disait tombée du ciel. Toutefois, un aérolithe ligneux étant une chose par trop excentrique, il est plus logique d'admettre qu'elle fut fabriquée par ordre de Dardanus. Grande idole des Troyens, ils la conservaient précieusement, bien persuadés que le sort de leur ville se trouvait lié à son existence. En vain, pour hâter la ruine de Troie, Ulysse et Diomède allèrent de nuit la ravir dans son sanctuaire; on prétendit qu'ils n'avaient pris qu'un faux emblème. Enfin, le soin avec lequel le vrai Palladium fut sauvé par Enée est bien connu, puisque entièrement absorbé dans ses pensées de salut au sujet de ce qu'il avait de plus précieux, son fils Ascagne, son père Anchise et sa statue, il laissa sa femme Créuse se perdre dans les bois, au sortir de Troie, lors de sa retraite sur le Mont Ida. A Rome, l'objet de vénération fut conservé dans un lieu secret, connu seulement du grand prêtre et de la grande vestale.

A ce culte général se rattache naturellement celui des Lares et des Pénates domestiques, statuettes d'argile, de cire, d'ivoire, d'argent ou d'or, selon la fortune des particuliers. Ces images qui se plaçaient près du foyer, étaient la personnification de toutes les jouissances de la famille, de la patrie, et on leur sacrifiait jusqu'à des victimes humaines, coutume barbare que Brutus abolit. Suivant Pline, on ne saurait assez estimer l'obligation due aux romains pour avoir supprimé ces monstruosités dans lesquelles tuer un homme était faire un acte de religion; mais en cela, n'oubliait-il pas la compensation rapportée par les gladiateurs, tant publics que privés, et qui, de gré ou de force, combattaient dans l'arène, pour le plaisir du peuple, sous les noms d'Andabates, Bestiaires, Dimachères, Essédaires, Hoplomaques, Méridiens, Mirmillions, Provocateurs, Rétiaires, Samnites, Sécuteurs et Thraces, suivant la manière plus ou moins divertissante avec laquelle ils étaient obligés de marcher à la mort? Encore devaient-ils avoir soin de tomber d'une façon élégante pour que les convulsions de leur agonie ne fussent pas huées par les Vestales, par les Sénateurs et les Chevaliers. Dans l'état actuel, le tronc d'arbre des Lapons, les bâtons plantés en terre et au bout desquels les Arabes attachent les loques de leurs burnous, enfin, le petit cri-cri qui porte bonheur à la maison de nos campagnards, sont des équivalents des fétiches de la superstition romaine.

En s'élevant à un ordre plus transcendant, on rencontre les dieux cabires qu'Enée fit connaître à l'Italie qui institua de nombreuses fêtes en leur honneur, et par conséquent la magie dut ne pas être négligée. Déjà les Grecs étaient possédés non de l'amour, mais de la rage de cette science; aussi, l'on en trouve des traces jusque dans les lois des Douze Tables ou autres monuments de Rome. Elle s'allia à l'astrologie comme à la médecine, et mettait en usage, pour ses incantations, les choses les plus étranges: l'eau, les boules, l'air, les étoiles, les lampes, les bassins, les haches, les entrailles de la taupe, les cendres de la tête d'un chien mort de la rage, le foie sec du lézard, la cendre de la crotte de rat, les vers de terre bouillis dans l'huile, les dents de couleuvre, les baisers donnés sur le museau d'une mule, la rate des chiens, le cœur des huppes, la belette sauvage mangée tout entière, une araignée appliquée sans qu'on en ait prononcé le nom, la cervelle du hibou, enfin, une quantité de pierres précieuses ou autres dont nous avons déjà parlé.

Pline, liv. xxx, entre dans de curieux détails au sujet de ces pratiques et de l'aveugle crédulité des Romains. Il insiste, en particulier, sur celle de Néron qui, afin de commander aux dieux, aurait voulu être magicien. « Jamais, dit-il, personne ne prodigua plus d'encouragements à un art. Pour cela, rien ne lui manquait, ni richesses, ni pouvoir, ni intelligence pour apprendre, dans un naturel qui fatigua le monde...... Quant au reste, il lui était loisible de choisir les jours convenables, facile d'avoir des brebis complètement noires, agréable même d'immoler des hommes..... C'est une preuve indubitable de la fausseté de cet art que Néron y ait renoncé..... »

Cependant, à côté des Cabires et de la magie, où le mauvais côté des mines s'allie avec la crédulité banale, on voit aussi les vrais métallurgistes acquérir une certaine prépondérance. Le troisième collège établi par Numa, si toutefois ce roi a existé, fut composé des fondeurs de cuivre, fait antique qui démontre que ce métal était employé du temps de la création de Rome, tandis que le fer paraît ne s'y être introduit, largement, que quelques siècles après avoir été connu des Etrusques. Lors du rétablissement de Tarquin le Superbe, exilé en 508 avant J.-C., Porsenna, roi d'Etrurie, ne laissa, aux Romains, du fer que pour l'agriculture, en leur faisant promettre de renoncer à la guerre, soit au brigandage, pour nous servir de termes plus appropriés à l'espèce. Eh bien! à ce détail déjà intéressant par lui-même, il faut en ajouter un autre beaucoup plus essentiel dans l'histoire des métaux. En effet, 389 ans avant J.-C., un ambassadeur romain fut envoyé comme conciliateur entre les Etrusques de Clusium et de nouveaux envahisseurs, les Gaulois Senones. Au lieu de remplir sa mission, il viola le droit des gens à l'égard de ces derniers, que, dans son indignation, leur chef Brennus conduisit contre Rome dont il extermina l'armée à la bataille de l'Allia; ensuite, il incendia la ville et se retira après rançon.

Or, Plutarque, saisissant l'occasion de dépeindre la manière de combattre des Gaulois, dit que « leur grande force consistait dans des épées qu'ils maniaient à la barbare, lourdement et sans dextérité, entaillant presque uniquement les têtes et les épaules. En conséquence, Camille arma la plus grande partie de ses soldats de casques de fer poli sur lesquels les glaives des Gaulois ne pouvaient manquer de glisser ou de se rompre. » Plus loin, l'historien ajoute que « les armes des barbares dont les lames de fer non trempé étaient minces et aplaties, pliaient aisément et se courbaient en deux sur l'armure romaine. » Que conclure de là, sinon que les Gaulois n'employaient pas couramment l'acier à cette époque. Quant à la lourdeur de leurs coups, on doit croire que les Romains eurent lieu de se livrer à des appréciations convenables, puisque, selon Polybe, pendant 89 ans, ils n'osèrent entreprendre aucune guerre contre ces adversaires dont ils avaient éprouvé la force.

Enfin, on me persuadera difficilement, qu'en présence des Gaulois, Camille, tout dictateur qu'il était, ait eu le temps et les facilités nécessaires pour faire confectionner les casques si lisses dont il est question. Mais ensuite, les Romains adaptèrent le fer et l'acier de la façon la plus large à tous leurs besoins, et s'en servirent même pour l'exploitation des mines, trois siècles avant J.-C. Au surplus, ils avaient en grande estime le métal de la Norique dont nous avons décrit le traitement. Déjà 300 ans avant J.-C., il était célébré par les poëtes. Il en fut de même à l'égard des produits celtibériques et celtiques qui étaient probablement plus aciéreux que les autres.

L'invasion des Sénones n'eut pas seulement pour résultat la destruction, par l'incendie, des plus anciens monuments de Rome; il fallut se résigner à leur payer les frais de la guerre, c'est-à-dire à leur donner des vivres, des moyens de transport pour se retirer avec leur butin, et acheter la paix au prix de 1000 livres pesant d'or, aggravés du poids que l'épée de Brennus jeta dans la balance. Ce fut tout ce que l'on put trouver dans la ville, tandis que les Gaulois, grâce à leurs mines, étaient assez abondamment pourvus pour être dans l'usage d'en porter sur eux dans les combats. La preuve se déduit de l'histoire de Manlius qui, en 364 avant J.-C., tua un Gaulois gigantesque et lui arracha son collier d'or *(torques)*, d'où lui vint son surnom de Torquatus. Quant à Camille, au mépris de la foi jurée, il tomba à l'improviste sur l'arrière-garde des Gaulois, il leur fit dresser des embûches sur toute la route par les Latins et les Etrusques, sans pouvoir cependant les empêcher de rejoindre, en très-grande partie, les rives de l'Adriatique et du Pô, chargés des dépouilles de Rome. Ensuite, Camille put se donner la satisfaction des honneurs d'un triomphe où il figura émaillé en rouge des pieds à la tête, avec du minium, découvert par l'Athénien Callias. De leur côté, les Etrusques, ainsi que les Samnites, eurent à se repentir de leur conduite. Ne tardant pas à ressentir les effets du joug tyrannique des Romains, ils appelèrent au secours et à diverses reprises, ces mêmes Gaulois qu'ils avaient aidé à pourchasser; mais le moment favorable de reconquérir leur liberté était passé.

Du temps de Pyrrhus, Rome n'avait point de monnaie d'argent. Elle n'y fut frappée que 5 ans avant la première guerre punique, et pourtant, d'après Pline, le peuple romain n'imposait aux nations que des tributs en argent et jamais en or. Ainsi, Carthage, après la défaite d'Annibal, dut payer 16 mille livres pesant d'argent pendant 58 ans; soit en tout, 800 mille livres, mais point d'or. Les idées changèrent promptement à cet égard, car déjà Sylla rapportait à Rome, comme fruit de ses conquêtes, 28000 livres d'or et 121000 livres d'argent. César étant édile donna des jeux funèbres en l'honneur de son père et n'admit que l'argent pour le service de l'arène.

Ce fut la première fois que les gladiateurs ou condamnés aux
bêtes combattirent avec des armes d'argent. D'ailleurs, lors
de son entrée dans Rome, pendant la guerre civile qui porta
son nom, il tira du trésor public 15 mille livres en lingots d'or,
35 mille en lingots d'argent et un numéraire de 40 millions
de sesterces. A son tour, Caligula fit paraître dans le cirque un échafaud chargé de 124 mille livres pesant d'argent.
Enfin, au dire de Pline, les Romains de son temps, jusqu'aux
esclaves, entouraient d'or le fer de leurs bagues; d'autres
même les portaient d'or pur, et cet abus vint de la Samothrace. Alors aussi il s'écriait : « Aujourd'hui nous nous pro-
curons à grands frais des mets qui nous serons volés et ceux
qui nous les voleront. Ce n'est plus même assez de mettre
les clefs sous cachet : on dérobe l'anneau d'un homme en-
dormi ou mourant. »

A côté des accumulations successives de ces richesses, il
est très-intéressant d'observer les avantages qui en résultaient
pour ceux qui les procuraient à la République.

La guerre sociale et tous ses désastres commença par l'ini-
mitié de Cæpion et Drusus qui se disputèrent une bague dans
une enchère. Le premier fut envoyé en Gaule contre les Cimbres, prit Toulouse, pilla les trésors renfermés dans un temple, et ayant été battu, il fut condamné à l'exil où il mourut
misérablement. De là vient le proverbe : *C'est de l'or de Toulouse, il lui coûtera cher*, en latin : *aurum habet tolosanum.* — Le
fils du Paul Emile qui avait spolié la Macédoine, P. Cor. Scipion
Emilien, élève de Polybe, par conséquent citoyen déjà adouci
par l'influence grecque, fut chargé de la destruction de Nu-
mance et de Carthage. De la première, il fit un monceau de
ruines et vendit ceux des citoyens qui ne s'étaient pas en-
tre-tués. Et après le sac de la dernière auquel il assistait avec
un indicible plaisir, il envoya au trésor de Rome toutes les richesses qui ne furent pas enlevées par les soldats. Surnommé

l'*Africain* et le *Numantin*, on le trouva mort dans son lit, le lendemain d'une ovation du Sénat, et il fut enterré couvert d'un voile, contrairement à l'usage. C'est qu'il avait été étranglé par Caius Gracchus son parent, ou empoisonné par sa femme Sempronia. *Suspecta fuit tanquam ei venenum dedisset Sempronia uxor* (Tite-Live). Aucune enquête ne fut faite sur cet assassinat:

> On n'osa trop approfondir
> Du tigre, ni de l'ours, ni des autres puissances
> Les moins pardonnables offenses.

Aquilius, connu par sa cupidité, accusé de concussion, fut capturé par Mithridate qui le fit périr au milieu des tortures. — Scaurus dont la vénalité égalait les talents, pauvre d'abord, se laissa séduire en temps utile par Jugurtha. « Cette fois, dit Salluste, la somme fut si forte qu'elle l'emporta. » Il reçut encore d'autres sommes de Mithridate et s'enrichit si bien qu'ayant fait transporter dans sa maison de Tusculum ce que ne réclamait pas son luxe ordinaire, ses esclaves incendièrent celle-ci par vengeance. La perte pour Scaurus fut 21 millions de francs. — Sylla, fit tuer treize généraux du parti de Marius, égorgea dans le cirque 7000 soldats, mit à mort 5000 citoyens, livra Catulus aux bourreaux qui lui arrachèrent les yeux, la langue, les oreilles, et lui rompirent les membres à coups de massue. Après avoir inondé Rome de sang, dépeuplé la ville par ses proscriptions, et rançonné Mithridate, roi du Pont, il prit le surnom d'*Heureux* pour mourir de la maladie pédiculaire. En termes plus clairs, des poux s'engendrèrent entre son cuir et sa chair, par suite de l'épuisement résultat de ses débauches. — M.-L. Crassus, surnommé le *Riche*, propriétaire de mines, poussé par la soif de l'or, à l'âge de soixante ans, alla attaquer les Parthes qui étaient en paix avec les Romains. Il vit périr son fils dans le combat. A son tour, il eut la tête coupée, et Orode lui fit couler de l'or fondu dans la bouche en disant: « Rassasie-toi donc enfin de ce métal dont tu as été si affamé. » — L.-L.

Lucullus soumit le Pont et vainquit Tigrane, roi d'Arménie. Devenu très-riche, il passa le reste de ses jours dans un luxe jusqu'alors sans exemple et mourut fou à l'âge de soixante-sept ans. — Verrès se signala en Asie par ses déprédations et ses débauches. Il écrasa la Sicile d'impôts exorbitants, et exerça, en outre, toutes sortes de cruautés pour dépouiller les habitants de leurs statues, tableaux et autres objets précieux. Proscrit par Marc Antoine, pour avoir refusé de lui céder deux vases de Corinthe, il subit le sort réservé à tous ces condamnés. — Marc Antoine, autre héros de la même trempe, amant de Cléopâtre, se perça de son épée. — Pompée poussa ses conquêtes jusqu'à la mer Rouge, recueillit d'immenses trésors. Outre les richesses de l'Orient qu'il étala aux yeux des Romains éblouis, il fit marcher devant son char de triomphe 324 rois, princes et généraux prisonniers. Son portrait fut fait avec des perles. Surnommé le *Grand*, ses centurions lui coupèrent la tête qui fut remise à César. — César, portant la guerre dans la Galice et la Lusitanie, ne négligea pas ses intérêts particuliers. Il s'empara, par des contributions violentes, de tout l'argent de ces provinces, et fut bientôt assez riche pour payer ses dettes qui s'élevaient à 38 millions de notre monnaie. Il opéra de même dans les Gaules, se servant des armes romaines pour piller l'or des Gaulois, et de l'or des Gaulois pour asservir les Romains. Bien plus, il fit couper les mains aux prisonniers qu'il renvoyait chez eux, et étrangler le chef Vercingétorix qui s'était dévoué pour ses concitoyens. En somme, sa conduite parut si révoltante qu'en plein Sénat on s'écria un jour qu'il fallait le livrer aux barbares. Cependant, César fut nommé Dictateur perpétuel et *Imperator* ; il pouvait ensuite passer à l'état d'*Augustus,* puis de *Divus,* ce qui lui aurait valu des autels ; mais son avancement fut arrêté par trente-trois coups de poignard, au sujet desquels il témoigna son étonnement : *Tu quoque Brute!*

Que ces primats aient travaillé pour leur propre compte ou bien pour celui de la République, les aperçus succincts qui viennent d'être énoncés donnent des Romains une idée qui autorise à placer leur race dans une classe analogue à celle des oiseaux qu'en ornithologie nous désignons sous le nom de *Rapaces*. Cette conclusion était d'ailleurs facile à prévoir, puisqu'à leur origine issue d'un noyau de bandits s'est jointe une éducation qui ne fit qu'entretenir en eux le feu sacré. Du reste, à côté des héros précédents, il faudrait ranger toute une file de subalternes, comprenant la famille des *Demi-Rapaces*; mais leur histoire ne pouvant rien nous apprendre de plus au sujet du système d'exploitation des Romains, je reviens à Lucullus pour expliquer qu'indépendamment de la connaissance qu'il avait des métaux précieux, il fut, dans son genre, un amateur distingué de la minéralogie.

On lui doit l'introduction du marbre *luculléen* dont le charme résultait de son noir dépourvu des taches et des couleurs qui recommandent les autres. Il se trouvait dans l'île de Chio. Généralement, les marbres dits noirs sont gris ou brunâtres; mais celui-ci était d'un noir parfait. D'après mes recherches, faites sur des roches du même genre, cette nuance provient souvent de l'intime dissémination d'un carbone très-divisé, tandis que, d'ordinaire, elles sont simplement chargées de bitumes, substances qu'un acide fait aisément ressortir. En effet, sous son influence et par suite de la viscosité propre à ces corps d'un caractère plus ou moins huileux, il se produit une effervescence à grosses bulles que de simples pulvicules sont incapables de faire naitre.

Au surplus, les Romains furent habituellement de grands collecteurs de pierres qu'ils savaient découvrir de tous côtés. Les granites, les syénites, les porphyres rouges ou verts, les diorites, les éclogites, les serpentines de tous les genres, les trachytes, les basaltes, les marbres les plus variés, les cal-

caires; les albâtres durs ou tendres, les obsidiennes, tout entrait dans l'ornementation de leurs palais, soit comme carre-
lages, placages, colonnades, soit comme mosaïques. Les gemmes, les agates, les onyx, servaient à la confection de leurs
vases, de leurs bijoux et de précieux camées.

Le cristal de roche était creusé en aiguières de formes et
de dimensions admirables, et de plus, sa qualité réfrigérante
le faisait appliquer sur le bras des fauteuils pour rafraîchir
la paume de la main des efféminés personnages. A cet égard,
M. P. Saint-Olive me fait connaître un curieux passage de
Properce qui, trompé par Cynthie, veut l'abandonner et lui
reproche ses mille fantaisies ruineuses. Elle exige des éven-
tails en plumes de paon et des boules de matière dure afin
de se maintenir les mains fraîches :

Et modò pavonis caudæ flabella superbæ,
Et manibus durâ frigus habere pilâ. (II, 24. 11).

Quoique le poëte ne nomme pas le cristal, on peut conjecturer, sans crainte d'erreur, que cette matière dure qui cause
aux mains une sensation de froid, doit être celle à laquelle
Pline donne une forme hexagonale en la signalant comme
étant *caloris impatiens*, XXXVII, 9. Au reste, la mode de tenir
certains objets n'était pas limitée au cristal : ainsi, les élégantes portaient et maniaient des fragments de succin. La
chaleur naturelle de la main vaporisant cette résine minérale,
les dames répandaient autour d'elles un agréable parfum. C'est
cet usage féminin auquel Martial fait allusion dans les passages suivants :

Succinea virgineâ regelata manu. (XI, 8.)
Succinorum rapta de manu gleba. (V. 37).

L'or et l'argent rendus trop communs étaient passés de
mode; on s'en dégoûta, et comme le dit Pline, « on a extrait
de la terre les vases de cristal de roche, les vases murrhins
dont la fragilité même fait le prix. Ce fut une preuve d'opulence et la vraie gloire du luxe de posséder ce qui pouvait

périr tout entier dans un moment. » De son côté, Martial re-
prochait à Candidus d'avoir des vases murrhins que personne
ne pouvait se vanter d'avoir ; par contre, il était l'époux
d'une femme que le public partageait avec lui. Néron en dé-
pouillait les héritiers ; il consacrait aussi à leur achat des sommes énormes, et par la suite, Héliogabale, autre amateur
de pierres, renchérit sur son prédécesseur. Un homme consulaire, possesseur d'une coupe de la capacité de 1 litre 62 centil.
portée au prix de 344,400 fr., s'en était tellement épris qu'il
en rongea le bord ; ce dommage ne fit qu'en augmenter le prix,
et la quantité de ces objets qu'il laissa fut si grande que Néron
en remplit le théâtre particulier qu'il avait fait monter dans
ses jardins, au-delà du Tibre. A cette époque, on conservait
les débris d'une coupe murrhine, renfermés précieusement
dans un coffre, et, pour exciter la douleur publique, on les
exhibait avec le même respect que s'il se fut agi du corps
d'Alexandre. Enfin, Pétronius, consulaire, étant sur le point
de mourir, après s'être ouvert les veines, fit briser un vase
murrhin qui lui avait coûté 1,476,000 francs.

C'était l'Orient et principalement le pays des Parthes qui
fournissaient les vases murrhins ; les plus beaux venaient de
la Caramanie. La victoire remportée sur Mithridate les introduisit à Rome, et Pompée fut le premier qui en dédia à Jupiter Capitolin.

Que sont ces murrhins ? M. Rosière qui chercha la solution
de ce problème, pense que la matière était le spath fluor ;
mais, par suite de ses recherches, notre savant antiquaire
M. P. Saint-Olive, fut conduit à énoncer une opinion différente, dans un intéressant mémoire, lu à la Société d'Archéologie de Lyon. Il se base sur les détails suivants : Les blocs
se prêtaient, tout au plus, à la confection d'objets de la grandeur
de petits guéridons. On en faisait des tablettes aussi bien
que des vases dont l'éclat produit par le poli était plus remarquable que leur transparence. Une épigramme de Martial

prouve qu'ils étaient simplement translucides : « Nous buvons dans du verre, et toi, Ponticus, dans une coupe de murrhin. Pourquoi cela? C'est qu'une coupe transparente permettrait de voir que l'on te sert un vin meilleur que celui de tes convives. » La matière prenait une grande valeur par la variété des couleurs, lorsqu'elles se présentaient en taches successives et contournées, mélangées de pourpre, de blanc, et d'une troisième zone, couleur de feu, qui faisait la transition entre les deux autres. Cependant, la nuance la plus estimée était celle du rouge sombre, du rouge de sang coagulé. Certains amateurs aimaient les extrémités dans lesquelles les teintes étaient liées entre elles comme dans l'arc-en-ciel. D'autres estimaient les taches opaques et les apparences de verrues qui se manifestaient à la surface de la substance. Enfin, l'odeur de la pierre était agréable, et l'on peut croire que le murrhin reçut ses noms *murrhinus, murrheus, myrrhinus* et *myrrheus*, parce qu'il exhalait un parfum semblable à celui de la myrrhe, résine odoriférante dont on parfumait quelquefois le vin.

En définitive, d'après les couleurs, la substance peut être rapprochée de l'agate-onyx, du marbre-onyx, du spath fluor et de certains albâtres gypseux. Cependant, le fait de la possibilité d'être entamés par la dent fait éliminer de suite les agates, comme les silicates en général, ainsi que le spath fluor qui, non-seulement est assez dur pour rayer la chaux carbonatée, et, de plus, trop dur pour la dent. Restent donc la chaux carbonatée et le gypse que l'ongle suffit pour rayer. Tous deux possèdent un grain souvent très-fin, acquièrent un beau poli, sont souvent translucides, peuvent prendre de belles couleurs, et le gypse, en particulier, est parfois d'un rouge très-vif. On pourrait donc accepter une variété accidentelle de celui-ci comme étant la matière cherchée, si d'ailleurs M. Saint-Olive n'avait pas rapporté de Rome un fragment de plaque calcaire, remplissant d'autant plus parfaitement toutes les conditions du programme, qu'il montre une tache dont le tissu est semblable à celui d'une verrue.

Il est vrai que l'odeur agréable lui manque; mais on connaît actuellement mieux qu'autrefois le rôle des matières colorantes et odorantes contenues dans les pierres. Certaines espèces ou variétés ne sont pas absolument dépourvues de senteurs. Chez quelques-unes, elles se manifestent par la friction, par l'échauffement ou par la simple insufflation, et la qualité de l'émanation est variée. Celle de la myrrhe perce quelquefois, et tel est le cas, d'après Pline, pour la pierre dont il dit: *Autachates, cum uritur, myrrham redolens* (XXXVII, 54). Allant plus loin, au milieu de son interminable catalogue, on voit ce naturaliste citer la *myrsinitès* qui a la couleur du miel gris, le parfum du myrthe, et l'*aromatitis* de l'Arabie et de l'Egypte, dont la couleur et l'odeur sont celles de la myrrhe, ce qui la fait rechercher par les Reines. Parmi nos anciens minéralogistes, je vois aussi Lédélius faire mention d'un minéral provenant des environs des bains de Hirseberg, auquel il donnait les noms de *pierre de violette* ou d'*Iolite*. Elle est grise, laminaire, brillante de points argentés. Son arôme varie de temps en temps, et il embaume les boîtes où l'on serre les échantillons. N'étant pas couverte d'usnée ou de mousse, la substance jouit de sa propriété par elle-même. Enfin, M. Héricart de Thury a constaté que la baryte sulfatée du filon de Brandes, en Oisans, est surchargée d'une matière fétide au point que les mineurs sont incapables d'en supporter les exhalaisons dans les galeries où il n'y a pas un double courant d'air. D'ailleurs, dans les déblais, le minéral conserve pendant longtemps sa faculté infectante, bien qu'elle aille en faiblissant, tandis qu'elle reste avec toute son énergie tant que l'espèce demeure dans son gîte primitif.

D'un autre côté, les singulières propriétés du caméléon organico-minéral dont j'ai fait la découverte dans les argiles de Vichy en même temps que dans celles d'Oum-Theboul

(Algérie), expliquent très-bien des colorations que souvent d'assez minimes influences suffisent pour modifier de diverses manières. Et si l'on ajoute à ces données le fait de l'évaporation plus ou moins facile de ces corps à la fois tinctoriaux et odorants, qui ne sont en aucune façon combinés avec la substance de la pierre, mais simplement disséminés dans ses pores, comme l'a démontré M. Brewster, par une très-belle et très-nombreuse série d'observations microscopiques, on arrive à concevoir pourquoi M. Saint-Olive a pu trouver à Rome un murrhin inodore. Sans doute, le problème ne se trouve pas complètement résolu par ces rapprochements; mais il n'en est pas moins à souhaiter que la solution de celui du diamant avec lequel on fabriquait des faux, des chaînes, des socs de charrues, soit aussi avancée. Selon toute apparence, un linguiste tranchera cette autre difficulté.

Il reste à rappeler que l'on a voulu considérer la matière murrhine comme étant de la porcelaine de Chine, et les partisans de cette opinion ont pu se baser non-seulement sur la découverte de la véritable porcelaine dans les tombeaux égyptiens, mais encore sur un vers de Properce :

Murrheaque in Parthis pocula cocta focis.

Cette épithète de *picta* semble indiquer une opération industrielle; mais, d'un côté, ces objets ne pouvaient pas avoir l'odeur et le peu de dureté de la substance, et, d'autre part, Pline nous apprend que l'on fabriquait des faux murrhins avec des verres colorés des nuances qui les distinguent. D'ailleurs, il était tellement persuadé de l'origine naturelle de la substance, qu'il dit dans un autre passage: « Nous retirons des mêmes terrains le murrhin et le cristal de roche. » Pour moi, j'admets qu'un temps viendra où l'on trouvera, dans la Caramanie, le cristal incolore, l'améthiste purpurescente avec la chaux carbonatée pourprée, veinée de blanc et de la couleur du feu, car toutes ces matières minérales peuvent se trouver parfaitement associées ensemble dans un seul et même filon.

Au surplus, la Rome actuelle, bien que grandement diffé-rente de l'ancienne, n'a pas perdu complètement le goût de la pierre, si bien caractérisé chez ses fondateurs. En effet, tandis que la Toscane, héritière des aptitudes de l'Etrurie, s'appli-quait à la confection de ses mosaïques, complètement diffé-rentes de celles de Rome, ici fut créé, en 1585, par Mercati, d'après un décret de Sixte-Quint, la *Métallotèque du Vatican*. Elle fut la première de ces collections minéralogiques qui, successivement, jetèrent tant de lumières sur la constitution du globe et amenèrent les progrès de la physique et de la chimie en leur fournissant les éléments de leurs travaux.

Cependant, de cette idée si libérale, il ne faudrait pas con-clure que les anciens Romains se montrèrent favorables à l'in-dustrie minière. On a vu que, pendant longtemps, ils se sont procuré les métaux par des moyens violents. Ce système d'ex-torsion ne pouvait pas être d'un effet durable, car les cités, les pays épuisés étaient mis dans l'impossibilité de subvenir aux besoins d'une insatiable cupidité. Il fallut donc chercher d'au-tres ressources. L'industrie agricole, épargnée tant que la spo-liation donna des produits satisfaisants, eut son tour. Elle fut accablée d'impôts variés, et leurs collecteurs, non moins avides que les voleurs en armes, amenèrent les choses à un point de perfection tel qu'il fallut renoncer à la culture. L'esprit humain s'abâtardit donc rapidement sous la funeste influence de la cen-tralisation romaine. Dans son déclin, l'ignorance, compagne de la misère, devint si profonde, que Virgile dont l'âme douce nous apparaît comme une suave fleur au milieu des ronces et des épines, Virgile l'agriculteur, le père des Géorgiques, tourna à l'état de magicien et de grand-maître de sorcellerie. Enfin, la dépopulation, conséquence de tant de maux, facilita l'in-vasion des hordes barbares de l'Asie et de la Germanie qui trouvèrent partout de l'espace pour s'établir.

Pendant cette immense décadence, les mines pouvaient en-core offrir des ressources pour la sustentation de la décrépitude romaine. Or, à l'époque de la vigueur de ce gouvernement, un antique sénatus-consulte avait défendu aux mineurs d'attaquer l'Italie. « Sans cette loi, dit Pline, aucune terre ne serait plus productive en métaux, » et l'on a vu les effets du décret à l'égard de l'Etrurie. Toutefois, ce système d'extinction dut cesser dès que sa puissance se fut affermie et surtout à mesure de l'accroissement des difficultés que présentaient les conquêtes et le pillage de pays nécessairement de plus en plus éloignés; mais, toujours fidèles à leurs principes politiques, les Romains exploitèrent de préférence des contrées assez distantes de leur centre pour ne pas laisser craindre les effets trop immédiats des révoltes. Interdisant d'ailleurs le travail aux peuples vaincus, ils employaient des mineurs réduits à l'esclavage. C'est ainsi qu'ils se tournèrent du côté de la Dalmatie où, sous le règne de Néron, une veine aurifère fournissait, par jour, 50 liv. de métal. Leurs autres stations furent la Gaule, la Bretagne, la Pannonie, la Macédoine, l'Hèbre dans la Thrace, la Grèce, Thasos, Chypre, le Pactole dans l'Asie-Mineure, le Gange dans l'Inde, l'Egypte et surtout l'Espagne dont les Phéniciens et les Carthaginois leur avaient montré le chemin.

Pline explique leurs divers genres d'exploitation de l'or pour ce dernier pays. Indépendamment du lavage dans les rivières, il mentionne le travail effectué par des puits nommés *canalicium* que l'on fonçait dans le marbre où l'or se montrait dans des veinules. On suivait celles-ci par le moyen de galeries, en rompant les barrières de silex avec le feu et le vinaigre. Le produit était lavé, brûlé ou grillé, et fondu. La troisième méthode surpassait les travaux des Géants, et elle rappelle trop bien quelques-unes des opérations de la Californie pour ne pas exiger un certain détail.

« A l'aide de galeries conduites à de longues distances, dit l'historien, on creuse les monts à la lueur des lampes dont la durée sert de mesure au travail, et de plusieurs mois on ne voit pas le jour. Ces mines se nomment *arugies*.

Souvent, il se forme tout à coup des crevasses, des éboulements qui ensevelissent les ouvriers...... En conséquence, on laisse des voûtes nombreuses pour soutenir les montagnes. Les barrières de silex sont brisées de la même manière que celles des filons, avec le feu et le vinaigre. Mais comme dans les souterrains, la vapeur et la fumée suffoqueraient les mineurs, ils prennent souvent le parti de casser la roche à l'aide de machines armées de 150 livres de fer; puis, ils enlèvent les fragments sur les épaules, jour et nuit, se les passant de proche en proche à travers les ténèbres. Les mineurs placés à l'entrée sont les seuls qui voient le jour. Si le silex paraît avoir trop d'épaisseur, le mineur en suit le flanc et il le tourne. »

« Toutefois, le silex n'est pas l'obstacle le plus difficile. Il est une terre, *espèce d'argile, mêlée de gravier* (on la nomme terre blanche), qu'il est presque impossible d'entamer. On l'attaque avec des coins de fer et avec les mêmes maillets que précédemment. Rien au monde n'est plus dur ; mais la soif de l'or est plus dure encore et en vient à bout. L'opération faite, on attaque en dernier lieu les piliers des voûtes. L'éboulement s'annonce, et celui-là seul qui s'en aperçoit est le veilleur placé au sommet de la montagne. De la voix et du geste, il appelle les travailleurs et fait lui-même la retraite. La montagne brisée tombe au loin avec un fracas que l'imagination ne peut concevoir et un souffle d'air d'une force incroyable. Les mineurs victorieux contemplent cette ruine. Cependant, il n'y a pas encore d'or; on n'a pas même su s'il y en avait quand on s'est mis à fouiller, et pour tant de périls et de dépenses, il a suffi d'espérer ce qu'on désire. »

Cette partie des explications de Pline fait ressortir avec netteté, les diverses phases de l'opération, l'emploi du feu avec son vinaigre admis par les anciens, de lourds maillets, des coins de fer, un mode de transport jusqu'alors très-primitif, l'aérage imparfait, et un travail continu, poussé jusqu'au point de déterminer l'éboulement de la montagne, le tout étant mis en action ou opéré par des hommes qui devaient être emprisonnés sous terre, puisqu'ils ne voyaient pas le jour pendant plusieurs mois. Malheureusement, la roche dans laquelle l'or est masqué de façon que l'on en ignorait la présence au moment du début des fouilles, cette roche, dis-je, n'est pas décrite avec l'exactitude apportée pour l'exploitation par le *canalicium*. Voyons donc si quelque jour ne sera pas jeté sur cette question par la partie suivante où il s'agit des lavages.

« Un autre travail égal et même plus dispendieux est d'amener du sommet des montagnes, et la plupart du temps, d'une distance de 100 milles, les fleuves pour laver ces débris éboulés. On appelle ces canaux *corruges*, du mot *corrivatio*. Là encore, il y a mille travaux. Il faut que la pente soit rapide, afin que l'eau se précipite plutôt qu'elle ne coule ; aussi l'amène-t-on des points les plus élevés. A l'aide d'aqueducs, on passe les vallées et les intervalles. Ailleurs, on traverse les rochers inaccessibles et on les force à recevoir de grosses poutres. Celui qui perce ces rochers est suspendu par des cordes, de sorte qu'en voyant de loin ce travail, on croit avoir sous les yeux des bêtes sauvages, que dis-je ? des oiseaux d'une nouvelle espèce. Ces hommes, presque toujours suspendus, sont employés à niveler la pente et ils tracent l'alignement que doit suivre le corruge. »

« Le lavage étant imparfait quand l'eau affluente charrie de la boue, on s'en débarrasse en faisant passer le liquide au travers de pierres siliceuses et de graviers. A la prise d'eau, sur le front sourcilleux des montagnes, on creuse des réservoirs de 200 pieds de long sur autant de large, avec 10 de profondeur, et munis de cinq ouvertures d'environ 5 pieds carrés. Le réservoir étant rempli, on ôte les bondes et le torrent s'élance avec une violence telle qu'il entraîne des quartiers de roc. »

« En plaine est un autre travail. On creuse des canaux qu'on nomme *agoges* pour le passage de l'eau. Leurs côtés sont gar-

nis de planches, et s'il y a un ravin à franchir, le canal est
soutenu en l'air. De distance en distance, le courant est ra-
lenti par une couche d'*ulex*, végétal semblable au romarin
épineux et propre à retenir l'or; enfin, la terre conduite de
cette sorte arrive jusqu'à la mer dont elle recule au loin les
rivages. »

« L'or obtenu par l'*arugie* n'a pas besoin d'être fondu; on en
trouve des blocs. Les excavations en fournissent même qui
dépassent 10 livres, et que les Espagnols appellent des *pala-
cres* ou *palacranes*. L'or en très-petits grains est désigné sous
le nom de *baluces*. On fait d'ailleurs sécher l'ulex pour le brûler et laver la cendre sur un lit d'herbe où l'or se dépose. »

Eh bien! si l'on se reporte aux intéressantes études de MM.
Simonin et Laur sur les opérations de la Californie, on y verra
pareillement d'immenses travaux de dérivation pour amener
les rivières jusqu'aux exploitations des dépôts aurifères que
l'on fait ébouler à l'aide de puissants jets-d'eau, et le tout
est ensuite lavé d'après une *méthode hydraulique* dont le
principe est d'ailleurs fort simple. Mais en Amérique, il s'agit
d'alluvions faciles à désagréger, tandis que les expressions
de Pline laissent croire qu'en Espagne l'or est inclus dans de
véritables roches, circonstance qui rend presque incompréhensible le système dont il parle. Partant des *graviers*, je suppose
que les gîtes espagnols sont aussi des alluvions, mais probablement plus ou moins *bétonnés* par des infiltrations calcaires,
comme cela arrive pour nos conglomérats lyonnais. Du moins,
de cette manière, on s'explique facilement la désagrégation par
éboulement, la découverte des blocs d'or ainsi que tout le travail subséquent. Enfin, dans le même ordre d'idées, les barrières
de silex que les mineurs sont obligés d'attaquer par le feu, par
les maillets ou bien de contourner, ne sont que de simples
masses erratiques, détachées des filons originairement contenus dans le marbre, et jetés pêle-mêle avec l'or, le sable, les

galets, par les grandes débâcles qui constituèrent les amoncellements exploitables.

Au surplus, Pline ajoute, d'après certains renseignements,
que « l'Asturie, la Galice et la Lusitanie fournissaient, de cette
façon, par an, 20000 livres pesant d'or, et que dans cette production, l'Asturie est pour la portion la plus considérable. Il n'y
a nulle part ailleurs un exemple de fécondité pareille, continuée
pendant tant de siècles. » Ceci étant admis, on lui concèdera
sans trop de difficulté que, « pour les mines d'or, d'argent, de
cuivre et de fer, l'Italie ne le cédait à aucun pays tant qu'il
fut permis de les exploiter ; 'mais, qu'immédiatement après,
venait l'Espagne, qui donnait en abondance des métaux de
tout genre. Elle l'emporte d'ailleurs sur la Gaule par l'ardeur
au travail, par ses esclaves robustes, par la force infatigable
des hommes, par leur caractère résolu. » Il faut, en effet, du
cœur pour s'exposer à de pareils éboulements ; cependant, je
dois ajouter qu'ayant été visiter, avec M. Duval, les montagnards de la Drôme, en 1848, lorsqu'ils travaillaient à la
curieuse route du Vercors par les Goulets, je trouvai ces Gaulois pareillement suspendus contre la paroi verticale d'un
précipice, à 150^m au-dessus du torrent où ils faisaient jouer
la mine pour s'installer dans le rocher, et, malgré cette position périlleuse, ils étaient aussi peu émus que les Espagnols
dont parle Pline. La seule demande qu'ils nous adressèrent,
séance tenante, se réduisit à leur faciliter les moyens d'obtenir un baril de cette poudre que l'on brûlait alors si inutile-
ment dans les villes pour les ovations populaires. Cette re-
quête était à la fois trop juste et trop modeste pour être
rejetée par le préfet d'alors. Ils furent bientôt satisfaits.

Les richesses minières de l'Italie ne sont pas uniquement
concentrées dans la *Catena metallifera* de l'Etrurie que désigne ainsi M. P. Savi, parce qu'elle est à la fois très-largement pourvue en métaux et jusqu'à un certain point détachée

de l'Apennin. En remontant au nord, on rencontre d'autres exploitations, spécialement argentifères, qui existaient autour de la Magra, auprès de Fivizzano, de Carrare, de Luna (Lunegiano), et ici, on est à proximité du Piémont ainsi que de la Lombardie dont les espaces planimétriques sont circonscrits par les Alpes. Dans celles-ci se succèdent les gîtes métallifères du Tyrol, des environs de Bergame, du Val Anzasca, d'Alagna, du Simplon, de la vallée d'Aoste, de Traverselle et des hauteurs de Pignerol. On en trouvera l'énumération dans un vrai modèle en ce genre, le *Catalogue raisonné* de M. V. Barelli. De mon côté, j'observe que plusieurs d'entre eux ont été évidemment attaqués dans des temps très-reculés, car plus d'une fois les galeries qui les traversent m'ont présenté les caractères d'une extrême vétusté. En outre, le travail du fer par le procédé bergamasque, si primitif, justifie largement mon énoncé; on le dirait conservé comme une relique des procédés cyclopéens. Enfin, je puis aussi citer à l'appui de ma proposition une autre preuve basée sur une loi censoriale par laquelle les Romains avaient défendu d'employer plus de 5000 ouvriers à l'exploitation des mines d'or d'Ictimules, dans le territoire de Verceil.

Cette interdiction ne peut concerner que les gîtes aurifères du Val Anzasca ou plutôt de tous les alentours du Mont Rose. Elle prouve d'abord, et une fois de plus, la précaution toute spéciale qu'avaient les Romains d'éviter les grandes associations d'hommes à proximité de leur pays, tandis qu'ils savaient si bien les agglomérer dans les régions lointaines, en Espagne ou ailleurs. En second lieu, elle fait comprendre que cette partie de la contrée était, antérieurement à leur invasion, l'objet de nombreux travaux, attendu l'impossibilité matérielle d'introduire une grande quantité de mineurs dans les excavations des filons, à moins que, préalablement, ils n'aient été largement perforés. Or, ce préambule exige un certain temps quand il s'agit de roches dures, du genre de celles qui dominent dans la contrée. Au surplus, l'état tout-à-fait rudimentaire des *molinoni* et des *molinelli*, moulins mus par les torrents pour effectuer l'amalgamation, indique le perfectionnement déjà ancien du système de bonification le plus simple de tous, usité dès l'origine, et qui se réduisait à traiter le minerai avec des moulins à bras.

Dans ces Alpes existe un curieux enchevêtrement des populations. « C'est, a dit M. Lortet, autour du Saint-Gothard, ce nœud de toutes les chaînes importantes de l'Europe, qu'on observera, en deux jours, les anastomoses de trois fleuves dont les eaux répandent la vie dans les plaines de notre continent. On peut, en deux jours, étudier les contacts des trois races dominantes, entendre les accents de trois langues qui, au profit de la civilisation chrétienne, font aujourd'hui la conquête du monde. » Dans mes propres excursions du côté italique de ces montagnes, j'ai été accueilli de la façon la plus hospitalière par le Piémontais, qui se souvient d'avoir fait partie de la *Gallia subalpina*, par le Germain, charmé d'entendre mes demandes énoncées dans son propre langage par le Français, qui y a conservé le pur accent de son pays originaire. Là aussi, dans le Val de Challant, péniblement occupé à écorner un bloc trop arrondi, j'étais observé de loin par une femme qui finit par me crier : « Vous n'en viendrez pas à bout. Attendez, je vais vous apporter un marteau plus lourd! » Aussitôt dit, aussitôt fait, et quand je l'ai eu remerciée, elle me répondit : « Eh! Monsieur, ne faut-il pas faire quelque chose pour ceux qui ont la maladie de la pierre. »

En effet! cette maladie de la pierre, existe au plus haut degré dans le pays. Nulle autre part on ne trouve des hommes plus ardents pour la travailler, soit qu'il s'agisse d'extirper les roches dont les champs sont encombrés, d'abattre les masses qui s'opposent à la circulation, et d'extraire des filons les métaux et les gangues métallifères. C'est de là que nous arrivent, dans la France méridionale surtout, ces cohortes de Briarées aux cent bras, aux cinquante têtes, qui nous aident à exploiter nos mines, à tracer nos chemins de fer, à établir les tunnels au travers de terrains souvent des plus dangereux à cause de leur tendance à l'éboulement, et à déblayer nos fleuves des rochers dont les saillies entravent la navigation. Si les temps fabuleux existaient encore, les Mangini et autres chefs seraient mis au rang des Hercules, pour avoir conduit à bonne fin les percements des voies de Saint-Etienne, de Saint-Irénée à Lyon, de la Nerthe près de Marseille, etc.

Du reste, cette aptitude spéciale, acquise dans les anciennes mines, n'est pas seulement appliquée à notre pays. Déjà de temps immémorial, ces montagnards trouèrent, à l'altitude de 2400 mètres, au-dessus des sources du Pô, le souterrain du Mont Viso dont François Ier profita pour descendre en Italie où il perdit tout, *fors l'honneur*. Sans doute, sa longueur de 72 mètres sur une largeur de 2^{m}47 et une hauteur de 2^{m}50 peut paraître insignifiante aujourd'hui que nous avons la poudre; mais il faut un commencement à toutes choses, et si l'on se reporte à l'époque, à la position dans un espace des plus scabreux, on comprendra facilement que les mineurs qui entreprirent un pareil travail n'étaient nullement des êtres à dédaigner.

La route du Simplon, commandée par Napoléon Ier, passe pour être l'entreprise la plus étonnante et la plus audacieuse conçue par le génie de l'homme. L'altitude de son point culminant, d'environ 2000^m en faisait un passage moins exhaussé qu'une foule d'autres; mais il y avait une montagne de 14 lieues à franchir, d'épouvantables précipices à combler, une vallée de rochers à attaquer et à percer pour frayer le chemin, des rampes sujettes aux avalanches à corriger ou à combattre par d'immenses travaux, des contours nombreux à éta-

blir pour adoucir les pentes, des ponts à fixer sur des abîmes.
Eh bien ! c'est ce dont nos ingénieurs français pour la partie
valaisane, et les ingénieurs piémontais pour la partie italienne,
la plus sauvage des deux, sont venus à bout de triompher en
moins de cinq années. Et si, sur le mur du bâtiment de l'octroi,
on a pu inscrire sans exagération :

Hic Bonaparte viam proprio patefecit Olympo.

la justice oblige aussi à rappeler que du côté des belles horreurs,
la large part du Piémont, abstraction faite de ses travailleurs,
est rappelée par ce peu de mots, non moins modestes que significatifs :

Ære italo, 1805.

Hélas ! en 1839, témoin oculaire d'un immense phénomène
météorologique, j'ai vu dans toute leur fraîcheur les ruines
d'une partie de ces travaux, et jamais l'image de ces destructions occasionnées par le gonflement instantané des torrents ne sortira de ma mémoire. Là, se dépeignaient de tous
côtés et sous les formes les plus émouvantes, les effets de
l'action des veines liquides devenues, pendant leurs fureurs,
des ouragans d'eau bien autrement pesants que les ouragans
d'air, et par suite, s'expliquait, pour moi, toute la sauvagerie
des effets phénomènes diluviens.

L'audacieuse activité du Piémontais ne devait pas se borner
aux travaux déjà si gigantesques qui viennent d'être détail-
lés. Depuis quelques années on avait conçu le projet d'établir,
par une vallée alpine, un chemin de fer qu'il fallait faire aboutir
au niveau de la chaîne des Grisons, afin de traverser ces
montagnes par une voie souterraine médiocrement étendue.
Mais les glaces et les neiges qui, pendant une grande partie
de l'année, rendent impraticables ces hautes vallées, rendaient aussi fort difficile le tracé du parcours. Un particulier
de Bardonnèche, M. Médail, qui, ancien employé dans une
maison de commerce de Lyon, reconnut et signala le premier
le col de Fréjus, voisin de celui de la Roue (Mons Rudis),

placé à l'est du Mont Thabor, comme étant le point convenable. Ainsi donc, malgré sa dénomination vulgaire, ce tunnel ne pouvait avoir aucun rapport avec le Mont Cenis, car, du côté savoyard, il débouchait dans la vallée de l'Arc, près de Modane, et du côté italien, il s'ouvrait dans celle de Bardonnèche. Ce projet serait resté oublié sans l'idée conçue par le roi Charles Albert d'établir un chemin de fer entre le Piémont et la Savoie. En conséquence, M. le chevalier de Sismonda, professeur à l'Université de Turin, et M. Mauss, ingénieur belge, furent chargés de procéder à des études qui, en définitive, démontrèrent le côté rationnel de l'indication de M. Médail.

D'ailleurs, M. de Sismonda, en sa qualité de géologue, étudia, avec sa sagacité bien connue, les roches à traverser, et le second soumit au gouvernement sarde, en février 1849, un projet très-développé, mais offrant des difficultés extraordinaires, et en partie si nouvelles, que l'on dut songer à des méthodes de travail encore inconnues. En effet, on n'entrevoyait rien moins qu'une galerie d'environ 13 kilomètres d'étendue, et dont il n'était pas facile d'activer l'avancement à l'aide de puits intermédiaires, attendu qu'au-dessus du percement, la crête de la montagne n'avait pas moins de 1600^m de hauteur. Tout s'accordait donc pour faire prévoir une opération très-longue, puisqu'il fallait se contenter d'attaquer la roche par les deux bouts. D'un autre côté, l'air devait se trouver bientôt vicié à cause de la respiration des ouvriers, de la combustion des lampes et de la fumée de la poudre, et pourtant, ces obstacles n'intimidèrent point le gouvernement piémontais. Il créa une commission composée des ingénieurs les plus distingués, MM. le comte Saint-Robert, Ranco, Braccio, Bella et Ménabréa.

Des machines perforatrices destinées à produire un travail plus énergique que les bras des ouvriers, établies dans des chariots avançant sur des rails, ont été imaginées et successivement perfectionnées, essayées par MM. Mauss, Colladon, Bartlett et Thémar. Le choix de la poudre ainsi que les doses néces-saires devinrent l'objet d'études très-spéciales. Un appareil pour l'aérage, destiné à envoyer au fond des travaux des quan-tités considérables d'air fortement comprimé, fut inventé par MM. Grandis, Grattoni et Sommeiller. Sorte de bélier hydrau-lique et de machine à colonne d'eau, son ensemble reçut le nom de *Presse hydraulique à air*, et combiné avec le mécanisme de Bartlett, il donna les résultats les plus satisfaisants. Pour agir comme force motrice, les cascades se trouvèrent en toute saison suffisantes dans la vallée de l'Arc. Quant à celle de Bardonnèche, on dut s'occuper de jaugeages dont le soin fut confié à M. Bella. Une dérivation du torrent de Rochemolle lui procura la quantité d'eau nécessaire. Enfin, MM. Grandis, Grattoni, Sommeiller et Ranco modifièrent quel-que peu le projet primitif de M. Mauss, en déplaçant son tunnel d'un kilomètre environ vers l'ouest, à l'altitude de 1330m, et en lui donnant, à partir de son milieu, une double inclinaison afin de faciliter l'écoulement naturel des eaux par les deux extrémi-tés. Sa longueur fut fixée à 1270 mètres, sa pente méridio-nale étant de 2 pour 1000, et sa pente septentrionale s'élevant à 23 pour 1000.

L'ouverture des travaux fut inaugurée le 31 août 1857 par une brillante cérémonie, début du percement qui, aujourd'hui, est arrivé au point de laisser espérer la solution définitive du problème. D'après les nouvelles de la fin de juin 1862, la galerie avait atteint la longueur de 600 mètres, du côté savoyard, jusqu'alors entaillé seulement à bras d'hommes, et sur le versant italien où les machines fonctionnent depuis longtemps, la partie creusée s'avançait sur 1180 mètres. Ces dimensions réunies ne font encore que le 1/6 de l'étendue totale dont l'a-chèvement exigera environ sept ans. Au surplus, y eût-il même un arrêt par suite d'évènements impossibles à prévoir, tout mineur expérimenté sait que de nouvelles combinaisons rétablissent l'activité dans le travail, et l'histoire des grandes galeries d'écoulement des mines, tant de la France que de l'étranger, justifierait au besoin mon énoncé. L'œuvre est entreprise; elle est logique; elle sera achevée !

Laissant d'ailleurs de côté les accessoires obligés de la question, tels que les descentes vers le fond des vallées latérales, le nombre d'ouvriers, le système d'attaque, le muraillement, la pose des rails, etc., je reviens aux préliminaires pour faire ressortir le sang-froid qui a présidé à toutes ces combinaisons. Il dénote à la fois la plus exacte appréciation des difficultés, l'expérience des grandes opérations minières et la ferme résolution d'atteindre le but. Aussi, ne doit-on en aucune façon être surpris de la réserve faite par le gouvernement piémontais au moment de la cession de la Savoie à la France, de demeurer seul maître de ce curieux champ de bataille où la lutte est établie, corps à corps, entre la roche et ses intrépides mineurs. Et puis, ne s'agit-il pas d'une œuvre essentiellement civilisatrice, digne complément de la libération de l'Italie! Si, par ses grandes routes du Simplon et du Mont Cenis, Napoléon Ier a rompu une partie des barrières qui nous séparaient de notre sœur, Napoléon III aura achevé l'œuvre en aidant à refouler l'Autriche, et la part de Victor-Emmanuel n'en sera pas moins glorieuse, puisque, par le moyen tout pacifique et très-expéditif du chemin de fer, il aura rattaché deux belles branches de la famille gauloise.

Ajoutons que, grâce aux gîtes aurifères, les rois du Piémont étaient naguère les souverains de l'Europe les plus richement pourvus en monnaie d'or. Cet or a été dépensé pour l'affranchissement de la péninsule et il ne reste à celle-ci qu'à se défendre des discours de certains Démosthènes qui, en ce moment, complètent son identité avec la situation dans laquelle se trouvait la Grèce il y a plus de 2000 ans. En effet, sauf la différence provenant de la civilisation, tout est parallèle. Le Piémont, comme la Macédoine, se trouve en tête des contrées adjacentes ; les hommes sont pareillement robustes ; les bersagliers ne le cèdent en rien aux soldats de la phalange macédonienne ; les trésors de l'un des pays valent ceux de l'autre. Que l'expérience du passé serve donc de leçon en faisant comprendre que l'unité fait la force dont la liberté est inséparable !

DES GAULOIS OU CELTES.

L'histoire minière des peuples passés en revue jusqu'à présent nous a souvent obligés à recourir à celles des fictions mythologiques qui pouvaient avoir certaines bases positives. Il n'en sera pas de même pour les Gaulois dont les Druides n'écrivaient pas plus que les prêtres égyptiens. Ils transmettèrent oralement leurs connaissances, et ce n'est pas dans les forêts de chênes où ils avaient leurs sanctuaires, ni par les branches du gui sacré qu'il serait possible d'obtenir des données. Considérant toutefois que, malgré cette pénurie de l'histoire, divers faits sont devenus patents, et que d'un autre côté, il importe de rectifier quelques jugements hasardés, je vais résumer ce qu'il y a d'essentiel dans les notions acquises jusqu'à ce jour.

Strabon admirait déjà l'heureuse sculpture de la Gaule. A peu près aussi longue que large, son centre est traversé par un puissant massif montagneux, celui de la Margeride liée à l'Auvergne, duquel découlent en rayonnant l'un de ses fleuves, la Loire et la plupart de nos affluents, l'Allier, la Sioule, le Lot, le Tarn, la Dordogne, etc. D'ailleurs, presque partout, de longs contreforts, la Montagne-Noire, la chaîne Cébenno-Vosgienne, avec ses branches, puis l'Ardenne, les hauteurs de la Bretagne et de la Vendée, peuvent servir à interdire l'accès de l'intérieur du pays. Enfin, sur là périphérie, les Pyrénées et les Alpes, la Méditerranée et l'Océan, complètent son organisation défensive sans nuire à ses relations intérieures, à son commerce extérieur. De là, l'unité de là France, que l'on confond trop souvent, en forme d'abus de mots, avec la centralisation qui, par le simple fait de sa position, est une des excentricités du pays.

Dans une région aussi compacte, traversée dans son milieu par le 45e degré de latitude, et dont le climat modifié en raison des altitudes est par conséquent propice pour les cultures les plus variées, un peuple aborigène put se développer tout aussi bien qu'en Italie, en Grèce ou autres pays. D'ailleurs, les formes accidentées du sol, un ensemble de montagnes entrecoupées par des plaines ont dû faire du Gaulois une famille généralement robuste, endurcie à la fatigue des marches, habituée au travail et apte à subir, sans trop d'inconvénients, l'influence de températures variées. Cependant, la comparaison des langues tend à démontrer l'établissement fort ancien d'une race indo-germanique que l'on fait arriver de l'Asie, quoiqu'il soit impossible de démontrer le fait historiquement. C'est celle des Celtes qui se confondent avec les Gaulois. Dans l'antiquité, leur territoire comprenait la Gaule transalpine et les îles Britanniques; mais ils se divisaient en quatre rameaux. Celui des Celtes et des Belges stationnait dans la Gaule; le reste se composait des Bretons, des peuples de la Calédonie (Ecosse) et de l'Hibernie (Irlande), où s'étendait la religion druidique.

Les expéditions des Gaulois portèrent au loin le nom celtique. Au temps d'Hérodote, ils occupaient le sud de l'Espagne, l'Estramadure, le nord de la Galice, le plateau des Castilles, où, mélangés avec les Ibères, ils constituèrent la race celtibère. Les Galiciens peuvent être comparés à nos Auvergnats. Dès 600 ou 400 ans avant J.-C., on voit les mêmes Gaulois dans le nord de l'Italie, sur les deux rives du Pô, dans la

Gaule cisalpine, qui est représentée à peu près par la Lombardie. Ils avaient aussi envahi une partie de la Germanie, le Rhin supérieur, la Suisse, les Alpes Illyriennes, la rive droite du Danube, la Bavière, la Bohême, en s'étendant jusqu'en Transylvanie, d'où les Suèves et les Marcomans s'attachèrent à les repousser. En 280 avant J.-C., ils pénétrèrent en Grèce et culbutèrent du premier choc la fameuse phalange macédonienne; on les retrouve sous le nom de Galates dans l'Asie-Mineure. Enfin, Carthage avait des Gaulois à son service. Ces conquêtes ou débordements effectués quelquefois à des époques très-reculées, sous la conduite de *Brenns* ou chefs plus ou moins habiles, démontrent que, de tout temps, les Gaulois ont été ce qu'ils furent sous Charlemagne, puis sous Napoléon Ier, c'est-à-dire d'intrépides soldats, et comme leur caractère n'est pas foncièrement vicieux, comme ils apportaient d'habitude, avec eux, des germes de civilisation, ils ont souvent su laisser de leur passage des souvenirs dont on recueille successivement le fruit avec quelque reconnaissance. Du moins, n'ai-je jamais eu à me plaindre de mauvais procédés, résultats de rancunes invétérées, dans mes excursions au travers de l'Allemagne, de l'Italie, de l'Espagne et de l'Afrique.

Cependant, comme l'avance un philosophe distingué, M. Boiste, « l'histoire d'un homme, d'une nation, de toute l'humanité, s'analyse en deux mots: *heur et malheur.* » Des réactions durent donc survenir, et prenons à tout hasard d'abord les effets des Ibères. Ceux-ci s'implantèrent surtout dans la région sud-ouest de la France où l'on retrouve, dans le Poitou, le type celtibérien très-prononcé.

Nos Celtis genitos et ex Iberis. (MART.).

Leur invasion paraît avoir été douce, car maintenant encore, à l'entrée de l'hiver, les Espagnols traversent les Pyrénées pour aller partager les plus rudes travaux de ces provinces méridionales, abandonnant aux Gascons et aux

Limousins le soin de leurs récoltes. Des relations commerciales se sont établies et se conservent jusque dans l'Auvergne,
et d'ailleurs, dans ma traversée de la Somo-Sierra, j'ai été
frappé de l'analogie qui existe entre les deux régions montagneuses. Altitudes, roches, hommes, tout se ressemble, sauf
la couleur des vêtements qui est le bleu clair chez nous, et
le brun en Espagne.

A l'opposite, c'est-à-dire entre le Rhin et la Suisse, et
même sur la Loire, les Cimbres ou Kymris, les Cimmériens
des Grecs, supposés d'origine scythique et venant de la Cher-
sonèse Taurique, effectuèrent une première invasion de la
Gaule dans le XIII⁰ siècle avant J.-C. Ils se mêlèrent à la population indigène. Plus tard, en 614-578 avant J.-C., de nouvelles
bandes, conduites par Hésus-le-Fort, déterminèrent les émi-
grations de Bellovèse, et l'on suppose qu'elles introduisirent
chez nous le druidisme.

La Gaule, dit-on, fut découverte dès le XIme siècle avant
J.-C. par les Phéniciens qui, pendant longtemps, vinrent pê-
cher le *murex* sur les côtes de la Provence pour leur teinture,
la pourpre de Tyr, et bientôt après, exploiter les mines des
Pyrénées et des Cévennes. Laissons à ces navigateurs la satisfaction de nous avoir inventés, pour dire qu'une colonie de
Phocéens, Grecs de l'Asie-Mineure, vint fonder Marseille,
Antibes, Nice, 599 ans avant J.-C., et partager le commerce
avec Carthage. Elle étendit ses possessions intérieures depuis
les Bouches-du-Rhône jusqu'en Auvergne. Sur la mer, ses
flottes, sortant de la Méditerranée, pénétrèrent dans l'Océan
et même dans la Baltique. Pythéas, célèbre géographe et navigateur, né à Marseille, au commencement du IVme siècle avant
J.-C., est, dit-on encore, le plus ancien auteur qui ait écrit
sur les Gaules. De ses ouvrages, publiés sous les noms de *Description de l'Océan* et de *Périple*, il ne reste que des fragments
épars dans Hipparque, Strabon et Pline; pourtant c'est à lui que

l'on attribue l'idée des relations des marées avec les phases de la lune, ainsi que la détermination de la position de l'étoile polaire. Du reste, appelée, par Cicéron, l'*Athènes de la Gaule*, par Pline, la *Maîtresse des études*, Marseille voyait accourir, dans ses écoles, les jeunes patriciens de Rome, avides d'y puiser le goût des lettres, le doux atticisme transmis par l'Ionie, et, naturellement, les Gaulois se ressentirent de cette civilisation. On peut, entre autres, s'assurer du fait dans le riche médaillier de M. Bouillet de Clermont, d'après l'inspection des pièces d'or de Vercingétorix qui, du temps de César, offraient déjà les indices d'une remarquable perfection. Malheureusement, les Massaliotes introduisirent les armées romaines dans le pays.

Sous César, Rome conquit la Gaule ; mais quelques siècles après, Rome n'était plus guère dans Rome; elle était en bonne partie dans la Gaule. *Jam Romani fiunt*, disaient les Romains en parlant des Gaulois. Ceux-ci auraient pu dire : *Jam Galli fiunt*, si c'eût été pour eux un honneur. Du reste, la famille romaine des Césars, comprenant les Tibères, Caligula, Néron, fut remplacée, tour à tour, par des Empereurs Italiens, Espagnols, Africains, Gaulois, Illyriens et Dalmates, sous lesquels la province gagna une certaine prépondérance; mais les vices du régime étaient trop grands pour contre-balancer ses effets, et l'on connaît assez les désastres qui furent les suites des exactions exercées sous son influence. Aussi vit-on, entraînés les uns par les autres, les Germains de tous les rangs, les Goths, les Visigoths, les Ostrogoths, les Vandales, les Suèves, les Alains, les Sicambres, les Francs, les Huns avec Attila le fléau de Dieu, les Hongrois, les Normands se ruer sur la Gaule.

L'empire romain fut d'abord détruit par ces avalanches. Fondé par des bandits qui se conduisirent en bandits pendant leur puissance, il n'en reste plus, malgré le progrès général et le christianisme, qu'un résidu de bandits dont on espère voir bientôt les derniers spécimens rangés et étiquetés dans les vitrines des musées phrénologiques et ethnologiques. La Gaule, au contraire, en vertu de l'élastique organisation de ses habitants, est redevenue, après sa dévastation, ce qu'elle avait été de tout temps, une contrée riche, féconde, et encore bonifiée par l'introduction successive des Italiens, des Grecs, des Germains, des Ibères, des Anglais et des Sarrazins, car, même ceux-ci, fondèrent l'Université de Montpellier, avant l'an 1200 de notre ère.

Laissant actuellement à une plume plus exercée que la mienne le soin de dépeindre l'état présent de la Gaule, j'aborde, sans plus tarder, les questions lithologiques par lesquelles j'ai constamment débuté, et en premier lieu, se présente l'argile qui, dans ma manière de voir, est l'une des plus anciennes bases de l'industrie humaine. A cet égard, je n'ai pas à disserter sur la forme des vases et autres objets plus ou moins sauvages ; je me propose simplement de faire ressortir une erreur qui me paraît être assez familière à certains antiquaires. Du moins, j'en vois qui, à l'occasion de la caverne de Pondres (Gard), déclarent, sans hésitation aucune, que le diluvium dont elle est à peu près remplie, contient, à toutes les hauteurs, des ossements d'hyènes, d'aurochs, d'hommes, et de cerfs avec des fragments de poterie d'une argile qui n'a été ni lavée ni cuite, *mais seulement séchée au soleil.* Eh bien ! voilà une trop tranchante assertion. Elle n'a pu découler que de la plume d'hommes peu familiarisés avec la minéralogie, dont la science s'élève à la hauteur de celle des débutants parvenus à distinguer deux ou trois précipités, et qui néanmoins

Fingunt se chimicos omnes,

pour aller ensuite s'interposer dans des discussions dont ils ne comprennent pas le premier mot, et propager indéfiniment les erreurs les plus déplorables.

Qu'ils daignent donc apprendre que le soleil le plus vif,

même tropical, est parfaitement incapable de cuire une argile. Il faut quelque chose de plus, c'est-à-dire le feu qui, porté à un degré convenable, lui fait prendre la propriété de se délayer dans l'eau, et l'on doit croire que la Providence a voulu qu'il en fût ainsi, car autrement, le sol argileux, support de la végétation, depuis nos contrées méridionales jusqu'au-delà de l'équateur, ne serait qu'un immense dallage parfaitement impénétrable pour les racines des végétaux. D'après M. Berthier, le rouge naissant est à peu près indispensable pour atteindre le but.

En sus, il faut tenir compte des substances organiques qui, en se carbonisant dans l'épaisseur des poteries, y laissent cette partie noire centrale que l'on rencontre d'ordinaire dans la cassure des plus anciens objets d'argile, uniquement parce que leur cuisson a été incomplète ; mais, toute imparfaite qu'elle puisse être, le soleil, encore une fois, n'aurait pas pu l'effectuer, par suite d'une autre combinaison providentielle. En effet, si les rayons de l'astre eussent été capables de produire, même le simple charbon que l'on obtient en exposant un brin de chenevotte à la flamme d'une lampe, la végétation serait impossible.

Admirons donc en quoi se distingue la sagacité de nos aïeux. Ils ont compris qu'avec des vases simplement séchés, il leur serait impossible de conserver des liquides, de préparer leur soupe, tandis qu'aujourd'hui, nous avons des juges qui n'ont pas imaginé que le diluvium eût parfaitement malaxé les poteries, à l'état *incuit*, avec la masse des autres matières terreuses entraînées dans les cavernes.

La Gaule est riche en pierres dites druidiques. Souvent isolées, elles sont aussi parfois assorties entre elles de manière qu'une pièce tabulaire horizontale se trouve supportée par deux ou trois autres, fixées verticalement. Celles-ci constituent les *dolmens*, sortes d'autels qui ont servi au culte sanguinaire des anciens Celtes. Les autres sont les *menhirs* ou *peulvans;* mais ces derniers noms se trouvent modifiés de bien de manières, selon les provinces. Ainsi, l'on a les hautes-bornes, les pierre-fiche, pierre-fitte, pierre-fixée, pierre-fichade, pierre-droite, pierre-latte, pierre-lai, chaire au diable. Le groupe le plus étrange de ces monuments est celui de Carnac, à l'entrée de la presqu'île de Quiberon. Il se compose de 4000 rochers bruts posés en forme d'obélisques grossiers dont la pointe serait fichée en terre et qui, hauts d'environ 7 mètres, sont rangés sur onze lignes perpendiculaires à la côte. Naguère encore, les paysans allaient, pendant la nuit, les oindre d'huile et les entourer de fleurs, détails qui rappellent singulièrement le culte bétylâtre. Du reste, comme on les trouve également en Angleterre, en Danemark, en Espagne, en Portugal, en Sardaigne, etc., plus spécialement dans l'Asie-Mineure, on peut admettre leur origine orientale. Toutefois, n'oublions pas que M. Boucher de Perthes croit avoir retrouvé ces objets dans son diluvium de la Somme.

M. Gougenot des Mousseaux dont j'ai déjà eu l'occasion de citer les idées au sujet de la guerre des Titans et de l'expulsion de Saturne, voit dans ces piliers, comme dans d'autres pierres pyramidales ou coniques, des Beth-el bruts et primitifs. Ils étaient désignés sous les noms de Hermès ou Mercure, de Priape, de dieu Terme ou bien encore de Jupiter, le Zeus Herkaikos (Jupiter-borne) des Pélasges. Mais souvent, l'antiquité les remplaça par des monceaux de pierres accumulées en forme de cônes, et les Hébreux nommaient *Galaad* ces amas que le culte éleva en l'honneur des dieux, dans mille lieux différents et jusqu'en Amérique. Tantôt ces galaads couvraient la cendre des morts, à Orchomène par exemple, d'après Pausanias; tantôt ils étaient, comme le monceau de Jacob et de Laban, le lieu du guet de la divinité dont l'œil vigilant présidait à l'observation de la foi jurée.

Ces tas étaient fort communs dans les Gaules ; ils se voient surtout aujourd'hui autour des vignobles, et les voyageurs se plaisaient à les grossir en l'honneur de Mercure, dieu protecteur des routes et du commerce. De là leur nom de *Murger* qui provient de *Mercurii agger*, c'est-à-dire, par contraction, *Mer-ger* ou *monceau de Mercure*, ou bien de *Muri agger*, d'où *Mur-ger* et encore *Mer-ger*, selon les localités. Dans la partie de la plaine d'Oum-Theboul qui s'exhausse au pied de la chaîne des Khroumirs par laquelle nous sommes séparés des provinces tunisiennes, j'ai rencontré un de ces amas qui m'a offert divers échantillons minéralogiques intéressants et apportés peut-être depuis fort longtemps par les Arabes. Ceux-ci, d'ailleurs, ont soin d'implanter à sa surface des bâtons auxquels ils attachent des lambeaux de leurs bournous, de manière à en faire des espèces de petits fanions. Enfin, j'observe que dans certaines parties de nos provinces, autour de Plombières, par exemple, tout éboulis de rochers étalé le long des flancs d'une montagne, reçoit également le nom de *Murger* qui, dans ce cas, serait singulièrement détourné de son sens primitif.

Une autre catégorie comprend les *pierres branlantes*, pierres branlaires, pierres retournées, pierres croulantes, roulantes ou roulées, pierres qui dansent, pierres qui virent, pierres folles et pierres transportées. Ces masses paraissent avoir joué un grand rôle dans le culte des druides qui s'en servaient, soit pour entretenir la superstition, soit pour frapper de terreur la multitude. On les regarde, entre autres, comme ayant été des *pierres d'épreuve* pour la vertu oscillante de certaines femmes, bien pauvre application de la balance ou du pendule, car, à moins d'admettre une excessive jalousie chez les Gaulois, on doit croire que la vertu des Gauloises, tout aussi inébranlable que celle de leurs arrière-petites-filles d'aujourd'hui, donnait aux monolithes de très-rares occasions de se mouvoir un peu.

Un fait légitime mon opinion. En effet, en Bretagne où il en existe plusieurs, on n'en cite qu'une seule qui s'appelle encore la *pierre de la Vierge*. Ailleurs, on débite à leur sujet des fables beaucoup plus ridicules ; ainsi, elles tournent sur elles-mêmes dans certaines conditions et sous quelques influences, mais nul ne les a vues dans ces intéressants moments. On veut aussi qu'elles aient été amenées sur place ou façonnées par les druides, et c'est surtout contre cette assertion qu'il faut mettre les archéologues en garde. Toutes celles que j'ai vues sont positivement des produits de la nature occasionnés par les simples actions atmosphériques. Ecornant les angles saillants des quartiers de rochers, elles laissent finalement, sur leur place primitive, des masses plus ou moins arrondies et, par conséquent, capables d'osciller sur l'espèce de pivot formé par les influences de l'air, de l'eau pluviale et de la gelée. Du reste, voici les détails que j'ai pu recueillir ou observer moi-même à leur sujet.

A une lieue de Castres, se trouve un espace nommé *La Roquette*, à cause de l'accumulation d'une quantité de rochers énormes, arrondis ou rompus par quartiers, diversement inclinés, depuis l'horizontale jusqu'à la verticale, et affectant des configurations bizarres dans lesquelles l'imagination de certaines gens se plaît à voir des animaux ou autres fantaisies. Au milieu de cette réunion, près du faîte, et sur le penchant de la montagne, surgit le *Rocher tremblant*, dont la plus petite circonférence, prise dans la partie moyenne de sa hauteur, est de 8^m45. Sa forme irrégulière est à peu près celle d'un œuf aplati. Il porte, par son petit bout, sur le bord de la surface légèrement inclinée d'une autre masse beaucoup plus volumineuse, et n'a, pour ainsi dire, d'autre point d'appui qu'une arête dirigée de l'est à l'ouest, de sorte que ses oscillations s'effectuent du nord au sud, avec une amplitude d'environ 0^m03 à la cime du bloc. Cependant, son poids est évalué à plus de 300 quintaux métriques, et la ma-

tière dure qui le compose est appelée *sidobre* par les habitants du pays, parce qu'à Sidobre même, localité peu éloignée, on trouve encore beaucoup de pierres de la même
espèce. Elles sont d'ailleurs purement granitiques.

La *pierre croulante* du sommet de la montagne d'Uchon, dans
le Morvan, est un gros cuboïde à 6 faces inégales, au sommet
plat et aux arêtes émoussées, qui se tient en équilibre parfaitement stable sur la surface convexe d'un autre bloc à demi
enterré dans le sol. Sa position dégagée au milieu des arbres
en fait un monument, sinon élégant, du moins passablement
pittoresque. Il a une hauteur d'environ 2^{m}20 ; son diamètre
horizontal est d'à peu près 3 mètres, et on lui donne 9 mètres
de circonférence. Ses oscillations sont assez sensibles, et son
poids modéré permet de l'ébranler sans trop de difficulté. Enfin, lui, aussi bien que son support, sont composés de cette
espèce de granit porphyroïde qui domine dans toute la contrée et que je regarde comme étant de formation peu ancienne.
Du reste, ayant vainement tenté d'obtenir quelques renseignements ou narrés à son sujet, j'ai lieu de croire que le mu-
tisme des habitants des environs provient de ce qu'ils craignent
de s'attirer de mauvaises plaisanteries en s'expliquant avec
les étrangers.

La *Roche tremblante* de Deveix, près de Mont-la-Côte, dans
les environs de Gelles, au sud de Pont-Gibaud en Auvergne,
est, sinon plus belle, du moins beaucoup plus imposante que
la précédente. Sa forme ovoïde, oblongue, détermine sa position couchée parallèlement à son grand axe qui est celle de
l'équilibre le plus stable, et son centre de gravité se trouve
naturellement plus rapproché du gros que du petit bout. Il
suffit donc de pousser un peu fortement celui-ci avec
l'épaule pour voir l'ensemble vibrer et se balancer pendant
quelques secondes avant de se mettre en repos. Cependant,
sa circonférence horizontale n'a pas moins de 15^{m}6, et celle

de sa tranche verticale s'élève à environ 11m0. Elle consiste
en un granit à gros grain, souvent porphyroïde dont on rencontre les affleurements de tous côtés autour de la montagne
sur laquelle sa masse est perchée ; l'un d'eux constitue son
piédestal, et plusieurs autres, à moitié implantés dans le sol
environnant, permettent de supposer que, si de forts ravina-
ges étaient occasionnés par les pluies, on verrait surgir divers autres ellipsoïdes du même genre.

La *Molatête*, autre rocher du département, présente le même phénomène ; mais le temps de la visiter m'a manqué
pendant mon séjour de six années dans cette région que
j'étais occupé à doter d'exploitations et de fonderies. Cependant, pour démontrer que le granit n'est pas le seul élément
de ces monolithes, j'ajoute ici une note de M. Noguès au sujet
du *Rocher tremblant* de Rennes-les-Bains (Aude). Dans les environs de cette station, s'étendent les couches puissantes
d'un grès gris, dur, solide, un peu ferrugineux et micacé par
places. Elles représentent les assises les plus profondes et
les plus anciennes du terrain tertiaire, étant recouvertes par
les couches marines à nummulites, et se trouvant elles-mêmes
superposées à des marnes bleues de la craie supérieure des
Corbières. C'est à la disposition des plus élevées d'entre les
assises du grès que le pays de la contrée doit une partie de
son originalité. Leurs bancs rompus, découpés en blocs énormes, éboulés sur les flancs des collines ou restés à leur sommet, y affectent les formes les plus variées, de dômes, de pyramides irrégulières, d'aiguilles, de murailles démantelées, de
crêtes découpées et dentelées qui permettent de distinguer de
très-loin le système de couches auquel ces accidents appartiennent. Sur certains points, elles éprouvent des décompositions qui les convertissent en gros blocs arrondis. Portant
alors sur un petit nombre de points, on peut parfois les mettre
en mouvement. L'un de ceux-ci se voit sur la colline de la
Fontaine minérale du Cercle, à une petite lieue des bains.

L'origine des habitations lacustres se perd dans l'obscurité de l'Age de la pierre ; mais les découvertes en ce genre se multiplient. M. le docteur Despines vient de faire connaître celles du lac du Bourget où elles sont établies dans la baie de Grésine ; d'autres sont déjà signalées. Sur le point principal, il a recueilli des jarres et autres vases d'un travail très-grossier, sans ornement, et dont l'argile noirâtre, peu homogène, ressemble à celle qui compose généralement tous ces antiques ustensiles. Ces indications doivent être réunies avec celles des excellents archéologues suisses, MM. Morlot, Troyon, Desor, Gilliéron et autres. Puissent-elles encourager pour les recherches qui sont à effectuer sur les autres points que j'ai déjà indiqués dans le cours de cette notice.

Depuis quelques années, nos voisins de l'Helvétie ont rencontré, dans leurs lacs, des pirogues obtenues tout simplement en creusant des arbres. L'une d'elles, remplie de cailloux, au moment de sa découverte, a conduit à supposer qu'elle a sombré avec son chargement dont les matériaux étaient transportés à dessein de les entasser autour des pilotis, bases des cabanes lacustres qu'il fallait consolider. J'ai également mentionné les anciennes barques de l'Italie. Enfin, Dijon et Copenhague en conservent chacun une, et elles sont classées parmi les monuments des peuples autochthones. Lyon devait avoir la sienne. Elle fut entrevue le 7 mars 1862, dans d'anciennes alluvions que le Rhône corrodait depuis quelques années, sur sa rive droite, en amont du pont de Cordon (Ain), de manière à compromettre la sûreté de ce monument. Pour arrêter l'extension de ce travail de la nature, tout en régularisant le lit du fleuve, il fallut extirper, de la vase où elles étaient à demi enfouies, de vieilles souches qui entravaient la navigation ; en même temps, on sortit l'objet en question que M. Gobin, ingénieur des ponts et chaussées, eut soin de faire amener dans notre Musée du Palais-des-

Arts, où le conservateur, M. Martin d'Aussigny, put en faire l'étude.

Cette pirogue a été creusée dans un tronc de chêne d'une seule pièce dont la longueur est de 11ᵐ80, non compris la partie cassée de la poupe qui n'a pas encore été retrouvée. Sa largeur moyenne est 0^m94 et sa hauteur 0^m64. Le vide intérieur a 0^m84 de largeur pour 0^m46 de profondeur; ses bordages ont 0^m05 d'épaisseur, et le fond, 0^m19. D'ailleurs, des contreforts furent ménagés dans l'épaisseur du bordage afin de le consolider; des trous y sont aussi creusés pour attacher les rames. Aucune façon extérieure n'ayant été donnée à l'arbre, si ce n'est aux deux bouts qui sont taillés, il en résulte que cette pirogue est assez irrégulière, circonstance de nature à démontrer une fabrication fort ancienne, car, du reste, ce spécimen de l'antique navigation fluviatile n'a aucune forme qui puisse aider à le classer. D'un autre côté, l'ancienneté de l'alluvion étant inconnue, l'âge précis du monoxyle reste également à découvrir.

Provisoirement, il faut se borner à dire que le ligneux a complètement bruni, en même temps qu'il est devenu sujet à se gercer, à s'esquiller, au moins superficiellement, par la dessiccation, et pourtant, la conservation de l'ensemble est plus parfaite que celle des barques de Dijon et de Copenhague. Comparé avec le bois des pilotis romains trouvés au quai Fulchiron et conservés dans le Musée, il se montre beaucoup plus dénaturé. En outre, les traces des instruments qui ont servi à excaver l'arbre, probablement après l'emploi du feu, indiquent la hache de pierre. Enfin, si l'on se rappelle d'abord que, d'après Pline, « *Germaniæ prædones singulis arboribus cavatis navigant, quarum quædam et triginta homines ferunt,* » détail qui s'accorde assez bien avec les dimensions de notre pirogue, et que, de plus, l'usage de ces monoxyles, connus sous le nom de *chalands,* s'est conservé, de nos jours,

sur la Nive et sur l'Adour, dans le pays basque, où ils servent
à transporter le maïs jusqu'à Bayonne, on comprendra facilement qu'il reste encore quelques points à éclaircir avant d'arrêter un jugement définitif au sujet de l'époque évidemment
fort reculée de l'objet en litige et de quelques autres du même
genre.

Ceci posé, revenons à la pierre qui nous fournit des preuves irréfragables au sujet de l'existence de peuplades fort
anciennes dans la Gaule. Elles m'ont conduit à relater les
indications de Valmont de Bomare, en même temps que je
mentionnais les résultats des recherches faites par M. Jouannet
dans la Dordogne. Cependant, comme il est reçu que la
France est très-arriérée dans ces études, il me faut protester
énergiquement contre les déclamations de l'étranger et démontrer qu'en tout cas, elles n'ont aucune portée à l'égard de
la province. Pour atteindre mon but, j'ai pensé que la voie la
plus simple consistait à remonter aux sources. Aussi, avec son
obligeance accoutumée, M. Guillebot de Nerville, ingénieur
en chef des Mines, à Périgueux, s'est empressé de répondre
à mes demandes en me transmettant les copies certifiées des
notices du savant archéologue de sa ville. Elles se composent
de deux séries publiées en 1819 et en 1824, soit dans le *Ca-
lendrier de la Dordogne*, espèce d'almanach qui se soutient
depuis 52 ans, soit dans le *Musée d'Aquitaine*, imprimé à
Bordeaux. Je les reproduis ici, en supprimant quelques ré-
pétitions, et en mettant à leur place diverses notes inutile-
ment reléguées au bas des pages. On remarquera d'ailleurs
que les unes concernent simplement les objets de pierre ou
de bronze pris séparément, et que dans les autres, ils sont
réunis, circonstances de nature à démontrer le fait d'une
exacte appréciation des valeurs respectives.

NOTICE DE 1819. *Haches et instruments en pierre découverts
près de Périgueux.* — Dans la présente relation, je ne dirai

rien d'une série d'objets de cette nature trouvés, à diverses époques, sur plusieurs points de l'arrondissement : je me bornerai aux seules découvertes que j'ai faites dans le voisinage de Périgueux. Le résultat en paraîtra peut-être assez intéressant pour qu'on me pardonne de m'éloigner un peu de la brièveté, j'ai pensé dire de la sécheresse trop ordinaire aux ouvrages de statistique.

Au midi de Périgueux, sur la rive gauche de la rivière de Lisle, s'élèvent deux coteaux âpres, escarpés, et séparés l'un de l'autre par un vallon où l'on prétend que passait jadis un aqueduc romain. De ces deux coteaux, le plus oriental, vu de la ville, se présente à l'œil sous une forme trapézoïde et porte le nom d'Ecornebœuf, ou bien, en patois, celui de *Cornébiau* : c'est là que j'ai recueilli une quantité vraiment étonnante d'armes et d'instruments en pierre. En moins de quatre ans, j'ai retiré de cet endroit une trentaine de haches entières, sans parler des débris de plus de deux cents autres plus ou moins mutilées : j'y ai trouvé aussi plus de cinquante armures de flèches, de pointes de lance, de javelots ou d'épées ; beaucoup de pierres de fronde, et plus encore d'une autre espèce d'armes de jet dont personne, je crois, n'a parlé.

Je ne puis mieux donner une idée assez exacte des haches dont il s'agit qu'en les comparant à un coin de forme pyramidale, terminé d'un côté par une pointe très-mousse, et de l'autre par un tranchant acéré dont le fil décrirait une portion d'ellipse. Vu de plat, l'instrument est plus ou moins convexe. Sur les bords latéraux, il est coupé en vive arête dans toute sa longueur, et la facette qui en résulte ressemble à une longue feuille étroite et lancéolée.

Quelques-unes de ces haches n'ont pas 0^m08 de long. D'autres ont près de 0^m324 ; le plus grand nombre a de 0^m162 à 0^m216. Le tranchant, partie la plus large, a toujours à peu près le tiers de la longueur, ce qui donne à l'instrument des

proportions assez gracieuses. Quant à la matière, c'est le plus
ordinairement un silex, ou blanc, ou jaune, ou rougeâtre;
quelquefois aussi, c'est une roche amphibolique, bleuâtre,
moins dure que le silex, et pourtant susceptible de poli. Le
silex est commun dans le pays. La roche amphibolique est
originaire du Limousin; mais on la trouve aussi dans les alluvions de la rivière de Lisle, à une assez grande profondeur,
et en petites masses roulées. Je n'ai vu que quatre haches qui
fussent d'une matière plus précieuse: la première était un silex gris, onyx à bandes blanches et roses; la seconde, un silex
noir de la plus grande beauté; la troisième, une calcédoine;
la dernière, un jaspe vert, mêlé de cuivre ou de pyrites.
Celle-ci est la seule dont la pierre soit absolument étrangère
au pays.

Toutes les haches d'Ecornebœuf n'ont pas été polies.
Celles qui le sont ne laissent rien à désirer sous ce rapport;
nous ne polissons pas mieux avec nos outils et nos procédés.
Mais il en est qui ne sont que dégrossies et ce ne sont pas les
moins curieuses, puisqu'elles nous révèlent, en partie, le secret de leur fabrication. En ayant vu plus de vingt, à différents
degrés, j'ai pu juger la manière dont on s'y prit pour les
tailler. Un Gaulois voulait-il se fabriquer une hache, il choisissait d'abord quelques silex le plus approchant possible de
la forme désirée; puis il s'armait d'un marteau, et je dis marteau, mais peut-être l'instrument en pierre destiné à pareil
usage avait une tout autre forme. Il en frappait son silex,
tantôt sur un côté, tantôt sur l'autre, enlevant par écailles,
d'abord assez grandes, toute la partie inutile. A mesure que
l'ouvrage avançait, les difficultés augmentaient. Pour amener
la pièce au point où elle devait être avant qu'on la soumît
au poli, on se fait à peine une idée du nombre et de la petitesse des écailles qu'il fallait détacher sans offenser ni les bords
latéraux ni le tranchant. Je possède deux haches portées à

ce degré ; les parties à ménager y sont comme dentelées avec une légèreté, une délicatesse difficiles à imaginer. Quelquefois, au moment de terminer, la main s'égarant, un coup malheureux enlevait trop, et la pierre était jetée au rebut. J'en ai trouvé plusieurs dans cet état.

La taille et la coupe des flèches exigeaient encore plus d'habitude et de dextérité. On le concevra facilement. Les flèches d'Ecornebœuf, je parle des mieux faites, ressemblent, pour la forme seulement, à celles dont les peuples modernes se servaient eux-mêmes avant l'invention de la poudre ; mais ces dernières étaient en fer, et cette différence dans la matière dut en nécessiter d'autres dans le travail. En effet, la flèche gauloise est moins effilée, un peu plus bombée, et les ailes ou barbes qui résultent du prolongement de ses côtés sont moins aiguës ; sa queue, j'appelle ainsi le petit pied destiné à la fixer, est beaucoup plus courte. Du reste, l'ouvrage terminé avec soin ne manque ni de grâce ni de justesse. La pointe bien acérée et les tranchants latéraux bien amincis se trouvent parfaitement dans le même plan. Quelle patience, quel temps, quelle adresse ne demandait pas un pareil travail, si, comme il est présumable, les Gaulois ne connaissaient point encore l'usage des métaux ! J'ai compté plus de deux cents petites écailles enlevées sur une flèche qui n'avait guère plus de 0^m027 de long sur 0^m013 de base ; et cependant, je ne voyais là que la plus faible partie du travail, la dernière trace du fini.

En général, les flèches trouvées à Ecornebœuf ont depuis 0^m011 jusqu'à près de 0^m054 de long. La grandeur moyenne entre ces deux extrêmes est celle que j'ai rencontrée le plus souvent. Les unes et les autres sont en silex ; aucune n'a été polie. Il ne faut pas, je crois, attribuer cette dernière particularité à l'ignorance, mais au dessein de rendre l'arme plus meurtrière et les blessures plus douloureuses. L'homme est ainsi fait. Avec leurs dentelures et leurs aspérités, de pareilles flèches ne perçaient point sans déchirer, et pour les extraire, il fallait de nouveau déchirer la plaie. Invention cruelle que je croirais n'avoir pu appartenir qu'à de véritables sauvages, si nous-mêmes, si toute l'Europe, il n'y a pas encore cinq cents ans, nous n'avions eu aussi nos flèches et nos lances barbelées. Est-ce donc trop peu pour l'homme que d'abattre son ennemi? lui faut-il encore le torturer, et non content qu'il meure, veut-il qu'il se sente mourir? Du reste, qu'on ne m'accuse pas de mettre sur la même ligne le sauvage et l'homme civilisé. Le premier, si vous exceptez ce qui lui est personnel, n'invente que pour nuire; le second, s'il conserve le génie du mal, possède aussi celui du bien. Lui seul est inventif pour le bonheur de l'espèce. Aussi, le même siècle qui a vu naître les fusées à la congrève a vu construire le premier bateau à vapeur.

Les flèches gauloises n'avaient pas toutes la même forme. Quelques-unes, très-étroites, plus renflées que celles dont il vient d'être question, se terminent en pointe des deux côtés. C'est comme un fuseau perfide dont chaque extrémité pouvait devenir un instrument de mort. Il suffisait, pour cela, d'adapter l'autre extrémité à la tige d'une baguette ou d'un roseau. D'autres, au contraire, absolument plates et bien amincies sur leurs bords, sont taillées en cœur; vous diriez qu'on voulut figurer un angle plan, accompagné de l'arc compris entre ses côtés. J'imagine que pour faire usage de ces dernières, on fendait le bout d'un roseau, et qu'après y avoir engagé la partie circulaire de l'armure, on l'y retenait solidement au moyen de liens assez forts et bien agencés. Une chose moins douteuse, c'est que plusieurs de ces deux dernières espèces de pierres taillées ont pu armer des dards, des javelots, des épieux ou des lances. Leurs grandes dimensions permettent de le croire. J'en possède qui ont près de

0^m108 de long, avec une largeur et une épaisseur proportion-
nées. Les unes et les autres, grandes ou petites, car il en est
de toutes les tailles, sont en silex et généralement bien travaillées.

Quant aux pierres de fronde, je n'en dirai qu'un mot. Ce
sont de petites boules d'environ 0^m054 de diamètre, arrondies au moyen de percussions répétées à l'infini. La matière
dont elles sont faites est une espèce de quartz hyalin un peu
grenu : pierre assez dure, mais qui se prête mieux que le silex à ce genre de travail.

Il me reste à parler de cette autre espèce d'armes de jet,
que je crois n'avoir encore été décrite par personne. Imaginez
un silex ovoïde très-allongé ; partagez-le par le milieu dans
toute sa longueur, et vous aurez deux moitiés semblables chacune à l'arme que je veux faire connaître. Seulement, il faut
supposer légèrement concave la face que vous obtiendrez plate
par la section. La face convexe forme une espèce d'arête qui se
rabat assez brusquement sur les côtés, et s'abaisse en mourant
vers la pointe. L'extrémité opposée à cette pointe présente
un talon haut de 0^m011 ou 0^m013. Cette partie de l'instrument
est la mieux travaillée. La pierre est longue de 0^m054 à 0^m081 ;
sa plus grande largeur, au talon, est de 0^m018 à 0^m022. On
n'aperçoit aucune trace de percussion sur la face concave. La
raison en est simple. Le silex ayant la propriété de se briser
assez ordinairement en fragments conchoïdes, il n'a fallu qu'un
premier coup pour obtenir cette forme. Elle est indispensable
si la pierre devait avoir la destination que je lui prête.

Cette dernière espèce de pierres taillées me paraît, comme
je l'ai dit, avoir servi d'armes de jet : je conçois, du moins,
facilement la possibilité de les lancer avec l'arbalète, machine
assez simple pour être à la portée même du sauvage. Dans
mon hypothèse, je place la pierre sur le fût de l'instrument,
sa face concave en dessous, et la pointe tournée vers le but.

Le nerf ou la corde frappe la pierre au talon, et, l'impulsion une fois donnée, le silex part avec d'autant plus de rapidité, que, grâce à sa forme, le frottement ne peut être que fort léger.

Ceci n'est qu'une conjecture, je l'ai dit. On l'excusera si l'on veut se rappeler qu'il s'agit des Gaulois, d'un peuple dont tous les travaux semblent n'avoir été entrepris que pour occuper un jour les imaginations rêveuses. Qu'on me laisse un instant ce plaisir. Je n'ai pas la manie de tout expliquer.

Maintenant, si je m'arrêtais à de légères différences, il me serait facile de distinguer plusieurs autres espèces parmi nos pierres d'Ecornebœuf; mais en matière de pure curiosité, on ne saurait être trop économe de sous-divisions et de paroles. Examinons plutôt quelques questions qui se présentent ici naturellement.

Ces pierres dont les formes sont si variées, avaient-elles chacune leur destination particulière? Comment s'en servait-on? A quelle époque cessa leur usage?

Quand on compare les haches, et les flèches gauloises à celles des sauvages, on est aussitôt frappé, je ne dis pas de leur ressemblance, mais de leur parité. Ce sont les mêmes formes, la même matière : leur destination fut sans doute la même.

Cependant, parmi les nôtres, j'en vois qui n'ont jamais pu être d'aucun usage à la guerre. Comment croire, en effet, qu'une hache longue de 0^m054, au plus, ait armé le bras d'un homme? Elle armerait à peine celui d'un pygmée. Cette particularité, jointe à beaucoup d'autres, m'ont convaincu qu'on se tromperait étrangement si l'on voulait toujours juger de la destination de ces pierres par leur forme. Croyons plutôt que les mêmes espèces servirent à des usages très différents. Ainsi, la flèche, tournée contre l'ennemi dans les batailles, poursuivait aussi l'oiseau dans les forêts; le silex aiguisé pour dépecer une proie, servait pareillement à creuser une pirogue ; la hache se mêlait aux jeux de l'enfance comme à ceux de la guerre. On la retrouvait jusque dans les cérémonies du culte, et l'instrument homicide des combats devenait un instrument sacré entre les mains du druide. La victime offerte aux dieux et celle immolée à la vengeance tombaient sous la même pierre.

Mais comment les Gaulois se servaient-ils de ces armes, de ces instruments divers? A l'exception de la flèche, du dard, du javelot et des autres traits, on ne peut répondre que par des conjectures. En effet, sans parler des instruments uniquement destinés aux travaux domestiques, on ne saurait même pas dire précisément la manière dont ils faisaient usage de leurs haches. Etait-ce une arme de jet? La lançaient-ils comme les Francs lançaient cette autre hache à laquelle leur nom est resté, cette *francisque* si redoutée qui, du même coup, déchirait le bouclier, la cuirasse et le sein des combattants? Etait-ce, au contraire, une arme de main, un véritable casse-tête pareil à celui des Nouveaux-Zélandais? Dans les premiers âges, la fit-on rougir au feu pour l'enfoncer après, toute ardente, dans le sein des malheureux captifs? Je ne songe point à établir ici d'affligeantes comparaisons. J'expose mes doutes. D'ailleurs, il s'agit d'une époque perdue dans la nuit des temps, d'un âge où les Gaulois étaient probablement encore de vrais sauvages, car nul peuple n'est tombé du ciel tout civilisé. Or, on peut tout craindre et tout croire des hordes de sauvages. Ne l'oublions jamais, nous apprécierons mieux les bienfaits de la civilisation. Enfin, était-elle ou non adaptée à un manche? J'ai souvent entendu parler de l'impossibilité d'emmancher de pareilles haches ; mais les faits parlent plus haut que les raisonnements. Il existe de ces haches adaptées à un manche. Elles viennent du Canada. Je pourrais multiplier les questions ; mais ce serait seulement ajouter encore à nos incertitudes.

J'aimerais mieux rechercher à quelle époque les Gaulois abandonnèrent ce genre d'armes offensives. Mais comment en parler avec certitude ? Je sais que beaucoup d'antiquaires la reportent, sans crainte, au moins à trois mille ans ; ils citent en preuves l'ancienne civilisation des Gaulois, les villes fondées par eux avant le règne d'Ambigat, leurs conquêtes, leurs arts, leurs soldats couverts d'armes de métal il y a au moins deux mille ans. J'accorde tout. Mais suit-il, de tout cela, que l'immense population qui couvrait les forêts et les pâturages de la Gaule, eût aussi dès lors renoncé à ses usages héréditaires ; qu'elle eût jeté loin d'elle le silex de ses aïeux et lui eût déjà substitué le bronze, matière toujours trop peu commune pour n'être pas d'un haut prix ? Le mieux est longtemps connu avant d'être généralement adopté. Ne sait-on pas que l'ignorance, l'habitude, la misère repoussent, quelquefois pendant plusieurs siècles, les inventions les plus utiles ? D'ailleurs, ces mêmes druides qui avaient défendu de sculpter la pierre de l'autel n'auraient-ils point, par un caprice tout contraire et aussi peu raisonnable, ordonné d'employer à certains usages la pierre taillée par la main de l'homme ? Connaissons-nous assez leurs lois et leurs dogmes pour répondre négativement ? Enfin, n'est-il pas probable que les armes de pierre et celles de métal ont été d'usage ensemble, au moins pendant un certain temps, puisque dans le même tombeau, plus d'une fois on a trouvé réunies, près du mort, la hache de silex et l'armure de bronze ? Voilà sans doute d'assez graves motifs de suspendre notre jugement sur l'âge des pierres trouvées à Ecornebœuf. Croyons cependant que les plus anciennes datent d'un temps de barbarie ; la chose parle d'elle-même ; mais convenons aussi que l'usage de ces armes a pu se perpétuer beaucoup plus longtemps qu'on ne l'imagine.

NOTICE DE 1819. — *Des armes et objets de bronze découverts à Périgueux.* — Le coteau d'Ecornebœuf où nous avons re-

cueilli tant d'armes et d'instruments en pierre, nous en a
fourni pareillement un assez grand nombre en bronze. A la
vérité, nous n'y avons trouvé aucune arme entière qui fût
de ce métal ; mais on y rencontre assez souvent des débris
de lames de poignards ou d'épées qui conservent encore la
trempe gauloise. Outre ces fragments, nous avons retiré du
même endroit quelques ciseaux de cuivre trempé, beaucoup
de fibules d'une forme particulière, des styles à écrire, des
poinçons, des aiguilles recourbées, une quantité considérable
d'anneaux, les uns trop petits pour avoir jamais servi de bagues, les autres assez grands pour avoir été employés comme
bracelets. Parmi ceux-ci, on en voit de plats qui sont grossièrement cisclés ; quelques-uns ont leur baguette ronde,
mais creuse : ce n'est qu'une feuille de cuivre. Un plus grand
nombre consistent en un simple fil de laiton retourné plu--
sieurs fois sur lui-même, de manière à former un cercle d'environ 0^m054 de diamètre. Les scories, les débris de creusets, les
morceaux, même ceux de cuivre rouge non encore travaillé que
les laboureurs trouvent parfois en cultivant les pentes d'Ecornebœuf, ne permettent guère de douter que ces divers objets
n'aient été fabriqués sur le lieu où ils gisent. En 1812,
ils en rencontrèrent plusieurs morceaux qui pesaient jusqu'à
1 kilog. Depuis, il m'en ont cédé un qui pèse plus de $1^k,46$.
Le cuivre est de la plus grande beauté ; il est revêtu à l'extérieur de ce vernis brillant que les antiquaires aiment à voir
aux médailles et aux bronzes antiques.

Après les instruments de bronze, dont la trempe nous rappelle que les Gaulois possédèrent, longtemps avant les Romains, le secret de forger le cuivre, de lui donner le tranchant et la dureté de l'acier, les fibules sont de toutes ces
antiquités d'Ecornebœuf les plus dignes d'attention, ne fût-ce
que pour leur singularité. Imaginez un anneau de cuivre dont
la baguette serait équarrie, dont on aurait ensuite retran-

ché un segment d'environ 0^m,011, aiguisé les deux extrémités aux points de section, et vous obtiendrez, en idée, une
fibule semblable à celles que l'on trouve assez souvent à
Écornebœuf. Ces anneaux échancrés ont de 0^m,014 à 0^m,022
de diamètre. D'autres agrafes provenues du même endroit
consistent en une tige de cuivre terminée à chaque extrémité par une pointe aiguë, très-effilée, et recourbée comme
celles de nos hameçons. Les deux pointes sont repliées du
même côté, en regard l'une de l'autre ; la tige est ou ciselée
sur les deux faces, ou décorée de moulures faites à la lime :
un trou pratiqué au milieu de cette tige servait à passer le
nerf ou la corde destinée à porter la fibule. Un plus grand
nombre de nos agrafes gauloises ressemblent parfaitement à
celles dont les paysans du Périgord se servent encore aujourd'hui ; seulement elles sont plus fortes : j'en ai vu qui
avaient plus de 0^m,108 de long. Enfin, il en est d'assez
élégantes, composées de deux pièces à charnière, dont l'une
est l'épingle proprement dite, et l'autre un ornement qui représente tantôt une lyre, tantôt une fleur, un oiseau, un
poisson, ou quelque être fantastique. Parfois l'objet figu-
ré est des plus obscènes, tant il est vrai que les siècles
d'ignorance ne sont pas, comme certaines gens le disent, des
siècles de bonnes mœurs.

Tous ces bronzes sont d'un travail assez grossier, et je me
serais dispensé de les décrire, si, sous le rapport de l'art,
les premiers essais ne méritaient pas aussi d'être remarqués.
En voyant ces lourdes agrafes, qui n'ont pu soutenir qu'une
étoffe aussi agreste qu'elles ; en soupesant ces aiguilles, ces
épingles, ces cuivres rustiques, dont de jeunes et jolies gauloises firent peut-être leur plus belle parure ; en comparant
ce qu'étaient alors le luxe et les arts, avec ce qu'ils sont de
nos jours, nous apprécions mieux le chemin que l'industrie
humaine a parcouru dans un assez petit nombre de siècles.

Les médailles gauloises, trouvées sur différents points de l'arrondissement de Périgueux, feraient naître aussi les mêmes réflexions, si nous mettions en parallèle ces pièces antiques et nos monnaies modernes. Cependant, il faut distinguer entre les médailles gauloises antérieures à la conquête, et celles qui ne furent frappées que postérieurement à l'arrivée des Romains. Les premières sont en général du style le plus barbare; les autres sont quelquefois très-belles. Celles-là sont sans légende, sans exergue; celles-ci portent des légendes telles que le nom des peuples et des villes en caractères romains, qu'on dirait copiés sur les caractères du temps d'Auguste. Des têtes qui n'ont pas figure humaine, des coiffures toutes étranges, des haches, des roues de char, des symboles qu'un Œdipe n'expliquerait pas, des animaux sans modèle dans la nature, voilà en général ce que nous présentent les médailles de la haute antiquité gauloise, et je ne parle ici que des médailles gauloises ramassées dans l'arrondissement de Périgueux. Nous trouvons, au contraire, dans les autres, des têtes assez pures, les cheveux coupés à la romaine, des types, des images fidèlement représentées. Mais les unes et les autres ont un caractère qui leur est commun : toutes sont bombées d'un côté et un peu concaves de l'autre, comme les médailles grecques. Cette particularité nous révèlerait-elle la source où les Gaulois puisèrent leurs premières connaissances en ce genre? Je n'oserais l'affirmer. Je dirai seulement que, dans les plus anciennes médailles grecques, comme dans les anciennes médailles gauloises, le nez, indiqué par un trait saillant, se termine par un point; que d'autres points indiquent la narine, le bout des lèvres et l'extrémité du menton; que les cheveux sont massés de la même manière, et que les têtes sont aussi un peu trop grosses pour le champ de la médaille. Enfin, si je ne m'abuse, il existe une grande rsssemblance entre les médailles des deux peuples, mais seulement cette ressemblance inexplicable, qu'on saisit quelquefois entre deux figures dont l'une est charmante et l'autre fort laide.

On a découvert à Ecornebœuf des pièces gauloises de l'une et l'autre époque: parmi les plus antiques, je n'en ai vu qu'une d'argent qui fût digne de quelque attention. Elle offre une tête assez bien dessinée, et coiffée avec goût quoique d'une manière singulière : le cou est orné d'un collier en grenetis. Au revers, c'est un cheval au galop franchissant un cheval de frise, symbole commun à presque toutes les médailles trouvées à Ecornebœuf.

Les environs de Bourdeilles ont fourni quelques médailles gauloises en or et d'une très-haute antiquité ; mais le travail en est barbare. Au revers d'une tête dont les traits et la chevelure sont étranges, on croit distinguer un cheval monté par un cavalier.

Quant aux médailles accompagnées de légendes en caractères romains, la plus curieuse de toutes celles que je sache avoir été trouvées dans l'arrondissement, est un petit bronze offrant une tête jeune, passablement dessinée, et au revers un aigle aux ailes étendues avec le mot VESUNNA (Périgueux) à l'exergue. Cette médaille qui vient d'Ecornebœuf, sert à en expliquer plusieurs autres provenues du même endroit, et portant le même type au revers, mais sans légende ni exergue. Il est à remarquer que l'aigle aux ailes étendues se trouve dans les anciennes armoiries de Périgueux. Ainsi, depuis les Gaulois, cette ville aurait conservé le même type. On montrerait difficilement un écusson plus recommandable par son antiquité.

Nous ne dirons rien de plus des médailles gauloises de la seconde époque. Elles sont assez communes, tant à Ecornebœuf que dans les jardins de l'ancienne cité. Toutes sont déjà connues, hors une que je crois inédite. Elle présente, d'un côté, une tête de femme jeune, coiffée d'un diadème en perles; on lit à la légende : VOICA. Au revers, c'est une femme debout, et une palme devant elle.

Ces pièces gauloises avec des légendes romaines ne sont pas intéressantes seulement sous le rapport de l'art; elles le sont encore, surtout pour nous, comme étant les derniers monuments d'un peuple duquel nous n'avons point à rougir de descendre. La Gaule qui venait d'adopter le goût, les arts, et jusqu'aux vêtements des Romains, ne tarda pas à devenir la proie des barbares : ils la désolèrent pendant plusieurs siècles, durant lesquels les souvenirs de l'antique religion, du gouvernement, de l'histoire nationale et de la destination des monuments primitifs, s'effacèrent pour jamais de la mémoire des hommes.

NOTICE DE 1824. — *Armes et objets en pierre et en bronze découverts en Aquitaine.* — On trouve encore quelquefois, dans l'ancienne Aquitaine, des pointes de flèches, des haches et autres instruments en pierre, qui appartiennent à l'époque gauloise, et dont la fabrication paraît avoir précédé la connaissance des métaux, ou du moins leur usage général. Les communes de Saint-Médard, de Saucats, de Salles, etc., nous ont fourni plusieurs pointes de flèches. A Labrède, nous avons trouvé deux haches ; nous en possédons d'autres recueillies à la Pointe-de-Grave, et nous en connaissons qui proviennent de Bourg et de Sainte-Foi. Partout, les paysans qui les rencontrent donnent à ces pierres taillées le nom de *pierre d'orage.* Une découverte plus intéressante que ces faits isolés, est celle que nous avons faite près de Périgueux, sur le coteau d'Ecornebœuf et sur celui de la Boissière, voisin du précédent, dont nous avons suivi les résultats pendant trois ans. Déjà on en a parlé dans la *Ruche d'Aquitaine* et dans la *Minéralogie appliquée aux arts,* par M. Brard ; mais nos abonnés nous permettront de revenir sur ces détails. Notre *Musée* n'est-il pas leur place la plus naturelle ?

Les Romains ont jadis campé sur la Boissière, et le lieu porte encore le nom de *Camp de César*. D'ailleurs, des médailles, des moulins en pierre et à bras, des débris d'armes, trouvés sur la place; enfin, des retranchements qui existent encore en partie ne permettent aucun doute à cet égard. Le sommet et le plateau d'Ecornebœuf présentent d'autres travaux militaires, d'autres débris, en général tout différents des premiers. Un grand nombre de médailles gauloises me portaient déjà à reconnaître ici un établissement gaulois, lorsqu'en 1810, je résolus d'étudier plus particulièrement l'endroit.

Je visitai donc soigneusement le coteau et j'y revins souvent. D'abord, je ne rencontrai que des traces romaines ; quelques paysans m'apportèrent même des médailles de Dioclétien et de Constance II, trouvées, disaient-ils, sur les lieux. J'aurais peut-être renoncé à mes recherches, si l'aspect noir et brûlé du terrain n'eût encore piqué ma curiosité. La terre était jonchée de fragments de vases; dans quelques-uns, je reconnaissais la fabrique et quelquefois des marques romaines ; mais le plus grand nombre m'offraient une autre argile, des formes toutes différentes et des caractères d'une plus haute antiquité, caractères plus aisés à sentir qu'à décrire. Je me perdais en conjectures, lorsqu'un jour j'entrepris de fouiller à l'endroit même où les débris se montraient en plus grand nombre. Après quelques coups de pic, mon ouvrier retira de la terre une hache en pierre d'un très-beau poli. La partie antérieure manquait; mais l'instrument était reconnaissable. J'en fis remarquer la forme à mon homme. Il se rappela aussitôt en avoir vu d'autres dans le même champ, où il était ordinairement occupé aux époques des semailles et de la moisson. Je parcourus les fermes voisines, montrant ma hache à leurs habitants ; tous se souvinrent aussi d'avoir vu plusieurs de ces pierres dans leurs cultures. Ils promirent de me conserver celles qu'ils trouveraient à l'avenir.

En peu de temps, je me trouvai possesseur d'un assez grand nombre de ces haches. Dans l'espace de trois ans, j'en ai recueilli trente entières et plus de deux cents en débris. J'ai retiré du même coteau plus de cinquante pointes de flèches, de javelots ou de lances en silex, d'autres instruments et beaucoup de pierres de fronde. Depuis, quelques curieux, à mon exemple, ont recueilli à Ecornebœuf ces pierres taillées, et en ont rassemblé un nombre encore plus considérable.

Je ne puis mieux donner une idée exacte des haches dont il s'agit, qu'en les comparant à un coin de forme pyramidale........ Maintenant, si je m'arrêtais à de légères différences, il me serait facile de distinguer plusieurs autres espèces de pierres taillées, trouvées à Ecornebœuf; mais en matière de pure curiosité, on ne saurait être trop économe de sous-divisions et de paroles. Je remarquerai, cependant, plusieurs débris de couteaux ou de poignards et un fragment de marteau en roche amphibolique et l'analogue a été trouvé en Danemark, dans un tombeau.

Je n'ai découvert, dans le département de la Gironde, que des flèches et des haches, et j'ai déjà indiqué les lieux d'où elles proviennent; les flèches sont en silex, ou blond ou noirâtre; du reste, elles sont parfaitement semblables à celles d'Ecornebœuf. La rareté du silex dans le département de la Gironde me porte à croire que ceux-ci sont originaires du département de la Dordogne. La matière des haches, étrangère aussi à notre département, nous révèle d'autres relations. Elles sont d'un jaspe verdâtre: les deux que j'ai trouvées à Labrède sont en basalte.

Ces pierres avaient-elles des destinations particulières, chacune en raison de sa forme? Comment s'en servait-on? A quelle époque cessa leur usage?.......... J'aimerais mieux rechercher à quelle époque les Gaulois abandonnèrent ce genre d'armes offensives; mais comment en parler avec quelque certitude? Je sais qu'un savant estimable, M. Dutrochet, dans les *Annales de Millin*, Janvier 1818, p. 86, a prétendu que les haches gauloises dataient au moins de 3000 ans; il eût sans doute donné le même âge aux flèches et aux javelots d'Ecornebœuf, s'il les eût connus. Cette antiquité est-elle bien réelle? Quand on accorderait, comme le dit le même écrivain, que les Gaulois se servaient d'armes de métal il y a plus de 2000 ans, s'ensuivrait-il que l'immense population qui couvrait les forêts et les pâturages de la Gaule eût aussi, dès-lors, renoncé à ses usages héréditaires; qu'elle eût jeté loin d'elle le silex de ses aïeux afin de lui substituer le bronze, matière toujours trop peu commune pour n'être pas d'un assez haut prix? Le mieux est longtemps connu avant d'être généralement adopté............ Quoi qu'il en soit, une chose très-remarquable, c'est la grande ressemblance qui existe entre ces pierres taillées et certaines armes ou instruments antiques de bronze, qu'il n'est pas rare de trouver dans les Gaules.

SUITE DE LA NOTICE DE 1824. — En considérant le grand nombre de haches, de flèches et autres instruments en pierre trouvés à Ecornebœuf, on serait tenté de conjecturer qu'à l'endroit il y eut jadis une manufacture d'armes de ce genre. Les différences que l'on remarque entre ces pierres, dont les unes sont polies, les autres à peine dégrossies, d'autres presque terminées, d'autres retaillées après quelque fracture et la rencontre que nous avons faite, sur les lieux, de plusieurs carreaux d'une roche excessivement dure, usés sur une de leurs faces, comme si l'on s'en fût servi pour polir, toutes ces données semblent venir à l'appui de la conjecture qui vient d'être hasardée. Cependant, nous ne nous dissimulons pas que le long séjour d'une peuplade gauloise à Ecornebœuf, expliquerait également tous ces faits. Au surplus, le même coteau nous a fourni des indices d'une autre espèce de fabrique.

La charrue qui, en retournant le sol d'Ecornebœuf, déterre

si souvent des armes en pierre, rend aussi quelquefois au jour divers instruments de bronze, tels que des anneaux, des bracelets, des stylets à écrire, des fibules de différentes formes, des pointes de javelots et de poignards, des fragments de lances, des ciseaux et autres instruments tranchants auxquels les Gaulois savaient donner la force et la dureté que nous donnons, par la trempe, au fer et à l'acier. Ces bronzes se trouvant à Ecornebœuf au même niveau que les haches en pierre, et avec un assez grand nombre de médailles gauloises, sont probablement de la même époque. La grossièreté du travail répond d'ailleurs à cette date. Les instruments tranchants sont les seuls qui paraissent ne pas appartenir à l'enfance de l'art...... Les seuls instruments coupants et de bronze que nous ayons trouvés entiers à Ecornebœuf, sont de petits ciseaux dont la tige, longue d'un à deux pouces, est terminée, d'un côté, par un tranchant de deux à trois lignes de large; l'autre extrémité, faite en pointe, servait à les emmancher. Leur petitesse et leur tranchant, très-vif encore, ne permettent guère de les confondre avec des stylets à écrire.

Quant aux poignards, dont nous n'avons rencontré que des pointes et des fragments, ils ressemblaient, à en juger par ces débris, aux poignards de bronze dont la gravure a été donnée dans la Minéralogie de M. Brard. Ceux-ci furent trouvés au nombre de quatre, en 1810, à 4m80 de profondeur, près Loriol, département de la Drôme, entre St-Fond et Fucinet, près la grande route de Marseille, au lieu même où les géographes placent l'ancienne *Brancia*, non loin du *Camp d'Annibal.* La découverte de ces quatre beaux poignards fut l'effet d'un heureux hasard. Ils étaient couchés en terre, les uns au-dessus des autres, dans le lit d'un torrent. Une grande pluie ayant fait déborder le torrent, les eaux emportèrent la terre et mirent à nu les quatre pommeaux. Un paysan les aperçut..... Il les arracha du sol comme d'une gaîne, en porta trois au

géologue M. Faujas qui était alors à St-Fond, et vendit le quatrième. Celui-ci devint aussi, dans la suite, la propriété de
M. Faujas. L'un des quatre poignards qu'il possédait était
un peu plus orné que les autres. La lame, près de la poignée,
se montrait enrichie d'une double dentelure ; huit clous au
lieu de six, la fixaient à la poignée.

Leur longueur varie de $0^m,243$ à $0^m,351$ sur une largeur de
$0^m,54$ à $0^m,67$, au point où le manche vient embrasser la lame.
Ils ressemblent, par la matière, la forme et les ornements, à
un autre poignard que l'on a trouvé près de Périgueux, encore
engagé dans le corps d'un squelette, découverte qui fut faite
il y a environ quarante ans. Ils ressemblent aussi à ceux que
l'on sait avoir été retirés du lac de Genève, près la *Pierre de
Niton* (Neptune), bloc de granit qui paraît avoir servi d'autel,
et l'un de ceux-ci est conservé dans le Musée de Lyon. La
lame de tous ces poignards, hors un seul, est un peu bombée
et décorée de filets dont la défense de l'espèce de requin,
connu sous le nom d'*espadon*, semble avoir fourni le modèle.
On remarque les mêmes filets et le même bombé dans les
débris trouvés à Ecornebœuf. Il est donc permis de croire
que toutes les armes de bronze sont d'origine gauloise.

Les Gaulois eurent aussi des poignards en pierre. Ecornebœuf ne nous en a fourni que des fragments ; mais nous en
possédons un parfaitement conservé, découvert en Danemark,
dans une sépulture où se trouva pareillement une médaille
d'or, nouvel indice de la coexistence des armes en pierre et
du travail des métaux. Nous devons ce beau poignard à un
Danois, l'estimable M. Vent. La pièce a $0^m,234$ de long et
$0^m,054$ de large près du manche, et sa lame est légèrement
bombée. Il en existe un autre, également en silex, dans le cabinet des Antiques du Palais-des-Arts, à Lyon ; mais il n'est
pas aussi bien soigné. Ce n'est, pour ainsi dire, qu'une simple
lame.

Maintenant, que l'on compare cette arme aux poignards de

Faujas, et l'on saisira peut-être entre eux plusieurs traits de ressemblance; mais il en existe de plus marqués entre les haches de pierre et certains instruments de bronze, découverts en assez grande quantité dans le département de la Gironde.

—

A ces extraits des notices de M. Jouannet, M. Guillebot de Nerville a ajouté les indications minéralogiques et archéologiques suivantes dont chacun comprendra facilement la valeur.

« Les objets de pierre que je vois ici, dans les collections, sont identiques, pour les formes, à ces haches et armes en amphibolites ou autres roches cornées, vertes, qu'on voit à Lyon, à Dijon et ailleurs, dans les musées. La matière est pareille; on le comprend. Ici abondent tellement les silex de la Creuse que toutes les routes en sont ferrées, et quant aux quelques haches, pertuisanes et franciques, plus rares, de nos collections, elles m'ont paru être en amphibolites, en leptynites et en eurites de la Haute-Vienne. Les poignards en silex montrent parfois exactement la même forme que ceux en bronze qui ont dû les suivre après des siècles. On en trouve notamment dont le manche en silex est arrondi, mais dont la lame, de même matière, est grossièrement triangulaire, avec une arête médiane, le tout ayant de $0^m,30$ à $0^m,35$ au plus de longueur. »

« Au surplus, les objets recueillis par M. Jouannet, actuellement entre les mains d'un archéologue de Périgueux, ne sont pas plus explicites que ses notices au point de vue géologique. Il s'agit simplement d'armes et d'ustensiles ayant dû servir aux peuplades qui habitaient les forêts de la Gaule; mais rien de cela n'est antédiluvien. Aucun outil ne représente ces silex grossièrement taillés, trouvés pêle-mêle dans les grottes avec les ossements d'*ursus spœleus*, etc. Et d'ailleurs, du temps de M. Jouannet, la science n'était pas encore assez avancée pour qu'il pût en tirer les déductions auxquelles sont arrivés M. Boucher de Perthes et autres géologues déjà mentionnés. »

L'ancienne minéralogie française de Valmont de Bomare indique une *pierre du Périgord ou de Périgueux* qu'elle désigne encore sous les noms de *Peyre de coulouro* et de *Lapis petracorius*. D'après notre auteur , ce serait une matière de formes et de propriétés peu constantes, dure, quelquefois poreuse, fragile, d'un noir jaunâtre ou noire comme du charbon, qui se trouve répandue à la surface des terres, dans les bois, les vallons et autres lieux. Relativement à son origine, il s'explique en déclarant que l'on est porté à croire qu'il existait, dans ces endroits, de petites forges portatives dont le feu n'étant ni assez fort ni assez continu pour réduire complètement le minerai, laissa une sorte de scorie ou mâchefer (matte de fer). Ces indications devaient certainement fixer mon attention après tout ce que nous ont déjà appris les scories de Chypre, de l'île d'Elbe et du Campiglièse. J'eus donc encore une fois recours à M. Guillebot de Nerville qui m'expédia un sac d'échantillons dans lesquels je pus reconnaître des produits du genre des scories d'affinage. A cet envoi, il ajouta les notes suivantes :

« Le fer hydroxydé géodique abonde dans le Périgord où ses gîtes sont distribués par groupes, à Excideuil, Hautefort, Bergerac, Nontron. Entre ces amas principaux se placent un grand nombre de gisements moins considérables qui ont également été exploités à diverses époques et d'où l'on extrait encore aujourd'hui du minerai. Les travaux, par puits et par galeries, des minières d'Excideuil font rencontrer de vieilles excavations qui montrent que l'on extrayait seulement les minerais les plus lourds et les plus rocheux , les autres qui étaient pulvérulents ne pouvant pas se traiter aussi facilement dans les fourneaux alors en usage. »

« Indépendamment de ces formations naturelles, le territoire d'Excideuil contient sept ou huit monceaux principaux de scories (crassiers), provenant évidemment d'anciens *fours à bras*.

Celui de Hautefort en présente cinq ou six au moins. D'énormes amas existent également à 12 ou 15 kilomètres vers le
nord-est de Périgueux, dans la localité nommée Bos-Picat,
au sommet d'une colline boisée qui sépare le village de
Laurière du bourg de Cubjac. Quoique la route en ait été
pavée depuis longtemps, sur une grande longueur, les amoncellements paraissent inépuisables. Des tas semblables se
montrent dans le voisinage des minières de Bergerac. Enfin,
j'en ai rencontré un, l'an dernier, près de la limite de la
Haute-Vienne, sur la commune de St-Martin-de-Fressengeas,
qui devait s'alimenter des minerais de Nontronais. Au surplus, les crassiers sont quelquefois très-loin des mines. »

« Ces produits ont un aspect particulier. Souvent, ils tiennent le milieu entre les laitiers des hauts-fourneaux et les
scories d'affinage en se rapprochant plus de ces derniers.
D'autres sont très-cristallins et en partie dévitrifiés. En général, ils sont peu homogènes et contiennent du sable siliceux, non fondu, qui leur donne l'aspect d'un grès. D'un noir
parfait ou bleuâtre dans l'intérieur, leur surface présente fréquemment des irisations provenant de l'action de l'air. Je
les considère comme gallo-romains. Néanmoins, dans le
pays, on leur attribue, probablement à tort, une origine infiniment plus récente. Un habitant d'Excideuil, âgé de 80 ans,
affirme qu'à l'époque où il n'avait encore que 10 à 12 ans, son
grand-père, vieillard de 90 ans, disait avoir travaillé dans
une forge à bras installée dans les bois d'Excideuil. Au fait, il
n'y aurait rien d'impossible à ce que la *méthode catalane à
bras* eût conservé un ou deux spécimens dans le Périgord,
jusque vers 1710 ou 1750. »

En dernière analyse, le Périgord paraît appelé à devenir
un pays classique à l'égard des anciennes fabrications, puisque, dès à présent, nous y voyons accumulés les ateliers où
l'on façonnait des pierres diverses, le bronze, et, de plus, un

remarquable développement du travail du fer. Il est même impossible que de si vastes et si nombreux monceaux ne renferment pas dans leur sein et jusque dans leurs couches les plus profondes, une foule d'outils ou d'objets qu'il suffirait de recommander à l'attention de MM. les Conducteurs des ponts et chaussées pour les mettre bientôt en évidence, tout comme cela est arrivé pour les déblais des excavations de Rio dans l'île d'Elbe, pour les amoncellements de la Fucinaja de Campiglia, pour les tumulus, les tombes de divers peuples, et même pour les tas d'huîtres et autres coquilles du Danemark, dès que l'on a songé à s'en occuper. En notant l'étage où les pièces auront été pour ainsi dire emmagasinées, on arrivera à préciser l'ordre chronologique de leur confection, et il faut espérer que le Gaulois ne se montrera pas arriéré par rapport aux Grecs et aux Etrusques.

J'appuie cette proposition en indiquant une suite d'autres données que j'ai pu recueillir sur les gîtes de ces crassiers. En général, il en existe partout où se trouvent des endroits nommés *Fours, Fourneaux, Fournets, Ferrières, la Ferrière*, désignation habituelle des anciennes fonderies, forges et mines de fer, de même que les mots *Fèvre* (orfèvre), *Faivre, Favre, Fabre, Fabert*, décèlent des descendants d'anciens métallurgistes. *Fabricando fit faber*. Cependant, afin d'apporter plus de précision, je relate d'abord les indications de M. Guillebot de Nerville.

Sur les riches gîtes de Thostes et de Beauregard (Côte-d'Or), il a constaté d'abord l'existence de 76 à 80 monceaux gallo-romains dont l'âge est parfaitement caractérisé par les *tuiles à rebords* et les débris de toute espèce qui les accompagnent. Non loin de ces mines, près de Lamotte-Ternant et de Saint-Agnan-la-Chapelle (Nièvre), existent, en outre, deux *stuckofen* ou *flussofen*. Le dernier, surtout, est très-bien conservé. Ces appareils qui, d'après mes détails préliminaires au sujet de la métallurgie du fer, indiquent déjà un grand progrès, ont été l'objet d'une notice historique sur les forges de la Côte-d'Or dont notre savant a fait la publication textuelle, mais sans nom d'auteur, dans le *Compte-rendu des travaux des Ingénieurs des mines de 1842*, où il sera facile de la reconnaître. Il y était également fait mention de crassiers gallo-romains du canton de Précy-sous-Thil.

Dans ma récente excursion aux environs de Digoin, j'appris que, de tous côtés, des scories sont éparpillées au milieu des bois établis sur le plateau qui s'étend vers Chizeuil. Déjà antérieurement, j'en avais rencontré, dans les vallées du Royannais (Drôme), non loin de mines qui ont été largement exploitées. Il me faut aussi mentionner un tas qui existait encore vers 1828, en aval de Péchadoire, près de Pont-Gibaud en Auvergne. Celui-ci se recommandait à l'attention à cause de son exiguité ; cette circonstance démontre combien peu les anciens métallurgistes étaient embarrassés à l'égard de l'établissement de leurs appareils. Enfin, un autre gisement curieux est celui qui a été observé par M. Lortet, au sommet de la montagne de Fenouillet, entre Hyères et Toulon, car pour se rendre compte du choix de cet emplacement assez étroit et passablement élevé au-dessus du littoral voisin, il faut admettre qu'il a été motivé par le désir de profiter des brises maritimes afin de remplacer les soufflets.

A l'égard des Alpes, j'ai obtenu de M. l'ingénieur Hippolyte Lachat, et avec l'appui de M. Sevez, Essayeur à Chambéry, une autre série de renseignements dont l'intérêt réside dans les dates et surtout dans l'indication des hauteurs auxquelles se trouvaient certaines fonderies. — Sur la rampe du Mont Cenis, à gauche de la route, on trouve beaucoup de scories de fer, à environ 1800 mètres d'altitude. Elles proviennent probablement du traitement des minerais spathiques du Plan-de-l'Eau (route de la Vanoise), ainsi que des oligistes de Thermignon et de Bonneval, près du Mont Iseran. Ici se développent de vieux travaux connus sous le nom de *Mine d'Othon*. Les forêts existent encore à Thermignon, même à Lans-le-Bourg; mais on sait qu'il n'y en a plus au Mont Iseran. — Au sommet du Montgirod (Tarentaise), scories nombreuses à environ 2600 mètres d'altitude, dans une prairie où affleure un filon d'oligiste micacé, attaqué par de vieux travaux. On ne voit pas de forêt à ce niveau ; il n'y existe pas davantage de cours d'eau, d'où il suit que le fer devait être obtenu dans de bas-fourneaux soufflés à bras. — Dans la plaine de Bissorte, sous le Mont Thabor, commune d'Ocelle (Maurienne), à environ 2600 mètres d'altitude, les falaises d'une prairie marécageuse contiennent un beau filon de fer spathique laminaire qui fut exploité de 1646 à 1845. En outre, des scories sont entassées à l'entrée de cette tourbière, et elles sont d'une époque antérieure à la première de ces dates, à partir de laquelle les minerais furent descendus aux usines de Laprat, aujourd'hui existantes, mais inactives. Du reste, le gîte, de même que les scories, sont placés au-dessus de la végétation forestière, et, comme on devait consommer au moins 400 kilog. de charbon pour 100 kilog. de fer, dans les bas-fourneaux, il y avait évidemment avantage à descendre le minerai plutôt qu'à monter le combustible. Cette circonstance porte à conclure qu'aux niveaux de Montgirod aussi bien que de Bissorte, des forêts existaient jadis, aperçu qui est d'ailleurs confirmé, pour ce dernier point, par la présence de grands troncs de sapin ou de mélèze, couchés au milieu de la nappe de tourbe fibreuse en formation sur cette plaine élevée. De là un ensemble de données dont il est permis de conclure que les scories elles-mêmes remontent à une haute antiquité.

Le côté purement utile des documents précédents n'exige pas d'explications ; mais dans ma pensée, ils devaient se rattacher à des considérations météorologiques au sujet des variations séculaires du climat des Alpes, à l'extension des glaciers depuis les temps historiques, et par suite, à la destruction de quelques anciennes forêts. Les aperçus à ce sujet se présentent tantôt sous une forme légendaire, tantôt ils sont appuyés sur des faits positifs. Pour les premiers, je prends quelques renseignements dans la partie suisse de ces montagnes.

D'après M. de Tschudi, un orgueil démesuré, l'ingratitude, l'adultère passent, dans cette contrée, pour être les causes de la stérilité et de la dévastation que les glaciers envahissants font naître autour d'eux. La femme coupable s'appelle ordinairement Katri. Elle chante une strophe lugubre pendant que tintent les clochettes de ses vaches, et que son petit chien noir, Rin, aboie sous les amoncellements neigeux. D'autres récits veulent que la superbe ait poussé l'insanité au point de faire construire l'escalier de son chalet avec des pains de fromage. Ce luxe est sans doute bien mesquin à côté des boules de cristal et des queues de paons de la belle Cynthie; mais tout est relatif, et il devait être puni d'une façon éclatante. A côté de cela, intervient le Juif-Errant qui, arrivé au sommet d'une montagne, telle que le Cervin, d'où il découvre une ville enchanteresse, cachée sous les vignes et les arbres, lui prédit qu'à un de ses futurs retours, ses ruines seront couvertes de tristes produits météorologiques:

Et quand je reviendrai pour la troisième fois,
C'est en vain que je vous chercherai, prés fleuris,
Vignes parfumées, vallées verdoyantes.
On ne verra plus ici que les déchirures aiguës
Du glacier blanc et vert sombre
S'échelonner tristement contre le ciel.

De ces souvenirs poétisés, passons à la réalité. Alors, M. de Charpentier nous apprendra qu'un glacier a barré le passage qui menait de Zmutt et Ferpecle à Zermatt; que plus

loin, la traversée entre le Grand St-Bernard et le Simplon, par
le Mont Moro, est devenue impraticable. Puis , M. de Vignet
nous fera connaître, pour la Savoie, des vestiges de chemins pavés, de voies romaines dans les cols actuellement
impraticables. On a même trouvé des inscriptions latines au
milieu des glaces et des neiges dites éternelles. D'ailleurs, la
botanique vient confirmer ces données, car certaines plantes
ont disparu ou tendent à disparaître. Ainsi, la châtaigne
d'eau *(trapa natans)* et le nénuphar nain qui croissaient en
abondance dans les lacs de la Suisse, du temps de l'Age de la
pierre, n'y existent plus actuellement, et, d'un autre côté, les
forestiers du pays constatent la disparition progressive du
pinus cembro, arbre dont les excellentes qualités font regret-
ter la perte.

Ces premières indications permettent de conclure qu'un
climat passablement tempéré régnait sur ces hauteurs, au
moins durant le laps de temps écoulé depuis le passage d'Annibal jusque dans les temps de la domination romaine, et
qu'il ne s'est détérioré qu'à partir d'une époque assez récente.
Mais, pour remonter aux époques anté-historiques, on trouvera, sur une foule de points des vallées alpines, des traces
d'anciennes moraines glaciaires dont MM. Collomb et Martins
firent l'objet de leurs études. Je connais également près du
col des Fours, et mieux encore aux Avanchers, en amont de
de Chamouni, un vaste amoncellement morainique. Ce dernier, surtout, ne peut provenir que d'une immense nappe de
glace qui couvrait toute la partie supérieure de la vallée de
l'Arve. Bien plus , des monceaux du même genre, disposés les uns à la suite des autres, conduisent encore à admettre
les progressions et les retraites successives des glaciers, de
façon qu'en définitive, rien n'est plus évident que les oscillations du climat alpin et peut-être de quelques parties de l'Europe auxquelles les récits de certains historiens portent à

faire attribuer une température plus froide que ne l'est celle des temps actuels.

N'est-il pas piquant de voir, d'après cela, les hautes cimes des Alpes jouer le rôle de thermomètre *à maximâ* et *à minimâ*, dont les moraines sont les *index*? Mais la physique seule étant incapable d'aller au-delà, l'archéologie est appelée à trancher ces questions d'âges et de vicissitudes atmosphériques qui divisent encore les géologues, en trouvant dans les scories, dans les instruments de pierre ou de bronze, des éléments suffisants pour fixer définitivement les opinions. Du moment où les silex des environs d'Abbeville et d'Amiens, si laborieusement observés par MM. Boucher de Perthes, Delanoue et autres observateurs, ont démontré l'existence de l'homme avant l'arrivée des torrents diluviens qui encombrèrent les dépressions du pays, on ne voit pas pourquoi MM. les savants de la Savoie et de la Suisse n'arriveraient pas à des conclusions correspondantes, dès que, quittant les stations lacustres, ils porteront leurs investigations sur les moraines et les alluvions si bien caractérisées dans quelques-unes des hautes vallées du pays.

Les Phocéens, en s'établissant à l'embouchure du Rhône, six siècles avant l'ère chrétienne, ou bien les Kymris, en envahissant une partie de l'Occident, pendant le iv° siècle avant J.-C., passent pour avoir introduit l'usage du fer dans les Gaules. Les armes des Helvètes qui s'emparèrent de la Suisse étaient identiques à celles des soldats de Brennus pendant l'occupation de Rome. Ils avaient des glaives, longs sabres sans pointe avec des poignées très-grandes, et leurs hallebardes étaient munies d'un fer de 0^m,50 de longueur. Les fouilles récentes exécutées à Alise, l'antique Alesia de César, ont fourni, de plus, des pointes hameçonnées, en fer, *hami ferrei*. Enfin, MM. Carton et Delacroix de Besançon sont parvenus à découvrir, dans le sein d'un tumulus peu élevé, des

ensevelissements de l'époque romaine, superposés à des sépultures gauloises du premier Age du fer. Ils tranchèrent
ainsi la question d'une civilisation possédant le fer et antérieure à l'arrivée des Romains. Alors, l'Aurochs, l'*Urus* de
César (LIV. 6), taureau sauvage de grande taille, d'une force
prodigieuse, d'une extrême agilité, existait encore dans le
pays. La jeunesse gauloise s'endurcissait à la chasse du redoutable animal dont on conservait les cornes comme une
marque de courage et d'adresse. Elles étaient aussi garnies
d'argent pour servir de coupes dans les festins. On présume
qu'il faut rapporter, à cette espèce, des cornes de dimensions
extraordinaires que des pêcheurs retirèrent de la Seille en
août 1840. Elles adhéraient encore à la tête, et quoique les
extrémités fussent brisées, leur développement total atteignait $0^m,75$, non compris la partie intermédiaire du crâne
qui elle-même avait $0^m,33$ de largeur. A cette même époque,
les Gaulois connaissaient l'écriture; la faux était inventée, et
les Romains recevaient d'eux beaucoup de blé.

Dans le Moyen-Age, les moines qui sauvèrent du naufrage
de la décadence de l'Empire romain une foule de débris historiques et littéraires, contribuèrent, en même temps, à la
conservation de l'industrie du fer. Devenus les possesseurs
des vastes forêts qui s'étaient implantées sur la Gaule rendue presque déserte, ils employèrent leurs bois à la fusion
des minerais contenus dans leurs domaines, et l'on a dû comprendre qu'ils étaient métallurgistes aussi habiles que pouvaient le permettre les connaissances de leur époque. Mais
comme celle-ci correspond à une période héroïque, accompagnée de sa mythologie, il ne sera pas inutile de faire ressortir ses identités et ses différences par rapport à la phase analogue de l'antique Grèce.

Au point de vue fabuleux, il est évident que les paladins de
la Table-Ronde et de Charlemagne, les Quatre fils Aymon,

Oger le Danois, Lancelot du lac, Astolphe, Amadis de Gaule, etc., sont la reproduction des Thésée, Pirithoüs, Jason, Bellérophon, etc., chercheurs d'aventures, redresseurs de torts, exterminateurs de monstres, qui chevauchaient par le monde, ramassant le métal à l'occasion. Dans le même sens, Clorinde, Marphise, reportent à Penthésilée, Antiope et Thomyris. Pareillement, les fées Logistille, Mélusine, Morgane, Alcine, les magiciens Merlin, Maugis, etc., remplacent Médée, Circé, les Syrènes et les sorciers cabirides, Protée et autres. Les coursiers Rabican, Bride-d'or, Frontin, Alphane, Bayard, les licornes et l'Hyppogriffe, font ressouvenir de Pégase, des dragons, des aigles, montures des dieux, des héros, en même temps que des autres bêtes de trait employées au tirage des chars dans lesquels se pavanaient les déités de l'Olympe. L'anneau magique dont l'emploi rendait invisibles Armide et Bradamante, rappelle les bagues de la Samothrace. Enfin, le vertigineux bouclier d'Atlant n'est qu'une imitation de celui de Persée, garni de la tête de Méduse dont l'aspect pétrifiait.

Eh bien ! à côté de ces similitudes, viennent les divergences, et celles-ci se manifestent surtout dans les métaux essentiels. La tour de Danaé était d'airain, tout comme aussi était en airain le taureau dans lequel Phalaris, tyran de Sicile, faisait griller à petit feu des hommes vivants pour entendre leurs cris de douleur qui, au travers de ses parois résonnantes, simulaient les mugissements de l'animal. Et quand Thésée, quittant Trézène pour se faire connaître de son père Egée, rencontra, près d'Epidaure, l'affreux Périphétès, il le surprit en flagrant délit d'assommement des passants avec une massue. Celle-ci était en cuivre, et le héros eut le temps de s'assurer de sa composition chimique, puisque après avoir tué le scélérat, il la conserva comme souvenir de sa première victoire. On le voit donc, dans le temps de la chevalerie, le cuivre et ses alliages sont pour ainsi dire annulés, et il s'agit

même, à peine, du fer. Les murs du château d'Atlant étaient
d'un acier poli, vivement resplendissant, trempé dans les
ondes du Styx et rendu tellement dur que la rouille ne pouvait pas le ternir. D'acier plus dur que le diamant étaient
certaines armes. La Balisarde d'acier perçait, pourfendait fan-
tassins et cavaliers, découpait les casques. Et par-dessus tout,
le plus fin acier composait la Durandal qui, lancée à travers
les rochers de la vallée de Roncevaux, pratiqua, d'un seul
coup, la fameuse brèche de plus de 100 mètres d'ouverture,
décorée du nom de son confectionneur, le paladin Roland.
C'est une *Pierre-scize* à ajouter aux autres, et ceux qui vou-
dront vérifier la nature de la lame, pourront l'aller voir à
Rocamadour (Lot), où elle est conservée, tout comme celle
du Cid est déposée à Madrid.

Remarquons actuellement que ces armes si parfaites, même
en faisant la part des exagérations poétiques, se rattachent à
une phase essentiellement guerrière, durant laquelle l'industrie du forgeron devait se tourner pleine et entière du côté
de la fabrication des instruments défensifs et offensifs de la
meilleure trempe. Il en fut certainement de même du temps
des Curètes et des Cabires que leur genre de travail assujet-
tissait à satisfaire aux exigences d'une ère non moins belli-
queuse. La différence est que ces derniers travaillaient surtout
en bronze, tandis qu'en vertu du progrès, nos moines métallurgistes du Moyen-Age, autres Cabires, façonnaient l'acier
dont la prééminence s'est soutenue jusqu'à l'époque de l'invention de l'*hydre du genre humain*, la poudre à canon.

Celle-ci, après avoir été imparfaitement fabriquée pour les
fusées des Chinois, depuis un temps immémorial, fut probablement améliorée ou importée en Europe dans la seconde
moitié du xııe siècle par les Arabes de l'Afrique septentrionale.
Albert-le-Grand et Roger Bacon l'ont décrite comme une
chose connue, et leur élève, Barthold Schwarz, qui vivait au

xive siècle, passe pour avoir imaginé d'employer sa force explosive dans les bouches à feu. D'après un registre de la chambre des Comptes, le canon servit en France dès l'année 1338, pour le siége d'une forteresse, et l'on sait qu'il joua un grand rôle, entre les mains des Anglais, dans la funeste bataille de Crécy en 1346. Bertrand Duguesclin vécut dans cette période de transition dont le côté épique laisse voir avec intérêt les chevaliers faisant encore le coup de lance, après un défi en règle, de même que les chefs grecs et troyens, sur les bords du Scamandre. Dans l'attaque des places, on entamait les murs avec des pics, avec de gros marteaux de fer et d'acier ; on se servait d'arbalètes, de flèches, de haches. On y jetait des boules de fer ou de plomb, et des mangonneaux, espèces de catápultes, lançaient de lourds carreaux de pierre dont les assiégés amortissaient les coups avec des ballots de laine. D'ailleurs, pour leur défense, ceux-ci avaient des pots pleins de chaux vive, d'huile, de poix, de soufre enflammés, et même au siége de Melun, le *bascon deschargea sur lui* (Du Guesclin) *et sur son eschielle un grand quaque tout plein de cailloux.* Mais, en même temps, on avait des *canons qui fort trayent* et dont la manœuvre était encore si imparfaite, qu'après chaque coup, un hérault avait le temps de sortir du fort et d'essuyer, avec une serviette bien propre, l'endroit frappé, en disant aux assiégeants : « Ne gâtez donc point nos belles murailles. » Enfin, il faut rappeler qu'après la prise de la tour de Rouleboise, le connétable la fit sauter par une mine. Ensuite, ses mineurs parvinrent, avec une galerie, sous la tour de Melun qu'ils firent crouler en incendiant les étançons et les poutres de leur excavation.

Indépendamment de l'intervention du mineur, ces indications sont pleines d'intérêt, parce qu'elles montrent l'élément nouveau faisant son apprentissage à côté de l'élément ancien sur lequel il ne devait pas tarder à prédominer, comme le fer l'avait emporté sur le bronze et celui-ci sur le silex. Cependant, malgré la poudre, l'acier nous reste, et il faut convenir que par ses emplois dans l'industrie, il compense pleinement ce qui lui reste de ses anciens usages malfaisants.

Du temps de Valmont de Bomare, les meilleurs aciers étaient ceux de Kernent en Allemagne, ceux de Clamecy et d'Auvergne, etc., renseignements qu'il est bon de noter en passant, parce qu'ils prouvent que la France ne demeurait pas en arrière à l'égard de leur fabrication. D'ailleurs, pour le fer même, le travail du Maître de forges Grignon, publié en 1775, est bien connu; mais déjà la province cherchait à entretenir l'émulation, car, en 1755, l'Académie de Besançon proposa, entre autres, pour sujet de concours, la question de « *Déterminer la meilleure manière de construire et de gouverner un fourneau; de fondre les mines de fer relativement à leurs diverses espèces; de diminuer la consommation des charbons et de donner une meilleure qualité au fer et à la fonte.* Le prix fut accordé à M. Robert, Maître de forges, qui publia un ouvrage sous le titre de *Méthode pour laver et fondre, avec économie, les minerais de fer, relativement à leurs diverses espèces.* Il est à souhaiter que nos Sociétés départementales voulussent bien multiplier ces concours métallurgiques dont les résultats ne peuvent être que profitables aux centres industriels dont elles sont les foyers naturels, et la patrie commune participera de ces avantages.

Du fer, remontons au bronze.

Indépendamment des haches, des flèches en silex, les tumuli des Gaulois ont fourni des poignards de bronze grossièrement travaillés. De plus, des *celts*, des poignards et des ornements de bronze ont été ramassés sur une foule de points, et précédemment, il a été question des découvertes en ce genre faites par M. Jouannet. Les épées, entre autres, sont souvent d'un travail fort élégant; elles provoquent, en

27

particulier, certaines questions concernant la trempe, la constitution de l'alliage, et surtout la forme de la poignée sur laquelle se basent les archéologues lorsqu'ils veulent faire des Celtes une race d'hommes spéciale. J'aborde donc ces trois points litigieux, en commençant par la trempe.

Dans le siècle dernier, la découverte de couteaux, de haches, de socs de charrues, etc., alors supposés romains, et surtout celle d'épées, de lances, faite dans certains tombeaux, donna lieu à M. de Caylus de soupçonner que l'acier n'était pas le seul métal qui pût recevoir la trempe. Il proposa ses doutes à plusieurs chimistes. M. Geoffroy fils, l'un d'eux, parvint, en effet, à produire avec le cuivre ainsi trempé, des instruments tranchants anssi bons que ceux du meilleur acier. Le détail de ses expériences est consigné dans le tome II des *Antiquités grecques*, etc., publiées par M. de Caylus. D'un autre côté, on remarquera que nos fabricants de boutons et autres objets de bronze, ont conservé la tradition de ces trempes, et par conséquent l'on ne voit pas clairement quelle est la part de reconnaissance qu'il faut attribuer à M. Darcet, à l'égard de l'invention beaucoup trop récente de sa trempe par un refroidissement lent.

La composition chimique des vieux bronzes a été examinée par divers chimistes depuis Klaproth. M. Philipps a repris récemment la question, et ses analyses lui ont démontré que les métaux qui font partie de l'alliage sont le cuivre, le zinc et le plomb. Il est possible que celui-ci ait été ajouté pour lui donner un certain degré de dureté. Le zinc ne s'y trouve jamais en grande quantité, si ce n'est dans les échantillons les plus anciens, et même quelquefois, il manque entièrement, comme dans les monnaies macédoniennes. En général, ce métal, allié au bronze, n'apparaît que peu de temps avant l'ère chrétienne. On le trouve alors uni au plomb et à l'étain dans toutes les monnaies, jusqu'à ce qu'il disparaisse presque

entièrement des petits bronzes du temps des trente Tyrans où
sa place est prise par une faible quantité d'argent, variant de
0,76 à 0,80 pour 100, et qui aura été ajoutée au métal pour
en augmenter la valeur. Enfin, M. Philipps croit remarquer
que, dans les lames d'épées et les haches celtiques, les proportions de l'étain au cuivre sont presque toujours dans le
rapport de 1 à 10.

Abstraction faite de l'équivoque des trente Tyrans, je me
reporte aux nombreuses analyses de notre savant professeur
de chimie, M. Girardin, et je trouve, pour les hachettes ou
autres instruments gaulois et celtiques recueillis par MM. Deville et l'abbé Cochet, des différences considérables, comme
par exemple :

| Cuivre... | 74,9... | 77,77... | 78,50... | 85,00 |
| Etain.... | 25,1... | 19,61... | 21,50... | 14,00 |

Or, je dois dire que ces variations se montrent jusque dans
les objets réunis, pour ainsi dire, sur le même endroit. Ainsi,
M. Vaganay, marchand d'antiquités à Lyon et en même
temps amateur fort instruit, m'a montré plusieurs tron-
çons d'épées de bronze, trouvés sur le territoire de Lou-
mes, près de la station du chemin de fer qui est établie
au bas de la montagne d'Alise en Bourgogne. La cassure des
uns présente une nuance rouge, bien faite pour indiquer du
cuivre presque pur, tandis que chez les autres domine la
teinte jaunâtre propre à l'alliage. Enfin, comme il en est dont
la nuance imite celle du chrysocale, je conclus que les doses respectives des deux métaux essentiels étaient sujettes à
varier suivant le caprice des fondeurs ou bien selon certaines
nécessités qu'il serait fort difficile d'apprécier actuellement.

Quant à la dimension des poignées de ces épées de bronze,
je dois rappeler que, dans mes préambules, j'ai spécialement
insisté sur la théorie qu'elle fit éclore chez les antiquaires du
Danemark et de la Suisse. Il a été admis par eux qu'à cause de

leur petitesse, elles n'ont pu avoir été tenues que par des mains
effilées ; mais dans l'Age du fer, les longues poignées démontrent que ces armes étaient maniées par des paumes larges
et fortes, celles qui frappaient si rudement, au dire de Plutarque. Et, la conséquence de ces prémisses a été l'invention de deux races distinctes, l'une celtique, possédant le
bronze, l'autre kymrique, apportant le fer.

Cette assertion paraît trop tranchante à M. Martin Daussigny. Suivant lui, la différence peut dépendre simplement de
la manière de se servir de l'arme. En général, chez les anciens, de même qu'à d'autres époques fort récentes, où le
combat à l'arme blanche a surtout consisté à frapper de taille,
une petite poignée a toujours paru suffisante, et peut-être
plus commode ; mais, lorsque l'avantage de frapper d'estoc,
c'est-à-dire de la pointe, a été reconnu, une plus longue poignée est devenue nécessaire, afin que le jeu de la main ren-
dît le coup plus ferme et plus juste. Les épées du XVIe siècle,
dites *rapières*, ont toutes la poignée allongée ; elles ont, de
plus, une place ménagée sous la coquille pour y placer l'index..... Un sabre de 1792 dont la lame est aussi longue que
celles en usage aujourd'hui, a une poignée extrêmement petite, même pour une main de taille moyenne, et pourtant la
race n'avait pas changé dans l'intervalle.

Il est évident pour moi qu'en s'opposant d'une façon si la-
conique à l'idée de la succession de deux races, déduite de la
simple mesure des manches d'epées, mon confrère s'est exposé à subir les effets d'une série de vitupérations du genre
de celles que me vaut mon hétérodoxie géologique qui ne me
permet pas plus d'admettre la formation à l'eau bouillante,
des aragonites dans les galeries de mines placées à l'altitude
des neiges perpétuelles, que le développement du granit par
les boues du globe froid et aqueux d'abord, mais qui se serait
graduellement échauffé et desséché en vieillissant ; du moins

telles sont les théories seules orthodoxes pour le quart d'heure,
à Paris. Eh bien! dans mon empréssement de venir à l'appui
de M. Martin Daussigny, je vais me baser sur de simples expériences de la physique élémentaire, d'après lesquelles on
démontre que les ténacités du fer, du cuivre ainsi que de
l'étain, sont entre elles dans les rapports suivants:

Fer	249,66	10,4
Cuivre	137,40	5,7
Etain	24,00	1,0

En d'autres termes, le fer est deux fois plus tenace que le
cuivre, et, certainement, l'étain, que j'ai placé à dessein au
bas de l'échelle, n'augmentera pas sensiblement la résistance
du cuivre auquel il est enchaîné dans le bronze. D'ailleurs,
les pesanteurs spécifiques des métaux respectifs n'étant pas
très-notablement différentes, on comprendra facilement qu'une
épée de cet alliage, pour avoir la force et le poids d'une arme
de fer, doit être plus large ou plus épaisse, mais en même
temps plus courte que cette dernière. Il est spécialement interdit de confectionner en bronze des rapières, de grands
sabres de cuirassiers et surtout des lames de fleurets, car ces
objets, d'une longueur disproportionnée à la résistance de la
matière qui les compose, seraient bientôt rompus. Il a donc
fallu se borner à façonner des glaives plus voisins du poignard
que de nos épées ordinaires, et c'est, en effet, la dimension
à laquelle les anciens se sont arrêtés. Or, dans ce cas, les
effets des légers mouvements du poignet et du jeu des doigts,
si élégamment traduits par les courbes que décrit le bout
des longues armes, se trouvent à peu près annulés; il ne
faut plus songer aux feintes et aux parades du fort au
faible; l'escrime est en quelque sorte réduite à l'art de donner
de vigoureux coups de pointe, et, pour obtenir ceux-ci, il suffit
d'emboîter solidement la main, autre résultat également atteint par les anciens, à l'aide de leurs poignées où la garde

est aussi rapprochée que possible du pommeau qui lui-même est habituellement élargi en forme de croisillon, afin de mieux enserrer l'organe moteur.

En résumé, la conformation de la race n'entre pour rien dans la question de ces instruments de guerre; tout réside dans les propriétés du corps dont ils sont formés. Allant plus loin, l'inspection de leur ensemble ne montre, pour l'Age de la pierre, que de simples couteaux, poignards ou pointes de lances. L'épée naît avec le bronze, mais restant courte, elle demeure surtout profitable aux bras les mieux musclés. Le fer et surtout l'acier amènent son allongement, et dès lors, l'art de manier les armes, permet au faible de se défendre loyalement contre le fort, car son adresse, développée par l'exercice, lui donne certains avantages qu'il ne pouvait guère posséder auparavant. D'un autre côté, comme les courtes poignées de l'Age du bronze sont encore parfaitement aptes à servir entre nos mains, il faut conclure que les hommes de cette époque anté-historique n'étaient pas plus gigantesques que ceux des temps actuels. Sans doute, on le savait par leurs ossements ; mais, en pareille matière, une preuve de plus n'est pas à dédaigner. Enfin, du moment où la modification ne provient que de la ténacité des métaux, on est en droit de se demander si la grande théorie de la migration des peuples est réellement applicable ici, si elle a exercé toute l'influence qu'on est enclin à lui attribuer. Il me semble qu'à défaut du progrès naturel des choses, un seul individu a souvent suffi pour faire connaître à une population arriérée ce qu'elle ignorait. Nos modestes Directeurs de mines, en se dispersant par le monde, font journellement de ces merveilles. A mon entrée en Auvergne, j'ai trouvé des montagnards rudes, et, comme l'on dit vulgairement, à peu près incapables de se servir de leurs mains. Au bout de deux ans, je pouvais montrer une troupe de mineurs d'élite, et bien d'autres de mes confrères sont arrivés à des résultats analogues.

Après tout, les Gaulois ou Celtes n'étaient pas si malhabiles qu'on est porté à le croire d'après les récits des historiens intéressés à les dépeindre sous un faux jour. Des ornements de métal, de verre, se trouvent dans leurs tombeaux, et je rappelle ici les colliers d'or dont se paraient les soldats de Brennus, du temps de Camille. Quoique Diodore de Sicile, qui vivait en 44 avant J.-C., déclare que la nature a refusé l'argent à la Gaule, on peut citer les agrafes en fer, damasquinées d'argent, si connues de l'ancienne Bourgogne. A Alise-Sainte-Reine existait, à une époque inconnue, une célèbre fabrique de bijoux que l'on expédiait jusqu'à Rome; on y a trouvé des objets de cuivre plaqués; l'un d'eux porte le nom de l'artiste, *Domiti fi.....* L'invention de l'étamage du cuivre appartient aux Bituriges, et l'application se faisait dans cette même Alise. M. P. Dalloz revendique en leur faveur, et d'une façon si énergique, l'idée d'appliquer l'émail sur les métaux, que je ne puis résister au désir de relater ici les parties essentielles de son travail à ce sujet.

« Les orfèvres de l'Asie, de l'Egypte, dit-il, emprisonnaient au milieu de leurs bijoux, des cornalines, des turquoises, des émeraudes, dans des cloisons d'or, diversifiant les dessins par la différence des couleurs. Plus tard, l'économie ou bien le désir d'obtenir des effets plus variés, a fait substituer le verre coloré aux gemmes; mais ce système de sertissure laissait facilement échapper des alvéoles la pierre précieuse ou imitée. Les Grecs eux-mêmes, si raffinés dans tout ce qui touchait aux arts, ne purent que remplir de pâtes, de mastics, les creux du métal. L'idée bien simple de fondre du verre coloré dans les cloisons métalliques elles-mêmes ne vint pas à ces peuples si habiles cependant dans l'art du verrier. Ils se contentaient de *monter* les pierres, selon l'expression moderne. Ce fut un pauvre peuple barbare, les Gaulois, qui eurent, dit-on, l'honneur de découvrir le coulage et la cuisson des émaux, dans les alvéoles préparées pour le recevoir. »

« Philostrate, dans un siècle où l'art grec et l'art romain, son fils, se flattaient d'avoir dévalisé le char d'Apollon lui-même, et pillé tous ses secrets, écrit: « On rapporte que des barbares voisins de l'Océan (les Gaulois) étendent des couleurs sur l'airain ardent. Elles y adhèrent, s'y unissent et deviennent aussi solides, aussi dures que la pierre. Le dessin qu'elles y figurent se conserve. » Une foule d'objets trouvés dans le sol gaulois établissent que déjà dans le ive siècle nous possédions les véritables secrets de l'émailleur. Les preuves abondent jusqu'au xiie. A Sèvres, M. Ebelmen a voulu modifier cette fabrication en remplaçant le cuivre rouge par du fer. Il ne réussit qu'à obtenir des émaux que la rouille agissant par-dessous faisait gercer avec bruit. » En effet, très-souvent il nous arrive de pouvoir faire mieux qu'un de nos contemporains; mais non moins fréquemment, nous ne pouvons rien ajouter aux procédés des anciens. *Expérience passe science*, dit le bon sens populaire.

Parmi les objets divers du premier Age du fer, trouvés en Suisse, on en cite qui étaient en jayet. En outre, le musée d'Annecy possède des bracelets, parfois fort gros, de cette substance, et comme elle peut donner lieu, aussi bien que l'ambre, à des découvertes intéressantes, je juge à propos de placer ici quelques détails à son sujet.

Le *jayet* ou *jais* des Français, le *jet* des Anglais, le *gagath* des Allemands, le *gagathes* des Grecs et des Latins était ainsi appelé du fleuve Gagès en Lycie (Asie-Mineure). Les Espagnols l'appellent *azabache*. En Prusse, on le travaille sous le nom d'*ambre noir*. Enfin, les anciens minéralogistes le désignent sous le nom de *lapis thracius*. C'est une sorte de bitume fossile, capable de nager sur l'eau, d'un grain fin, serré, d'une dureté suffisante pour être taillé et poli, odorant par le frottement qui d'ailleurs le rend quelquefois électrique au point de lui permettre d'attirer les corps légers, tels que de petits

morceaux de papier et des barbes de plume. Les pays où il a
été rencontré sont l'Irlande, le Wurtemberg, les Asturies et
la France dans les départements de l'Aude et des Hautes-
Alpes. Enfin, ses gîtes connus sont des couches marneuses,
schistoïdes, pyriteuses ou rouillées qui, d'après M. Noguès,
accompagnent les grès tertiaires dont il a déjà été fait mention
quand j'ai parlé des *pierres branlantes*. On le découvre, particulièrement, des deux côtés du ruisseau de Sougraigne, au fond
d'une fente de dislocation de part et d'autre de laquelle ces
marnes bleues-grisâtres, crétacées, se relèvent ensuite jusqu'à
35 et 40 mètres. Elles renferment le jayet à l'état de veines
et de rognons intermittents dont le poids dépasse rarement
25 kilog., circonstance qui, combinée avec la présence de
l'eau, fait que son exploitation s'effectue d'une manière irrégulière et seulement à de petites profondeurs. Du moins, telle
est la marche qu'il fallut adopter dans les districts de Limoux
et de Quilian.

La belle teinte noire de l'espèce, jointe à sa ténacité et au
vif poli qu'elle est susceptible de recevoir, l'a fait employer
pour les ornements de deuil, les pendants d'oreilles, bracelets,
colliers et autres objets du même genre, qui étaient façonnés
en Prusse, dans le Wurtemberg, dans les Asturies et en Languedoc ; par suite, on est amené à supposer qu'il doit être
assez difficile de préciser le lieu d'où serait venu tel ou tel
bijou. Cependant, si l'on considère que les corps bitumineux
sont sujets à varier suivant les localités, et que la substance
en question n'a été que fort peu étudiée par les chimistes et
les micrographes, on est aussi en droit d'admettre que des
observations plus complètes mettraient à même de déterminer la provenance de chacun d'eux et de préciser certaines
relations des anciens peuples. La France donne une preuve
à l'appui de cette présomption.

De temps immémorial elle était en possession de l'industrie du jayet qui y est concentrée dans trois communes du département de l'Aude, district de Quilian, et situées sur les bords de la petite rivière de l'Hers. Elles se nomment Sainte-Colombe, Peyrat et la Bastide. Là, au début de la République, plus de 1200 ouvriers façonnaient annuellement au moins 500 quintaux métriques de la substance, et l'on vendait à l'Espagne seule pour 180,000 francs d'ouvrages fabriqués. Outre cela, il se faisait des envois assez considérables en Allemagne, en Italie, en Afrique et en Turquie. Une partie de la matière dont la main-d'œuvre décuple au moins la valeur, provenait des mines du pays ; mais, d'une part, l'épuisement incessant des gîtes par suite de l'extension considérable des fouilles pratiquées pendant des siècles, et, d'un autre côté, la nécessité de soutenir le travail, obligea de faire venir le jayet de l'Aragon. Du reste, la substance était travaillée à la lime et au tour, en Galice et dans les Asturies où l'on savait lui donner la première préparation ; mais les Français seuls avaient l'art de la lapider et de la polir. Ce travail s'effectuait sur des meules de grès horizontales, unies au centre et raboteuses à la circonférence, de sorte que l'ouvrier pouvait tailler et polir, sur la même roue, ses pièces qu'il avait d'ailleurs soin de tremper fréquemment dans l'eau. Actuellement, cette industrie a perdu de son importance. N'étant plus très-prospère, elle est concentrée dans le canton de Chalabre à la Bastide-sur-l'Hers et à Sainte-Colombe-sur-l'Hers.

En définitive, cette matière si peu essentielle au fond, n'en est pas moins intéressante à cause de l'antiquité de son emploi. Elle ajoute un nouveau document à l'appui de l'industrie des Gaulois, et, quant à ses déplacements, elle présente une curieuse analogie avec ceux du grenat et de l'agate, minéraux non moins insignifiants en apparence. Mais ce grenat que l'on exploite en Bohème et surtout dans les argiles kaoliniques de Méronitz, Podsedlitz, Drskowitz et de Trziblitz, où il est

accompagné de débris basaltiques, d'amphiboles, de chryso-
lites, de saphirs, va se faire façonner à Carlsbad, à Turnau,
et surtout dans la Forêt-Noire, à Waldkirch et à Wolfach
où j'ai vu son travail effectué avec une élégante simplicité.

Et l'agate dont les gîtes sont actuellement épuisés à Ober-
stein, dans le Palatinat, arrive du Brésil pour y recevoir, non-
seulement ses formes, son poli, mais encore, malheureusement, ses couleurs artificielles, ressuscitées des Grecs, et dont
il faudra probablement rechercher l'art premier chez les Indiens. Ce ne sont donc pas seulement les diamants, les saphirs, l'ambre, l'or, l'argent, le cuivre, l'étain, qui traversent
les continents et les mers pour répondre à nos besoins, pour
satisfaire à notre luxe, mais même des pierres presque vulgaires, et cela souvent depuis les époques anté-historiques.

Dès à présent, on comprendra facilement que les Celtes ou
Gaulois ne s'occupaient pas seulement de métallurgie ou de
minéralurgie. Ils avaient nécessairement des mineurs, et peut-
être nos moines du Moyen-Age n'ont fait que continuer les
exploitations druidiques. Mais ici, le fil de la tradition est
rompu. Tout au plus nous reste-t-il des légendes que l'on
devra un jour recueillir pour reconstituer notre passé si bien
dénaturé par les Romains, et à titre d'exemple, je relate les
suivantes que l'on améliorera un jour.

. La partie orientale de la chaîne des Pyrénées, dans ses
granits et schistes de transition, présente des traces minières
qui remontent certainement à des temps très-reculés de
l'Age du fer. Dans leurs environs, M. Noguès a observé divers restes de constructions grossières, et les orifices prati-
qués dans la roche sont en général connus sous le nom de
cobas de las encantadas (caves, excavations ou grottes des fées).
On raconte toutes sortes de méfaits produits par ces encantadas qui ne sont peut-être que la dénomination mythologique
de mineurs venus soit de l'Espagne, soit d'autres parties de

la Gaule, tout comme les sorciers dactyles et curètes arrivè-
vèrent de la Phrygie en Crète.

Dans les Alpes dauphinoises, M. Héricart de Thury a signalé, dans la chaîne des Rousses, si nue, d'un accès si difficile, l'existence d'une foule de très-vieilles mines de cuivre
gris, de galène et d'or, au sujet desquelles la tradition n'a
conservé aucun souvenir. Cependant, sur les hauteurs d'Huez,
un établissement métallurgique, nettement indiqué par ses
restes d'habitations, ses retenues d'eau, ses amas de débris,
ses meules, était dominé par une tour de 10 mètres de diamètre intérieur, dont on voit encore les ruines sur le plateau
de Loumontossa, partie la plus élevée de la montagne de
Brandes. Elle était bâtie au mortier de chaux et sable, enceinte
d'un fossé taillé à pic dans le roc, sur 8 mètres de largeur et
autant de profondeur. Du reste, rien ne permettant de reconnaître son époque, il faut se contenter des récits des habitants du pays, d'après lesquels elle aurait appartenue à un
prince ladre (lépreux) qui dirigeait les exploitations du voisinage. Eh bien! le lieu, sujet à d'affreux orages et aux avalanches, couvert de neiges et de frimats pendant près de
huit mois de l'année, son altitude de 1800 mètres, celle des
mines du lac Blanc, de la Demoiselle, de l'Herpia (altit.
3225^m), ainsi que des masures présentant l'aspect d'un bagne,
portent à regarder ce personnage comme le chef d'une colonie de mineurs qui, tout semble l'indiquer, étaient de vrais
forçats. Mais son histoire n'en reste pas moins fort curieuse
à cause du hideux état de ladrerie qu'on lui suppose. Alors,
des croûtes recouvrant de larges ulcères baveux et à leur
suite les membres se détachant en lambeaux, tout cela s'ac
corde si peu avec les idées qu'il faut se faire d'un Directeur
de mines, qu'évidemment il ne s'agit ici que d'un mythe à
ajouter au précédent. Au milieu de cette pénurie, d'autres
indications viendront peut-être en aide aux antiquaires.

Or, en juin 1776, d'après M. Culet, curé d'Huez, on découvrit, près de la tour, un tombeau de marbre blanc, orné de cristaux parangons, c'est-à-dire de quartz purs, limpides ou de la plus belle eau. Il contenait des ossements d'une grandeur extraordinaire et qu'on pourrait prendre pour ceux d'un second Teutobochus. Ainsi, un humérus avait $0^m,48$, le cubitus $0^m,42$, le radius $0^m,42$ de longueur. Dans le fond du tombeau, on voyait beaucoup de lettres, chiffres ou caractères, parmi lesquels on a cru pouvoir lire les mots :

META TO MERAKESTAI

D'après cela, il paraîtrait que ce tombeau était grec ; mais pourquoi l'inscription se trouvait-elle dans son intérieur ? La décoration de cristaux est également remarquable, parce qu'elle prouve que les cristallières d'Huez ont été exploitées très-anciennement. Mais surtout, près de la tour de Loumontossa, se trouve un oratoire de Saint Nicolas, bâti sur un temple plus ancien, chapelle qui est en grande vénération dans l'Oisans. Aussitôt la fonte des neiges, au commencement de juin, les jeunes filles ou les veuves désireuses d'être mariées dans l'année, s'empressent de monter à l'oratoire de Brandes, devant lequel est placée une pierre aiguë et de forme conique, aplatie. La postulante se tient à genoux sur ce Terme tout le temps de son invocation, et si la lassitude l'oblige de suspendre son oraison, elle ne peut la reprendre qu'en se prosternant et en tenant la pierre de Saint Nicolas entre ses genoux. Celles qui ont plus de dévotion choisissent, en montant à l'oratoire, la pierre la plus aiguë qu'elles peuvent trouver et la déposent au pied du Saint avec leur offrande. En définitive, nous voilà ramenés à l'Age de la pierre, à son culte de Priape, et par suite, il est permis d'espérer que des études plus soignées sur les habitudes et les préjugés des populations du pays, amèneront des indications, non-seulement sur les mines qui ne peuvent remonter qu'à l'Age du bronze, mais encore sur les beth-el et pierres cabires. Leur importation dans ces montagnes constitue à elle seule un fait dont l'intérêt sera facilement apprécié.

Arrivons à des données plus positives, du genre de celles dont j'ai déjà rendu compte dans mon *Rapport relatif aux recherches de M. Poyet sur les anciennes mines du Lyonnais*. Eh bien! quelques-uns de nos filons paraissent avoir été attaqués par les Romains. Chessy, entre autres, avait sa galerie romaine, vraie ou prétendue. D'ailleurs, pendant ma direction des usines de Pont-Gibaud en Auvergne, j'ai retrouvé, dans les vieilles galeries, quelques outils de forme étrange, des coins énormes, des lampes qui ne peuvent se rapporter qu'à cette époque. Le suif s'y était converti en une substance blanche dont un chimiste pourrait déterminer la constitution, car j'en conserve encore les fragments dans ma collection. En outre, un effondrement survenu dans une prairie placée près de Rosiers, fit connaître des exploitations dont il ne restait pas le moindre vestige à la surface et leur souvenir était complètement effacé.

Dans la Creuse, dans la Haute-Vienne, de vastes fouilles superficielles, accompagnées de déblais, étaient désignées par les archéologues sous le nom de *Camps de César*. M. Mallard a démontré qu'ils sont, par le fait, les traces de nombreuses exploitations d'étain parfaitement oubliées, et près d'elles se trouvent des localités dites, en limousin, *Farges, Fargeas* (Fabricæ), tout comme dans d'autres localités on a les *Aurières, Argentières, Ferrières*. M. Guillebot de Nerville m'indique, de plus, des alluvions stannifères, étalées près de Cieux. Je dois aussi rappeler que M. Durocher *(Compt. rend. 1851)*, a mentionné les paillettes d'or qui accompagnent l'étain oxydé de la Bretagne, à Piriac (Loire-Inférieure), à Pénestin (Morbihan), et dans les vallées au midi de Josselin, quoique l'on ne connaisse dans l'ouest de la France aucun gisement d'or en roche. Un mètre cube de sable stannifère de la côte de Pénestin, au sud de l'embouchure de la Villaine, renferme 10 à 15 kilog. d'étain et environ 1 demi-gramme d'or ou un peu plus. C'est une teneur sensiblement plus forte que celle des graviers aurifères du lit du Rhin. Dans un autre dépôt de la vallée des Hayes, entre Sérent et Malestroit, M. Durocher a découvert, en sus, un métal qui n'avait pas encore été signalé en Bretagne, savoir : le mercure sous forme de globules liquides, et aussi amalgamé avec de l'or et de l'argent. L'intérêt inhérent à ces indications est actuellement flagrant ; car, indépendamment des données qui peuvent en ressortir pour nos richesses minières, il devient évident que si les Gaulois avaient inventé l'art d'étamer le cuivre, ils opéraient avec l'étain de leur pays qu'ils expédiaient sans doute aussi au loin, comme je l'ai suffisamment donné à entendre. On trouvera d'ailleurs de plus amples renseignements sur les gîtes stannifères dans ma *Géologie lyonnaise* (MM. Cotta et Muller.)

Parmi les vieilles mines de plomb du Rouergue, le plus grand nombre évidemment a été travaillé par les Anglais, à l'époque où ils occupaient la Guienne ; mais il ne s'ensuit pas que toutes soient de leur temps. Quelques-unes des excavations du pays présentent un caractère tellement exceptionnel qu'elles me laissent toujours l'idée d'une époque beaucoup plus reculée, et je livre cette indication aux archéologues du pays, dans l'espoir qu'ils pourront jeter tout le jour désirable sur la question. Il est également à souhaiter que les nombreux gîtes plombifères du Forez dont M. Gruner fait, avec un soin remarquable, l'histoire pour le siècle dernier, ou peu au-delà, soient l'objet de perquisitions relatives à leur exploitation antérieure. Du moment où l'Auvergne et le Lyonnais présentent des traces romaines, il est logique d'en chercher dans la chaîne intermédiaire de Pierre-sur-Autre.

Les Alpes ne sont pas dépourvues de ces travaux. Pendant le rigoureux hiver de 1829, mon excellent ami M. Despines, Inspecteur général des mines du Piémont, voulut m'accompagner au mines de Pesey et de Mâcot. Ici, indépendamment du filon déjà attaqué par les anciens, il me fit observer des galeries et des chambres passant au travers d'un schiste cristallin, puis d'une masse de quartz fortement tressaillée. Une disposition excentrique, perpendiculaire au gîte, rendait alors incompréhensible la destination de ces travaux, et pourtant, leur développement indiquant un but bien arrêté, il en faisait effectuer le déblai en homme expérimenté. L'opération permit de constater que ces ouvrages avaient été exécutés à la pointe et au ciseau dont on reconnaissait encore tous les coups. Souvent, de mètre en mètre, ou bien à des distances fort rapprochées, l'une ou l'autre paroi montrait des niches qui servaient pour placer des lampes, car leur partie supérieure restait encore noircie par la fumée de ces luminaires. Le déblai fit, en outre, découvrir une hache avec une lance dont je conserve le dessin. Celle-ci se trouvait très-rouillée et incrustée; la hache, au contraire, était bien intacte et d'un fer très-nerveux. Déjà vers l'entrée des vieilles fosses, on avait rencontré le col d'un pot en terre assez analogue à celui des amphores antiques. Enfin, quelques signes ou chiffres presque illisibles se montraient par intervalles. Cependant, on pouvait distinguer les suivants :

CLXXII : X X 0..... C.....CC... CLVY

dont la position ne laissait établir aucune conjecture sur le but auquel ils pouvaient être destinés. Une note récente que me procure M. Sevez explique enfin ces travaux. En effet, à Mâcot, à l'altitude de 2700 mètres, on a trouvé des scories de plomb, près du gîte que je voyais exploiter en 1829 ; elles y sont accumulées sur divers points, et l'on en rencontre jusqu'auprès d'un beau filon de galène, découvert en 1861, vers le sud-est de l'ancien. Celui-ci étant aussi percé de vieux travaux, on a maintenant grande raison de croire que les galeries précédentes dont la direction perpendiculaire et le développement de 700 mètres avaient jusqu'alors dérouté toutes les recherches, au point même de les faire considérer, soit comme un système de défense et de stratégie militaire souterraine, soit comme des cryptes destinés à abriter les premiers chrétiens contre les persécutions des Césars, etc., etc., pourraient bien n'avoir eu d'autre but que celui de rejoindre la mine nouvellement découverte, afin d'en faciliter l'exploitation. Cette réunion d'éléments si grandioses vient donc, encore une fois, à l'appui de la thèse soulevée à l'occasion des Etrusques, et par laquelle j'ai cherché à démontrer combien il importe de ne pas aborder à la légère les excavations des anciens.

En voilà, je pense, suffisamment pour démontrer l'aptitude minière du Gaulois, aptitude qui, du reste, s'est transmise à ses descendants, malgré les assertions de certains discoureurs qui s'en vont par le monde prétendant que ses campagnes sont trop riches, ses horizons trop pleins de charmes, son ciel trop splendide pour qu'il se décide à s'enterrer tout vivant. Les monts et les guérets de l'Inde, de la Chine, les constellations de l'Asie-Mineure, de la Colchide, les soleils de l'Etrurie et de la Grèce sont-ils moins radieux et leurs plaines moins fertiles? Il y a lieu de croire que non, et pourtant, de tous ces côtés, nous avons trouvé les mineurs à l'œuvre, accomplissant la tâche qui leur a été dévolue par la Providence. A voir l'espèce de rage avec laquelle le Français, en particulier, se jette sur les mines, dès qu'il se croit libre d'agir, on comprend que son éducation minière n'est pas faite ; mais à qui la faute? En tout cas, il est bien certain qu'il ne s'émeut guère des belles phrases par lesquelles la philosophie de J.-J. Rousseau traduit ses impressions en s'exclamant: « Les visages hâves des malheureux qui languissent dans les infectes va-

peurs des mines, de noirs forgerons, de hideux cyclopes sont
le spectacle que leur appareil substitue, au sein de la terre, à
celui de la verdure et des fleurs, du ciel azuré, des bergers
amoureux et des laboureurs robustes sur sa surface. » Que
l'infortuné chantre de la Nouvelle Héloïse veuille bien calmer
ses inquiétudes! Ses bergers discrets ne sont pas plus recherchés des jolies et timides bergères que nos travailleurs. Elles
savent surtout, qu'un brave ouvrier, décapé de son enduit terreux ou charbonneux, vaut bien l'homme des champs. Et puis,
n'y a-t-il aucune satisfaction attachée à l'aplanissement d'une
difficulté? les dangers mêmes n'ont-ils pas leurs attraits?

Aussi, le légitime orgueil du soldat se retrouve en plein
chez nos hommes de cœur. Il a les mêmes fêtes, la même patronne. La noble Sainte Barbe qui protège le marin dans la tempête, qui soutient l'artilleur devant la brèche, raffermit aussi
le mineur en présence du feu, de l'inondation et des éboulements. Sainte, puissante d'ailleurs, car les bras les plus nerveux
exécutent ses ordres, les volontés les plus énergiques se
plient à ses desseins. Sainte, grande entre les autres : son noble
encens brûle avec le bruit du tonnerre, au haut des montagnes, au fond des eaux, dans l'intérieur de la terre, brisant
les obstacles pour le progrès de l'humanité. Sainte, glorieuse
enfin, dont mille voix mâles chantent les louanges, dont les
chapelles sont creusées à l'entrée des mines, ses intimes
sanctuaires, et existent dans le sein des vaisseaux qui les
transportent partout où il faut civiliser!

DU SAXON ET DE L'IBÈRE.

En abordant mon travail, j'avais l'intention de développer
plus largement mes aperçus sur les Gaulois en faisant ressortir les caractères de leur géologie et de leurs institutions métallurgiques; mais d'impérieux motifs m'ont obligé à abréger;
ces questions seront donc reprises dans d'autres temps. Les

mêmes circonstances me forcent à réduire mes détails sur les peuples placés au nord-est de la France, pour lesquels mes chapitres futurs avaient été amorcés, comme on pourra s'en assurer en remontant aux peuples scythiques et caucasiens. J'espérais alors, par les Germains et les Ases, pouvoir compléter ma circonscription continentale en revenant aux Tschudes. Cependant, un parallèle entre deux nations essentiellement minières me paraissant indispensable, je me décide à hasarder au moins cette rapide esquisse.

L'Espagne, découpée par une série de chaînes transversales, orientées en gros de l'ouest à l'est, parallèlement aux Pyrénées, dut se trouver naturellement occupée par des peuplades nombreuses ; mais en somme, elles appartenaient à la souche ibérique. Celle-ci s'étendait en Aquitaine, le long de la mer jusqu'au Rhône, et, d'après les recherches de M. de Humboldt, il est certain que les Basques en sont les représentants actuels. Enfin, on lui accorde des colonies en Sardaigne ainsi que dans l'Italie. Réciproquement, les Phéniciens s'établirent sur les côtes, depuis Gibraltar jusqu'à l'Ebre, en 1500 avant J.-C. ; les Phocéens ou Marseillais se fixèrent entre ce fleuve et la Gaule ; les Carthaginois fondèrent plusieurs villes du pays ; les Romains eurent leur tour ; enfin, les Arabes y dominèrent entre le vIIIe et xIe siècle.

Rudement disloquée, la contrée devait être riche en mines :

Hispania pretiosa metallis.

Mythologiquement parlant, Pluton, dieu des richesses, y fit exploiter des filons d'or et d'argent, et la nature souterraine de ce travail fit répandre l'idée qu'il avait pénétré jusqu'aux Enfers dont il s'était emparé. Les Phéniciens, les Carthaginois et les Romains en ont tiré d'immenses trésors. Elle était pour eux ce que le Mexique et le Pérou devinrent à leur tour pour les Espagnols. Hamilcar y défendit les exploitations de ses compatriotes ; son fils Annibal y intervint avant de traverser les Alpes pour battre les Romains sur le Tésin, et j'ai encore vu, à Carthagène, le château de l'un des Asdrubal, château d'ailleurs en partie rebâti par les conquérants du monde. Enfin, après la destruction de Carthage et de Corinthe, les Espagnols résistèrent à leurs efforts pendant 132 ans, et, durant plus d'un siècle, ils se maintinrent dans une certaine indépendance contre ces maîtres de plus en plus inhumains.

« Chose singulière, dit Pline, les puits ouverts dans ce pays par Annibal sont encore exploités et conservent le nom de ceux qui ont découvert le gisement. Un de ces puits, nommé présentement Bebulo, fournissait par jour à ce chef 300 livres pesant d'argent. La montagne est déjà excavée sur l'étendue de 1500 pas, et dans tout cet espace, les Aquitains, debout jour et nuit, se relevant d'après la durée des lumières, épuisent les eaux et donnent naissance à un fleuve. »

Qu'aurait donc dit ce naturaliste si, vivant de nos jours, il avait pu savoir que les Maures dirigèrent encore les mines avec succès et que de nouveaux travaux donnent actuellement de brillants résultats? Ces exploitations ne tombèrent en oubli qu'au moment des longues et cruelles guerres qui précédèrent la réunion de la Castille à l'Aragon avec l'entière soumission des Sarrasins; mais la fin de ce sombre crépuscule fut l'aurore des mines du Nouveau-Monde. Là, se trouvaient des filons vierges, dont l'exploitation facile, les produits abondants promettaient de grandes richesses, et d'ailleurs, l'esprit d'aventure aidant, la nation espagnole dirigea sur eux toute son activité.

De ces nouvelles sources découlèrent en Europe d'immenses trésors; les métaux précieux s'avilirent en se multipliant, où, ce qui revient au même, la valeur des autres objets augmenta. Aussi, depuis cette époque, les mines d'or et d'argent d'une partie de l'Ancien-Monde semblent stérilisés. Sans doute, leur produit absolu est resté le même qu'auparavant; mais les changements survenus pour le reste firent éprouver à leurs exploitants des pertes, là où leurs devanciers trouvaient de grands bénéfices, et voilà comment il s'est fait que des mines d'or de l'Allemagne, des Pyrénées et autres régions ne sont plus travaillées de nos jours.

Au début du siècle actuel, les dissensions du Mexique refoulent les mineurs espagnols dans leur patrie originaire. Ici, ils retrouvent les gîtes de leurs aïeux, ils encombrent, en peu d'années, les marchés de l'Europe d'une quantité de plomb telle que nos riches districts en ce genre se trouvent pendant quelque temps réduits à la nécessité de fermer leurs galeries ou de recourir à des mesures extrêmes. Je ne raconterai pas comment le saint-simonisme fut le résultat de ce bouleversement des anciennes hiérarchies, cet historique pouvant me jeter dans des considérations philosophiques trop en dehors de mon cadre. Il suffira d'avoir dit que la confraternité qui existe entre les mineurs allemands fut la cause d'une association entre les ouvriers et les chefs, association que des esprits généreux crurent pouvoir établir d'une façon plus large entre les intérêts trop différents qui divisent les classes d'une grande nation telle que la France. Le reste est connu.

Toutefois, pour faire éclore de pareilles révolutions, il faut quelque chose de plus que des gîtes métallifères. D'abord, à l'audace déjà mise en évidence par les travaux effectués sous les Romains, il faut ajouter la patience, l'abnégation, la vigueur dont s'émerveillait déjà Pline, et qui firent encore l'étonnement de nos militaires, dans les guerres faites en commun. On vit souvent les soldats espagnols passer des journées entières, sans pain, sans eau, sans lit et sans le moindre murmure. Au siége de Mahon, les Français, Allemands, Suisses, Suédois, Irlandais, n'ont pu, malgré tout le zèle possible, lutter avec eux ; leur infatigable constance dans les travaux excita l'admiration de ces compagnons d'armes. En cela donc, la conquète sarrasine n'avait modifié en rien la forte empreinte du génie de la race ibérique ; il s'agrandit même sous cette domination. Combinant les données des envahisseurs de tous les temps avec leur imagination toute méridionale, avec leur indomptable énergie, ses hommes se livrent aux plus stupéfiantes opérations, sans souci des dangers, sans inquiétude de l'avenir, et certainement, le caractère gigantesque des travaux dits romains, effectués en Espagne, selon Pline, n'est qu'un pur produit du pays.

Rien n'embarrasse les mineurs ibériens.

Des concessions excessivement petites, c'est-à-dire larges et longues comme un champ, octroyées immédiatement, permettent à chaque travailleur de se constituer propriétaire d'une mine, et le succès lui amène bientôt des actionnaires. D'après le relevé de M. Maffei, 6401 concessions ont été demandées de 1849 à 1859 ; elles occupent une surface de 542 kil. carrés, c'est-à-dire, à peu près, la millième partie de la surface de l'Espagne. Avec ce régime, on a paré autant que possible, aux inconvénients de la féodalité industrielle qui, d'après Fourier, doit être un des caractères de la caducité de la civilisation.

Sous son climat brûlant, les rivières sont à sec pendant une partie de l'année, et pourtant, il faut purifier les minerais avant de leur faire subir la fusion. Eh bien ! si l'eau manque à la surface, l'Espagnol creuse un puits au milieu du lit caillouteux d'un torrent, pour atteindre le courant souterrain que le soleil n'a point fait évaporer, et ses ateliers de lavage, d'une simplicité correspondante, sont pourtant bien conçus. Après tout, il a le vent. Il vanne donc, au besoin, ses poussières métallifères, comme le laboureur fait pour son blé. La brise remplit pareillement les fonctions d'un soufflet pour ses fourneaux dont la marche économique n'est pas inférieure à celle des appareils munis de grandes machines soufflantes que les innovateurs implantent à côté des siens.

Ce n'est pas tout! les Fernand Cortez, Pizarre, suivis d'une foule d'aventuriers font la conquête du Mexique, du Pérou, du Chili, et là abondent les gîtes d'argent. Le mineur espagnol accourt; mais le combustible pour opérer la fusion faisant défaut, tout autre que lui se serait trouvé péniblement embarrassé. Loin de là , Bartholomé Médina résout, en 1557, le singulier problème d'obtenir le métal précieux à l'aide du sel de cuisine, du vitriol de cuivre, du mercure, de la température du climat et des chevaux qui, promenés sur les monceaux, en foulent la masse hétéroclite sous leurs sabots, pour incorporer ensemble les diverses parties, et obtenir un amalgame duquel l'argent sera facile à extraire. C'est ce qu'il appela le *beneficio de patio*. Mais si les minerais changeant de nature, passent à l'état de chlorures et bromures, l'esprit religieux n'empêchera pas le curé Alonzo Barba d'imaginer, en 1590, la modification qu'il désigne sous le nom de *beneficio de cazo*. Les savants méthodistes de l'Europe trouvent ces procédés étranges, sauvages, et pourtant, les masses d'argent qui affluent du Nouveau-Monde, qui font de l'Espagne le pays le plus puissant et le plus riche de la terre, et qui modifient si profondément nos fortunes , leur suggèrent l'idée d'aller étudier les sources de cette immense production. Ils espèrent aussi pouvoir introduire des perfectionnements dans ces systèmes; mais arrivés sur les lieux, ils sont bientôt tout aussi embarrassés pour trouver la théorie des opérations mexicaines et péruviennes que l'ont été nos illustres chimistes actuels quand il fallut découvrir celle de la formation des images daguerriennes. Enfin , tout bien et dûment étudié, on est, maintenant, fort heureux de pouvoir appliquer à certains minerais européens , les inventions de l'Amérique espagnole qui, vues de loin , avaient paru si barbares.

A la suite des violentes commotions politiques du Mexique, l'Espagnol, rentré dans sa patrie, y retrouva les antiques sco-

ries, les vieux déblais et les anciennes mines. Il rouvrit celles-
ci, il retourna les autres, et l'on sait avec quel succès il repassa
les premières aux fourneaux en apprenant à les classer par
ordre de richesse, selon leur âge. D'ailleurs, chose essentielle
pour la géologie, le soin qu'il mit à la recherche de ces résidus de l'ancienne métallurgie, l'amena par degrés à constater
leur existence au sein de la *Mar menor* des environs de Carthagène et à s'en disputer la concession. Or, si l'on comprenait
que ces crassiers sous-marins avaient une valeur réelle, on
n'imaginait pas aussi facilement le moyen d'en effectuer le partage entre les prétendants, car les objets fixes qui, à la surface
terrestre peuvent servir à borner les propriétés, manquent sur
l'uniforme niveau des eaux. D'un autre côté, on fut amené à se
demander quel intérêt avait pu porter les fondeurs d'autrefois
à se débarrasser des scories en les jetant dans cette *petite
mer*, magnifique golfe du genre de notre Etang de Berre en
Provence, tandis qu'ils étaient libres d'en amonceler les masses de tous côtés, dans les vallées du pays, où l'on en voyait
naguère des dépôts aussi étendus que dans la Toscane et
ailleurs. Evidemment, c'eût été prendre une peine à tel point
inutile que le transport n'est pas admissible malgré la longa-
nimité accordable aux Ibères. Bref, un curieux problème se
trouvait posé, et les recherches à ce sujet ayant amené à découvrir que les historiens romains n'ont aucunement fait
mention de cette *Mar menor*, on est arrivé à conclure qu'elle
est d'origine récente, un vrai résultat d'affaissement survenu,
peut-être du temps de l'occupation sarrasine, tout comme le
soulèvement de la colline de Cagliari en Sardaigne eut lieu
dans une époque plus reculée. Les géologues savent d'ailleurs
que certaines îles de l'archipel grec de même que le temple
d'Esculape, aux environs de Naples, s'exhaussent et s'abais-
sent de siècles en siècles.

Au surplus, pour l'exercice des bras et de l'intelligence de ses hommes, la péninsule ibérique était richement pourvue. Indépendamment des grandes mines d'or déjà mentionnées, je vois que dans son *Coup d'œil sur les mines*, M. Elie de Beaumont rappelle les exploitations des mines d'étain effectuées probablement par les Carthaginois. Il en existait aussi en Portugal, dans la province de Beira, au lieu dit *Burraco de stanno*. D'autres veines du même métal furent découvertes en 1787, près de Monte Rey, dans le granite de la Galice. Enfin, les anciens Ibères connaissaient des dépôts de sables stannifères. D'un autre côté, les riches mines de mercure d'Almaden, contre la Sierra Morena, remontent à une haute antiquité, et le traitement du métal y présente encore quelque chose du cachet d'originalité déjà signalé à l'endroit du traitement des minerais d'argent de l'Amérique.

Quant au fer, le pays était depuis longtemps célèbre pour celui qu'il produisait, avec l'acier, par la *méthode catalane* et qu'il exportait même encore dans le x° siècle. Nos romanciers en ont conservé l'habitude de mettre de *fines lames de Tolède* entre les mains de leurs personnages. Encore, le *Rio Tinto*, sur les frontières de Portugal, présente des filons de cuivre pyriteux remarquables entre tous ceux qui sont connus; le manganèse escorte ce cuivre. Les exploitations d'argent de Guadalcanal et Cazalla, à 15 lieues au nord de Séville, ou plutôt, celles de Villa-Guttiera ont été importantes. Le zinc abonde à Alcarazas, l'antimoine ne manque pas à Santa-Cruz-de-Madela, et, par-dessus tout, les gîtes plombifères de Linarès et de Carthagène sont non moins grandioses que bizarres.

Quand il s'agit de morceler les roches, les gangues les plus dures, la poudre est préférable aux leviers, aux marteaux, aux coins, aux pics. Pierre de Navarre passe pour l'avoir appliquée le premier à la démolition des places fortes et des citadelles, comme on l'a vu à propos de Du Guesclin. Si le fait est vrai, ce serait un autre service que l'Espagne aurait rendu à l'art de l'exploitation, car de l'attaque des murailles à celle des filons, il n'y a qu'un pas. Du reste, sa réalité importe peu en présence de tant d'autres inventions qui expliquent pourquoi les *Ordenanzas de mineria*, relatées par M. Saint-Clair Duport, dans son important ouvrage sur le Mexique, accordaient à nos travailleurs certaines prérogatives particulières, et, spécialement, la noblesse. Il ne s'agit donc plus de l'esclavage romain ; l'Espagne avait ses gentilshommes mineurs à mettre en regard des gentilshommes verriers qui, en France, se rendaient à leur travail portant l'épée au côté, et avec un égal esprit de justice, chacun des deux pays ennoblissait ce qu'il croyait avoir de plus distingué en fait d'artisans. La fierté castillane, aussi bien que l'amour-propre français ont laissé tomber ces priviléges en désuétude ; mais, comme je l'ai dit, la noblesse leur était acquise de fait depuis l'Age de la pierre, et j'ajoute que le bon sens populaire le leur conserve. Dans les villages, le forgeron, représentant de la métallurgie, se place honorablement à la suite du maire accompagné de son conseil, et dans l'armée, les sapeurs ou mineurs du génie marchent à la tête des colonnes.

Après tout, aux philosophes qui prétendent que l'Europe ne tient aucune grande institution de l'Espagne, on peut répondre que celle-ci accomplit avec dignité sa tâche laborieuse, qu'elle possède des savants distingués, MM. Casiano de Prado, A. Anciola, E. de Cossio, F. de Lujan, Guillermo Schulz, M. Rico y Sinobas, Zarco de Valle etc., que l'originalité qui perce dans les travaux de ses artistes, de ses littérateurs, de ses ingénieurs, est une des diversions du plan général de la nature, et qu'enfin, rien n'oblige à lui souhaiter quelques-unes de nos combinaisons.

Sous la dénomination générique de Saxon, je range la majeure partie de la race germanique. Quoique son génie se soit modifié en raison des circonstances locales, le caractère

dominant reste foncièrement le même, et je ne pense pas
que, pour mes considérations générales, il y ait lieu à établir
une distinction tranchée, par exemple, entre l'habitant de
l'Erzgebirge, l'Anglo-Saxon de la Grande-Bretagne et le
Scandinave de la Suède, car, même ces *hommes du Nord*,
se dispersant de tous côtés, ont trop bien mêlé leur sang avec
celui des autres peuples de l'Europe orientale, pour permettre
une pareille scission.

Ceci posé, je dis que du Saxon il ne faut pas attendre les
extraordinaires conceptions dont l'Espagnol prime-sautier a
multiplié les exemples, et pourtant, on ne doit point croire que
l'esprit plus méthodique du premier le laissera en arrière. Autant les travaux de l'Ibère sont divagateurs, autant ceux du Germain brillent par leur convergeance vers le but complexe de
l'économie, de la durée des mines et du développement de la
science. Il faut déjà avoir acquis une extrême habitude des
souterrains, une grande connaissance des filons pour comprendre ce que fait l'Espagnol, sur quel genre de gîte il travaille, chose dont il s'inquiète lui-même fort peu ; en Allemagne, au contraire, tout est simplifié. C'est donc chez celle-ci
que nos règles et nos théories prirent naissance, et quiconque
connaît les œuvres d'Agricola, Swedenborg, Henckel, Pott,
Sténon, Vallérius, Bergmann, Delius, Schlutter, Cramer
Werner, Hutton, W. Smith, Henwood, de Beust, etc., etc., ne
trouveront pas que j'exagère. Ils ont coordonné les opérations,
les découvertes, et, tandis que les uns élevaient l'art des
mines, y compris la métallurgie, au rang des hautes classes
parmi les choses humaines, les autres établissaient sur de
solides bases la géologie, science au moins aussi vaste que
l'astronomie.

Nous sommes redevables aux Saxons des procédés les plus
perfectionnés pour l'exploitation. Leurs ouvrages en *travers*,
en *gradins droits* ou *renversés* se prêtent à la plupart des circon-

stances; leurs longues galeries d'écoulement pour les eaux permettent d'aborder des profondeurs que de simples puits atteindraient plus difficilement. L'Anglais en particulier a conduit des mines jusque sous le lit de la mer dont il entend les vagues roulant des cailloux sur le plafond de ses excavations, et, pour simplifier ses transports, il a converti en beaux canaux navigables, certaines galeries de roulage.

A côté de cela, les Saxons tirent un admirable parti de leur climat très-humide, comparativement à celui de l'Espagne. L'eau ne leur manquant point, l'évaporation étant très-peu active dans leur pays, ils ont pu établir, entre les gorges de leurs montagnes, de nombreux réservoirs où s'accumulent d'immenses forces motrices auxquelles se rattachent des roues, des machines à colonne d'eau, vrais chefs-d'œuvre de la mécanique hydraulique, destinés à assécher les puits, à mettre en mouvement les engins des laveries et des usines. L'Anglais, richement doté en combustible, a préféré les machines à vapeur; mais tous ont contribué à perfectionner le traitement mécanique des minerais. Le Hongrois arrive avec ses tables à secousses, l'Allemand apporte son criblage à bascule, à piston, avec ses bocards, ses caissons, ses tables dormantes ou tournantes; l'Anglais livre ses round-buddle, ses dolly-tub, ses cylindres broyeurs. La différence la plus tranchée se trouve dans la métallurgie où l'Anglais use largement sa houille et son coke dans des réverbères et dans de gigantesques hauts-fourneaux, le Germain se trouvant plus souvent réduit aux bas-fourneaux, à manche ou autres, par ses charbons de bois; mais les produits de l'un ne sont pas moins estimés, et souvent tout aussi économiquement obtenus que ceux de l'autre.

L'humidité active aussi la végétation forestière. Le Saxon a donc pu employer le bois, non-seulement comme combustible pour la fusion du minerai, mais encore, chose plus im-

portante, il put le consumer pour calciner les rochers et pour
les fissurer et faciliter ainsi ses exploitations. Antipode de la
méthode hydraulique toute récente de la Californie, le *procédé
par le feu*, déjà employé par les Egyptiens, d'après Agathar-
chidès et Diodore de Sicile, depuis plus de 4000 ans, était
encore en vigueur au commencement du XVIIme siècle,
dans la Saxe, à Altenberg, à Geyer, à Ehrenfriedersdorff,
comme au Rammelsberg dans le Hartz, à Kongsberg en Norwège et ailleurs. Cependant, les expériences faites sous la
haute direction de M. le Baron de Beust, ayant démontré que
le système de la torréfaction est moins dispendieux que la
poudre, y compris tous ses accessoires, plus efficace qu'elle
pour entamer les gangues les plus dures et les plus tenaces
des filons, il est question, en ce moment, de le remettre en
vigueur, afin de rouvrir certaines mines que leur pauvreté fit
abandonner depuis longtemps, et la principale modification
des appareils proviendra de l'emploi du coke au lieu du bois.
Au surplus, en 1613, le Germain appliqua aux mines la poudre dont la découverte remonte au XIVe siècle et dont la guerre
faisait déjà usage du temps de Du Guesclin, pour démolir les
forteresses.

Vers la fin du XVIe siècle, l'Electeur de Saxe ordonna d'employer la maçonnerie, de préférence à la charpente, dans les
puits et les galeries, pour les exploitations de longue durée.
Ces anciens murs étaient confectionnés en pierres sèches.
M. de Heinitz introduisit l'usage du *muraillement à chaux*, et
cet usage devint général.

Pour faciliter ses transports souterrains, le rouleur allemand avait imaginé de faire courir son petit chariot sur des
bandes de bois. L'Anglais leur substitua ses grands wagons
avec ses rails qu'il prolongea au loin à l'extérieur. De là,
les chemins de fer, avec tout leur attirail, et l'extension de la
vitesse qui n'est pas le moindre bienfait dû au génie des mines.

A côté de la rigueur scientifique, le langage de nos mineurs est tout poétique. Les échelles pour descendre dans les puits sont des *promenades*; du moins, chacun comprendra l'analogie qui existe entre les mots *fahrten* (échelle) et *fahren* (promener). Ils personnifient leurs filons et leurs galeries, témoin *Saint-Abraham, Prophète Samuel, Mathias, Sainte-Barbe, Duc Auguste*; ou bien ils les décorent d'autres noms significatifs ou emblématiques tels que *Ascension de Jésus-Christ, Nouveau bonheur, Guerre et Paix, Don de Dieu, Prince du Ciel, Nouveau cri d'en haut*. Le gîte épuisé n'est plus qu'un *vieil homme* (alte mann). Pour eux, la roche stérile est *sourde* (taub); leurs chariots sont des *chiens* (hund). Après cela, l'imagination leur faisait naguère apparaître des koboldts ou autres gnomes, esprits nocturnes qui les étranglaient s'ils étaient irrités ou les conduisaient à la richesse, selon leurs caprices.

Dans les travaux, les géodes cristallines apparaissent aux yeux étonnés des ouvriers comme autant de fruits de la terre promise. Ils se plaisent à observer les contrastes des couleurs, les surfaces brillantées que la nature a introduites dans les souterrains; ils ont des grottes que le silice cuprifère bleuit comme le plus bel azur du ciel, des stalactites fantastiques, des ramifications dans l'argent natif, des végétations coralloïdes dans l'aragonite *(flos ferri)*, des fleurs roses cobaltiques ou blanches arsénicales, des guhrs, des sinters ou autres congélations qui deviennent les tapisseries des galeries, des blendes aveuglantes, des spaths perlés, des oligistes ornés des plus riches nuances de l'arc-en-ciel, et si l'on ajoute à cela le tonnerre des explosions, le retentissement périodique des coups de marteau, le sourd roulement du véhicule et le fracas des cascades, on comprendra facilement que s'ils ne jouissent pas des grands horizons de l'extérieur, du moins les motifs de diversion ne manquent pas dans leurs profonds domaines.

Ainsi donc, l'Ibère et le Saxon, doués de génies opposés, travaillèrent puissamment et travaillent encore pour l'amélioration de la prospérité générale ; mais, à côté de cette vérité, il sera aussi permis de placer un mot au sujet de leurs mœurs respectives. Le mineur espagnol, fastueux et dépensier, mène rondement sa fortune. L'autre, au contraire, plein de confiance dans la Providence qui protège l'art des mines, répète, dans ses succès, les versets de l'évangile de Saint Mathieu : *Demandez et vous obtiendrez, cherchez et vous trouverez, frappez et on vous ouvrira.* Cependant, son chant qui commence ainsi : *Celui-là est le maître de la terre qui en mesure les profondeurs, qui oublie tous ses maux dans son sein, qui connaît la structure secrète de ses rochers et qui descend gaîment dans ses laboratoires souterrains,* ce début, dis-je, décèle évidemment une certaine fierté, du reste bien légitime, chez les espèces d'hommes qui bravent tant de peines et de dangers pour satisfaire à nos plus impérieux besoins.

Qu'après cela, le Français intervienne dans la grande œuvre, avec son esprit à la fois généralisateur et précis, rien n'est plus positif ; mais il est tout aussi certain que les premiers professeurs de nos Ecoles des Mines ont fait leur tour d'Allemagne et se sont assis sur les bancs de Freiberg avant de nous initier à tant de merveilles de l'art et de la création. Bien plus, Paris, ville presque germanique par sa position, n'a jamais pu se soustraire complètement à l'influence de l'Allemagne, que son climat humide porte naturellement vers le neptunisme. Chez nous, Buffon, avec sa pléiade géologique, étaient franchement plutonistes ; mais Werner refuse une origine ignée aux nappes basaltiques, et aussitôt plusieurs de nos savants hésitent. Il faut ensuite qu'un prussien, M. de Buch, vienne les rassurer. Werner professe la doctrine des bassins houillers circonscrits ; elle est acceptée en France. Suivant lui, les filons métallifères sont le résultat d'incrustations aqueuses; nous avons professé cette théorie. On nous fait croire que l'aragonite se forme naturellement contre les parois des galeries avec de l'eau bouillante, que les granits sont des *boues tièdes* cristallisées et que le globe terrestre, boueux et presque froid dans l'origine, s'échauffant peu à peu, a fini par devenir volcanique. On remarquera qu'en ceci le Saxon a fait un pas énorme, car, partant de ses granites cristallisés par voie humide, au sein des mers, il est arrivé à admettre, pour eux, une sorte de fusion aquoso-ignée; mais la France rétrograde puisqu'elle consent à accepter une complication très-inutile et très-peu motivée. Encore ce n'est pas tout. En effet, l'intimité des relations porte à des échanges réciproques. Si donc, d'un côté Paris prend à l'Allemagne, d'autre part aussi, il s'empresse, avec une singulière magnanimité, de lui attribuer les découvertes de la province.

Espérons que le jour n'est pas éloigné où le Gaulois de l'intérieur et du sud, appréciant ses propres forces mieux qu'il ne le fait maintenant, saura interposer son influence dans ces débats; mais avant d'en venir là, il faut qu'il subisse lui-même une certaine transformation, car la prédominance des études paléontologiques du jour ayant détruit en lui le sentiment minéralogique, celui-ci devra renaître, chose qui est essentiellement une question de temps. Pour le moment, il est de fait que les nuances délicates qui différencient les espèces minérales ne sont guère perceptibles pour nos yeux gâtés par les traits grossiers des fossiles, et qu'en outre, l'observation assidue de ceux-ci fait négliger la chimie minérale au point d'amener les énoncés les plus bizarres, en laissant aller à la croyance des observations les plus incomplètes. *Fingunt se chimicos omnes!* On ne saurait trop le répéter.

Laissant donc arriver l'avenir, je reviens à mon point de vue spécial qui a été de faire comprendre l'état des connaissances actuellement acquises au sujet de la marche ascendante de l'humanité. J'ai insisté sur une cause trop peu signalée du développement de l'intelligence et du bien-être de notre espèce. On a vu par quelle immense suite de siècles et de labeurs l'homme dut passer pour parvenir d'un état voisin de la brute à celui de dominateur du monde. Les couches historiques composées successivement des restes de l'Age de la pierre, de l'Age du bronze et de l'Age du fer, ainsi que leurs subdivisions, nous ont servi à caractériser chacune des stations de sa route. Devons-nous maintenant attendre des mines des découvertes qui, dans un temps plus ou moins éloigné, feront faire de nouveaux pas dans la rude voie de la perfection. C'est ce que j'ignore ; mais si je jette les yeux autour de moi, je ne vois certainement pas l'activité prête à s'éteindre, le progrès sur le point de s'arrêter. Le mineur, toujours à son poste, depuis l'enfance de l'homme, ne s'endort pas encore près de son pic. Et, bien certainement, Dieu qui l'a mené jusqu'à ce jour, saura lui faire allonger ses échelles dans les entrailles de la terre, et abaisser jusqu'au niveau des mers ses galeries d'écoulement, dès l'instant où de nouvelles nécessités exigeront, soit des substances ignorées jusqu'à ce jour, soit des filons nouveaux pour remplacer les anciens.

Considérations géographiques et déductions.

Déjà plus d'une fois, j'ai pu insister sur l'intervention des éléments de la géographie physique dans le progrès général. Toutefois, quelques détails spéciaux à leur sujet pouvant ne pas être superflus, j'aborde ce sujet en citant d'abord ici les réflexions suivantes de M. Elie de Beaumont (Coup d'œil sur les mines).

« La distribution des mines sur la surface du globe n'est pas uniquement déterminée par la position des gîtes de minerais qui, pour la plupart, ne peuvent devenir profitables qu'à une population déjà nombreuse, industrieuse et riche. La mer qui reçoit les eaux de la Seine, de la Tamise et du Rhin est devenue, depuis près de deux siècles, le centre du commerce de l'Europe, et peut passer pour celui du monde civilisé. Les diverses mines qui appartiennent aux peuples placés dans la dépendance commerciale de l'Europe sont disposées autour de ce centre avec une sorte de symétrie qui montre qu'une civilisation avancée peut seule fournir à la plupart des mines des moyens et des débouchés suffisants. On va chercher à plusieurs milliers de lieues les diamants, les pierres précieuses, l'or, le platine, l'argent et même le cuivre et l'étain ; mais c'est presque uniquement dans quelques points des parties les plus civilisées de l'Europe qu'on exploite les substances dont la valeur intrinsèque est peu considérable. A son tour, l'exploitation de ces substances a puissamment contribué au développement de l'industrie européenne et produit à l'Europe plus de richesses que l'or et les pierreries n'ent ont jamais procurées à aucun pays. »

Les causes physiques expliquent aussi pourquoi les Esquimaux, par exemple, sont à considérer comme constituant le type le plus arriéré, sans qu'il soit pour cela permis de les taxer d'inintelligence industrielle. Très-certainement, le fer est un trésor inestimable à leurs yeux ; un fragment de cercle, un clou équivalent une de leurs javelines montées sur ivoire ; ils ne peuvent rien refuser contre un couteau ; la scie est l'objet auquel ils attachent le plus de valeur, et pourtant, ils ont les inventions que comporte leur climat. Leur chaussure est taillée dans la partie la plus solide de la peau de leurs amphibies. Ils confectionnent leurs armes de chasse et de pêche, les harpons, javelines, lances, couteaux, pagaies, avec le bois jeté sur les côtes, avec l'ivoire des morses et les cornes du narval. Faute de scies, ils dépensent un temps et une peine incroyables pour tailler, aplatir et aiguiser un de leurs insuffisants instruments. Au besoin, ils se façonnent un traîneau avec des blocs de glace et des poissons que la gelée agglutine, solidifie, puis au retour de l'été, le dégel fera du véhicule une provision de nourriture. Leurs barques, non moins spécialement distinctes de celles de tous les autres peuples, se composent d'une carcasse de bois, d'os ou de fanons de baleine, sur laquelle est tendue la peau qui en fait un moyen de voguer sur la mer. Ne méprisons donc pas ces skrellings *(mange-cru)* que les Scandinaves rencontrèrent jusque sur les rives du Potomak et de la Delaware, et qu'ensuite des peuplades mieux dotées refoulèrent vers le pôle boréal. Ce n'est point sous leurs neiges qu'ils pouvaient découvrir les minerais métalliques ; l'absence des forêts ne leur eût par permis de les exploiter, et par le seul effet des insurmontables difficultés que leur opposait la nature, ils sont restés sur le globe comme d'intéressants échantillons de l'homme primitif. Certains navigateurs les supposent l'avant-garde, les éclaireurs de la race humaine sur le sol américain.

J'observe encore qu'il est généralement admis que des raisons du genre des précédentes ont fait progresser, de l'est à l'ouest, l'industrie minière avec la civilisation, à partir d'un point central, placé quelque part vers l'Inde. Dans cet ordre d'idées, l'Amérique n'a dû être civilisée que tout récemment ; mais ne peut-on pas, avec tout autant de raison, considérer l'Asie comme un foyer de lumière rayonnant dans tous les sens, du côté de l'est comme de l'ouest : de cette façon, l'Amérique qui n'est pas notablement plus éloignée de l'Inde que Paris, aurait aussi reçu sa part des bienfaits du Vieux-Monde. Eh bien ! certains faits s'accordent parfaitement avec cette idée. Sans compter les anciennes migrations des Toltèques, des Aztèques, des Chichimèques ou autres peuples qui peuvent passer pour avoir envahi le Mexique, nous avons les nombreuses ruines du Honduras, du Chiapas, du Yucatan, parmi lesquelles on compte des villes autrefois fameuses, mais dont le nom même s'est perdu. Copan, dans le Honduras, pouvait contenir 100,000 habitants, et ses restes étaient inconnus en 1840. Cholula possède son pyramidal *téocalli*, ancien temple mexicain. Sur le territoire d'Ouxala s'étendent les ruines de Mitla, avec ses curieux tombeaux. Enfin, viennent les ruines de Palenque (Culhuacan), découvertes en 1787 par Antonio del Rio et J.-Al. de Calderon. Elles semblent indiquer une capitale de 20 à 28 kilom. de circonférence, renfermant des temples, des pyramides, des ponts, des statues quelquefois colossales, avec une quantité de bas-reliefs, de médailles, d'instruments de musique qui offrent de curieuses analogies avec les objets correspondants de l'Inde. La ressemblance est encore plus surprenante quand on compare les dessins avec ceux de l'Egypte, car l'on y remarque le scarabée, le serpent, les croix, le lotus avec des figures qui paraissent être des hiéroglyphes jusqu'à présent indéchiffrés. Le savant auteur de l'*Archéologie du Nouveau-Monde*, M. Dally, partant de ces éléments, cherche à établir le caractère autochthone de ces populations, chose rationnelle, à mon avis. Cependant, je dois rappeler que M. de Drée possédait, comme provenant de Palenque, une statuette d'éléphant assez mal faite au fond, mais bien caractérisée par sa trompe. Or, l'animal n'existant pas sur le continent américain, il faut nécessairement admettre que la pièce a été sculptée par des hommes venus, soit de l'Asie, soit de l'Afrique, ou, ce qui revient au même, qu'elle a été importée de ces dernières contrées. Une direction nouvelle se présente donc aux investigations des archéologues, et, à cet égard, on n'oubliera pas que les outils des mineurs du pays, aux temps de l'invasion espagnole, étaient en cuivre, car cette donnée peut conduire à d'autres.

Dans un sens vraiment large, le rayonnement supposé oblige à admettre le fait d'une dispersion dans toutes les directions, par conséquent aussi du sud au nord et du nord au sud. Vers le nord, nous avons déjà rencontré les Tschudes, liés aux Scandinaves, sectateurs d'Odin, et d'ailleurs bien connus par leurs excursions maritimes qui leur firent découvrir, entre autres, l'Islande, le Groënland avec quelques parties de l'Amérique du Nord. On suppose qu'ils apportèrent avec eux l'art des forges qu'ils introduisirent en Suède, en Russie et autres pays placés sous leur influence. Cependant, les récentes découvertes de vestiges très-anciens, desquels les antiquaires danois déduisent l'existence d'un premier Age du fer, complètement anté-historique, tandis qu'un second Age se rattacherait aux temps historiques, compliqueront nécessairement les problèmes relatifs à ces contrées septentrionales.

Enfin, du côté du sud, on ne peut pas affirmer que l'Egypte, par exemple, ait précisément subi l'influence de l'Inde, puisqu'elle-même admet que sa civilisation lui est arrivée de son extrémité méridionale où existaient des mines, comme je l'ai expliqué. Actuellement, l'ignorance règne dans ces parties intérieures, et pourtant, l'or d'Ophir ou de Sofala n'est pas encore épuisé, et nous exploitons celui du Sénégal. Il nous reste à y arriver par l'Algérie, œuvre pour laquelle la sonde du mineur est d'un puissant secours, en faisant jaillir des eaux souterraines et en créant des oasis là où régnait l'aridité. Grâce aux sages combinaisons du général Desvaux, notre bienfaisante domination est solidement établie jusqu'aux limites extrêmes du Souf. Les Touaregs, recherchant notre alliance, nous ouvrent les routes de Tombouctou. La civilisation rayonne donc encore dans ce sens, et l'on est en droit d'espérer que les chemins de fer dont les mines algériennes d'Oum-Theboul ont monté les premiers échantillons, se prolongeront un jour au travers du désert.

Finalement, après avoir maintes fois fait ressortir le désaccord de l'ensemble des éléments historiques, il me paraît naturel de conclure que les causes physiques ont dominé toute la question des progrès humanitaires, quelles que soient les races, et tout favorable que puisse être le seul climat. Les petites poignées ne prouvent rien; les analogies déduites des langues ne paraissent guère plus convaincantes, tandis que les instruments et autres produits minéralogiques semblent être souvent contemporains. Après cela, il ne faut pas perdre de vue les considérations suivantes, si essentielles dans la question. Le cultivateur ne naît point dans les contrées dépourvues de sol arable. Les grands pays plats très-fertiles n'ont pas toujours des peuples très-industrieux. Le pasteur germe dans les steppes. On trouve le marin là où existent des mers. Le commerçant ne se forme qu'auprès des voies qui lui sont indispensables pour ses transports, et le mineur n'est qu'un objet de narrations pour l'habitant des vastes plaines.

Heureuses donc ont été les contrées dans lesquelles les manières d'être géologiques et géographiques de l'eau, des terres et de l'air se sont trouvées distribuées selon des mesures convenables, car en elles, une civilisation a pu se développer spontanément. Dès l'origine, elles constituèrent autant de centres d'irradiation plus ou moins lumineux, suivant les modifications locales introduites par l'inépuisable variété de la nature et par les gouvernements. Toutefois, le mélange des peuples accéléra certainement le travail d'amélioration, et rien n'est plus aisé à concevoir, car sans aller au loin, l'expérience quotidienne nous montre comment l'échange continuel des idées amène de rapides progrès dans les villes, tandis qu'à côté d'elles, le campagnard solitaire conserve ses superstitions, ses antiques routines, même au milieu des pays les plus avancés en civilisation. Mais est-il certain que l'Indien, par exemple, a été plus mobile que le Gaulois que l'on rencontre de tous côtés, et chez lequel on retrouve le vieux silex,

comme partout ailleurs? Pourquoi encore, une tribu envahis-
sante n'aurait-elle pas plus gagné en s'incorporant avec des
aborigènes que ceux-ci n'ont profité de son arrivée? L'action
des masses doit aussi entrer dans la balance, car, évidemment, l'intelligence supérieure de quelques hommes s'use
devant la résistance des peuples rebelles à certains progrès,
parce que leur pays ne les comporte pas. Au surplus, j'expose mes doutes et l'avenir décidera entre les théories dis-
cordantes du moment.

NOTES ADDITIONNELLES ET CORRECTIONS.

Page 22. Un flambeau de mélèze éclaire les montagnards
valaisans et du Briançonnais. L'usage est antique, comme le
prouve Virgile :

> Proxima Circœœ raduntur littora terrœ,
> Divos inaccessos ubi Solis filia lucos
> Assiduo resonat cantu, tectisque superbis
> Urit odoratam nocturna in lumina cedrum,
> Arguto tenues percurrens pectine telas.

EN. L. VII.

Pag. 47 et 48, lignes 32 et 9. *Accius Navius*, lisez *Attus
Navius*.

Pag. 49. M. Raulin, d'après Chladni et Bigot de Morogues,
cite trois aérolithes tombées en Crète à des dates fort reculées,
et par suite peu authentiques. Voici ce qui les concerne :

1478 avant J.-C. La *pierre de foudre* dont Malchus parle ;
probablement regardée comme symbole de Cybèle.

1168 avant J.-C. *Une masse de fer* sur le Mont Ida.

520 avant J.-C. Pierre tombée du temps de Pythagore (Dom
Calmet).

Pag. 159. En Sibérie, on a trouvé, dans les mines, de
grands marteaux à deux mains, faits avec de grosses pierres
auxquelles des manches étaient ajustés. Des défenses de sangliers rencontrées dans les mêmes travaux paraissent avoir

servi à recueillir l'or, et des sacs de peau ont dû le contenir. Du reste, la bonne exécution des travaux est remarquable, quoique les galeries soient si basses que les mineurs devaient avoir grand'peine à y travailler.

Gmelin a aussi découvert les vestiges de divers fourneaux employés pour traiter l'argent, et il remarque que le plomb uni à ce métal a dû être rejeté avec les scories, tandis que la totalité de l'argent a été soigneusement extraite. Il est probable que déjà l'on avait recours à la coupellation.

Des morceaux de cuivre sans aucune trace d'or ont également été rencontrés, quoique les deux métaux se trouvent associés dans les filons du pays. Il est donc probable que les peuples qui les exploitaient connaissaient une méthode pour les séparer. Entre autres détails fort vagues, Diodore dit que l'on purifiait l'or en le mêlant avec un alliage d'étain et de plomb auquel on ajoutait du sel et du son d'orge. On fondait ce mélange dans des pots de terre et sur un feu que l'on entretenait pendant cinq jours.

Les fontes s'effectuaient dans de petits fours de briques rouges. Gmelin en a trouvé à peu près un millier dans l'est de la Sibérie. Leur hauteur et leur largeur étaient d'environ $0^m,65$, avec une profondeur de 1 mètre. Des trous percés sur les deux côtés opposés servaient, l'un pour l'introduction de la buse du soufflet, l'autre pour l'écoulement du métal et des scories. Dans le voisinage de ces fourneaux abondent les débris de poteries, circonstance qui, réunie à la précédente, indique que, dans cette partie du monde, on avait donné une grande extension à ces opérations.

Pag. 173. Iles des Célèbes, Macassar, à l'est de Bornéo et au sud des Philippines. Mines d'or, de cuivre, etc.

Pag. 177. Sur l'Euphrate, M. Hommaire de Hell a visité les mines de Gumouch-Hané. Sur le Tigre sont les mines d'Arghana-Maden. A la jonction de l'Euphrate et du Mourad se trouvent celles de galène argentifère de Kéban-Maden.

Pag. 276. En Macédoine où l'on exploitait des mines de plomb, sous le règne de Philippe, père d'Alexandre, de grands tas de scories ont été trouvés tellement loin des rivières du pays, qu'il faut conclure que le feu des fourneaux dont elles proviennent doit avoir été activé, soit à l'aide de soufflets mus à bras, soit à l'aide seulement du vent régnant.

Pag. 319. Dans une dernière partie de son travail, M. Rossignol précise le rôle des Telchines, et avant tout, il déclare qu'il ne faut pas confondre les Telchines, peuple, et les Telchines, corporation de métallurgistes.

Les premiers paraissent être venus du Péloponèse où ils étaient établis quand Phoronée entreprit de les chasser. Vaincus, ils allèrent fonder Rhodes qui s'appelait auparavant Ophiussa, et ils en furent encore expulsés par les Héliades, peuple dont l'origine est inconnue. Ovide dit que Jupiter, en haine des Telchines et de leurs maléfices, les submergea en même temps que l'île de Rhodes, avec les ondes de son frère Neptune :

> Phœbeamque Rhodon et Jalysios Telchinas
> Quorum oculos ipso vitiantes omnia visu
> Jupiter exosus, fraternis subdidit undis.

Le maître des dieux venait ainsi en aide aux Héliades, race privilégiée d'Apollon. Cependant, d'autres traditions portent qu'ils avaient péri sous les traits de ce dernier. De mon côté, prenant en considération le mythe d'Ovide pour le rapprocher des inondations de Samothrace et des autres déluges dont j'ai donné les détails (p. 293), je suis porté à croire que les Telchines ont été les victimes de ces désastres, et qu'ainsi, la Fable viendrait à l'appui des indications encore vagues de l'histoire.

Les Telchines métallurgistes firent leur première apparition en Crète dont les habitants avait ce nom, tout comme l'île était nommée Telchinie. Cependant, ils auraient pu venir de la Phrygie aussi bien que les Curètes ; puis, de la Crète ils se rendirent à Chypre ainsi qu'à Rhodes. Ces Telchines, nourriciers des enfants de Rhée, travaillèrent les métaux avec une véritable supériorité. Artistes renommés, ils fabriquèrent la fatale faux de Saturne, le puissant trident de Neptune et les statues de plusieurs dieux. Les formes variées qu'ils savaient donner à la matière, la vie dont ils animaient leurs œuvres, les firent prendre pour des magiciens qui se transformaient eux-mêmes ou qui transformaient les autres, à leur gré, par des vertus occultes. Dans cet ordre d'idées, on les déclarait fils de Thalassa, déesse de la mer, ou bien le produit de la métamorphose des chiens d'Actéon en hommes, et l'on arrivait à en faire des êtres amphibies, étranges par leurs formes, en partie semblables à des divinités, en partie à des hommes, en partie à des poissons, en partie à des serpents. Ils furent encore placés au même rang que les Cyclopes avec lesquels ils fonctionnèrent, et l'on alla jusqu'à les confondre avec Vulcain ; mais jalousés, calomniés à cause de leur supériorité, on leur attribua des méfaits qui doivent rester à la charge de leurs homonymes du Péloponèse. Semblables aux Dédalides d'Athènes, famille d'artistes où l'art se transmettait de père en fils, comme une sorte de sacerdoce, ils eurent des rivaux, et de là les inimitiés, les haines, en même temps que les calomniateurs. Du reste, artistes, ils se distinguèrent de leurs frères en travaillant exclusivement les métaux sans jamais toucher à la pierre. Arrivés à Rhodes où les métaux affluaient, ils y firent des statues. De là, ils se rendirent à Sicyone, la patrie des ateliers de tous les métaux, et peut-être passèrent-ils en Béotie.

Pag. 371. Tacite, Maxime de Tyr et les autres historiens nous apprennent que les druides étaient persuadés qu'on doit honorer l'Être suprême par le respect et le silence autant que par les sacrifices.

Pag. 382. M. Aymard qui vient de se livrer à des études sur les *Rochers à bassins* de la Haute-Loire, les regarde comme des autels antiques, peut-être des *Pierres de sacrifices.* Appelées encore *Pierres de St-Martin*, « elles sont de mystérieux témoins des plus anciens âges dont elles ont gardé l'un des secrets. Vénérées depuis des siècles, elles nous révèlent un type remarquable d'une classe de monuments connue pour la Bretagne, l'Angleterre, etc., mais jusqu'à ce jour inédite dans le Velay. »

« Il en existe trois en granit, groupées à peu près en triangle, sur la ligne de crête des monts St-Quentin et de Malavas. A leurs faces supérieures existent des cavités assez régulières et taillées de main d'homme, les unes rondes, d'autres ovales. Presque toutes sont ouvertes d'un côté par une rigole qui atteint le fond du creux et communique avec deux des bords de la roche, comme si les creux avaient été destinés à recevoir des liquides qui, en s'épanchant au dehors, se seraient écoulés du sommet à la base de la roche. Ces cavités ont une profondeur uniforme de $0^m,30$; la plus grande a un diamètre de $1^m,30$, et celui de la plus petite est de $0^m,20$. »

Les blocs en question sont-ils identiques à ceux qui ont été mentionnés pag. 40.

Pag. 412. Les cavaliers cimbres qui vinrent du Pont-Euxin pour envahir la Gaule, à peu près à l'époque de l'arrivée des Phocéens, portaient des cuirasses d'acier lorsqu'ils furent défaits par Marius.

Pag. 423. Pline attribue aux Gaulois l'invention du savon, qu'ils obtenaient avec des cendres et du suif.

FIN.

TABLE DES MATIÈRES.

2me DIVISION.

—

Partie industrielle, minéralurgique et métallurgique.

DE L'OR.

DE L'ARGENT ET DU PLOMB.

3ᵐᵉ DIVISION.

—

Partie historique et minière.

—

CONSIDÉRATIONS PRÉLIMINAIRES.

DES THRACES, DES GRECS ET DES ILLYRIENS.

DES CABIRES, CURÈTES, DACTYLES, ETC, DE L'ARCHIPEL.

Décadence des îles de l'Archipel. Eubée : mines de cuivre. Exploitation romaine. Gîtes métallifères des autres îles. Lemnos : anciens volcans. Terre bolaire, eaux chaudes. Saintiens : culte de Vulcain, premier des métallurgistes. Cyclopes. Identification de l'homme et de l'appareil.

DES ÉTRUSQUES, DES ROMAINS ET DES ITALIENS.

Considérations géographiques et déductions.

NOTES ADDITIONNELLES.

FIN DE LA TABLE DES MATIÈRES.